最小の病原－ウイロイド

佐野輝男

弘前大学出版会

写真１：矮化病発生ホップ園

写真２：矮化病ホップ

写真３：ホップ矮化ウイロイド感染キュウリ（品種：四葉）の病徴
全身の矮化（左）、上葉の葉巻（右上）、花弁のしわ（右下）

写真４：ホップ園（奥）と隣接するブドウ園（手前）

写真５：様々なウイロイドを感染させたホップとカラハナソウの病徴

VF 馴化苗育苗圃場　　VF ホップ増殖圃場　　VF ホップ栽培圃場

写真６：ウイルス・ウイロイドフリー（VF）ホップ育成圃場

ウイロイド病発生圃場（改植前、2001 年）

VF ホップ改植圃場（改植後、2007 年）

写真７：ウイルス・ウイロイドフリーホップの改植効果

健全　弱毒（ダリア株）　強毒（基準株）　致死

写真８：病原性の異なるジャガイモやせいもウイロイド（PSTVd）に感染したトマト（Rutgers）の症状

健全　PSTVd　TASVd　TCDVd

写真９：トマト退緑萎縮ウイロイド（TCDVd）および近縁ウイロイドに感染したトマト（Rutgers）の症状

印度　ふじ　和ナシ
北紅　つがる　国光

写真 10：リンゴさび果ウイロイド（ASSVd）に感染したリンゴ品種と和ナシの病徴

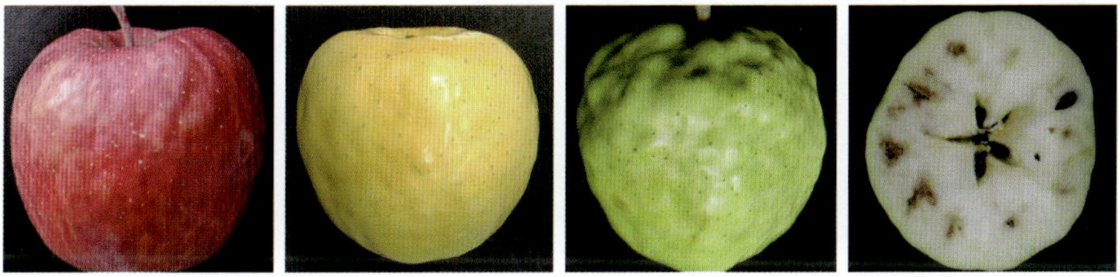

ふじ　きおう　王林　王林（果肉）

写真 11：リンゴゆず果ウイロイド（AFCVd）に感染したリンゴ品種の病徴

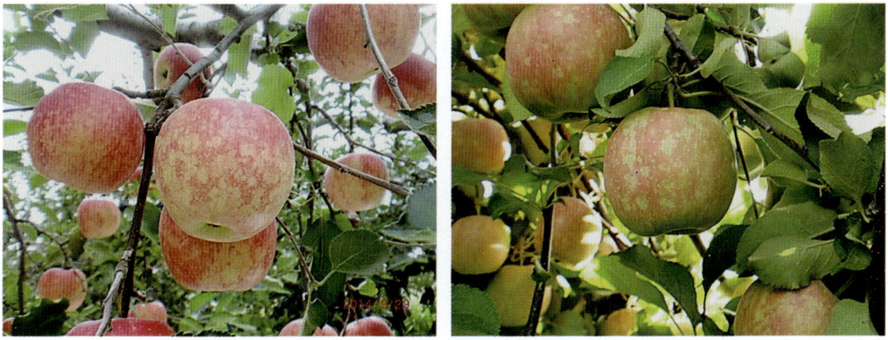

ジョナゴールド　ふじ

写真 12：リンゴくぼみ果ウイロイド（ADFVd）に感染したリンゴ品種の病徴

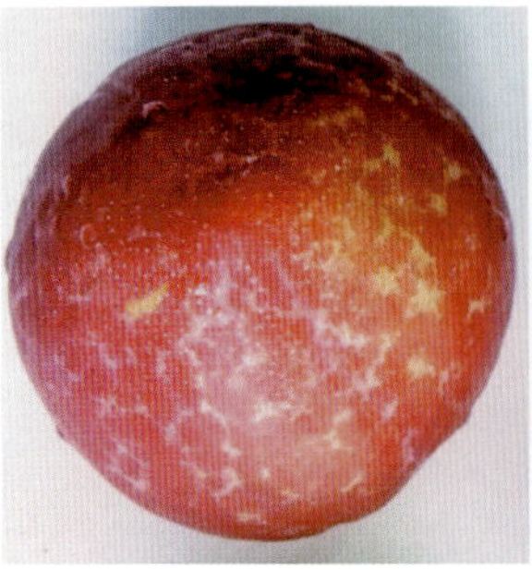

スモモ（紫峰）

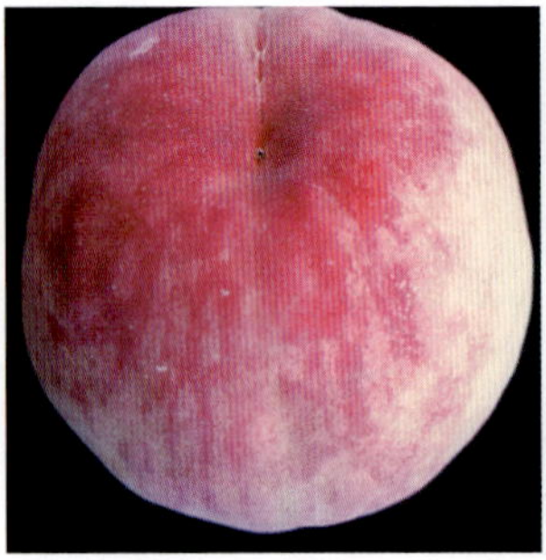

モモ（日川白鳳）

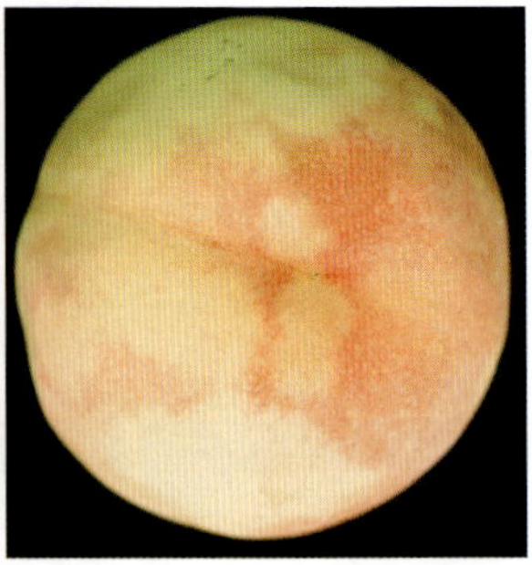

モモ（白鳳）

写真 13：ホップ矮化ウイロイド（HSVd）に感染したモモとスモモの病徴

写真 14：モモ斑葉モザイク病

健全　エクソコーティス病

エクソコーティス病（台木部の剥皮）

写真 15：カンキツエクソコーティス病

健全　健全　CSVd　CSVd

写真 16：キク矮化ウイロイド（CSVd）に感染したスプレーキク（セイエルザ）の症状

あやか　神馬

写真 17：キククロロティックモットルウイロイド（CChMVd）に感染した小キクの病徴

健全　ギヌラ　CEVd　　キク（ミスルトー）

写真 18：カンキツエクソコーティスウイロイド（CEVd）（左）と
キク矮化ウイロイド（CSVd）（右）の検定植物の症状

写真 19：カンキツ矮化ウイロイド（CDVd）によるカンキツ矮性栽培試験圃場

序文－矮化病回想－

我が国のウイロイド病研究は長野、東北各県を襲ったホップ矮化病の発生、蔓延が発端であるが、その病原の特定とウイロイド学 Viroidology への発展はキウリ四葉（スーヨー）の発見に始まる。

ウイロイド（Viroid）は昭和 46 年 T.O. Diener（US Dept. Agri.）が米国のジャガイモやせ薯病（potato spindle tuber）で発見し Viroid と命名した（和訳"ウイロイド"は、virus ＝ウイルスに準じた）、低分子 RNA の全く新しい病原である（本書引用文献 Diener T.O. 1971a 参照）。その分子構造は昭和 53 年ドイツの研究者により 359 塩基の環状 1 本鎖 RNA と報告された（Gross H.J. et al., 1978）。植物ウイルスのタバコモザイクウイルスゲノム RNA の約 6,400 塩基、ジャガイモ Y ウイルスゲノム RNA 約 10,000 塩基に比べ極めて低分子の RNA であるが、感染細胞の中で盛んに増殖して宿主に病害を起こす。

ホップ矮化病は昭和 41 年（1966）平塚直秀東京教育大学教授と村山大記北海道大学農学部教授の調査研究に始まり、ビール各社の栽培担当者等による調査、研究も行われたがその原因は不明であった。昭和 45 年村山教授とキリンビール担当者の綿密な調査研究によって病原はウイルスと報告されたが（山本初美ら、1970）、その実態は全く明らかにされなかった。

平塚東教大名誉教授と久保真吉キリンビール研究副部長は病原の基礎的研究が必須と決断され、昭和 51 年（1976）1 月その研究を私（北海道大学農植物ウイルス病学教室）に求められたが教授昇任間もない私には難しい課題であった。矮化病はホップ以外の感染植物も判然とせず、ホップに感染しても発病は 2 － 3 年後なので、全く研究の目途が立たないのである。しかし、平塚先生の再度の強い要請と久保氏の固い意向に押されて、キリン社から佐々木真津生君を受け入れた。同君は当教室卒業後久保氏の元で矮化病に苦労していたが、昭和 51 年（1976）4 月研究生として来学、直ちにホップ以外の感染植物の探求に膨大な数

（約11科37種に亘る）の接種試験に昼夜苦闘を続けた。半年も過ぎた頃と思うが、キウリが感染したらしいと言われ温室に同行したが私は確信を持てなかった。しかし、日夜丹念に観察を続けて来た佐々木君の眼は確かで、引き続きウリ科植物とキウリ品種に接種試験を続け遂に最適の感染宿主、キウリ四葉（スーヨー）の発見に至った。四葉によりその後の研究は急速に進展し、教室挙げての取り組みもあって12月には「病原は低分子RNA、即ち本邦初のウイロイド病である」と確信し、翌年春の日本植物病理学会で口頭発表と論文２編（Sasaki M. & E. Shikata, 1977a, 1977b）の寄稿を済ませた。私は漸く病原研究の道が開けたと安堵したが、重い荷を負って来た佐々木君の感慨はひとしおであったろう。

四葉は本書に記載されている矮化病の殆どの研究の場面、試料の感染性、変異型の病原性、ウイロイドの抽出、純化等に優れた試験宿主として用いられ、ホップ矮化ウイロイド（以下矮化ウイロイド、HSVd）研究に多大の貢献をした。

佐々木君はその後四葉による胚軸・子葉接種法（第Ⅰ章１）を考案し現地栽培圃場ホップの生物検定法に先鞭をつけ、更に茎頂培養により２株の矮化病フリーホップの選定に成功（それが如何に困難か本書第Ⅲ章2–2参照)、我が国栽培圃場ホップのウイロイドフリー化（第Ⅰ章５）の基礎を確立した。

同君は本邦ウイロイド研究の幕開けとなる大きな成果を残して昭和54年（1979）キリン社に復帰し、引き続きホップのウイルス、ウイロイドフリー苗（以下フリー苗）の育成、増殖に専念した。此のフリー苗により本書の著者佐野輝男君は矮化ウイロイドの変異に関する重要な研究（第Ⅰ章2–2）が可能となった。

佐野君は昭和52年（1977）佐々木君の来札翌年、学部３年に進入し卒論と修士課程に「ホップのウイルス病」を研究し、その成果は後年の「ウイルス、ウイロイドフリーホップの育成」(第Ⅰ章5）に多大な貢献となる。同君は博士課程進入後昭和56年（1981）助手として佐々木君の研究を引き継ぎ、以来弘前大学退職まで約40年間一貫してウイロイド研究に専念した現在我が国唯一のウイロイド研究者である。

私は矮化病の研究当初、欧米の研究者に同病の写真と書簡を送りその発生の有無を尋ねたが、同様の病気は全く記録が無いとの返答であった。即ち矮化病は我が国特有の病気なのである。その由来を求めホップ圃周辺の植物、作物、果樹を調査した結果、ブドウが矮化ウイロイドに無病徴（不顕性）感染している事を発見した（第I章2–1）。矮化病の記録された長野、福島、山形各県は有数のブドウ産地として知られる。江戸時代以降中国、欧米より導入された品種の殆どが感染していたことも判明し、我が国のホップ矮化病はホップより先に導入されたブドウに由来すると考えられたが、佐野君は後年大島一里君との共同研究で分子系統学の解析を加え、分子レベルで見事に実証した（第I章2–2）。大島君は当教室から佐賀大学に轉じ、植物ウイルスの分子系統学的研究において先駆的業績を挙げ、更にウイロイド及びその変異型の近縁関係解析にも有効かつ重要な手法であることを共同研究で明らかにした。

果樹のウイロイドに就いては、山梨県果樹試験場の寺井康夫君の功績を記す必要がある。同君は縁あって学位論文のお世話をした際、当時山梨県内に発生していた原因不明のモモ、スモモの斑入り果病の研究を行い、この病原が矮化ウイロイドに極めて類似した病原であることを発見した。加えて佐々木篤君（広島県果樹試験場）より送られて来たエトログシトロン（レモンの1種）、更に温州ミカンからも同様の病原が抽出されたのには驚いた（第I章2–1）。その当時ウイロイド病は地域的、局所的病害と考えられていたので、佐野君等のブドウウイロイドの無病徴感染と寺井君、佐々木篤君等の果樹ウイロイドの報告は、矮化ウイロイドが世界的に蔓延していることを明らかにしたもので欧米の研究者に多大の衝撃を与え高い関心を呼んだ。

寺井君はその後ブドウのフリー苗の育成に長年取り組み、見事な成果を挙げている。

矮化ウイロイドの塩基配列は昭和58年（1983)、東京大学理学部生化学教室（岡田吉美教授）によって決定された（297塩基、環状1本鎖RNA、Ohno T. et al., 1983b）。岡田教授は農林省植物ウイルス研究所在任中タバコモザイクウイルスゲノムRNAの分子生物学的研究で世界の先端を行く研究成果を挙げられた方である（同氏著、タバコモザイクウイルス研究の100年、275pp. 東京大学出版会、2004）。先生とはその後共同研究が始まり、佐野君は昭和58年（1983）より同研究室との共同研究によって、オランダのキウリペールフルーツウイロイドの他、ブドウ、モモ、スモモ、カンキツウイロイドの塩基配列を決定し、矮化ウイロイドは僅か数塩基異なる変異型が夫々の天然宿主に感染していることを明らかにした。同君は後年15年間に亘る研究（第I章2–2）でこの変異の実体を分子レベルで解明し、ホップ矮化ウイロイドはブドウに由来する事を実証すると共に、ウイロイド分子が、複製、変異、進化、宿主適応などの生物の基本的性質を有する事を指摘した。

矮化ウイロイドの構造決定やウイロイドの複製に就いて研究者の関心が高まった頃、ウイルス類似病原に関する国際会議「Subviral Pathogens of Plants and Animals : Viroids and Prions」（K.Maramorosch & J.J.McKelvey, Jr. eds., Academic Press, 550pp. 1985）が、私の在米時の恩師K. Maramorosch博士の提唱により、Rockefeller Study and Conference Center, Bellagio, Italyで昭和58年（1983）6月24日－7月3日間開催され、世界各国より招聘された研究者の討論が行われた。ウイロイド病の世界での発生報告、ウイロイドの複製、Rolling circle説の他、Scrapieの病原Prion説に対し僅かのDNAが関与していないか徹夜の議論となった。更に未知の動物病原なども広く議論された。私は我が国の矮化ウイロイドの構造が決定されたこと、キウリペールフルーツウイロイド（CPFVd）は矮化ウイロイドの宿主範囲、塩基配列相同性が90%超の同種と報告したが、CPFVdの発見者D. Peters博士（Lab. Virology, Agri. Univ. Wageningen, Netherland）は納得されなかった。この会議はウイロイドに関して広い分野の研究者が議論された事、及びsmall RNAを含む低分子RNAとDNAの病原性に関する最初の国際会議として特筆すべきものであったと思う。しかし、現在まで動物の病原ウイロイドは報告されていない。

此の会議で田波（Tien Po）博士（中国科学院微生物研）に初めてお会いし、帰国後も交流が続いた。後に李世訪（Li Shifang）博士（平成5年、北大農大学院博士課程修了、中国農業科学院、植物保護研）が中国ウイロイド研究を発展させた縁であったかと思う。

昭和63年（1988）8月、第5回国際植物病理学会議が京都で開催の際、ウイロイドの国際会議［Yamanashi Viroid Disease Workshop “Possible Viroid Etiology and Detection”: Second Meeting of The International Viroid Working Group］を甲府で開催し、Diener博士の司会により、世界のウイロイド病特に果樹ウイロイド病の

発生、研究の現状が報告された（写真参照）。此の会議の開催には山梨果樹試の雨宮毅場長始め寺井康夫君に多大の御支援を戴いたが、特に寺井君は山梨の果樹ウイロイドの発生について口頭発表のほか、モモ、スモモの斑入り果病の試験圃場において詳細、緻密な研究を披露し、日本の一地方試験場の優れた成果に満場の拍手が贈られた。

Diener 博士はその後佐野君の渡米を受け入れ、同氏の後継者 R.A. Owens 博士の研究室（US Dept. Agri. Beltsville）に研究員として迎えられ2年間の研鑽後帰国、弘前大学に転出後もウイロイドの研究を続け、その成果が本書に詳述されている。

私共は早くから佐々木君の茎頂培養ホップフリー株の育成、増殖に伴いウイルス、ウイロイドの検出の研究も続けてきたが、佐野君の修士課程でのウイルス研究結果に基づくエライザ検出法と、矮化ウイロイドの構造決定によって極めて精度の高い PCR 検出法を確立、山形県南ホップ農協の協力によってフリー原種圃の育成に成功し、一般栽培圃場までの道を開いた（第 I 章 5）。此れ等の成果は、有機合成薬品工業東京研究所杉本宣敬生化学室長より合成 DNA プローブの開発、提供を戴いた共同研究（Sano et al., 1988）によるもので、杉本氏を御紹介下さった北大薬学部大塚栄子教授の御高配と同氏の多大な御協力に対し改めて厚く御礼申し上げる。後年私はこの栽培圃場を訪れ、皺ひとつ無く展開した大きな葉と全ての株が一斉に揃って伸長しているホップ園の美しさに深い感慨を抱いた。又、前述した山梨果樹試のフリーブドウ樹と併せ、四葉に始まった矮化病研究が漸く実を結んだと実感した次第である。

思うに、逡巡する私に託して下さった恩師平塚先生と、久保氏に押されてのことであったが、佐々木君の懸命の努力による四葉という比類のない試験宿主の発見を契機に、上田一郎君、佐野君、大島一里君、畑谷達児君と大学院生等、更にオランダ留学を終えて帰国した小島誠君も加えて、教室を挙げての研究によって順調に進展した。その結果を年賀に伺った恩師福士貞吉先生に報告したが、即刻公表するように促され、慌てて書き上げた英文2報を先生自ら校閲の上学士院例会に紹介され翌月発刊に至り、先生の温情に思いが尽きない。この様に多くの恩師、先輩、学友の御厚情、御支援に対しこの稿を借りて厚く御礼申し上げる。

岡田先生との共同研究は先生の退職まで続き、私共の研究に画期的な進展を齎した。退職後は先生と四季の便りを交す友人として永年過ごしたが、令和4年(2022) 8月卒寿を超えて3年突如訃報に接し、恩師とも思う長年の畏友に先だたれ、本書の発刊を前に只管寂寥感の中で此の稿を認めている。生前の御指導、御厚誼に心から感謝申し上げると共に、晩年穏やかな心境を綴られた先生への思い切なるものがある。

矮化病の研究に当たっては、現地のホップ栽培担当者に多大な御援助を戴いた。特にキリン社の山本初美、鏡勇吉両氏には現地での発病について懇切な御教示と、調査、試験資料を、又鏡勇吉氏には後年矮化病に関する諸記録の提供を受けた。サッポロ社原料部梅田勝彦課長には長野に発生した外様病（森義忠、サッポロビール古里ホップ試験場、1965、1966）と、岩手県二戸市似鳥のホップ栽培圃の跡地に発生した異常キウリの記録など、又アサヒ社の福地俊臣常務と石村実岩手試験農場長には、現地調査やホップ、ブドウの検定、試験試料を提供戴いた。上野雄靖マンズワイン専務には我が国のブドウ苗輸入の資料、ブドウフリー化試験について多大のお世話になった。これらの詳細な情報、資料によって私は矮化病の病原研究の指標を得る事が出来、その後の研究とフリー化への道筋を見い出す事が出来たので、茲に改めて感謝の礼を申し上げたい。

矮化病ウイロイドの発見以来私は諸外国で報告されたウイロイドの宿主植物の収集に努め、矮化ウイロイドとの相異を確認した。特にT.O. Diener（USDA）、H.L. Sänger（MaxPlanc Inst. Germany）両博士には格別のお世話になった。この稿を借りて厚く御礼申し上げる。

私の知るウイルス学者は、岡田先生を含めその専攻を問わず、「ウイルスは生物」ですと断言される方が多かった。しかし生物学は細胞膜を設けてウイルス、ウイロイドを仲間に入れて呉れない。前述の様に佐野君は明確にウイロイドの生物性を実証した（第Ⅰ章2–2)。両者の絆は僅か一本の複製遺伝子である。一方ウイロイドには早くから「化石」説が提唱されて来たが、「化石」は死物である。私は複製遺伝子ワールド或いは細胞生物と対比して仮称「非細胞生物」として生物界を広く考えてみたい。本書を通じて若いウイロイド研究者の挑戦と今後の発展を切に期待したい。

我が国でウイロイドに関する書は、「T.O. Diener : Viroids and Viroid Diseases, 252 pp. John Wiley and Sons, New York, 1979」を和訳した「岡田吉美監訳：ウイロイドーその病理と生化学ー、253pp. 共立出版」が昭和55年（1980）に刊行されたが、今回発刊された本書は、佐野君の永年の研究、及び我が国の研究を基に書き上げた本邦初の専門書である。佐野君は佐々木君に始まった私共の研究室での成果を、弘大で更に飛躍的に発展させ、茲に刊行に至ったことは誠に感無量の思いであると共に、心から慶びの辞を贈りたい。

本書の執筆の知らせに私は矮化病研究の思い出が日々頭をよぎり記憶のままに此の序文を書き始めたが、詳細に記録に確かめていない。或いは間違い、勘違いも多々あろうかと思う。老齢に免じてお許し願いたい。

令和6年10月

四方英四郎（日本学士院会員、北海道大学名誉教授、98歳）

山梨ウイロイド病ワークショップ（1988年、8月16～19日）

主な参加者名

1列目（左から4、5、6、7、9、10番目）：H.L.Sänger（独）、T.O.Diener（米）、平塚直秀、四方英四郎、K.Maramorosch（米）、寺井康夫、2列目（左から5、10番目）：雨宮毅、R.A.Owens（米）、3列目（左から5、7、9、11番目）：梅田勝彦、高橋壮、R.I.B.Francki（豪）、佐野輝男（筆者）、4列目（左から1、2、7、8番目）：上田一郎、大島一里、小金沢碩城、石村実、5列目（左から1、4、8、9、10番目）：草野成夫、久保真吉、杉本宣敬、佐々木篤、佐々木真津生、右上枠内：田波（中国）
（氏名は主な参加者、研究発表者及び序文に記載された方々等、敬称略）

目　次

はじめに

農作物の重要病原因子という植物病理学の研究対象として始まったウイロイド研究は、自己増殖する感染性 RNA という特異な性質が生命科学の興味深い研究対象となり分子生物学的性状解析が進展した。一方で、感染・複製する過程で宿主環境に適応して変異する姿が明らかになり、ダーウィンの自然選択の理論にそって適応変異する生命の基本的な属性を備えていることから、原始地球に初期の生命体が誕生した時に存在したとされる RNA ワールドの“生きる化石”ではないかとも考えられるようになってきた（Diener, 1989; Moelling & Broecker, 2021; Flores et al., 2022）。

ウイロイドは自律的に複製する小さな環状の 1 本鎖 RNA で、タンパク質をコードしないノンコーディング RNA である。1971 年、Theodor Diener により、ジャガイモ（*Solanum tuberosum*）の“spindle tuber（やせいも）”病から発見された新しいクラスの病原因子の呼称として提案された（Diener, 1971 a; 1987）。

7 年後、ジャガイモやせいもウイロイド（potato spindle tuber viroid; PSTVd）の全塩基配列が解読された。当時は MS2 や Φ X（ファイエックス）174 など細菌ウイルスの全ゲノム配列が漸く解読され始めた時期で、PSTVd は初めて全ゲノム配列が解読された真核生物に対する病原体となった（Gross et al., 1978）。2023 年まで、40 種以上、最小で 234 ヌクレオチド、最大で 436 ヌクレオチドのウイロイドが報告されている。宿主は被子植物に限られており、感受性の高い宿主や品種には重度の生育障害が発生し農業生産上の大きな被害を生じる。一方、特段の病気を発症しない無症状の宿主も少なくなく、耐性品種も報告されている。細胞内局在性（核または葉緑体）、複製様式（対称または非対称ローリングサークル）、保存領域の塩基配列、保存配列またはモチーフ（末端保存配列、末端保存ヘアピン、リボザイムなど）の有無、全体的な塩基配列の類似性、そして宿主特異性などの生物学的特徴に基づき、科、属、種に分類される（Di Serio et al.,

2014)。ポスピウイロイド科とアブサンウイロイド科の2科が設立され、2021年時点で、前者は5属28種（Di Serio et al., 2021）、後者は3属4種（Di Serio et al., 2018）、合計32種で構成されている。なお、ウイロイドの分類は、国際的なウイロイド研究グループが数年おきに新たに報告された種を認定して、国際ウイルス分類委員会（ICTV）や国際専門誌に報告することで更新されており、2024年1月現在でポスピウイロイド科は5属41種、アブサンウイロイド科は3属5種になっている。

ポスピウイロイド科のメンバーは核内において非対称ローリングサークルで複製し、その分子は5つの構造ドメインからなり、各属のメンバーは分子中央に属に特徴的な保存配列を共有する。一方、アブサンウイロイド科のメンバーは葉緑体において対称ローリングサークルで複製し、ドメイン構造はないが、ハンマーヘッドリボザイム（hammerhead ribozyme; HH-Rz）の保存配列を有する。

米国メリーランド州の米国農務省ベルツビル農業研究所に立つ「ウイロイド発見の碑」. ウイロイドがこの地でジャガイモの研究から発見されたこと、それは細菌とウイルスの発見に並ぶ発見であること。そして最小の病原因子ウイロイドの研究は広く人類の健康に重要であることが標されている。

これまでに、ジャガイモやせいも病、トマト退緑萎縮病、カンキツエクソコーティス病、ホップ矮化病、ココヤシ cadang-cadang（カダンカダン）病、リンゴさび果病、アボカド sunblotch（サンブロッチ）病、キク矮化病など、15 種以上に及ぶ作物の 25 以上の病気が報告されている。ウイロイド病の症状は、全身の矮化や葉の奇形、果実の肥大異常、果皮のさび症状や着色異常、2 次代謝産物の生合成異常など様々で、発症経過は一般に緩慢で慢性的である。時には甚大な被害をもたらし、フィリピンのココヤシに発生したカダンカダン病はこれまでに 4,000 万本ものココヤシ樹を枯死させたと報告されている（Vadamalai et al., 2017）。日本のホップに発生した矮化病は国内のホップ産業に甚大な経済的損失をもたらし（Sano, 2013）、PSTVd や近縁のポスピウイロイドは依然として世界中のジャガイモやトマト生産など食料資源の安定供給に対する脅威でありつづけている（Tsuda & Sano, 2014）。

ウイロイドが発見されて半世紀余が経ち、様々な新知見が蓄積されてきた（Sano, 2021）。本書は 5 つの章で構成されており、第 I 章では日本のウイロイド研究の幕開けとなったホップ矮化病流行の歴史と病原ウイロイドの発見、伝染源植物の探索研究から明らかになった矮化病発生の背後に潜む課題を考える。第 II ～IV章では自己増殖する病原性 RNA というウイロイドの分子性状、その一端が見え始めてきた病原性発現機構、分子進化、診断・防除について、ウイロイドの発見から現在に至るウイロイド研究の進展を辿り、第 V 章ではウイロイドの起源と将来展望を概説する。

第Ⅰ章
ホップ矮化病

1　矮性ホップの発生

1952年頃、福島県会津地方のホップ産地で、成長が遅く節間が短く詰まった「矮性ホップ」の発生がみられるようになり（山本ら、1970）、生理的な生育障害あるいは新病害として注目されるようになった（写真1、2）。当時栽培されていたホップの萌芽直後の芽は赤味を帯び、伸び始めの若い蔓は赤味を帯びた緑色、そして蔓の先端が栽培棚の上部（5～6m）に届くほどに成長する頃の主茎や側枝も赤味を帯びた緑色を呈するのが普通だった。しかし、重症の生育異常株の新芽は、赤味が薄く成長するにつれて緑色になった。蔓は伸び始めても緑色で細く、葉が早く展開し、節間は1m位の高さから短く詰まり、主蔓（しゅづる；中心の太いつる）の葉は小さくてもろく、縁が下向きに曲がり黄色味がかっていた。1965年に始まったキリンビール株式会社による契約栽培園の調査によれば、重症株の葉の乾燥重量、球果の重量、主蔓の長さはいずれも健全株の半分以下しかなかった。1アール当たりの球果収穫量は、健全圃場の219 kgに比べ、重症株の多い圃場（株感染率60%～100%）では148kg、すなわち健全圃場の67.6%に減少していたことがわかった。重症株の球果は細長く、少し小さくなった。そして、球果の**樹脂含有量**の分析から、ビールの苦み成分α酸含有量が健全株では6%～8%（重量%）だったのに対し、重症株では半分あるいはそれ以下に減少していた。一方、β酸含有量は6%～8%から4%～6%にわずかに減少しただけで、健全球果では1.0以上であったα酸／β酸比は、病株では0.5前後に減少していた。これは、病株の球果では収穫量の減少だけでなくビール醸造に重要な成分の低下・損失という重大な品質障害が発生することを意味し

＊本文中で太字にした語は「用語説明」（267頁～）にて解説を加えた。

ていた。後に“ホップ矮化病”と呼ばれることになるこの障害は、1952年頃から栽培が始まったホップ園に発生していたが、それ以前からもみられたという。会津地方のホップ栽培の歴史をまとめた“会津ホップのあゆみ”（会津忽布農業協同組合・編、1990年）によれば、この地域のビール醸造原料としてのホップ栽培は、1940～1941年に山梨県の先行栽培地から苗（根株）を入手し、まず5箇所の圃場で始まった。流行は1948年頃にこれらの最も古い園地の一つで始まり、その後他の園地でもみられるようになったという。汚染源の調査から、挿し木苗（棒苗）の供給で障害株が拡がっている可能性が浮かび上がってきた。障害株が発生している圃場の苗は全て、1945～1949年頃に、流行の発端となったと推定される園地から直接あるいは間接的に供給されたものであった（山本ら、1970）。発生圃場の全株調査から、病株は畝なりに拡がっていた。すなわち、園地内では春先の株開き、**株ごしらえ**、選芽、蔓の手入れ、芯止めなどの一連の栽培管理作業で使用する鍬、鎌、ハサミ、ナイフ、そして人の手指などに付着した病汁液で拡がっていると考えられた（山本ら、1970）。1941年に開園した最も古い圃場の一つでは、1948年頃から矮性ホップがみられるようになり、1960年頃から目立ち始めて、その後年々拡がり、1966年には70%程度、翌1967年にはほぼ100%の株が矮化症状を呈するようになったという。

同様の症状を示すホップは、福島県・会津地方だけでなく、150km以上も離れた長野県のホップ産地（現、同県飯山市周辺）でも発生していた。サッポロビール株式会社の調査報告書によれば、

> 「感染株は葉がやや帯黄色となり、主茎葉は硬直状態に出て重症株では葉面に襞（ひだ）ができ波状になり、時に上方に曲がる。また、病葉は一般に小さく葉肉が薄くて脆く、裂刻は健全に比べて鋭く、葉脈が葉裏に突き出た感じになる。重症株は架線の上部まで到達せず、蔓の上部に小葉をつける。球果はしまりが悪く小さくなり減収する。初期の徴候は萌芽期にみられ、5月下旬蔓の高さが1.5～2.0mに達する頃からはっきりしてくる」（森、1965;1966;1967）

と記載されている。病気のある圃場から採取した苗を植えると3年目頃から発生

ホップ（*Humulus lupulus*）
ヨーロッパ、東アジア、北アメリカに自生している多年生草本植物
紀元前6世紀頃：ビールの原料として野生ホップを使用
8世紀中頃：ドイツでホップ栽培の記録
1875～77：欧米から栽培ホップ導入
→ 試作開始（駒場農学校、札幌開拓使など）
1910：優良品種の選抜と育種開始（長野県）
1937～：戦時下、海外から原料ホップの調達が困難となる
→ 国産ホップ栽培奨励 → 作付面積増加
1938年（山梨県）・1939年（福島県、山形県）
1940～52：福島県会津地方、長野県下（現、同県飯山市周辺）
生育不良株発生 "矮性ホップ"・"杉の木型ホップ"・"外様病"
α 酸（ビールの苦み成分）半減
1960年代：ホップ矮化病 発生増加
1970：「ホップ矮化病」に関する研究報告書（山本ら）
1977：「ホップ矮化ウイロイド」発見（Sasaki & Shikata）
1977：全圃場防除対策開始（キリンビール管轄圃場）
全圃場の全株調査（約10年間継続）
キュウリ検定等で診断
感染株の伐根・除去と改植
→ 流行の収束へ
1987：制圧宣言
（キリンビール管轄圃場）
長野県
（外様病）
福島県
（矮性ホップ）

図1　日本のホップ栽培と矮化病発生・流行の歴史

がみられるようになり、株ごしらえ作業の方向に沿って拡がる傾向があり、実験的に接ぎ木でも伝染することが確認された。本病は発生が多くみられた地区名に因んで“外様病”と呼ばれ、会津地方の“矮性ホップ”と同じ原因によるものと考えられていた。

障害株の発生圃場はその後国産ホップ栽培の増加に伴いますます拡大し、1960年代から1980年代にかけて日本の主要なホップ生産地域である東北地方で大流行した（図1）。

ホップはビール会社と農家（生産者組合）の契約栽培で生産されており、苗は契約したビール会社から供給される。障害株は程度の差こそあれ全てのビール会社の契約園地で発生した。キリンビール株式会社の調査によると、1967年は会津地方の総面積21,713アールのうち、19,723アールを調査し、園内の障害株の発生率が60%以上の重度汚染園は60園（面積402アール、全体の2.0%）、発生率が30%～60%の中程度汚染園は37園（282アール、同1.4%）、発生率が30%以下の園は232園（2,280アール、同11.6%）だった。障害株は381園地でみられ、管轄区域の総面積の15%を占めていた（山本ら、1970；Yamamoto et al., 1973)。“矮性ホップ”の流行は国内のホップ栽培に甚大な影響をもたらしたが、1200年以上のホップ栽培歴のある欧州や米国でも発生記録のない新病害だった。矮性ホップは“ホップ矮化（英名：hop stunt）病”と命名され、原因の究明が始まった。

病気の症状、発生状況、伝染方法、診断法、防除法、微量元素との関連性、土壌線虫など媒介生物の関与など、様々な観点から矮化病の病因の調査・分析が行われ、本病が汁液伝染性のウイルス性病害であること、土壌伝染や線虫により媒介される可能性は低く、諸外国で報告されているホップの病害に類似するものは見当たらないことが明らかにされた（Yamamoto et al., 1973)。ホップは栄養繁殖性で当時栽培されていたホップには複数のウイルスが重複感染していたことや、ホップに病原を感染させても矮化病が発症するまでに長い年月を要することからその病因究明は困難を極めたが、研究は、ホップ矮化病の原因、すなわち病原がキュウリ、メロン、ユウガオなどウリ科作物に感染するという発見で大きく進展した。矮化病ホップの汁液をキュウリ（*Cucumis sativus*）に擦り付け接種し、25℃～30℃程度の高温に保った温室で2～3週間栽培すると、キュウリが“矮化病”になったのである。感染したキュウリの葉は小さくなり縁が下方に巻き、花は小さく花弁にはしわがより、果実も小さく色は淡い黄色からほぼ白色になった。メロン（*C. melo*）、ユウガオ（*Lagenaria siceraria var. clavata*）、ヒョウタン（*L. siceraria var. microcarpa*）もまた、接種後30〜50日で上葉の緑が下方に巻き発育不全を起こした（Sasaki & Shikata, 1977a）。さらにシロウリ、シマウリ、ヘチマ、トマトにも感染することが明らかにされ（佐々木&四方、1978a）、特にキュウリの品種‘四葉’は感受性が高く、25℃より30℃の高温でより早く発病し、矮化や葉巻症状が見やすいことからホップ矮化病の**生物検定**のための**指標植物**として使用された（写真3）。キュウリを用いた生物検定により、病原の生物学的および理化学的特性の詳細な分析を行うことが可能になった。矮化病の病原因子は113,000×*g*、2時間の超遠心分離でも沈殿せず、フェノール処理やDNA分解酵素（DNase）処理に耐性を示した。しかし、RNA分解酵素（RNase）（0.1μg/ml）には感受性で、25℃、1時間のインキュベートで感染性は完全に喪失した。すなわち、ホップ矮化病の病原は低分子量のRNAでウイロイドの性質を有することが明らかになった（Sasaki & Shikata, 1977b）。1977年、佐々木と四方はそれが新規のウイロイドに起因することを特定し、ホップ矮化ウイロイド（hop stunt viroid；HSVd）と命名した（Sasaki & Shikata, 1977b）。さらに、感染キュウリから抽出した核酸をショ糖密度勾配遠心分離で分画した試料をキュウリに接種した結果、沈降定数6S〜9Sの領域に最も高い感染性が認められ（佐々木&四方、1978b）、その後電気泳動法による同様の分析でも6S〜7Sと推定された（Takahashi, 1981）。また、矮化病に感染したキュウリから抽出した核酸をホップ実生に接種し、キュウリ検定で感染を確認後、健全ホップに接ぎ木接種したところ、接ぎ木されたホップから伸長した蔓は明瞭な矮化症状を呈し、キュウリ検定で陽性になった。すなわち、戻し接種が成功し、**コッホの基準**が満され、HSVdが矮化病の病原であることが証明された（佐々木&四方、1978a）。

それまで、矮化病の診断は10m以上にも蔓が伸びるホップやカナムグラ（*H. japonicus*）の生育を目視で観察して判定するしか方法がなかった。目視による診断は熟練を要するだけでなく、特に問題となったのは、ホップでは症状がわかりにくく、潜伏期間が長く発病まで数年に及ぶこともあるため、発病前の感染株を検出できなかったことだった。“キュウリ検定法”、特に、子葉と胚軸に接種する“胚軸接種法”の開発により、それまで3箇月以上、時には2～3年を要していた診断時間は1箇月程度に大幅に短縮され、感染ホップをより迅速かつ正確に検出することが可能になった（Sasaki & Shikata, 1980; Sasaki et al., 1989）。感受性の高い検定植物の発見は、ホップ矮化病の流行の鎮圧に大きく貢献したのである。キュウリ検定は診断だけでなくHSVdの細胞内所在の分析にも用いられ、HSVd感染葉から調製した細胞内画分のキュウリ検定でHSVdの感染性がPSTVdなどと同様に核と原形質膜画分に存在することが明らかにされた（Takahashi et al., 1982）。また、キュウリだけでなくトウガンも病徴が明瞭で感受性の高い宿主であることが報告されている（Yaguchi & Takahashi, 1984 a）。その後の、HSVdの検定は、電気泳動法（Takahashi et al., 1983; Sano et al., 1984 a）、核酸ハイブリダイゼーション法（Sano et al., 1988 b）、逆転写－ポリメラーゼ連鎖反応法（佐野、1990; 草野、2007）、多検体の迅速診断が可能な逆転写－リコンビナーゼポリメラーゼアッセイ法（Eastwell & Nelson, 2007; Kappagantu et al., 2017 a）などのより迅速かつ高感度な分子診断法に置き換えられてきている。

2　ホップ矮化病発生の謎

2-1　様々な宿主から分離されるホップ矮化ウイロイド

ホップ（*Humulus lupulus*）は欧州、東アジア、北米に自生している多年生草本植物で、栽培種は地中海沿岸コーカサス地方が原産地と考えられている。紀元前6世紀頃、ビールの原料として野生ホップが使用され、また西暦736年には、栽培の目的は明らかでないがドイツで作物として栽培された記録があり（Mahaffee et al., 2009）、この頃から欧州（ドイツ南部）のビール醸造にホップが利用されてきたと考えられている。日本では明治初期に米国やドイツから品種が持ち込まれて試作され、1877年に北海道開拓使にホップ園が開設され栽培が始まった（鏡ら、1985; 浜口、1966; 高橋、2018）。しかし、一般栽培には至らず、栽培は次第に衰微して一旦中断された。その後、札幌麦酒会社は札幌工場内にホップ園を開設してドイツ種の実生の育成などを行い、1908年から農家との契約栽培が始まった。また、1906年には大日本麦酒株式会社が発足し、長野県でもドイツ種や米国種の実生から選抜したものや交配種の試験栽培が始まり、後の

‘信州早生’などの品種が選抜され、次第に国産ホップ栽培の基礎が形作られてきた（森、1995)。1930年頃、世界恐慌による不況下、国産ホップ栽培の廃止が余儀なくされ、一旦ホップ栽培地は縮小したが、1937年日支事変（日中戦争）が勃発して海外からの原料調達が困難になると再び国産ホップ増産の機運が高まり、1938年に山梨県、1939年からは福島県と山形県でも栽培が始まった（鏡ら、1985)。戦時中は再度生産が制限されたものの、戦後、本格的な国産ホップ栽培の時代へと向かった。

そのような中、1950年代の初め頃から、国内で栽培されているホップに矮化病の発生がみられるようになったのである。新たに出現した感染症ではいつも提起される疑問であるが、なぜホップ栽培が始まって半世紀ほどしか経っていない日本で、長い栽培の歴史がある国々でも前例のない新病害“矮化病”が発生したのだろうか？ホップ矮化病の病原がキュウリに感染することが発見された時、その症状が1974年にオランダで新しいウイロイド病として報告された“キュウリpale fruit病”の症状と酷似していることが注目されていた（Sasaki & Shikata, 1977a; Van Dorst & Peters, 1974)。HSVdとキュウリpale fruit病の病原cucumber pale fruit viroid（CPFVd）の異同を明らかにすることは、矮化病の発生要因を探るための重要な情報を提供すると考えられたのである。SanoらはHSVdとCPFVdの病原性や物理化学的性状を比較分析した。まず、様々な宿主植物に対する両ウイロイドの感染性と病原性を分析するため、当時ウイルス・ウイロイドの性状を調べる際の常とう手段であった宿主範囲が比較された。既にSasaki & Shikata（1977a）により明らかにされていたウリ科植物を中心としたHSVdの宿主植物にHSVdとCPFVdを感染させ、25℃～30℃に制御された隔離ガラス温室で栽培された。その結果、両ウイロイド共、キュウリ、メロン、トウガン、ユウガオには葉巻・黄化、壊疽（えそ）症状が顕われ、トマトには無病徴で感染した。宿主域は一致し、病徴からも区別することはできなかった（Sano et al., 1981)。物理化学的性状、つまり分子サイズの比較には、純度の高い精製標品を大量に準備する必要があった。Uyedaらは、ゲルろ過（セファデックスG-100）やカラムクロマトグラフィー（DEAE-セルロース、CF-11セルロース)、ポリアクリルアミドゲル電気泳動（Polyacrylamide gel electrophoresis; PAGE）によるウイロイド精製法を検討し、感染植物から低分子量RNAを抽出した後CF11-セルロースカラムで濃縮し、最後にスラブ型15% PAGEで高純度のウイロイドを調製する方法を確立した。200 g の感染キュウリ葉から3～6 µg のCPFVdが精製できた（Uyeda et al., 1984）。ウイルスの純化精製には超遠心分離機が必須であったが、ウイロイドの場合はPAGEが大きな役割を果たした。5%～15%まで様々にゲル濃度を変えて行われた比較検討から、7M尿素を含む7.5% PAGEで泳動した時、両ウイロイドの移動度にわずかな違いがみられ、CPFVdはHSVdより5ヌクレオチド程度大きいと推測された（Sano et al., 1984a）。両ウイロイドは宿主範囲と病徴から識別が困難であったが分子サイズは異なることがわかり、いよいよ塩基配列の比較が必要となってきた。1983年、Ohnoらは、HSVdの全塩基配列（日本DNAデータバンク；DDBJ登録番号:X00009）の解読に成功し、HSVdは297ヌクレオチドからなり、既報のウイロイドと同様、棒状のステム‐ループ構造を形成することを明らかにした（Ohno et al., 1983b）。それまでウイロイドの塩基配列はRNAの直接シークエンスにより決定されてきたが、HSVdは当時最先端のDNAクローニング技術（Okayama-Berg法）を用いてHSVdの相補的DNA（cDNA）をクローニングし、マキサム‐ギルバート法でシークエンスが解読された。続いてCPFVdも同じ方法でクローニングと全ゲノム配列が解読され、CPFVdはHSVdより6ヌクレオチド長い303ヌクレオチドで構成されていることが明らかになった（Sano et al., 1984b）。HSVdとCPFVdは12箇所の塩基置換と6箇所の塩基挿入を含む18箇所で異なり、全体で約95%の塩基配列相同性を示した。すなわち、両ウイロイドは同一種の変異体と位置付けることが妥当であることが提案され、以後、CPFVdは分類上HSVd-キュウリ変異体（HSVd-cucumber:HSVd-cuc）として取り扱われることになった。

オランダのキュウリpale fruit病の病原がホップ矮化病の病原と同一種であることが明らかになったが、発生地は大きく離れ、発生した宿主植物種も異なり、両者の関連性を示唆する情報は見当たらなかった。ホップ矮化病の伝染源植物探索のため、矮化病激発ホップ園とその周辺に自生している野草類のHSVd保毒状況がキュウリ検定法を用いて調査された（Yaguchi & Takahashi, 1984b）。29科50種105試料が調べられたが、HSVdは栽培ホップ以外からは検出されず、園地周辺にホップ以外の伝染源植物は見出されなかった。

Shikataらは、当時（1980年代）病原が不明であった様々な果樹類の病気とウイロイドの関連性を探る研究を開始し、その過程で日本国内だけでなく、欧州（フランス、西ドイツ、オーストリア、ハンガリー）、米国、中国などから日本に導入された栽培ブドウに、HSVdに類似した宿主域を有し、キュウリにHSVd特有の症状を示すウイロイドが感染していることを見出した（Shikata et al., 1984; Sano et al., 1985a; 1986a）。山梨県果樹試験場、広島県果樹試験場、マンズワイン（株）、アサヒビール（株）、北海道池田町で維持・栽培されていた32のブドウ試料（国外18、国内14）のうち28試料（88%）がキュウリ検定で陽性を示し、フレック、コーキーバーク、リーフロールなどの病状を示す試料だけでなく、植物検疫による隔離栽培を経て欧米から導入されたばかりの外観健全な栽培品種（'Cabernet-Sauvignon'、'Merlot' など）や台木品種 'SO4'、国産の栽培品種（'善光寺'、'甲州'、'巨峰'、'Muscat Bailey A' など）、さらに台湾や中国（新疆ウイグル自治区）産のブドウからもHSVdに類似した性質を持つウイロイドが検出されたのである。すなわち、国内外で栽培されているブドウのほとんどがHSVdと類似したウイロイドを高率に保毒していることが明らかになってきた（表1）（佐野、1987）。

国内産 '善光寺'、西ドイツ産 'Müller-Thurgau'、フランス産 'Grenache'、ハンガリー産 'Zalagyongye' から分離した株の全ゲノム配列解読の結果、ブドウから検出されたウイロイドは、HSVdと同じ297ヌクレオチドからなり、4分離株とも第54番目の塩基がA（アデニン）からG（グアニン）に変化したHSVdの1塩基変異体で、HSVd-grapevine（HSVd-g）と同定された（図2）（Sano et al., 1985b; 1986c）。分離したウイロイドをブドウ数品種（'Cabernet-Sauvignon'、'LN33'、'Saint Georges'、'善光寺'、'甲州' など）に戻し接種し、4年間、生育やブドウ果実の総酸度、pH、糖度などを分析したが品質への影響は確認されなかった。特段の症状を顕わさずに感染しているものと考えられた。

HSVdに類似したRNAはカンキツ類にも感染していた。カンキツのウイルス・ウイロイド検定用に使用されていたエトログシトロン（'Etrog' citron; *Citrus medica* USDCS. 60-13系統）にも、キュウリにHSVd特有の症状を示すウイロイドが感染していることが判明したのである。エトログシトロンは黄色くて表面が凸凹したレモンを大きくしたようなカンキツである。カンキツエクソコーティスウイロイド（citrus exocortis viroid; CEVd）に感染すると上部葉が下方にカールし

表1　世界各地のブドウ品種から検出されるホップ矮化ウイロイド[*1]

最近外国導入品種	症状等	導入国（導入年）	キュウリ検定
Cabernet-Sauvignon	無病徴	フランス（1983）	+
Merlot		フランス（1983）	−
Ugni blanc		フランス（1983）	−
Grenache	無病徴	フランス（1983）	+
5BB		フランス（1978）	−
SO4	無病徴	フランス（1978）	+
Müller-Thurgau	無病徴	西ドイツ（1980）	+
Zweigeltrebe	無病徴	オーストリア（1982）	+
Favorit	無病徴	ハンガリー（1979）	+
Ezerfurtu	無病徴	ハンガリー（1981）	+
Jubileum '75	無病徴	ハンガリー（1981）	+
Zalagyongye	無病徴	ハンガリー（1983）	+
Morio Muscat	無病徴	ハンガリー（1983）	+
Cabernet franc	無病徴	米国（1978-1979）	+
Cabernet franc	リーフロール	米国（1978-1979）	+
Saint Georges	無病徴	米国（1978-1979）	+
Saint Georges	フレック	米国（1978-1979）	+
Saint Georges	フレック	米国（1978-1979）	+
外国産品種	**症状等**	**栽培国（採集年）**	**キュウリ検定**
和田紅	無病徴	中国（1985）	+
紅馬椰	無病徴	中国（1985）	+
天核白	無病徴	中国（1985）	+
長拉斯	無病徴	中国（1985）	+
喀什哈弥	無病徴	中国（1985）	+
国内栽培品種	**症状等**	**栽培地**	**キュウリ検定**
善光寺	リーフロール	山梨県	+
甲州	無病徴	山梨県	+
甲州	無病徴	山梨県	−
甲州	リーフロール	山梨県	+
甲州	無病徴	山梨県	+
甲州	リーフロール	山梨県	+
甲州	リーフロール	山梨県	+
清見	無病徴	北海道	+
巨峰	無病徴	広島県	+
宮島	無病徴	広島県	+
Pionnier	無病徴	広島県	+
Muscat Bailey A	無病徴	広島県	+
Campbell early	無病徴	広島県	+
Delaware	無病徴	広島県	+

＊1　キュウリ検定は1984～1985に行われた。

て特徴的なエピナスティー（上偏生長）と呼ばれる症状が顕われるため、CEVdの生物検定用植物として使用されてきた。

カンキツエクソコーティス病には強毒型と弱毒型が知られていて、エトログシトロンに強毒型を感染させると激しいエピナスティー症状（強い葉巻）、弱毒型を感染させると軽い葉巻や葉脈の下垂症状が顕われる。強毒型と弱毒型に感染したエトログシトロンおよび健全株の葉から低分子量RNAを抽出し、ギヌラ（*Gynura aurantiaca*；CEVdの検定植物の一つ）とキュウリに接種したところ、強毒型を接種したギヌラにCEVd特有のエピナスティー症状が顕われ、弱毒型を接種したキュウリにHSVd特有の矮化・葉巻症状が顕われた。また、遺伝子診断の結果、弱毒型感染区の外、強毒型感染区と健全区からもHSVd陽性のシグナルが検出された。さらに、電気泳動で分析した結果、強毒型感染区からはCEVdの感染を示すバンドが検出されたが、弱毒型感染区と健全区からはCEVdは検出されなかった。弱毒型感染区の低分子量RNAからHSVd特異的プライマーを用いて合成したcDNAをクローニングし、全ゲノム配列を解読した結果、新規なHSVdの変異体（HSVd-citrus；HSVd-cit）が検出された（Sano et al., 1986b；1988a）。HSVd-citは302ヌクレオチドで構成されており、塩基配列はHSVd-cucumber（CPFVd）に近く、ホップから分離されたHSVd-hopと17箇所で異なっていた（図2）。さらに強毒型感染区と健全区からも同様の配列が検出されたが、2箇所の塩基に多型が観察された。HSVd-citは、外観無症状の温州ミカン類からも高率に検出されたことから、ブドウのHSVd-gの場合と同様、カンキツ類に広く無症候性で感染しているものと考えられた。

山梨県は日本一のスモモの産地で、早生種から晩生種まで様々な品種が栽培されている。‘太陽’は戦前から農家で試作されていたスモモから見出されて命名された品種で鮮紅色～紫黒色の大型の果実をつける。1968年頃から果面が“まだら”に着色してくる障害果の発生がみられるようになり、果面のまだら模様がキリンの肌模様のように見えることから栽培者には“キリン果”などと呼ばれていた。そして1980年代になり、この品種の市場価値が高まるにつれ“キリン果”の発生が問題になってきた（寺井、1987；1990；1992）。本病はその後“スモモ斑入果（plum dapple fruit）病”と命名され研究が開始された。幼果期は果面が若干凸凹する程度で、着色期になると果面に1～2cm^{2}ほどのやや長円形の

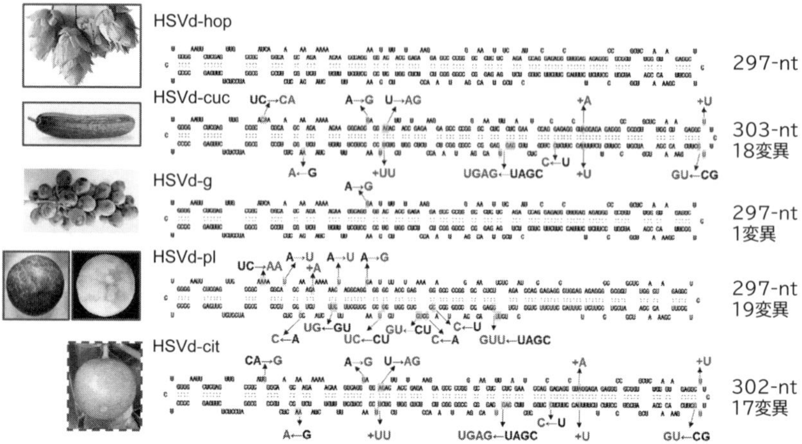

図2　ブドウ・カンキツ・スモモから分離されたホップ矮化ウイロイド変異体とその塩基配列の比較．HSVd-hop を基準として、変異がみられた塩基を矢印で示した。UC → CA は HSVd-hop では UC の配列が CA に変化したことを示す。＋ A は A が付加されたことを示す。枠で囲った宿主植物では病気を起こし、点線枠の宿主では潜在性であったが一部の品種に病気を起こすことを示す。

大小の赤い斑入模様が顕われる。樹勢や枝葉に異常はみられないが、罹病果の果肉は固く軟化が遅れ、糖度は健全果と変わらないが舌触りが悪く食味は悪いという。また類似の斑入果病は主要品種の‘大石早生李（おおいしわせすもも）’や‘サンタローザ’などにも発生していた。さらに、中生種の‘ソルダム’では斑入果症状はみられないが、本来赤くなる果肉が黄色味を帯びる“ソルダム黄果症”が発生していた（寺井、1992）。寺井らは、本病が接ぎ木伝染することを明らかにし（寺井、1985）、さらに交互接木試験、すなわち、斑入果病の‘太陽’と‘大石早生李’および黄果症の‘ソルダム’をそれぞれ健全の‘太陽’、‘大石早生李’、‘ソルダム’に接木接種することにより、それぞれの病原は同一で、果実の症状にみられる違いは品種の特性であることを証明した（寺井、1992）。‘太陽’の罹病樹の果皮と葉から調製した低分子量 RNA の電気泳動分析の結果、罹病樹から健全樹にはみられないウイロイド様 RNA のバンドが検出された。この RNA は電気泳動で HSVd とほぼ同じ移動度を示し、キュウリに接種すると HSVd と類似の病徴が顕われた（Sano et al., 1986b）。全ゲノム配列が解読され、これもHSVdの新しい変異体（HSVd-plum;HSVd-pl）と同定された。HSVd-plは297ヌクレオチドで構成され、HSVd-hopと19箇所の塩基配列が異なっていた（図2）(Sano et al., 1989)。また精製したHSVd-plをスモモ実生に接種後、'太陽'、'大石早生李'、'ソルダム'の健全樹に接木で戻し接種したところ、3年後、'太陽'に斑入果症状が再現され、HSVd-plがスモモ斑入果病の病原であることが証明された（Terai et al., 1988)。その後、モモ品種'浅間白桃'にも斑入果症状が発生し、分析の結果、HSVd-plが検出され、HSVd-plがスモモだけでなくモモにも類似の症状を引き起こすことが明らかになった（Sano et al., 1989)。

以上の結果から、HSVd（-g, -cit, -plなど様々な変異体を含めHSVdと総称する）はホップだけでなく、国内外で栽培されるブドウ、カンキツ類、スモモ、モモなどの果樹類に広く感染することがわかってきた。PSTVdの発見以来、世界中で7種のウイロイドが報告されていたが、地理的分布に関する情報がまだ乏しかったため、その多くは局所的に発生している病原と考えられていた。特にHSVdは、1200年以上にも及ぶ長いホップ栽培歴がある欧米でも発生の記録がなかったことから、日本のホップに発生した特殊な"風土病"と考えられていた。しかし、上記の一連の研究からこれまでの概念は変わり、HSVdは世界中に広く分布しているウイロイドで、ホップ、スモモ、モモの感受性品種では病気の原因となる一方、ブドウやカンキツ類には無症状で感染して拡がっていることが判明した。その後HSVdは世界各地の既報および新規の宿主で感染が確認・報告されるようになり、これまでに世界37か国18種の植物から分離されている(Hataya et al., 2017)。これには、野菜1種（キュウリ）、多年生草本1種（ホップ）、ナッツ2種（アーモンド、ピスタチオ）、花木1種（ハイビスカス）、果樹13種（ブドウ、カンキツ、スモモ、モモ、アプリコット、サクランボ、ナツメ、クワ、ザクロ、イチジク、リンゴ、野生リンゴ、ナシ）が含まれる（図3）。

HSVdは、現在、全てのウイロイド種の中で最も広い自然宿主域を有することで知られ、多様な宿主植物に適応し、特に果樹に深刻な病気を引き起こすウイロイドとして認識されるようになった。当初、ホップ、キュウリ、ブドウ、カンキツ、スモモ、モモから検出された分離株の塩基配列の比較解析から、HSVd分離株の塩基配列には宿主特異性が認められ、ホップ－ブドウ、カンキツ－キュウリ、スモモ－モモの3つの型に分類されることが提案された（Sano &

自然宿主	国名（病名）
キュウリ	オランダ、フィンランド（pale fruit）
ホップ	日本、（韓国）、米国、中国、スロベニア（矮化）
ブドウ	日本、中国、ドイツ、フランス、チュニジア、米国、豪州、インド、他
カンキツ	日本、台湾、中国、インド、スペイン、米国、ジャマイカ、イスラエル、他
スモモ	日本（斑入果）、イタリア、韓国、中国、他
モモ	日本（斑入果）、中国、スペイン
アプリコット	中国、スペイン（degeneracion）、イタリア、フランス、ギリシャ、キプロス、モロッコ、トルコ、シリア、レバノン、ヨルダン、カナダ
アーモンド	中国、スペイン
ナツメ	中国
ザクロ	チュニジア、スペイン
サクランボ	ギリシャ、中国（斑入果）
リンゴ・野生リンゴ	ギリシャ、イラン
イチジク	チュニジア、シリア、レバノン、イラン
ハイビスカス	イタリア（矮化・葉巻）
クワ	レバノン、イタリア、イラン（葉脈透過）
ナシ	チュニジア
ピスタチオ	チュニジア

図3　ホップ矮化ウイロイド変異体の自然宿主と地理的発生分布．HSVd の自然宿主と発生が確認された国名を示した（2023 年 5 月時点）。カッコ内は病名・病徴を示す。

Shikata, 1988；Sano et al., 1989)。しかし、その後、アプリコットやアーモンドなどの核果類、さらに、様々な国のブドウやカンキツなどに感染しているHSVdの塩基配列の多様性が明らかにされ（Puchta et al., 1988 a；1989；Hsu et al., 1994；Polivka et al., 1996；Kofalvi et al., 1997)、多様な変異体を含む分子系統解析が進むと、HSVd の変異体は必ずしも宿主特異性を反映していないことが明らかになった。モモやアンズからもブドウと類似する変異体が検出され（Kofalvi et al., 1997)、ブドウからどのグループにも属さない新奇な変異体が検出されることが報告されたのである（Zhang et al., 2012)。さらに、欧州の核果類から分離された変異体の中には、スモモ－カンキツあるいはスモモ－ホップ－カンキツの組換えで生じたと考えられる変異体が報告されている（Amari et al., 2001)。ただし、これらが真に組換えで生じたものか、突然変異の蓄積によるものか明確ではない。

2-2　ホップ矮化ウイロイドの宿主適応：ホップ矮化病の伝染源

HSVd は世界中のブドウやカンキツあるいは核果類に無症状で感染していることが明らかになってきた。多様なHSVd変異体の潜在的リスクを評価するため、佐野らは、弘前大学農学部（現、農学生命科学部）の千年（ちとせ）学外圃場に 10m × 15m、高さ 4.5m のホップ栽培棚を設置し、ホップ、ブドウ、カンキツ、スモモから分離したHSVd変異体（HSVd-hop、HSVd-g、HSVd-cit、HSVd-pl）のホップに対する病原性を調査する実験を開始した。ウイルス・ウイロイドフリーホップ苗（品種‘キリン2号’、キリンビール福島ホップ管理センターから分譲）10本ずつに各変異体を接種し、翌1993年春、感染が確認された株各区5本を栽培棚に定植した。4種類のHSVd変異体感染区と健全区は、各区5本1列（株間1.5m）として、各列2mの間隔で植付けされた。各処理区間でHSVd変異体の不測の汚染が起こらないように栽培管理には細心の注意が払われ、毎年全株からサンプルが採取されHSVd感染の有無が確認された。なお、ホップは多年生草本で、秋に地上部分は枯れるが地下に根株が残り、翌春新たな芽が萌芽して伸びあがる。よって、一旦感染すると根株が存続する限り持続感染状態となる。4月下旬の支持線張り、株ごしらえ、選芽から始まり、8月下旬の手摘みによる球果の収穫まで栽培と観察が続けられた。収穫時には各HSVd変異体のホップに対する影響を調べるために、ホップの主蔓が計測され、球果中のα酸含有量はキリンビール社で分析された。HSVd-hopとHSVd-gに感染したホップは、栽培5年目を過ぎた頃から軽度の発育（伸長）阻害を呈し、主蔓の伸びは健全の80%程度になった（図4)。HSVd-cit感染ホップは特に顕著な矮化を示し、栽培2年目から主蔓の伸びは健全の約50%に低下した。HSVd-plは中程度の矮化を呈し、栽培5年目頃から主蔓の伸びは健全の60%～70%程度に低下した。つまり、ホップ主蔓の伸長への影響は、変異体によって明確に異なっていることが判明した。蔓1本当たりの球果収量は年変化が大きかったが、HSVd感染株では健全の33%～85%に減少した。感染株の球果は少し小振りで細く、100球果重は健全の82%～98%だった。一方、全ての感染ホップ球果中のα酸含有量は、感染2年目から健全株の46%～55%に減少し、その後毎年、健全株の50%～60%の範囲で低いままで経過した。これらの結果から、スモモやモモ、カンキツ類の一部の感受性品種以外の多くの果樹類に無症状で感染する全てのHSVd変異体がホップには顕著な矮化病を引き起こすリスクがあることが示された（佐野ら、1999; Kawaguchi-Ito et al., 2009)。

これと並行して、1990年代半ばから2000年代初めにかけて、日本のホップ栽培の中心である東北地方のHSVd疫学調査が実施され、福島県と岩手県の矮化病発生ホップ園から収集した矮化病感染ホップ試料から、9つの分離株

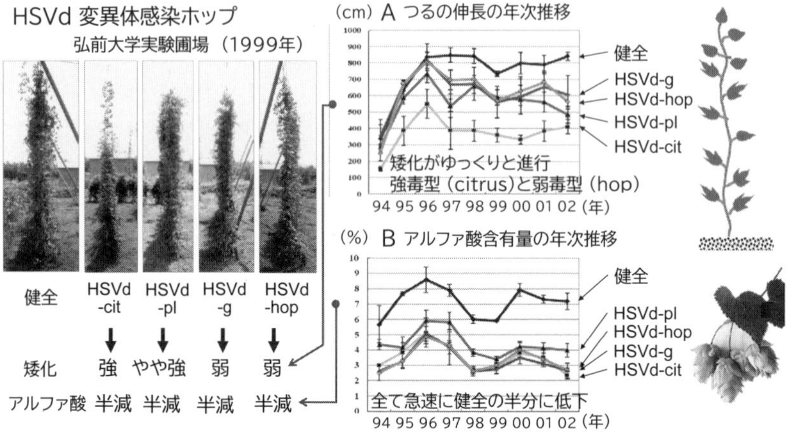

図4　ホップ矮化ウイロイド－ホップ、ブドウ、スモモ、カンキツ変異体の病原性比較試験. HSVd 変異体感染ホップの生育状況（左、感染 9 年目)、主蔓の伸長の年次推移（右、A）と球果中の α 酸含有量の年次推移（右、B)。ホップ主蔓の伸長への影響は HSVd-cit が最も強く、α 酸含有量は全ての変異株で健全の半分程度に低下した。A と B の横軸の 94 ～ 02 は 1994（感染 2 年目）～ 2002 年（同 10 年目）を示す。

（hKF76、hKF77、hKF82、hKFIt、hKFKi、hKIw、hSIw7、hAIw5、hAIw36）が選抜され、各分離株 4 ～ 7 個の cDNA クローンの塩基配列が解析され、合計 46 個の全長塩基配列が決定された（Sano et al., 2001)。東北地方で栽培されているホップに感染している HSVd の塩基配列は予想以上に多様で、各 cDNA クローンの塩基配列は複数の分離株間やクローン間で配列が一致した 7 種類の優占変異体と単独のクローンにしかみられない 12 種類のマイナー変異体が検出された。各塩基配列変異体は 296 ～ 301 ヌクレオチドで構成されており、7 箇所（塩基番号 25、26、32、54、193、256、281）の塩基に分子系統上有意な変異が認められた。第 193 番塩基以外の変異は全て予測 2 次構造のループ内に位置し、第 193 番（U か C）も G:U 塩基対から G:C 塩基対への変化で、2 次構造への影響は限定的と考えられた。マイナーな変異も含めると、各塩基配列変異体は HSVd-hop 変異体と 1 ～ 9 箇所の塩基で異なっていた（図 5)。

1990 年代半ばから植物ウイルス分野でも塩基配列に基づく分子系統解析が行

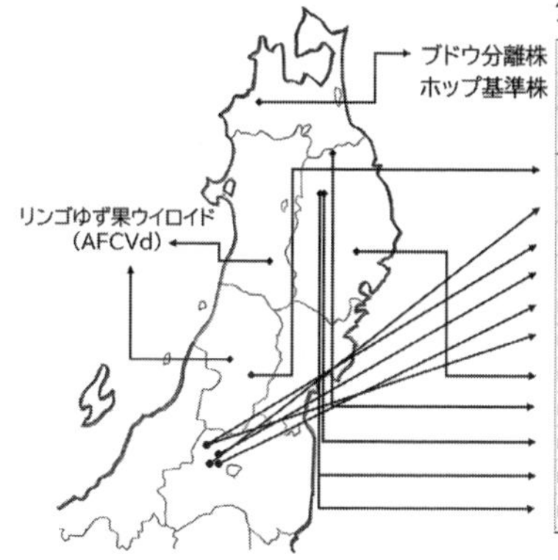

多型を示した塩基番号

分離株　採集地

分離株名	採集地	cDNAクローン番号	25	26	32	54	116	193	256	281	変異体タイプ
HSVd-grapevine			U	C	A	G	G	U	G	U	
HSVd-hop			U	C	A	A	G	U	G	U	
KY04	山形	1,2,3,4,5	U	C	A	G	G	U	G	U	
hKF76	福島	3,5,6,7	A	A	A	A	G	U	G	A	Ⅰ
hKF77	福島	1,2,5,6,14,15	A	A	A	A	G	U	G	A	Ⅰ
hKF82	福島	2,3,4,6,7	A	A	A	A	G	U	G	A	Ⅰ
hKFIt	福島	8,11,15,16	A	A	A	A	G	U	G	A	Ⅰ
hKFKi	福島	11,12,22,23	A	A	A	A	G	C	G	A	Ⅱ
hKIw	岩手	2,3,4,13,14,23	U	C	A	G	G	C	G	A	Ⅲ
hSIw	岩手	2,7,8,21,22,23,26	C	U	U	A	G	C	U	A	Ⅳ
hAIw-5	岩手	1,2,3,4	U	A	A	G	G	C	G	A	Ⅴ
hAIw-36-1	岩手	4,7,13,14	欠失	C	A	G	G	U	G	U	Ⅵ
hAIw-36-2	岩手	5,6	欠失	C	A	G	U	U	G	U	Ⅶ

ホップ分離株ー多様な変異体

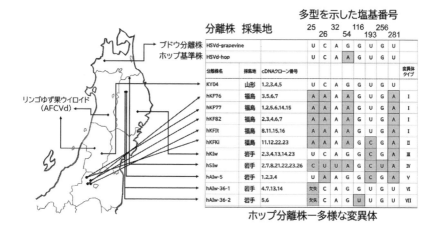

図5　東北地方の矮化病発生ホップ園から収集したホップ矮化ウイロイドの塩基配列の多様性．HSVd 分離株採集地（左の地図）と各分離株にみられた主要な塩基配列変異体と塩基変異（右の表）。7 種類の優占変異体と 12 種類のマイナー変異体が検出された。7 箇所（塩基番号 25、26、32、54、193、256、281）の分子系統上有意な変異を示した。最上段の分離株は HSVd-g、2 段目は最初に塩基配列が決定された HSVd-hop 基準株を示す。灰色の網掛けの塩基は HSVd-g と異なる塩基を示す。

われるようになり、国立遺伝研究所のホームページで分子系統解析ソフト（Clustal W）のサービスも始まり、容易に分子系統樹を作成することができるようになっていた。DNA データベースに登録されていた様々な宿主から分離された 44 個の HSVd 塩基配列変異体を含めた分子系統解析が行われ、東北地方のホップから新たに検出された HSVd-hop 変異体は全てブドウから検出された HSVd-g とクラスターを形成することが示され、興味深いことに、HSVd-g から東北のホップ分離株が枝状に分岐派生して出ている状況を示唆する樹形が得られた（図 6;左の点線の円内と右の拡大図）。そこでこの樹形を手掛かりに東北地方のホップ変異体の塩基変異が再吟味され、各変異体は HSVd-g を基本型にして、5 箇所の主要な変異（第 25、26、54、193、281 番塩基）が様々に組合されて構成されていることが判明した。また HSVd-g と完全に同じ塩基配列をもつ変異体が岩手県で採集した分離株の 1 つから検出され、さらにその後 2002 年に山形県で採集された矮化病罹病ホップからも HSVd-g と完全に一致する変異体（図 5；

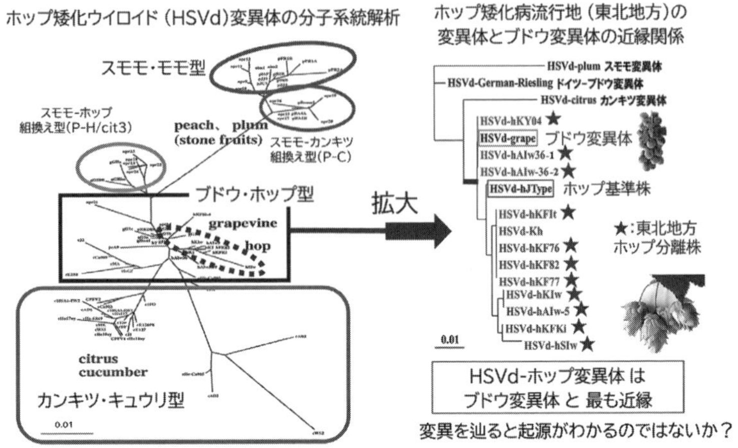

図6　多様な宿主から分離されるホップ矮化ウイロイド変異体と東北地方のホップ変異体の分子系統関係. HSVd変異体は3つの型に分けられ（左）、東北地方のホップ変異体（点線の円内）はブドウ変異体とクラスターを形成した（右、拡大図）。

表中のKY04）が検出された。これらの結果は東北地方のホップで流行しているHSVd変異体がHSVd-gから派生してきた可能性を示唆しており、栽培ブドウに潜在的に感染しているウイロイドと日本で発生したホップ矮化病とのつながりがみえてきた（Sano et al., 2001）。

ホップ矮化病とブドウのHSVd-gの関連性を示す状況証拠が得られたが、それをより直接的に示すことはできないだろうか？ブドウのHSVd-gがホップに感染して様々なHSVd-hop変異体が生じたと考えると、その変化の過程を再現できれば良いはずである。前述のように、佐野らは既にその10年ほど前から実験圃場でホップ、ブドウ、カンキツ、スモモから分離したHSVd変異体のホップに対する病原性を比較評価する実験を継続していた。感染実験開始当初は、各変異体の病原性の有無あるいは強弱を比較することが目的で、HSVdゲノムの変異などは想定されていなかった。しかし10年間の病原性比較試験で、各変異体の病原性の違いは明確になり、所期の目的は達成されていたので、引き続きHSVdの塩基配列の変化に注目して分析が継続された。幸い感染状況を確認するため

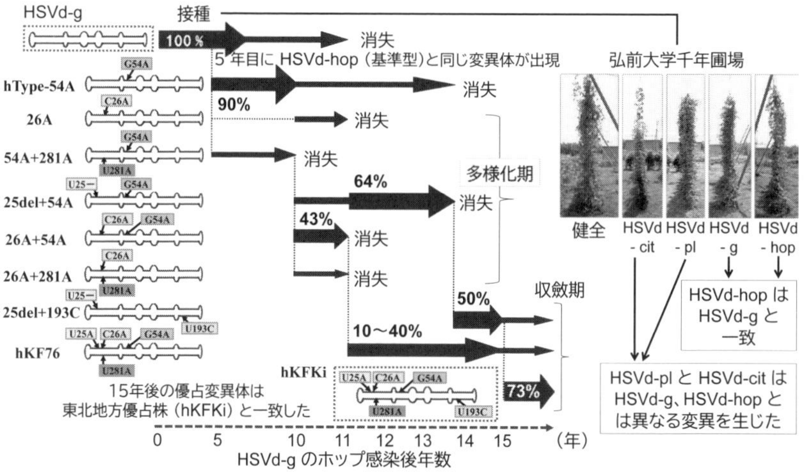

図７　ホップ矮化ウイロイド－ブドウ変異体のホップでの宿主適応変異．HSVd-ブドウ変異体（最上段：HSVd-g）に感染したホップから、感染５年目に、塩基配列変異体が検出され始め（２段目：hType-54A）、複数の HSVd 塩基配列変異体が共存しているケースもみられた。年月が経つにつれ、優占変異体の遷移が観察され（３段目以降）、U25A、C26A、G54A、U193C、U281A の変異が様々な組合せで生じた。15 年目に優占した変異体（最下段の点線枠内）は、東北地方のホップ園で優占している変異体（hKFKi）と一致した。カンキツとスモモ変異体も多様に変異したが、ホップ・ブドウとは異なった。

に、毎年、全ての株から個別にサンプルが採取され、抽出した RNA が保存されていた。この試料中の HSVd 子孫配列を分析すれば、各変異体の塩基配列の経時的な変化を追跡することができるものと考えられた。感染ホップから毎年回収された子孫 HSVd の塩基配列を分析したところ、感染５年目に、接種した変異体とは異なる新しい塩基配列変異体が検出され始め、感染ホップ個体の中には複数の塩基配列変異体が共存しているケースもみられた。さらに、年月が経つにつれ、優占する塩基配列変異体が新しいタイプに変化する優占変異体の遷移も観察された。特に、ホップに感染した HSVd-g では、第 25（U → A；U25A）、26（C → A；C26A）、54（G → A；G54A）、193（U → C；U193C）、281（U → A；U281A）番の塩基変異が発生し、それらを様々な組合せで獲得した変異体が集団内で次第に増加した。（なおこれ以降、本書では、塩基の置換はたとえば

U25A、欠失はU25－、挿入は25A26のように表記する。）これらの変異が生じた塩基は、興味深いことに、東北地方のホップ園で流行している多様なHSVd分離株にみられた主要な変異と一致していた。観察した15年間で、合計10種の異なる塩基配列変異体が検出され、最終的に上記の4箇所（第25、26、54、281番塩基）あるいは5箇所全ての変異を有する塩基配列変異体に収束した（図7）(Kawaguchi-Ito et al., 2009)。注目すべきことに、15年目に優占して検出された塩基配列変異体は東北地方の矮化病流行地域のホップ園から分離された優占変異体（hKFKiやhKF76）と一致し、実験圃場での15年間にわたる持続感染実験により実際のホップ栽培圃場で起こったことを再現できたものと考えられた。

HSVd-hopでも、HSVd-gと同じく、第25 (U→A)、26 (C→A)、193 (U→C)、281 (U→A) 番の4箇所の塩基が、15年間の持続感染期間中に様々な組合せで次第に変化した。本実験に使用されたHSVd-hopの第54番塩基は最初からAだったので、HSVd-hopも最終的にHSVd-gと同じ塩基配列変異体に収束したことになる。つまり、HSVd-gとHSVd-hop（HSVd-gの第54番塩基変異体）はホップ感染中に同じ変異体に変化した。一方、HSVd-plとHSVd-citも、15年間のホップ感染期間中にそれぞれ5箇所（第58、59、60、105、205番塩基）と11箇所（第25、26、27、32、54、108、148、152、264、265、281番塩基）の塩基が次第に変化し、新しい変異体に置き換わった。しかし、両者ともHSVd-gやHSVd-hopから生じた優占変異体とは異なり、スモモやモモ、カンキツに感染している変異体は日本のホップ矮化病の伝染源ではなかったと判断された（図8）。

15年間のホップ持続感染中に各HSVd変異体に生じた変異について、感染後1～5年目、1～10年目、1～15年目の突然変異頻度（ヌクレオチド／部位／年）を比較した。HSVd-hopは最初の5年間は1.3×10^{-4}、1～10年目までの10年間は5.5×10^{-4}、1～15年目までの15年間は$6.7 \sim 9.6 \times 10^{-4}$であった。一方、HSVd-gは順に$8.1 \sim 10 \times 10^{-4}$、$8.1 \times 10^{-4}$、$7.2 \sim 11 \times 10^{-4}$であった。つまり、HSVd-gの変異頻度はHSVd-hopよりも高く、特に感染後最初の5年間の違いが顕著（約6～8倍）であった。この違いは、HSVd-gの第54番塩基で生じたGからAへの置換（G54A）に起因していた。G54A変異はHSVd-gがホップに感染した時に最初に生じる変異の一つと考えられ、感染実験に使用されたHSVd-hop変異体はたまたまこのG54A変異を獲得済みのものだったのであ

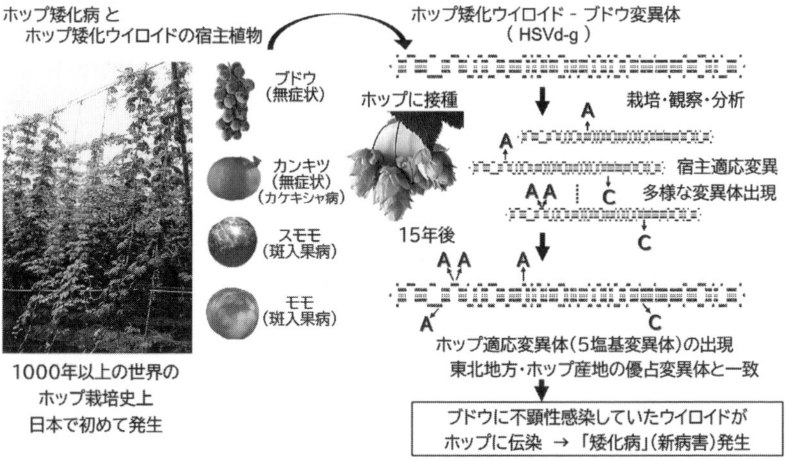

図8　ホップ矮化ウイロイド－主要変異体の宿主適応変異解析によるホップ矮化病伝染源の特定

ろう。HSVd-cit は同じく順に 3.4×10^{-3}、2.5×10^{-3}、$1.4 \sim 2.2 \times 10^{-3}$ で、HSVd-hop や HSVd-g より変異頻度が高く、HSVd-pl はその中間だった。興味深いことに各変異体の変異頻度と病原性の強さには正の相関がみられた。

ところで、この実験ではHSVd-g自然分離株を感染実験に使用したため、検出された変異体がホップという宿主への適応によって新た（de novo）に生じたものか、元々 HSVd-g の自然変異体集団中に微量に存在していた塩基配列変異体から選抜されて濃縮されてきたのかという疑問が生じた。そこで、HSVd-g の感染性 cDNA クローンの in vitro 転写物をホップに接種し、隔離温室で維持・栽培して再び 10 年間にわたる変異分析実験が実施された。その結果、上記の自然変異体を用いた実験と同様に、観察期間中に第 25、26、54、193、281 番塩基の 5 箇所の主要な変異ホットスポットを含む 66 箇所の突然変異が検出され、全ての変異はホップで増殖した HSVd-g 自然変異体でも観察されたものだった（Kawaguchi-Ito et al., 2009）。また、HSVd-g 自然変異体を用いた実験で出現した 10 種の塩基配列変異体もこの実験で検出され、15 年目の最優占変異体も一致した。以上の結果から、東北地方の栽培ホップから検出された HSVd-hop 変異体は、元々接種源中に存在していたマイナー変異体が濃縮されたものではなく、

1. HSVdの主要な変異体をホップに感染させた結果、ブドウから分離した変異体が宿主適応変異を生じ、東北地方のホップ圃場で優占しているHSVd変異体と同じ変異体に変化した
   → 日本のホップ矮化病は、栽培ブドウに無症状で感染している HSVd がホップに伝染して発生したものと考えられた

2. このホップ適応変異体は、2000年代になって発生が確認された米国と中国の矮化病ホップの優占変異体とも実質的に一致した
   → 世界中で栽培されているブドウが高率にHSVdを無症状で保毒していることを考えると、ホップ矮化病はどこでも発生する危険性がある
   → ブドウのような不顕性宿主はホップ矮化病の伝染源として重要な役割を果たしている

ホップ園と隣接するブドウ園

3. ウイロイドは新しい植物に宿主域を拡大し、宿主適応する過程で変異を生じて、ゲノムの多様性を増大させている
   → 宿主域拡大 → 遺伝的多様性増大 → 機能性（病原性）変化

図9　ホップ矮化病発生の背景

ブドウに感染しているHSVd-gがホップに感染し、宿主適応する過程でde novoに生じた変異体であることが示された。

さらに、東北地方の矮化病感染ホップで最優占していた変異体（hKFKi）のブドウに対する感染性が感染性cDNAクローンを用いてHSVd-gと比較分析された。ブドウはHSVdの無病徴宿主であるため、共に病徴はみられなかったが、接種6箇月後にHSVd-gは14個体中11本、hKFKi変異体は12個体中4本が陽性となり、hKFKiはHSVd-gよりブドウでの感染率が低下していた。HSVd-gとhKFKi感染株からそれぞれ4株を選び、HSVdを抽出して各個体10個（合計80個）のcDNAクローンの塩基配列を調べたところ、HSVd-g感染区では40個全てがHSVd-g型の配列を有していたのに対し、hKFKi感染区ではhKFKi型の配列を有するものは5個（12.5%）だけで、残りは全てHSVd-g型に変化していた(Zhang et al., 2020)。つまり、hKFKiはブドウの中で速やかに復帰変異を起こして元の姿を現したものと判断され、HSVd-gがホップ感染中に適応変異を起こしてhKFKiが生じたとする考え方が支持された。

日本の主要なホップ生産地域はブドウ栽培地域と重なり合っており、両者はしばしば隣接して栽培されていること（写真4）、そして現在の栽培ブドウのほとんどがHSVdを保毒しているという状況証拠に加えて、ホップとブドウから分

離されたHSVd変異体の疫学調査と分子系統解析の結果は、ブドウに不顕性感染しているHSVdが日本のホップ矮化病流行の伝染源だったことを示唆している(Sano et al., 2001)。さらに、HSVd-g、HSVd-hop、HSVd-cit、HSVd-plがホップ持続感染中に生じた宿主適応変異の遷移の分析結果は、栽培ブドウに不顕性感染するHSVd-gが、ホップに感染した後、日本のホップ矮化病流行地域で優占する変異体に変化した可能性を強く支持した（図9）。

3　新規ウイロイドによる劇症型ホップ矮化病の発生

2000年代の初め、矮化病の流行が収束して10年以上経過し、散発的な発生がみられる程度になっていた頃、秋田県大雄村（現、横手市）のホップ畑に、蔓上部の異常な矮化と強い葉巻症状を伴う生育不良株が多数発生した。生育不良株は蔓が細く、重症株は先端がようやく栽培棚の上部架線に届く程度で、栽培歴の古い畑で特に重症株が多くみられた。これらの症状は、HSVd感染によって引き起こされる病徴に似ていたが、蔓の上部にみられる矮化・葉巻症状はHSVdよりもう少し深刻に見えた。2000年の秋に収穫された球果の樹脂成分の分析結果から、発症株の球果のα酸／β酸比は1.0以下に低下していて健全球果の1.5～2.0を大きく下回り、矮化病の発生が示唆された。そこで、20個の球果試料から低分子量RNAが抽出され、PAGE法で分析された。その結果、HSVdは全く検出されず、10個の試料からHSVdより大きい約370ヌクレオチドのウイロイドが検出された。当時、ホップに感染するウイロイドとしてHSVd（約300ヌクレオチド）の他にホップ潜在ウイロイド（hop latent viroid; HLVd、約250ヌクレオチド）が知られていたが、そのどちらとも異なるホップでは未報告のウイロイドで、全塩基配列の分析からリンゴゆず果病の病原として発見されたリンゴゆず果ウイロイド（apple fruit crinkle viroid; AFCVd）の変異体と同定された(Sano et al., 2004)（図5）。AFCVd-hopはリンゴから分離されたAFCVd（DDBJアクセッション番号E29032）と93%～98%、オーストラリアのブドウから発見されたAustralian grapevine viroid（AGVd）と85%～87%の塩基配列相同性があった。ホップから分離したAFCVd-hopをホップ（‘キリン2号’）に戻し接種した結果、接種3年目に、蔓の伸びと球果中のα酸含有量がそれぞれ健全の76.6%と

56.5%に減少し、AFCVd-hopがホップにHSVdと同様に矮化病を引き起こすことが明らかにされた。

AFCVdはいつ頃から日本のホップに感染していたのであろうか？　1980年代半ばから1990年代の後半にかけて日本の主要なホップ生産地から収集されたホップの低分子量RNA保存試料（106サンプル）の分析からAFCVd-hopの過去の発生分布が調査された。AFCVdは、1987年に長野県、秋田県、岩手県、青森県から収集された10サンプルと、2001年に山形県から収集された1サンプルから検出された（Sano et al., 2004）。すなわち、1980年代には、日本の主要なホップ産地にこのウイロイドが存在していたことが明らかになった。AFCVdもHSVdと類似の矮化症状を示すため、HSVdと混同され見逃されてきたものと考えられた。

AFCVdはどのような経緯でホップに感染したのであろうか。AFCVd-hopが流行した大雄地区は、1970年代に水田の転換作物としてホップが初めて導入されてできた産地だった。したがって、この地域のほとんどのホップ畑はかつて水田であった土地に設立された。AFCVd-hopで最も深刻に汚染されていた畑は、この地域にホップが初めて導入された時、先行地である山形県の産地から導入された苗の育苗圃場として開設された畑だった。この事実は、導入された母株の一部にAFCVd-hop感染株が混在していて、栄養繁殖で増殖され、新設の園地への配布によって地域全体に広がったことを強く示唆している。この考えは、1980年代に長野県など国内の主なホップ栽培地で採集したホップからAFCVd-hopが検出されたことからも支持される。長野県は最も古い産地の一つで、これらの先行産地で繁殖されたホップが新設産地の母株として供給されてきたのである。さらに、国内の複数のビール醸造メーカーの管轄ホップ圃場で栽培されたホップからこのウイロイドが検出されたことも、日本のホップ栽培史の早い時期にAFCVdがホップに侵入していた可能性を裏付けている。

AFCVdはリンゴとホップに病気を起こし、国内で栽培されている無症状のカキ（*Diospyros kaki*）からも検出されている（Nakaune & Nakano, 2008）。AFCVdの遺伝的多様性を分析するために、リンゴ（9分離株）とホップ（6分離株）、合わせて15のAFCVd分離株から合計76個の独立したcDNAクローンの塩基配列が解読され、DDBJに登録されているカキ分離株と近縁のAGVdも合わせて分子系統

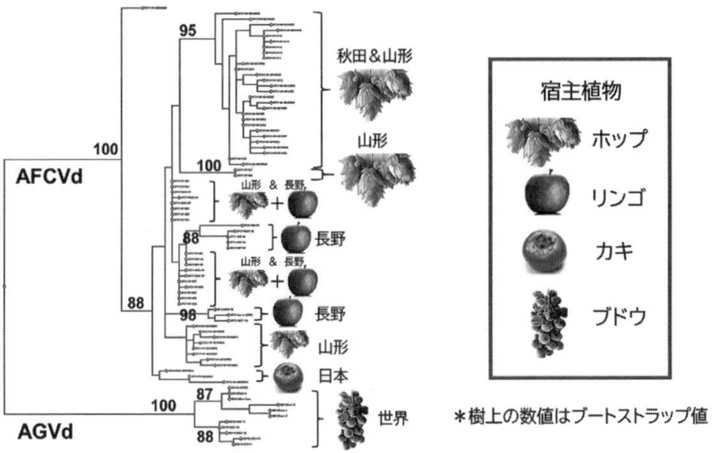

図 10　リンゴゆず果ウイロイド－リンゴ、ホップ、カキ分離株の分子系統樹. AFCVd 分離株は、山形県ホップ分離株、秋田県と山形県ホップ分離株、ホップとリンゴ分離株、リンゴ分離株、カキ分離株、合計 8 つのクラスターに分かれた。

解析が行われた。AFCVd 分離株は、山形県のホップ分離株のみで構成されている 2 つのクラスター、秋田県と山形県のホップ分離株で構成されている 1 つのクラスター、ホップとリンゴの分離株で構成されている 2 つのクラスター、リンゴの分離株のみで構成されている 2 つのクラスター、そしてカキの分離株のみで構成されている 1 つのクラスターの併せて 8 つのクラスターに分かれた（図 10）。そして、AFCVd ゲノムの第 142 番塩基と第 143 番塩基の間にみられる多型（塩基挿入）とその地域でのホップ栽培の歴史（秋田県より山形県の産地の方が古いこと）を考慮すると、山形県のホップにすでに存在していた AFCVd 変異体の 1 つが秋田県の産地に「創始者」として持ち込まれた可能性が高いと考えられた（Sano et al., 2008)。これは、栄養体繁殖によって引き起こされる“遺伝的ボトルネック”効果により、特定の変異体が選抜されて異なる地域に移動し、新たなウイロイド個体群が形成されることを観察した好例であろう。また、リンゴとホップの分離株で構成されるクラスターの存在から読み取れるように、リンゴとホップという宿主による違い、すなわち宿主特異性はみられなかった。さらに、リンゴの集団の多様性はホップの集団より低い（Sano et al., 2008）ことから、

AFCVdという名前がつけられてはいるが、必ずしもこのウイロイドがリンゴ由来とは限らないことも示唆された。カキを含めてその起源植物が何か興味深い。

AFCVd-hopが日本で発生したのか、汚染された植物の苗株と共に国外から侵入したのかわからないが、リンゴでもホップでも、日本以外の国でAFCVdが検出された例はほとんどなく、最近、米国フロリダ州などで栽培されているカキ（*Diospyros kaki, D. virginiana*）にAFCVdが感染していることが報告されている程度である（Gregory et al., 2018；Velez-Climent et al., 2022）。欧州、北中南米、豪州、そして中東からアジア諸国で栽培されているホップとリンゴあるいはカキについてより広範囲な地域からの情報が必要である。

東欧のスロベニアでも、2007年頃から複数のホップ圃場において‘Celeia’、‘Bobek’、‘Aurora’などの品種に激しい全身の矮化、葉巻、球果の小型化、根の乾腐など矮化病に類似した病気の発生がみられた（Radišek et al., 2012）。分析の結果、当初、HSVd-citタイプの変異体が検出された。しかし、翌年の分析ではHSVdは検出されず、ホップでは未報告のカンキツバーククラッキングウイロイド（citrus bark cracking viroid；CBCVd）の変異体が検出され、これが劇症型の矮化病の主因と同定された（Jakše et al., 2015）。どちらもカンキツ類に感染することが知られていたウイロイドである。スロベニアではカンキツ類は栽培されておらず、この新病害はかつて青果物流通センターの生ごみ捨て場であった場所に新設されたホップ園で発生したため、青果物として輸入されたカンキツ系の果物や植物の残骸が伝染源だった可能性が示唆されている（Radišek et al., 2012；Jakše et al., 2015）。CBCVdはHSVd以上に深刻な被害を生じる恐れがあり、ホップの一大産地であるドイツ・ハラタウ（Hallertau）地方でも発生が確認されたことから（Julius Kühn-Institut, 2019）、欧州のホップ栽培国では最も危険なウイロイド病としてその拡がりが警戒されている。さらに、クラフトビールブームでホップの生産量が倍増したブラジルでも‘Cascade’、‘Comet’、‘Saaz（ザーツ）’などの品種に矮化や黄化症状が発生し、CBCVdの感染が確認された（Eiras et al., 2023）。ホップ種苗の流通に伴い危険なウイロイドが既に世界的に拡散しており、圃場の新設・拡大に伴う種苗導入の際にはウイロイド検定によってウイロイドフリーが確認されているものを使用することが必須である。

4 新たな脅威:ホップ潜在ウイロイド

HLVdは1987年スペインのLeón地域で栽培されていたホップから発見されたウイロイドで、その後ドイツのホップ主産地Hallertau地方の調査で全てのホップ品種に高率に感染していることが明らかになった。ところが、特段の生育障害はみられなかったため潜在性と考えられ、潜在ウイロイドの名前が付けられた(Pallás et al., 1987;Puchta et al., 1988b)。日本で栽培されているホップも高率にHLVdを保毒していたが、潜在性だったことから長い間その存在に気付かれないでいた(Hataya et al., 1992)。しかし、英国で実施された2つの高α酸品種の分析によれば、品種'Omega'では球果収量と球果中のα酸含有量がそれぞれ約30%減少し、'Wye Northdown'でもそれぞれ約8%と15%の減少がみられ、HLVdがホップ生産に本質的な負の影響を及ぼしていることが示唆された(Barbara et al., 1990)。一方、β酸は感染した方が高く、感染ホップの球果は感染していないものよりも早く成熟すると考えられた。さらに、最近のチェコの主要品種'Saaz'や'Agnus'などの分析によれば、品種間差はみられたが、HLVd感染によりα酸の含有量は8.8%~34%の範囲で有意に減少し、キサントフモールも3.9%~23.5%減少した。'Saaz'では、モノテルペン、テルペンエポキシド、テルペンアルコールなどの精油成分の含有量が増加した一方、セスキテルペンとテルペンケトンの含有量は減少し、球果収量も大幅に減少した(Patzak et al., 2021)。外観上の影響は限定的だが、球果中のα酸やβ酸などの苦み成分、テルペン類などの精油成分の含有量と組成のわずかな違いはビールの香りを変化させる可能性があるため、品質面での影響はこれまでの想定より大きいと考えられる。

HLVdはホップ以外の作物にも病気を起こすことが報告されている。2017年に米国カリフォルニア州で栽培されている大麻草(*Cannabis sativa*)に発育阻害、葉の奇形や黄化、脆い茎、そして収量の減少をもたらす新病害の発生が確認され、病植物の次世代シークエンス解析の結果、HLVdが病原と同定されたのである(Bektaş et al., 2019;Warren et al., 2019)。感受性品種では節間が短縮し、葉が小型化して毛状突起が少なくなり、収量が減少する。また、カンナビノイドとテルペンの生産量が最大50%減少し、深刻な品質低下が生じる。その後、米国だけでなくカナダの大麻栽培施設にも拡がり、大麻産業に大きな損失をもたらしていると推定されている。HLVdは最初に発見されたホップでは外観上ほぼ無症状だったため、国内外で栽培されているホップのほとんどが感染しているにもかかわらず、その経済的被害は過小評価され、防除対象にはなっていなかった。しかし、ホップの球果成分に大きな影響が及んでいること、また、大麻草には生育阻害を伴う収量と品質の低下をもたらすことが明らかになり、今後、これまでのHLVdに対する認識は見直されなければならなくなってきた（Adkar-Purushothama et al., 2023）。

5　ホップ矮化病の現状と課題

2021年度の国産ホップの作付面積は85ha、生産量は171tで、いずれもピーク時の1960年代中頃の20分の1程度に減少している。栽培面積の減少と共に矮化病に対する警戒感も薄れてきたが、今も発生は続いている。ホップ矮化病の発生は長い間日本国内に限られていたが、2000年代になり欧米・中国など世界の主要ホップ生産地でも発生が報告されるようになってきた。2008年、米国ワシントン州の複数のホップ産地で北米初となる矮化病の発生が確認され（Eastwell, 2007; Eastwell & Nelson, 2007; Eastwell & Sano, 2009; Kappagantu et al., 2017b）、2017年にはオハイオ州でも報告された（Han et al., 2019）。感染が確認された品種は‘Glacier’、‘Cascade’、‘Horizon’、‘Millennium’などで、ワシントン州の調査では2004年に採集された試料からも検出されたことから、発生後かなりの年数が経過しているものと考えられている。ホップの品種により症状は異なったが、‘Glacier’では株の基部の葉の黄化、軽いエピナスティー、蔓の伸長の遅れ、古い葉の主脈に沿った黄斑などが特徴だった。2008年には、中国・新疆ウイグル自治区のホップ産地からもHSVdの発生が報告され（Guo et al., 2008）、その前年に採集した‘Marco polo’、‘Qingdaodahua’、‘Zhayi’などの品種で感染が確認された。興味深いことに、米国と中国で発生した矮化病ホップから分離されたHSVd変異体の中には日本の東北地方の優占変異体（hKFKi）、すなわち15年間のホップ感染実験で検出された優占変異体と実質的に一致するものがみられた（図9、11）（Sano, 2013; Eastwell & Nelson, 2007; Kawaguchi-Ito et al., 2009; Guo et al., 2008）。

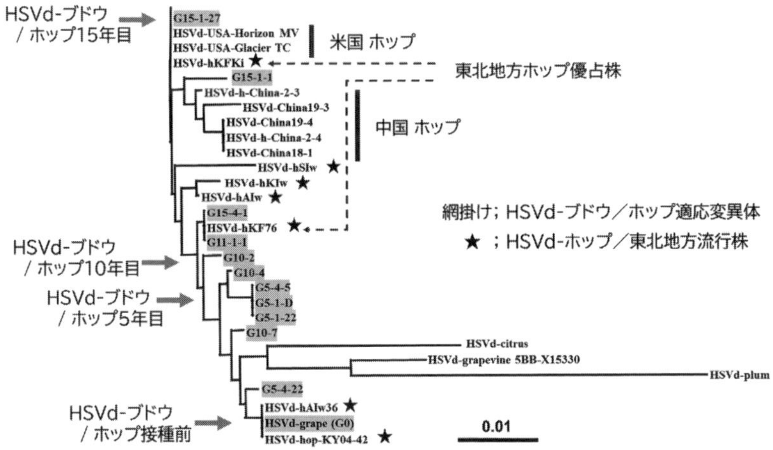

図 11　日本・米国ワシントン州・中国新疆ウイグルのホップ矮化ウイロイド変異体分子系統樹．HSVd －ブドウ／ホップ適応変異株と日本・米国ワシントン州・中国新疆ウイグルの矮化病ホップから分離される HSVd 変異体の分子系統樹。HSVd －ブドウ変異体を 15 年間ホップに持続感染させた時に生じた適応変異体（網掛け）は、日本の東北地方ホップ産地で流行している主要な変異体（★印）だけでなく、中国とアメリカの矮化病ホップから分離された変異体とも極めて近縁であった。

HSVd-g がホップという宿主環境に適応する過程で生じる宿主適応変異には、偶然ではない、ある程度必然的な一定の変異の傾向と方向性が存在することが予想された。

2013 年にはドイツで行われた同国内の栽培ホップ品種の大規模なウイルス検査で少数ながら HSVd が検出され（Seigner et al., 2013)、2019 年にはチェコでもホップから初めて HSVd が検出されたことが報告されている（Patzak et al., 2019)。2021 年には、南半球の豪州のホップからも HSVd の検出が報告された（Chambers et al., 2021)（図 12)。ニューサウスウェールズから入手したホップ苗を温室（25℃）で鉢植え栽培したところ、品種 Cascade に黄化、葉巻と下垂症状などウイロイド特有の症状がみられ、HSVd が検出されたのである。

これらの矮化病の発生報告は、世界的にホップ栽培に対するウイロイドの脅威が高まっていることを示している（Matoušek et al., 2003)。HSVd、AFCVd、CBCVd の変異体は世界中の様々な作物に多くは病気の症状を顕わさずに拡がっている（Hataya et al., 2017)。したがって、ブドウ、カンキツ類、その他果樹・花木

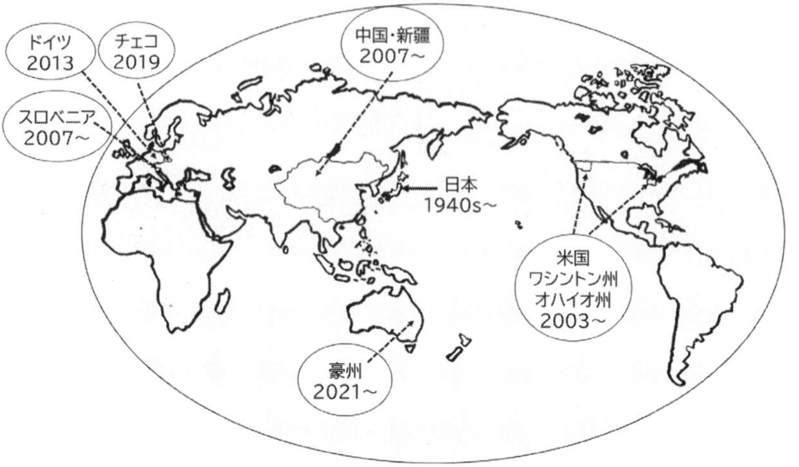

図 12　ホップ矮化病流行・発生地域の拡がり．ホップ矮化病は初めて発生が確認されて以来、長い間日本国内のみに限られていたが、2000 年代以降、米国、中国、欧州などのホップ主産地域で発生がみられるようになった。

類に不顕性感染しているウイロイドが種の壁を越えて拡がり、「ホップ矮化病」のような新病害を引き起こすリスクは、世界中のどこにでも存在していることを意識する必要がある。実際、鈴木らは、果樹類に感染するアプスカウイロイドの宿主域に関する研究の中で、リンゴさび果ウイロイド（ASSVd）が野生ホップ・カラハナソウ（*H. lupulus var. cordifolius*）に感染し、茎葉に非常に著しい黄化と壊疽を生じ、枯死に至らしめることを観察した（写真 5）（鈴木ら、2017）。

このような矮化病や類似のウイロイド病の流行を背景に、米国では、ワシントン州ヤキマで 2004 年に‘Glacier’や‘Willamette’などのホップ品種に HSVd の発生が確認されたことを契機に、ワシントン州立大学や米国農務省（オレゴン州）が中心になり、HSVd、HLVd、リンゴモザイクウイルス（Apple mosaic virus ; ApMV）、プルヌスえそ輪点ウイルスなど、ホップに有害なウイルス・ウイロイドフリー苗の選抜、育成、供給の取り組みが始まっている。HSVd はフリー化効率が低いことを考慮して、まず HSVd に感染していないホップを選抜して、それから茎頂培養によりウイルスを除去する方法がとられている（Eastwell et al., 2007）。

日本産のホップは、栽培者がビール醸造会社と契約を結んで栽培されてきたことから、委託元メーカーを通じてあるいは栽培組合の事業としてウイルス・ウイロイドフリー苗が作出・供給されてきた。ホップ矮化病の発生が拡がり、生産量と品質が低下したことを受けて、健全苗、特にウイルス・ウイロイドフリー苗の選抜・育成と供給の必要が生じてきた。山形県南ホップ農協（山形県西置賜郡白鷹町）では、1991年、補助事業によってホップ育苗施設を設置し、北海道大学農学部、キリンビール（株）植物研究所の技術指導のもと、ウイルス・ウイロイドフリーホップ苗の生産・供給を開始した（山形県南ホップ農業協同組合、2009)。HSVdの発見者である佐々木らが開発・育成したウイルス・ウイロイドフリーホップなどが基になっている。山形県南ホップ農協では2000年代半ば過ぎまで、ビール酒造組合（東京都中央区京橋、当時）の委託研究等の援助を受けて、定期的に当地のウイルス・ウイロイドフリー原株圃場（写真6）で隔離栽培されている原株ホップのウイルス・ウイロイドの検査を行い、苗の健全性を確認してきた。ウイルスについてはApMVとホップ潜在ウイルス（hop latent virus; HLV）をエライザ（Enzyme-linked Immuno Sorbent Assay; ELISAあるいはEIA）法で診断している。ApMVはリング＆バンドパターンモザイク病（写真6右上（右））の原因となるウイルスである（Sano et al., 1985c)。この事業により矮化病対策のための汚染圃場の改植あるいは新植用の健全苗の供給体制が構築され、2000年代初めに秋田県で発生したAFCVd矮化病汚染園地では、ウイルス・ウイロイドフリー苗による全面改植が効率よく進められ、生産性と品質の改善に大きく貢献した（写真7)。

国産ホップ栽培が衰退した日本では、矮化病は過去の病気のように考えられがちであるが、一方、各地で地ビールなどの原料生産の目的で海外の品種を導入するケースもみられる。再び矮化病の惨禍を繰り返させないためにも有害なウイルス・ウイロイド検査済みの無病苗の栽培と維持に努めることが一層重要になってきている。

第II章
ウイロイド：自己増殖する感染性 RNA

1　ウイロイドとウイロイド病の基礎

1-1　ウイロイド発見

ホップ矮化ウイロイドの発見を遡ること約半世紀前、1920 年代初め、北米で spindle tuber 病あるいは spindling-tuber 病と呼ばれるジャガイモ塊茎の発育異常症が報告された（Martin, 1922 ; Schultz & Folsom, 1923）。症状は品種によって多少異なったが、異常株の地上茎は細く直立し、葉は濃い緑色を呈し少ししわがよった。塊茎は異常に痩せ細り、紡錘状の円筒形をなし“やせいも症状”を呈し、目が目立つようになった（Schultz & Folsom, 1923）。これらの異常は、“running out”、“poor shape”、“senility”などと呼ばれ、栽培者にはかなり前から知られていた。1917 ～ 1921 年に実施された栽培試験から、健全株を病株の近くで栽培すると数年のうちに異常塊茎の割合が増加し、葉の切断や接ぎ木で容易に伝染することが明らかにされた。病状からウイルス性病害と考えられたが、長い間病原“ウイルス”は不明のままだった。

Raymer & O'Brien は、ジャガイモやせいも“ウイルス”が接ぎ木と汁液接種によりトマト（*Solanum lycopersicum*、品種 'Rutgers'）に感染し、全身の矮化、葉巻、葉脈の壊疽などを顕わすことを発見した。トマトの症状は既知のウイルスによるものと明確に異なり、発病も秋季の温室条件で 10 日程度と早く、検定植物として病気の診断や病原の理化学的性状解析が可能になった（Raymer & O'Brien, 1962 ; Fernow, 1967 ; Fernow et al., 1969）。

米国農務省の Diener らはジャガイモやせいも病の病原をトマトに感染させて増殖し、トマトを検定植物として感染性を頼りに病原の精製と性状分析を行った。病原因子は 10S 程度の沈降定数を示し、フェノール処理の影響を受けず、DNase で感染性は失われないが RNase には感受性であった。つまり、病原因子は最小のウイルスゲノムの 50 分の 1 にも満たない小さな RNA と考えられた (Diener & Raymer, 1967 ; 1969 ; Diener, 1968 ; Singh & Bagnall, 1968)。Diener はさらに、外殻を欠損したウイルス、粒子構造が極めて不安定なウイルス、ウイルスに付随する小さな RNA、ゲノムが多数の短い分節で構成されているウイルスなど、考えられる全ての可能性を慎重に吟味し、その可能性を排除し、ついにそれがウイルスとは異なる新しいクラスの病原因子であるという確証に至り、1971 年、この病原因子を"ウイロイド (Viroid)"と呼ぶことを提案した (Diener, 1971 a)。Diener は後に総説論文で当時を振り返り、この新しいクラスの病原因子には名前が必要だと考えたこと、熟考の末に、ウイロイドという名前を思いついたことを記している。またその時、彼はこの名前が既に使用されてないか検索し、Edgar Altenburg が、ウイルスに似ているが有用な共生生物である超微視的微生物が存在し、これらの共生生物はより大きな生物の細胞内で普遍的に発生すると考えられ、それをウイロイドと呼ぶことを提案していたことをみつけた。しかし、Altenburg の"ウイロイド説" (Altenburg, 1946) は、有益な共生者という概念を意味しており、自分の発見した病原因子とは異なっていた。また、この名称と提案された概念はその後一般には受け入れられてはいないと判断し、ジャガイモやせいも病の病原や今後見つかるであろう同様の特性を持つ RNA を表すためにこの名称を使用することを提案したと述懐している (Diener, 2003)。

実際に、この発見と時期を同じくして、類似の病原因子が、エクソコーティス (Exocortis) 病に感染したカンキツ類からも報告され、その発見者、Joseph Semancik らは、一連の実験データを基に"Infectious free-nucleic acid plant virus (感染性の遊離核酸植物ウイルス)"という名称を提案している (Semancik & Weathers, 1968 ; 1970 ; 1972)。まだこの病原因子の一般名称が確定していなかった時代である。カンキツエクソコーティス病は、カンキツ栽培で台木に用いられるカラタチの木部の外皮に亀裂が入り、樹皮が鱗片状にはがれてくる病気である。根部が衰弱するため地上部の生育が悪くなり、果実は小玉化し、収量も低下する。感染性因子は遊離の核酸を調製する手順で効率的に抽出され、DNase、熱処理に耐性で、1 本鎖ウイルス RNA が完全に不活化される濃度のジエチルピロカーボネート（DEPC）に部分的耐性を示した。また、2モル/L（M）の塩化リチウム（LiCl）に溶解し、沈降定数10S～15Sの分画に感染性のピークがみられたことから、トランスファーRNA（tRNA）様のRNA、またはRNAとDNAがハイブリッドを形成したような性質を持つ分子が想定された（Semancik & Weathers, 1970；1972）。彼らは病原性RNA（ウイロイド）の精製に成功し、DNAやタンパク質を含まず、アデニン（A）、シトシン（C）、グアニン（G）、ウラシル（U）の組成比率が21.5%、29.4%、28.8%、19.9%であり、完全な2本鎖RNAとは異なるが、高度に秩序化された分子構造を持っていることを報告した（Semancik et al., 1975）。Semancikは1975年Dienerと共にウイロイドの発見でフンボルト賞を受賞している。

1-2　ウイロイドの基本的属性

Dienerはウイロイドを特徴づける4つの属性を規定している（Diener, 1971a；2003）。

① 生体内で外殻（外被タンパク質）に包まれていない核酸
② 感染組織中にビリオン（ウイルス粒子）が検出されない
③ 単一の分子種のみで構成されている遊離の低分子量RNA
④ サイズが小さく、故に遺伝情報が非常に限られているが、感受性細胞内でヘルパーウイルスに依存せずに自律的に複製される

分離した病原因子がこの条件を満たし、ウイロイドであると結論づけるため、伝統的に次のような方法が用いられてきた。まず、病植物から抽出した汁液をフェノール／クロロホルム等の有機溶媒で処理して葉緑体色素やタンパク質を除き、2-メトキシエタノールで多糖類を除去した後に、DNA分解酵素でDNAを分解除去してRNAを抽出し、最後に未変性条件と変性条件を組合せたPAGE等で環状1本鎖RNAの有無を調べる。近年は次世代シークエンサーによるゲノム解析データやトランスクリプトームデータの中から任意の配列を有する環状RNAを検出する計算アルゴリズム・PFORやリボザイムモチーフを検出するアルゴリズムなどが開発され、分析できる生物種の幅が格段に拡がっている（第Ⅲ章3-8）。環状1本鎖RNAやリボザイムモチーフが検出されれば、配列情報を

基に該当宿主から逆転写－ポリメラーゼチェーン反応（RT-PCR）法で標的配列を増幅して単離し、感染性 cDNA（通常、完全長 cDNA を2つ連結したもの）を構築して、その in vitro 転写物をそれが分離された植物あるいは適切な検定植物に接種する。感染性（自律複製能）が確認されればウイロイドと結論することができる。

分離されたウイロイドは逆転写酵素で cDNA に変換して、DNA クローニング／シークエンス法で全塩基配列を決定する。一次塩基配列が決まればRNA分子の2次構造予測プログラム（mfold）（Zuker, 2003）などで最小自由エネルギーを計算し、熱力学的に最も安定な2次構造を予測することが可能になる。ウイロイドは環状1本鎖 RNA だが、ウイロイド分子を構成する塩基は高い分子内相補性を有して分子内で塩基対を組み、その分子は2本鎖部分（ステム）と1本鎖に開いた部分（ループ）を交互に繰り返す棒状あるいは部分的に分岐した準棒状の特徴的な2次構造を形成する。また分子全体あるいは局所的な塩基配列の類似性と保存配列はウイロイドを系統立てて分類するうえで重要な指標であり、2次構造中に見出される構造モチーフはウイロイドの複製能や感染植物組織内の移動性あるいは病原性などと関連する宿主因子との相互作用に重要な役割を担っている（第II章2-1-3）。

1-3　ウイロイドの分類

ウイロイドの基本的属性が定義されると、様々な農作物の病気の研究から新たなウイロイドが発見され、ウイロイドの分子構造上の特徴が明らかになってきた。現在まで報告されているウイロイドは、塩基数 234 ～ 436 の環状1本鎖 RNA で、高い分子内相補性（G : C、A:U、G:U）を有し、棒状あるいは分岐した棒状構造を形成する。PSTVd は、常温・未変性状態では約 50 nm（ナノメートル；10^{-9}m）の棒状分子として、加熱変性させた状態では周囲約 100 nm の環状分子として観察される（図 13A）。一般に G ＋ C 含有量が高く（53%～ 60%）、アボカドサンブロッチウイロイド（avocado sunblotch viroid; ASBVd）だけは 38% と例外的に低い。

ウイロイドはウイルスよりさらに小さい病原としてサブウイルス RNA 病原（subviral RNA pathogen）と位置づけられ（Rocheleau & Pelchat, 2006)、ウイルスに準ずる基準に基づき2科（family）8属（genus）に分類され、2021年までに2つの科を合わせて32種（species）が登録されている（Di Serio et al., 2018；2021）。近年、次世代シークエンス解析による新種の発見が報告されるようになり、今後、10種以上が追加され46種になる予定で、さらなる増加も予想される。

1-3-1　分類基準－分子構造、細胞内所在と複製様式

分子構造と構造ドメイン・保存配列：現在、ウイロイドの最上位の分類ランクは科（family）で、ポスピウイロイド（*Pospiviroidae*）とアブサンウイロイド（*Avsunviroidae*）の2科には、それぞれ関連する構造的および生物学的特徴を共有するメンバーが含まれる（表2）。

ポスピウイロイド科に分類されるウイロイドは、棒状または準棒状（部分的な分岐がある）の2次構造を示すゲノムRNAを有し（図13B）、5つの構造ドメインで構成されている。2次構造のほぼ中央には中央保存領域（central conserved region；CCR）と呼ばれる保存配列がみられる。CCR上部鎖には、2つの不完全な逆向きの反復配列が含まれ、ヘアピンⅠと呼ばれるステム-ループを形成し、本科ウイロイドの複製に関与している。CCR配列には類似した複数のバリアント（変型）が存在する。CCRバリアントのタイプ、CCR以外の2つの局所的な保存領域、すなわち末端保存領域（terminal conserved region；TCR）と末端保存ヘアピン（terminal conserved hairpin；TCH）の有無、そして全ゲノム配列の類似性に基づく分子系統関係を考慮して5つの属（genus）に分けられている。

一方、アブサンウイロイド科に分類されるウイロイドの多くは分岐または半分岐構造を示し（図13C）、CCRはみられないが、（＋）鎖と（－）鎖の両方にHH-Rz配列が存在する。HH-Rzは触媒活性を持つ構造モチーフでRNAの自己切断をもたらし、本科ウイロイドの複製に重要な役割を果たす。ゲノムRNAのG＋C含有量、2次構造（棒状、半分岐、分岐）、HH-Rzの形態に基づいて3属に分けられている（表2）。

表2　ウイロイドの分類

科	属	種名（従来表記）	略号	別名・異名など
Pospiviroidae （ポスピウイロイド） ・GC含有量50%以上 ・棒状　または 　分岐した準棒状構造 ・中央保存配列（CCR） ・ドメイン構造 ・非対称ローリングサークル ・保存配列の組合せ *Apscaviroid* Apsca型CCRとTCR *Cocadviroid* Pospi型CCRとTCH *Coleviroid* Cole型CCRと TCRかTCH *Hostuviroid* Pospi型CCRと TCHかTCR *Pospiviroid* Pospi型CCRとTCH	*Apscaviroid* （アプスカウイロイド）	*Apple chlorotic fruit spot viroid*	ACFSVd	
		Apple dimple fruit viroid	ADFVd	
		Apple fruit crinkle viroid ＊	AFCVd	＊暫定種（AGVdとの異同未確認）
		Apple scar skin viroid	ASSVd	
		Australian grapevine viroid	AGVd	
		Citrus bent leaf viroid	CBLVd	citrus viroid Ⅰ; CVd-Ⅰ
		Citrus dwarfing viroid	CDVd	citrus viroid Ⅲ; CVd-Ⅲ
		Citrus viroid V	CVd-V	
		Citrus viroid VI	CVd-VI	
		Citrus viroid VII	CVd-Ⅶ	
		Dendrobium viroid	DVd	
		Grapevine latent viroid	GLVd	
		Grapevine yellow speckle viroid 1	GYSVd-1	
		Grapevine yellow speckle viroid 2	GYSVd-2	
		Japanese grapevine viroid	JGVd	
		Lychee viroid	LVd	
		Persimmon viroid	PVd	
		Persimmon viroid 2	PVd-2	
		Plum viroid I	PlVd-I	
		Pear blister canker viroid	PBCVd	
	Cocadviroid （コカドウイロイド）	*Citrus bark cracking viroid*	CBCVd	citrus viroid Ⅳ; CVd-IV
		Coconut cadang cadang viroid	CCCVd	
		Coconut tinangaja viroid	CTiVd	
		Hop latent viroid	HLVd	
	Coleviroid （コレウイロイド）	*Coleus blumei viroid 1*	CbVd-1	
		Coleus blumei viroid 2	CbVd-2	
		Coleus blumei viroid 3	CbVd-3	
		Coleus blumei viroid 5	CbVd-5	
		Coleus blumei viroid 6	CbVd-6	
		Coleus blumei viroid 7	CbVd-7	
	Hostuviroid （ホスタウイロイド）	*Dahlia latent viroid*	DLVd	
		Hop stunt viroid	HSVd	citrus viroid Ⅱ; CVd-Ⅱ citrus cachexia viroid; CCaVd cucumber pale fruit viroid; CPFVd
	Pospiviroid （ポスピウイロイド）	*Chrysanthemum stunt viroid*	CSVd	
		Citrus exocortis viroid	CEVd	
		Columnea latent viroid	CLVd	
		Iresine viroid 1	IrVd-1	
		Pepper chat fruit viroid	PCFVd	
		Portulaca latent viroid	PLVd	
		Potato spindle tuber viroid	PSTVd	
		Tomato apical stunt viroid	TASVd	
		Tomato chlorotic dwarf viroid	TCDVd	
		Tomato planta macho viroid	TPMVd	mexican papita viroid; MPVd
Avsunviroidae （アブサンウイロイド） ・GC含有量50%以上 　ただしASBVdは38% ・分岐または棒状構造 ・リボザイム活性（HH-Rz） ・対称ローリングサークル	*Avsunviroid* （アブサンウイロイド）	*Avocado sunblotch viroid*	ASBVd	
	Elaviroid （エラウイロイド）	*Eggplant latent viroid*	ELVd	
	Pelamoviroid （ペラモウイロイド）	*apple hammerhead viroid*	AHVd	
		Chrysanthemum chlorotic mottle viroid	CChMVd	
		Peach latent mosaic viroid	PLMVd	

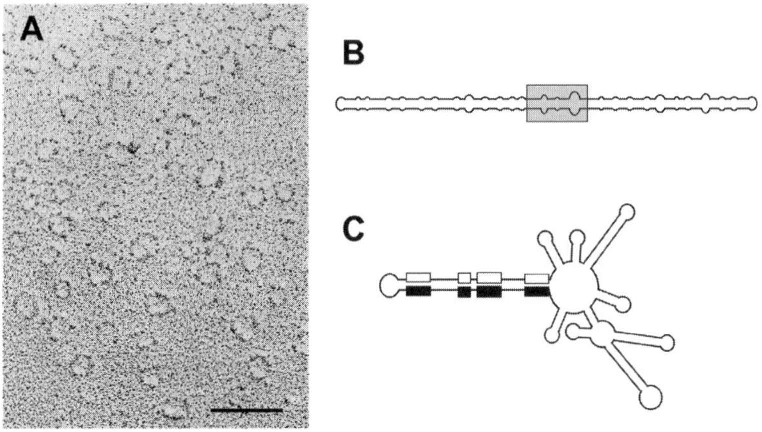

図 13　ウイロイドの電子顕微鏡像と 2 次構造模式図．A：ホップ矮化ウイロイドの電子顕微鏡像（スケールバー；100nm）、B：ポスピウイロイドの 2 次構造模式図（灰色の枠は CCR）、C：アブサンウイロイドの 2 次構造模式図（■と□は（+）鎖と（−）鎖の HH-Rz 配列）

細胞内所在（増殖の場）と複製様式：ウイロイドはウイルスと同様に宿主細胞内に侵入して増殖する。細胞質に侵入後、核に輸送されて増殖するもの（Diener, 1971b；Spiesmacher et al., 1983；Harders et al., 1989）と葉緑体に入って増殖するもの（Bonfiglioli et al., 1994；Lima et al., 1994；Navarro et al., 1999；2000）がある。細胞内における増殖の場の違いはウイロイド分類上の大きな基準のひとつで、ポスピウイロイド科ウイロイドは核で、アブサンウイロイド科ウイロイドは葉緑体で増殖する。

複製は環状のウイロイド RNA から相補的な RNA 鎖が連続して何周も写し取られて多量体（オリゴマー）の複製中間体が生成し、それを鋳型に元と同じ極性の RNA 鎖が作られる。環状分子が回転するように相補鎖が写し取られるのでローリングサークル（rolling circle）複製と呼ばれる。この複製モデルはウイロイド感染植物組織にウイロイド RNA と反対の極性を持つ RNA が蓄積していること（Grill & Semancik, 1978）と、そのゲノム単位よりも長いサイズの多量体 RNA 分子が蓄積していることを示すデータに基づいて提案された（Branch et al., 1981）。ポスピウイロイド科とアブサンウイロイド科それぞれの感染組織中に蓄積する複製中間体の形態的違いに基づいて、2 つのバリエーションが提案されて

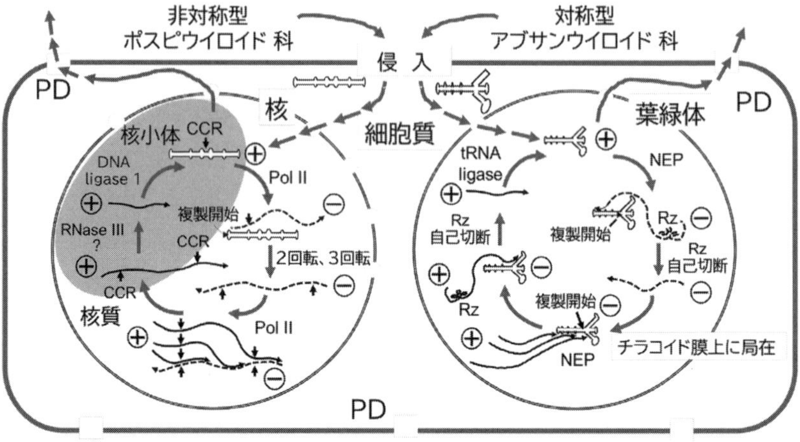

図 14　ローリングサークル複製模式図．PD；プラズモデスマータ、CCR；中央保存領域、Pol II；DNA 依存 RNA ポリメラーゼ II、Rz；リボザイム、NEP；核コードポリメラーゼ

いる（図 14）（Branch & Robertson, 1984；Branch et al., 1988 a）。

ポスピウイロイド科のウイロイドは主に PSTVd をモデルに分析が行われており、まず、ウイロイド RNA －これを（＋）鎖と扱う－から宿主の DNA 依存 RNA ポリメラーゼ II（Pol II）によりその（－）鎖 RNA が写し取られる。Pol II は核で本来宿主のゲノム DNA からメッセンジャー RNA（mRNA）を転写する酵素だが、ウイロイドは RNA にもかかわらずそれを自己複製に利用している。この宿主酵素がウイロイドの複製に関与していることは、低濃度で Pol II の働きを阻害する真菌由来の毒素である α-アマニチンにより PSTVd や CEVd あるいは HSVd の複製が阻害されること（Mühlbach & Sänger, 1979；Flores & Semancik, 1982；Yoshikawa & Takahashi, 1986）、Pol II 抗体を用いた免疫沈降試験で CEVd と PSTVd の多量体複製中間体が沈殿すること（Warrilow & Symons, 1999；Wang et al., 2016）などの実験結果で支持されている。Pol II により（＋）鎖が連続して 2 周、3 周と写し取られ、単位長（1 周分の長さ）より長い（－）鎖が生成する。次にこの（－）鎖から再び Pol II により単位長より長い（＋）鎖が作られ、その後、宿主のリボヌクレアーゼにより単位長に切り取られて、宿主の DNA リガーゼ 1 により環状化され（Nohales et al., 2012 a）、複製が完了する。なお、PSTVd の複製の開始時にPol IIにより（+）鎖から（−）鎖が作られる際の複製開始点は、2次構造モデルの左末端のC（シトシン）塩基あるいはそのひとつ前のU（ウラシル）塩基であると報告されている（図14左）（Kolonko et al., 2006）。PSTVdゲノムは環状のため末端がない。したがって、塩基番号は便宜的に2次構造モデルの一番左端のCを1番と数えていたが、偶然、PSTVdではこの塩基が複製開始点と一致している。また、複製の最終段階の、多量体（+）鎖から単位長への切断と環状化はCCRの上部鎖にあるポスピウイロイドの保存領域内で起こる（Diener, 1986）。単位長に切り取る宿主酵素はまだ明らかになっていないが、III型RNaseが関与している可能性が報告されている（Gas et al., 2008）。一方、（+）鎖が生成する際の開始点はまだ明らかになっていない。Ishikawaらは、HSVdの複製様式を探る過程で、試験管内で合成した4量体のHSVd（−）鎖RNAは単独では感染性を示さなかったが、感染性のない単位長の（+）鎖を混合すると感染性を示すことを観察し、（+）鎖と（−）鎖間のハイブリッド、すなわち、2本鎖領域が（+）鎖の複製開始に不可欠な構造ではないかと提唱している（Ishikawa et al., 1984）。以上のように、ポスピウイロイドでは（+）鎖だけが環状化し、（−）鎖は環状化しないことから非対称ローリングサークルと呼ばれている（図14左）。なお、ポスピウイロイドの増殖の場は核であるが、（+）鎖と（−）鎖では核内の分布が異なり、（+）鎖は核小体と核質で検出されるが、（−）鎖は核質にのみ蓄積する。このことから、核質で合成された後、（+）のみが核小体に移行し、特定の部位で切断されて単位長分子が生成されるのではないかと考えられている（Qi & Ding, 2003a）。

一方、アブサンウイロイド科のASBVdでは、感染組織中に（+）鎖だけでなく（−）鎖の環状分子も検出される（Hutchins et al., 1986; Daròs et al., 1994）。両極鎖とも環状化されることからその複製様式は対称ローリングサークルと呼ばれる（図14右）。アブサンウイロイドは葉緑体の主にチラコイド膜上に局在し（Bonfiglioli et al., 1994）、（+）鎖と（−）鎖の複製を担う宿主酵素はPol IIではなく、核コード葉緑体RNAポリメラーゼ（nuclear-encoded chloroplastic RNA polymerase; NEP）である（Navarro & Flores, 2000）。まず、ポスピウイロイドと同様、環状の（+）鎖から単位長より長い（−）鎖が写し取られる。複製の開始点は、ASBVdでは、（+）鎖も（−）鎖も2次構造の右末端部分の第121番塩基

(121U)(Navarro et al., 2000)、モモ潜在モザイクウイロイド(peach latent mosaic viroid; PLMVd)では、(+)鎖は第50番塩基(50A)と51番塩基(51C)、(−)鎖は第284番塩基(284U)である(Delgado et al., 2005; Motard et al., 2008)。PLMVdの複製開始点の近傍にはCAGACGという保存配列が存在し、プロモーター配列ではないかと考えられている(Motard et al., 2008)。さらにこの近傍にはモモの伸長因子1−アルファ(eEF1A)が結合する部位も存在することが報告されている(Dubé et al., 2009)。複製が始まると、アブサンウイロイドでは非常に興味深い反応が生じる。写し取られた(−)鎖の中に存在するHH-Rz型リボザイムモチーフによる自己切断機能により、(−)鎖複製中間体は直ちに単位長に切り取られる。宿主の酵素の力を借りずに、RNA分子が持つ自己切断機能によって単位長に切り取られ、(−)鎖の環状1本鎖RNAが生成するのである。切り出された単位長分子の両端には2′-、3′-環状リン酸と5′-ヒドロキシル末端が生じ、当初、リボザイムが切断だけでなく環状化ももたらすのではないかと考えられたが、PLMVdなどの分析から、HH-Rzモチーフが宿主のtRNAリガーゼ(葉緑体アイソフォーム)をひきつけ環状化されることが報告されている(Nohales et al., 2012b)。その後、環状(−)鎖分子からローリングサークル複製により単位長より長い(+)鎖が作られ、再び、(+)鎖中にも存在するHH-Rzによる自己切断機能により単位長に切り取られ、(−)鎖と同様に環状化し、複製が完了する。HH-Rzによる自己切断とtRNAリガーゼによる環状化は連続して起こり、切断部位と結合部位は一致している。なお、アブサンウイロイドの感染細胞内での挙動については、直接葉緑体に輸送されるのではなく、感染の初期段階でまず細胞質から核に輸送され、次に葉緑体に特異的に運ばれて、そこで複製されるのではないかというモデルが提唱されている(Gómez & Pallás, 2012a; 2012b)。アブサンウイロイドが未知の核−葉緑体間のシグナル伝達機構を破壊し、葉緑体への選択的輸送を制御している可能性が考えられるというのである。

さて、ウイルスの場合、外殻に包まれて存在するRNAあるいはDNAをそのウイルスのゲノムとして扱う。一方、ウイロイドの場合、外殻はなく、RNA−RNA経路で複製されるため、どちらの鎖をゲノム鎖あるいは(+)鎖とするかを定義しなければならない。ポスピウイロイド科では一方しか環状化されず、ウイロイドは環状1本鎖RNAと定義されているので、環状化される方をゲノム鎖あるいは（+）鎖と決めることができる。しかし、アブサンウイロイド科では両極鎖とも環状化されるため、分子形態から（+）鎖と（−）鎖を区別することができない。一般に、感染細胞中により多量に存在する方を（+）鎖として扱っている。ポスピウイロイドでもアブサンウイロイドでも、一般に（+）鎖の方が多量に存在するが、例外もある。ポスピウイロイド科のCBCVdはカンキツから最初に分離されたウイロイドで、カンキツの中では環状化される鎖（すなわち（+）鎖）の量が多かったが、その後発見された宿主であるホップ、トマト、ベンサミアーナ（*Nicotiana benthamiana*）では環状化されない（−）鎖の方が多いと報告されている（Matoušek et al., 2017）。ポスピウイロイドでは環状化される方を（+）鎖とみなすので問題は生じないが、必ずしも（+）鎖の量（コピー数）が多いとは限らない。

塩基配列相同性（Pairwise Identity Score；PWIS）：ウイロイドの「種」は1つあるいは少数の優勢な変異体とそれと類似した塩基配列を持つ多様な塩基配列変異体を含むヘテロな集団で構成されている。ウイロイドの分類が提案されて以来、全塩基配列の10%程度以内の変異は同種の扱いとなっていた。すなわち、全塩基配列の相同性が90%以下で、生物学的な性質、特に宿主域・病原性・伝染性などに有意な特徴が認められることが種の基準として利用されてきた（Randles & Rezaian, 1991；Flores, 1995；Flores et al., 2005；Owens et al., 2012a；Di Serio et al., 2021）。しかし、果樹類から分離されるウイロイドには宿主が極めて限られているものが多く、近年、次世代シークエンス解析により新たに検出されたウイロイドでは自律複製能や病原性など生物学的性質の研究に時間がかかるものが少なくない。Chiumentiらは、ウイロイドの塩基配列と分子的特徴に基づいた信頼できる種の境界基準を明確にするために、一律に塩基配列相同性90%を適用する種の分類基準を再評価し、各属のメンバー毎の塩基配列同一性を比較し、属内の種間にみられる最小の塩基配列相同性（PWIS）をその属の種の境界基準として使用することを提案している（Chiumenti et al., 2021）。これに従えば、果樹類から分離される種の多くが所属するアプスカウイロイド属（*Apscaviroid*）の種の閾値（Threshold Identity Score；TIS）、すなわち最小PWISはcitrus bent leaf viroid（CBLVd）の78.4%であり、小数点以下を切り捨てて78%になる。つまり、アプスカウイロイド属に特徴的なCCRを持ち、既存の種との塩基配列相同性が78%

以下であれば、暫定的にアプスカウイロイドの新種と同定されることになる。今後、この提案に基づいて、新しいウイロイドの暫定的な種の分類が可能になると考えられる。

1-3-2　科・属・種の特徴

ポスピウイロイド科：2023年5月時点で新たに13種がICTVに申請中で、41種になる予定である（表2）。核を増殖の場として非対称ローリングサークル様式で複製する。棒状あるいは準棒状の分子形態を有し、5つの構造ドメインから構成され、中央には上鎖と下鎖を合わせて50ヌクレオチド程度の塩基配列が高度に保存されているCCRが存在する。ただし、CCRはポスピウイロイド科の全てのメンバーに完全に共通な配列ではなく、いくつかのバリエーションがみられる。CCRのタイプと2つの保存配列TCRとTCHの有無に基づいて、ポスピウイロイド科のウイロイドは、アプスカウイロイド（*Apscaviroid*）、コカドウイロイド（*Cocadviroid*）、コレウイロイド（*Coleviroid*）、ホスタウイロイド（*Hostuviroid*）、ポスピウイロイド（*Pospiviroid*）の5属に分類されている。コカドウイロイド、ホスタウイロイド、ポスピウイロイドの3属はほぼ共通のCCRを有し、アプスカウイロイド属とコレウイロイド属はそれとは異なるそれぞれに特徴的なCCRを有する。TCRとTCHの機能的役割は不明だが、同じウイロイドで同時に発見されたことはなく、互いに代替的なものではないかと考えられている。ポスピウイロイドとアプスカウイロイドにはTCRがみられ、ホスタウイロイド、コカドウイロイド、コレウイロイドには、一般にTCH配列がみられるが、これが適用できないケースもある。例えば、コリウスブルメイウイロイド（coleus blumei viroid 1；CbVd-1）はコレウイロイド属特有のCCRを有するが、TCHではなくTCRを有する。ダリア潜在ウイロイド（dahlia latent viroid；DLVd）とコルムネア潜在ウイロイド（columnea latent viroid；CLVd）もホスタウイロイドの典型的なCCRを有するが、TCHではなくTCRがみられる。CCRとTCRあるいはTCHの組合せはウイロイド間の組換えによって生じた可能性が考えられており、このようなケースでは、全ゲノム配列に基づく分子系統解析の結果や宿主範囲などの生物学的側面も考慮に入れて判断される。DLVdの場合はCCRの共通性に重きが置かれホスタウイロイド属に分類されている。ポスピウイロイド科各属の特徴は以下のようである。

アプスカウイロイド属：分子構造は棒状か準棒状で、CCRとTCRの2つの保存配列を有する。種を規定するPWISは78%と提案されている。10種が記載されていたが、最近新たに9種が登録され19種となり最大の属となった。果樹類からの発見が多いのが特徴である。日本ではリンゴくぼみ果ウイロイド（ADFVd）、ASSVd、CBLVd、カンキツ矮化ウイロイド（CDVd）、カンキツウイロイドV（CVd-V）、カンキツウイロイドVI（CVd-VI）（Ito et al., 2001）、ブドウ黄色斑点ウイロイド1（GYSVd-1）、セイヨウナシブリスタキャンカーウイロイド（PBCVd）、persimmon viroid（PVd）、persimmon viroid 2（PVd-2）、Japanese grapevine viroid（JGVd）が報告されている（Hataya et al., 1998；Sano, 2003；Nakaune & Nakano, 2008；Ito et al., 2013；Chiaki & Ito, 2020）。ASSVdは日本で初めて発見されたウイロイドで（Koganezawa et al., 1982）、本属名の基となった。AFCVdは、日本のリンゴ、ホップ、カキから分離され（Sano et al., 2004；Nakaune & Nakano, 2008）、AGVdと約85%の塩基配列相同性を有し、種の基準値の境界内にあることから、現在、暫定種の扱いで、宿主域や病原性の異同などが検討されている。

コカドウイロイド属：分子構造は棒状で、CCRとTCHの2つの保存配列を有する。種を規定するPWISは79%と提案されている。ココヤシカダンカダンウイロイド（coconut cadang-cadang viroid；CCCVd）など4種が記載されている。日本では、カンキツでCBCVd（Ito et al., 2002a）、ホップでHLVd（Hataya et al., 1992）の発生が報告されている。

コレウイロイド属：分子構造は棒状で、CCRとTCRの2つの保存配列を有する。種を規定するPWISは91%と提案されている。コリウスからCbVd-1、-2、-3、-5、-6、-7の6種が記載されている。日本ではCbVd-1（石黒ら、1996）、CbVd-5（Tsushima T & Sano, 2015）、CbVd-6（対馬ら、2013）が報告されている。CbVd-1は高い種子伝染能を有し、保毒種子を通じて世界中に蔓延したものと考えられる。その他に、CbVd-4と-7が報告されているが、暫定種の扱いである。CbVd-7は種の基準を満たしており、塩基数は234で、これまでに報告されたものの中で最も小さいウイロイドになる。コリウスウイロイドには明確な組換えの痕跡がみられる。例えばCbVd-1とCbVd-2の右半分はほぼ同じ塩基配列で構成されており、CbVd-2、CbVd-3、CbVd-6の3種の左半分もほぼ同じで、CbVd-6

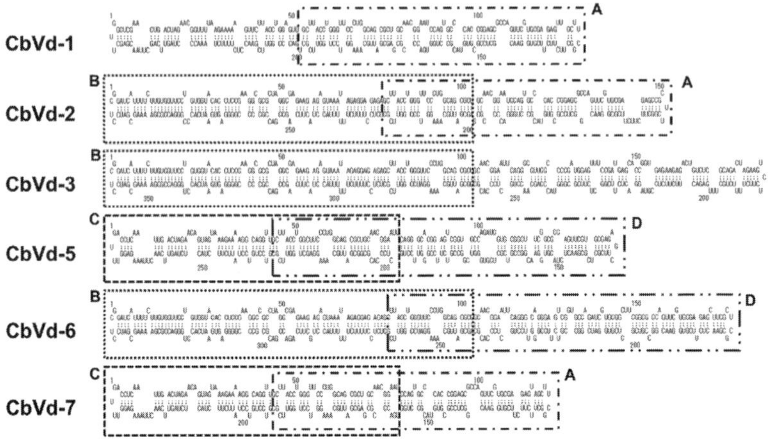

図 15　コリウスブルメイウイロイド（CbVd）にみられるキメラ分子構造．同じアルファベットの枠は同じ塩基配列の領域を示す。例えば A の枠内の領域は CbVd-1、CbVd-2、CbVd-7 で共通している。

の右半分は CbVd-5 とほぼ同一である（Hou et al., 2009a；2009b）。CbVd-7 も左半分が CbVd-5、右半分が CbVd-1 と -2 とほぼ同一である（Smith et al., 2021）（図 15）。因みに CbVd -4 は CbVd-1 と -3 の左右を人為的に交換した組換え体で、安定に複製することが報告されているが（Spieker, 1996）、人工物であり自然界から分離されたことがないため「種」として扱われていない。

ホスタウイロイド属：分子構造は棒状で、CCR と TCH（あるいは TCR のどちらか一方）の 2 つの保存配列を有する。種を規定する PWIS は 79%と提案されている。DLVd と HSVd の 2 種が記載され、両種とも日本で発生している（Tsushima T et al., 2015）。HSVd は自然宿主域が広く、世界中のブドウ、カンキツ、スモモ、モモ、アプリコット、アーモンドなどから分離される。オランダのキュウリで発生した CPFVd は、HSVd と約 95%の塩基配列相同性を持ち宿主域にも明確な違いがないことから、HSVd と同一種の位置づけである。カンキツ分離株はカンキツウイロイドⅡ（CVd-Ⅱ）とも呼ばれ、その中の変異体の一つが "cachexia（カケキシャ）" 病の原因となることからカンキツ cachexia ウイロイドあるいはカンキツ cachexia 関連ウイロイド（citrus cachexia associated viroid；CCaVd）

と呼ばれることもある。日本の矮化病ホップから発見されたHSVdが本属名の基になっている。

ポスピウイロイド属：分子構造は棒状で、CCRとTCHの2つの保存配列を有する。種を規定するPWISは83%と提案されている。PSTVd、CEVd、キク矮化ウイロイド（CSVd)、トマト退緑萎縮ウイロイド（TCDVd）など10種を含み、世界中に広く分布している。ナス科やキク科を中心に比較的広い宿主域を持ち、ジャガイモやトマトなどに強い病原性を示す種を含む。日本では、PSTVd、CEVd、CSVd、TCDVdの発生が報告されている。TCDVdはカナダのハウス栽培トマトから最初に分離された（Singh et al., 1999)、PSTVdと近縁の種である。両者の塩基配列相同性は85%～89%で発見当時の種の基準値（90%）以下だったこと、特に可変（V）領域の塩基配列相同性は59%しかないこと、PSTVdとクロスプロテクション（ウイルスやウイロイド間にみられる干渉作用で近縁関係を示す指標になる）が認められなかったことなどを考慮し別種とされた。

アブサンウイロイド科：3属5種が登録されている。葉緑体を増殖の場として対称型ローリングサークル様式で複製する。棒状、分岐または半分岐状の2次構造に折りたたまれ、CCRはみられないが、（+）鎖と（−）鎖の両方にin vitroとin vivoでRNA自己切断反応を起こすHH-Rzの機能配列を有する。G + C含有量、分子構造（棒状、半分岐、分岐)、HH-Rzの形態に基づいて、アブサンウイロイド（*Avsunviroid*)、エラウイロイド（*Elaviroid*)、ペラモウイロイド（*Pelamoviroid*）の3属に分類される（Di Serio et al., 2018)。この科のメンバーは塩基配列の類似性が低いため、全体の塩基配列だけではアブサンウイロイドかどうか判定できない。HH-Rz配列は本科の重要な特徴だが、一部のウイルスに付随するサテライトRNAもHH-Rz配列を有し、特にウイルソイド（Virusoid）と呼ばれる環状サテライトRNAとは形態の上からも区別できない。本科のウイロイドであることを示すためには、ヘルパーウイルスの介助なしに、RNAだけで自律複製する能力を証明する必要がある。

アブサンウイロイド属：属の構成メンバーはASBVdの1種である。日本では発生の報告がない。アブサンウイロイド科では唯一棒状の分子形態をとり、2 M LiClに可溶で、例外的に低いG + C含有量（約38%）と熱力学的に不安定な

HH-Rz を有する。不安定な HH-Rz は、複製中に生じるオリゴマーウイロイド RNA の中で、より安定した二重 HH-Rz 構造が形成されることで活性化すると考えられている（Forster et al., 1988；Davies et al., 1991）。ASBVd の分子中央にはポスピウイロイドの CCR と類似した配列があり、一方アブサンウイロイドの特徴の HH-Rz モチーフを有することから、ポスピウイロイドとアブサンウイロイドを繋ぐ存在であり、他のアブサンウイロイドとは起源が異なる可能性も指摘されている。

エラウイロイド属：属の構成メンバーは eggplant latent viroid（ELVd）の 1 種である。ASBVd に類似した分岐した棒状構造を持つと予測されるが、高い G + C 含有量や安定な HH-Rz 型リボザイム構造はペラモウイロイド属と類似している。スペインの無症状のナスから分離されたもので（Fagoaga et al., 1994）、日本を含めそれ以外には報告例がない。

ペラモウイロイド属：属を構成するメンバーは apple hammerhead viroid（AHVd）、キク退緑斑紋ウイロイド（CChMVd）、PLMVd の 3 種である。いずれも複雑に分岐した分子形態を有し、分岐間で形成される kissing loop と呼ばれる 3 次構造によって安定化されている。高い G + C 含有量を持ち、熱力学的に安定な HH-Rz を有する。ほとんどのウイロイドは 2 M LiCl に可溶性なのに対し、特に PLMVd は不溶性である。分岐した分子構造と総塩基数が約 400 ヌクレオチドと大きいことがその原因である。AHVd は最も大きい変異体の塩基数が 436 で、現在最もサイズの大きいウイロイドである。日本では PLMVd と CChMVd の発生が報告されている（Osaki et al., 1999；Yamamoto & Sano, 2005；Hosokawa et al., 2005）。国内では AHVd の発生は報告されていないが、米国で 2016 ～ 2017 年に実施された調査研究で、育種研究用に導入された日本を含む複数国のリンゴ品種から検出されている（Szostek et al., 2018）。無症状で世界中に拡がっている可能性がある。

1-3-3　ウイロイド分類の現状と課題

以上のように、ウイロイドは自律複製能を有する環状 1 本鎖 RNA という特性を基本的な属性として、複製様式、細胞内増殖の場、保存配列、全塩基配列相同性、そして宿主特異性や病原性などを基に科、属、種に分類されている。しかし、既に AGVd、CbVd-1 ～ 7 など複数の種で報告されてきたように、特にポスピウイロイド科のウイロイドには複数の種の組換えの痕跡がみられるものがあり、分類に議論が必要なケースもある。CBCVd（異名 CVd-IV）は分類基準に示したCCRとTCHを有することからコカドウイロイド属に分類されている。しかし、① 全塩基配列相同性はコカドウイロイド属の**タイプ種** CCCVd（68.7%）よりポスピウイロイド属の CEVd（76.4%）の方が高いこと、② ポスピウイロイド属の CEVd にも TCH の痕跡配列が見つかること、さらに③ 宿主範囲は CEVd と共通性が高く、CCCVd とは全く異なることなどから、CEVd が属するポスピウイロイド属に所属を変更すべきとの意見もある（Semancik & Vidalakis, 2005）。Mexican papita viroid（MPVd）は、1996 年、メキシコに自生しているナス科植物パピータ（*Solanum cardiophyllum*）から分離されたウイロイドであるが（Martínez-Soriano et al., 1996）、その後、塩基配列と宿主域の類似性から tomato planta macho viroid（TPMVd）の変異体に変更された（Verhoeven et al., 2011）。この他にも、果樹類にはウイロイドの要件は満たすものの宿主域や病原性が明確でない種がある。このような場合には、保存配列などの分子構造上の特徴に併せて、生物学的特性を明らかにして総合的に判断することが必要になってくる。

なお、ウイロイドの分類について、ICTV は 2021 年、ウイルスの二項命名法を採用し、それはウイロイドにも拡張された。この決定は、新しいウイロイド種の名前が2つの部分から構成されることを意味する。最初の部分はその種が属する属の名称で、後ろの部分は種を特徴づける種小名である。種小名についてはラテン語を使用する案や略号を用いる案など、いくつかのオプションが提案されており、ICTV のウイロイドグループでは、この決定を受けて議論し、新しいウイロイド種は、最初の部分にそれが属する属の名前を使用して、種小名にはその一般名の省略形か新しいラテン語名を使用する方向で議論が進められた。種小名に一般名の省略形（acronym；頭字語）が採用されれば、最近登録されたアプスカウイロイド属の新種「ブドウ潜在ウイロイド（grapevine latent viroid）」は「*Apscaviroid glvd*（イタリック）」と表記される。グループ内の議論は一旦この方向でまとまりかけたが、その後（2023年7月）、「頭字語」でなく「病徴＋宿主」を表すラテン語表記にする修正案が提案され、その方向で議論が進んでいる。これに従うと、上記の GLVd の *Apscaviroid glvd* は *Apscaviroid latensvitis* になる。また PLMVd は *Pelamoviroid latenspruni*、ASSVd は *Apscaviroid cicatricimali*、

HSVd は *Hostuviroid impedihumuli*、CSVd は *Pospiviroid impedichrysanthemi*、CEVd は *Pospiviroid exocortiscitri*、PSTVd は *Pospiviroid fusituberis* となる予定である。この命名法は 2021 年まで使用されていたものとはかなり異なっており、追加の調整が行われる可能性があるが、将来的には過去に分類された全てのウイロイド種に拡張される予定である。

また、最近承認された The International Code of Virus Classification and Nomenclature（ICVCN）の修正案など（Koonin et al., 2021；Kuhn & Koonin, 2023）で、ICTV は、サテライト核酸、ウイロイドや**ビリフォーム**（**Viriforms**）を「ウイルス圏（Virosphere）」の一部と見なすべきだが、「ウイルス（Orthovirosphere）」の一部とは見なすべきではないと決定している（Di Serio F, Viroid Research Group, 私信）。ウイルスの定義と一致しないという理由からである。その結果、ウイロイドは分類上の領域（レルム；realm）「リボビリア（Riboviria）；RNA ウイルス」から削除され、ウイルソイド、サテライト RNA、サテライト DNA、トランスポゾンなどの可動遺伝因子（Mobile genetic elements；MGEs）と共に明確な境界が設定できない領域（Perivirosphere）に分類する考え方が提案されている（Koonin et al., 2021）。

なお、ウイロイドの場合、新しく承認された ICVCN（ルール 3.3）で次のような定義が提案されている。

"Viroids are defined operationally by the ICTV as a type of mobile genetic elements (MGEs) that are uncoated, small, circular, single-stranded RNAs, that do not encode proteins and do not depend on viruses for transmission, and that replicate autonomously through an RNA-RNA rolling-circle mechanism mediated by host enzymes and, in some cases, by cis-acting hammerhead ribozymes; or MGEs that are derived from a viroid in the course of evolution. Any monophyletic group of MGEs that originates from a viroid ancestor should be classified as a group of viroids."（Kuhn & Koonin, 2023）

要約すると「ウイロイドは、ICTV によって運用上、タンパク質をコードせず、伝染のためにウイルスに依存しない、外殻を持たない小さな環状 1 本鎖 RNA であり、宿主酵素あるいはシス作用性 HH-Rz によって媒介される RNA-

RNA ローリングサークル複製様式で自律的に複製するもの、あるいは、進化の過程でウイロイドに由来する Mobile genetic elements（MGEs）などである。ウイロイドの祖先に由来する単系統群に属する MGEs の全ては、ウイロイドの群として分類されるべきである。」となり、ウイロイドのウイルスからの独立性が明確になってきた。ウイロイドは複製、感染性、病原性など、ウイルスと類似した性質を有するが、それがウイルスと起源を同じくするという証拠が得られていないからである。

この提案を受けて、国際的なウイロイド研究グループでは、ポスピウイロイドとアブサンウイロイドを含むウイロイドの最上位の分類ランク（レルム）として、以下のような定義でビロイディア（Viroidia）の提案を検討している。

"Viroidia : a viroid is a member of this realm if it is an uncoated, small, circular, single-stranded RNA, that does not encode proteins and do not depend on viruses for transmission, and that replicate autonomously through an RNA-RNA rolling-circle mechanism mediated by host enzymes and, in some cases, by cis-acting hammerhead ribozymes."（Di Serio et al., 提案中）

ただ、この提案はまだ承認されておらず、今後、サテライト核酸を含め、関連因子に関する研究成果を積み上げて提案の妥当性を検証してゆく必要がある。

1-4　ウイロイド病

1-4-1　主なウイロイド病：症状と地理的分布

ウイロイド病の特徴：野菜（ジャガイモ、トマト、キュウリ、トウガラシ）、果樹（ブドウ、カンキツ、リンゴ、ナシ、モモ、スモモ、アボカド）、花卉・観葉植物（キク）、ホップ、ヤシ樹などからウイロイドが分離されている。ウイロイドと宿主の組合せにより発生する経済的被害は甚大から軽微まで様々であり、外観無症状で感染に気付かれないまま栽培され流通するケースも少なくない。経済的な被害の大きい重要ウイロイド病はジャガイモやトマト、栄養繁殖性の果樹や花卉類にみられる（表3）。主な病徴は、① 矮化・萎縮・枯死など全身性症状、② 葉巻き、エピナスティー、黄化・白化、壊疽（茎・葉脈）など茎葉

表3　世界の主要ウイロイド病の経済的被害

世界の主要ウイロイド病の経済的被害				
ウイロイド	作物	主な発生地域＊1	病気の被害	被害額等
ジャガイモやせいもウイロイド	ジャガイモ	世界中（日本未発生）	生育不良、塊茎奇形・小型化（生産性低下）	1988～90年　北米：減収198万トン（生産量の1%に相当、最大で減収64%と推定） 1980～90年代　ロシア：発生率5% 2014年　中国：遺伝資源系統の87.3%が感染 発生時の予想被害額：甚大（生産上の実害とその後の根絶費用） 2008年　欧州：根絶費300～500万ユーロ（農家）、70万ユーロ（政府）
	トマト	日本、世界中	生育不良、矮化、枯死（感受性品種は生産性喪失）	
	花卉・観葉植物	日本、世界中	実害なし（汚染源として危険）	
ホップ 矮化ウイロイド	ホップ	日本、米国、中国、欧州	矮化、アルファ酸含量低下（生産性と品質低下）	減収：50%～70%（日本、米国） 1960～80年代　日本で大流行 被害面積；1970年代後半、契約圃場（キリン社）の約19%（約100ha）に発生
	ブドウ	日本、世界中	伝染源として重要	ブドウの実害なし
	カンキツ類	日本、世界中	生育障害・伝染源として重要	一部の感受性品種に散発
	モモ・スモモ	日本、世界中	果実障害（商品価値喪失）	一部の感受性品種に散発
	キュウリ	オランダ、フィンランド	矮化、果実障害（生産性低下）	2009年　フィンランド：減収2%～3%
ココヤシ Cadang-Cadang ウイロイド	ココヤシ	フィリピン	生育不良、衰弱、不稔、枯死（生産性喪失）	1950年代以来　フィリピン：被害樹総数4000万本・コプラ生産被害総額40億米ドル 2015年　マレーシア：ヤシ油生産推定被害総額2560万～1億2810万米ドル
キク 矮化ウイロイド	キク	日本、世界中	矮化、生育不良（商品価値低下）	日本：全国に蔓延
アボカド sunblotch ウイロイド	アボカド	ペルー、ベネズエラ、南アフリカ、米国、スペイン、豪州、イスラエル、他	生育不良、果実障害（生産性と商品価値低下）	生産量と品質の低下18%～30% 1987年　豪州：被害額300万米ドル
カンキツ エクソコーティス ウイロイド	カンキツ類	日本、世界中	衰弱（生産性喪失）	2014年　ベリーズ：8685米ドル/ha
リンゴ さび果 ウイロイド	リンゴ	日本、中国、韓国、インド	果実奇形、着色不良（商品価値喪失）	1950年代　中国：被害樹数千本 1970年代～現在　日本：一部の品種に散発
リンゴ ゆず果 ウイロイド	リンゴ	日本	果実奇形、着色不良（商品価値喪失）	一部の感受性品種に散発
	ホップ	日本	矮化、α酸含量低下（生産性と品質低下）	局所的発生
リンゴ くぼみ果 ウイロイド	リンゴ	日本、欧州、中国	果実奇形、着色不良（商品価値喪失）	一部の感受性品種に散発
カンキツ バーククラッキング ウイロイド	ホップ	欧州	矮化（生産性と品質低下）	2007～2022年　スロベニア：約500haのホップ園で発生、300haのホップが抜根除去された
ホップ 潜在 ウイロイド	大麻草	米国・カナダ	Dudds病；矮化・生育不良（生産性と品質低下）	2019年～　北米：大麻産業の損失額年間40億ドル

＊1　発生記録のある地域を示した。既に根絶された国・地域も含む。

の部分的症状、③ 塊茎の奇形・亀裂、果実の斑入・さび・奇形など貯蔵器官症状、④ 2次代謝産物（α酸、精油成分）の生合成異常症状などである。全身性症状はゆっくり進展することが多く、栄養繁殖性のジャガイモ、ホップ、キクなどでは感染後年月を経るごとに生育の不良が顕著になる。果樹類のさび果や斑入果は、特殊な感受性品種以外は枝葉の症状がなく果実にだけ現れるため、果実が結実する樹齢に達するまで感染に気付かない。ウイロイドは高温条件下でより良く増殖する性質を持ち、一般に暑い年に症状が強く発現する傾向があることが知られている。

ジャガイモ／やせいも病：ジャガイモやせいも病は1920年代初めに北米で発生が報告された病気で、欧州、ロシア、中国、インド、南米、ニュージーランド、中東、アフリカの一部など、世界中のジャガイモ産地に拡がった。日本のジャガイモでは未発生である。病原はPSTVdで、弱毒型、中間型、強毒型、致死型など病原性の異なる系統が存在する。病徴はPSTVdの系統だけでなく、ジャガイモの品種や栽培環境でも異なる。感染ジャガイモ植物は矮化し、葉は巻き上がり小さくなり、塊茎は小さく細長くなり奇形や亀裂を生じる。目（芽が成長してくる少し凹んだ部分）が目立つようになり、こぶ状の突起を生じることもある。強毒型の感染では60%以上もの収量減になると予測されている一方、弱毒型の感染では外観の異常に気付かない程度である。

PSTVdはトマトにも感染し、矮化、葉巻、壊疽、果実障害などの甚大な被害を生じる（写真8）。国内でも2008年、福島県の施設栽培トマトに、萎縮、頂芽の葉巻・黄化・縮葉、葉脈・茎の壊疽などの症状が突発的に発生した（平成21年度病害虫発生予察特殊報第1号、2009）。海外から輸入されたトマトの種子に汚染種子が混入していたことが原因と考えられている。また、日本では無症状のダリアからPSTVdが検出され（Tsushima T et al., 2011）、欧州では観葉植物類にPSTVdが無症状で感染して流通していることが報告されている。このような状況を背景に、PSTVdを始めとするポスピウイロイド属のウイロイドの多くは、日本を含む多くの国々で国際植物検疫上の検疫有害動植物に指定され検疫対象となっており、種子生産国には輸出時の精密検査が要求されている。

トマト・トウガラシ／退緑萎縮病、その他のポスピウイロイド病：トマト退緑萎縮病は、1999年、カナダに発生した病気で、TCDVdの感染で起こる（Singh et al., 1999)。感染したトマトには葉の退緑と重度の萎縮症状が顕われる（写真 9）。北米、欧州の生産現場あるいは検疫で検出されており、国内では 2006 年、広島県内の施設トマト栽培で初めて発生し、激しい退緑・黄化・壊疽萎縮症状がみられ（津田ら、2007；松下、2011；松浦、2012）、翌年には千葉県の施設トマトでも被害が確認された（松下 & 津田、2008）。TCDVd は PSTVd と最も近縁で、ナス科観賞用植物に感染し、国内でも 2013 年に無症状のペチュニアから検出されている（Shiraishi et al., 2013）。ペチュニアには外観症状が出ないため感染に気付かれずに汚染種苗が流通し、本ウイロイドの分布が拡がっている可能性が示唆されている。

トマトはポスピウイロイドに最も感受性の高い宿主で、tomato apical stunt viroid（TASVd）、TPMVd あるいは CLVd なども類似の激しい萎縮・壊疽症状を顕わす。TASVd はアフリカの Ivory Coast（現在のコートジボワール）のトマトで初めて確認され（Walter, 1987）、その後、インドネシア（トマト）（Candresse et al., 1987）、オランダ（トマト、ナス科観葉植物）など EU 諸国、北・西アフリカ、イスラエルなどで発生がみられる（Plant Protection Service of the Netherlands, 2011）。

ペッパーチャットフルーツ（pepper chat fruit）病は 2006 年オランダの施設栽培の甘トウガラシ（*Capsicum annuum*）に発生した病気で、果実はやや変形して通常の半分程度にしか生育せず、植物体もやや小さくなる。病原は新種のポスピウイロイドで pepper chat fruit viroid（PCFVd）と命名された（Verhoeven et al., 2009）。chat（チャット）は小鳥がさえずる意味で、chat fruit とは「小鳥が食べる（小鳥しか食べない）小さい果実」という意味である。その後、タイではトマトに CLVd と PCFVd が発生し大きな経済的被害をもたらしている（Reanwarakorn et al., 2011；Tangkanchanapas et al., 2013）。

なお、これらのポスピウイロイドは、感受性のトマトやトウガラシ以外にナス科やキク科の花卉類と観葉植物に不顕性感染するため、汚染種苗を通して世界中に流通する危険性が強く示唆されている。

リンゴ・ナシ／さび果病・ゆず果病・くぼみ果病：リンゴ（*Malus domestica*）の果実障害のうち、伝染性のさび果、斑入果、ゆず果、くぼみ果などはウイロイドが原因で発生する。

さび果病（apple scar skin）は 1930 年代に“満州りんごさび果病”として中国

の‘国光（Ralls Janet）’で初めて発生が報告された（大塚、1935；1938）。その後、1980年代の初め、日本でも発生が確認され、小金沢らにより新規のウイロイドASSVdが病原であることが証明された（Koganezawa et al., 1982；小金沢、1983；1984；1985；Hashimoto & Koganezawa, 1987）。斑入果病（dapple apple）は1950年代に米国で発生が報告され（Smith et al., 1956）、その後日本を含むアジアやカナダ・欧州でも確認され、病原はASSVdの変異体によることが明らかにされた（Hadidi et al., 1990）。さび果病と斑入果病の原因は共にASSVdだが、品種により病徴が異なる。‘印度’や‘国光’はさび果になり、果実の下側（ていあ部）にコルク化した茶褐色のさび病斑が生じる（写真10）。現在の主力品種‘ふじ’や‘つがる’などは斑入果になり、着色とともに円形の大きい黄色斑（赤く着色しない部分）が多数生じる（写真10）。また‘王林’では果実上半部（蔓側）に凹凸や色むらがでる。一般に樹体の生育あるいは枝葉に異常はみられないが、‘国光’では新梢の葉が湾曲する独特の症状が顕われるので生物検定に利用される（写真10）。ASSVdはナシにも感染し、中国ではさび果病（rusty skin）を発症することが報告されている。日本でも和ナシ（*Pyrus pyrifolia*）品種‘新高’や‘吉野’に発生したくぼみ果病（Japanese pear fruit dimple）（写真10）がASSVdの感染によることが報告されている（Osaki et al., 1996）。

リンゴゆず果病（apple fruit crinkle）は日本で1970年代、品種‘陸奥’に発生し（Koganezawa et al., 1989）、伊藤らにより新規ウイロイドAFCVdの感染によることが証明された（Ito et al., 1993；Ito & Yoshida, 1998）。ほとんどの品種で症状は果実のみにみられ、品種により程度の差はあるが、果実の成熟とともに表面に多数の凹凸が生じる。‘王林’は特に明瞭な凹凸症状を顕わし、「柚子（ゆず）」のような外観になることが病名の由来であり、果肉には壊疽もみられる（写真11）。一方、品種‘ネロ26’に発生した接木伝染性の枝の粗皮病もAFCVdによることが明らかにされた。‘ネロ26’や‘スターキングデリシャス’などの品種では果実には症状がみられず枝に粗皮が出る（松中 & 町田、1987；伊藤ら、1999）。長野県では、1980年代の後半から1990年代にかけて、主に感染樹から採った穂木を接木したことにより、本病の発生が拡がったことが報告されているが（飯島、1990）、現在本病の発生は散発的である。

リンゴくぼみ果病（apple dimple fruit）は、1995年、イタリアの品種‘スターキングデリシャス'で初めて発生が報告され（Di Serio et al., 1996）、病原はADFVdである。後に日本でも'ふじ'や'ジョナゴールド'で発生が確認された（He et al., 2010）。様々な品種への接木試験の結果、症状はウイロイドの系統やリンゴの品種によって異なるようだが、'スターキングデリシャス''ふじ''Jonathan'では直径数ミリの少し窪んだ黄緑色の斑点、'ジョナゴールド'ではやや大型の薄い赤黄色の斑点・斑紋、また王林では果実全体に凹凸が生じた（写真12)。'印度'、'むつ'、'ゴールデン'は無症状だった（Kasai et al., 2017)。これらの症状は、ある品種ではASSVdに、また別の品種ではAFCVdに類似していることから、症状だけで他のウイロイドと識別することは困難である。

2019年、オーストリアでリンゴの品種'Ilzer Rose'の果実に黄斑と激しい凹凸症状を示す新病害が発生し、次世代シークエンサーによる網羅的解析の結果、新種のウイロイド apple chlorotic fruit spot viroid（ACFSVd）が分離されている（Leichtfried et al., 2019）。接ぎ木伝染性は示されているが、現時点において純化ウイロイドの戻し接種による病徴の再現には至っていない。pear blister canker viroid は枝粗皮症状のセイヨウナシから分離され（Flores et al., 1991）、日本で栽培されているセイヨウナシにも感染しているが、被害は明確ではない（Sano et al., 1997）。

モモ・スモモ／斑入果病・黄果病、その関連病害：スモモ斑入果病は、1985年、日本でスモモ（*Prunus salicina*）の品種'太陽'に発生した接ぎ木伝染性病害で（寺井、1985）、病原はHSVdの変異体である。感受性品種（'太陽'、'大石早生李'、'紫峰'など）では着色に伴い果実表面に着色ムラが生じ（写真13）、1～2 cm^2 程度の楕円形の赤いまだら模様が顕われる。'太陽'では、この赤い斑紋と黄色のまま残った地色のコントラストがキリンの肌の模様に似ているところから"キリン果"と呼ばれた（寺井 & 佐野、2002）。'ソルダム'では斑入果にはならないが果粉の形成が悪く光沢がでて、果肉が本来の濃い朱色に着色せず黄色味かがる黄果症になる。斑入果、黄果ともに熟期が遅れ、果肉は固いままで軟果が遅れる。類似の症状はモモ（*Prunus persica*）にも発生し、同様にHSVd変異体の感染によるものである（写真13）。本病は中国（モモ）と韓国（スモモ）でも発生している（Zhou et al., 2006; Cho et al., 2011）。

ヨーロッパではアプリコットのディジェネレーション（"digeneracion"）症状

の原因がHSVdではないかと疑われている（Amari et al., 2007）。中国ではサクランボ（品種‘hongdeng’）の果実に発生した激しい斑入果（green dapple fruit）症状の原因がHSVdと報告されている（Xu et al., 2020）。

モモ／潜在モザイク（latent mosaic）病・斑葉モザイク病：モモlatent mosaic病は1976年、フランスで、モモ指標品種‘GF305’の接木によるウイルス検査の過程で発見された病気である（Desvignes, 1976）。症状は一時的で、普段は無症状だが、時々ぼやけた黄緑色の斑紋、黄色味を帯びた乳白色のモザイク、そして最も激しい場合は葉のほぼ全面に拡がる白化がみられる。症状によりyellow blotch（黄斑）症、yellow mosaic（黄化モザイク）症、また、激しい白化はcalico（キャリコ）症と呼ばれる。病原はPLMVdで、特殊な変異体により黄斑や白化症状が顕われる。感染樹体内のPLMVdは多様な変異体を包含し、病気を起こす変異体と起こさない変異体が共存しており、一枚の葉の中でも黄色あるいは白色の部分と緑色の部分で異なる変異体のすみわけがみられる（第II章2-2-1；図33）。

日本では類似のモモの病気として、斑葉モザイク病が報告されている（小室、1962；Kishi et al., 1973；植物ウイルス大辞典、2014）。葉にのみ症状がみられる病気で、展葉して間もない葉に淡黄～黄緑の不規則な斑入模様が散在して生じるが、6月中旬以降気温が上昇してくると消失するという（寺井 & 佐野、2002）（写真14）。PLMVdは日本で栽培されているモモ、スモモ、アンズ、サクランボなどから分離され、モモ品種の保毒率は90%以上であったと報告されているが（Osaki et al., 1999）、本病とPLMVdの関連性はまだ明確になっていない。

カンキツ／エクソコーティス病・cachexia病・カンキツウイロイド複合感染症：カンキツエクソコーティス病は、カラタチ（*Citrus trifoliata*、異名*Poncirus trifoliata*）台木を使用して栽培したカンキツ樹の台木部分に発生する樹皮剥離症として、1948年にカリフォルニアで報告された（Fawcett & Klotz, 1948）。台木部分がやせ細り、粗皮や剥皮（はくひ）症状を呈し、樹全体が衰弱する（写真15）。同様の障害は豪州でも発生しており、ラングプールライム（Rangpur lime；*Citrus* × *limonia*あるいは*Citrus reticulata* × *medica*）を台木に使用した時にも同様の症状が顕われる。1972年、CEVdの感染で起こるウイロイド病であることが明らかになった（Semancik & Weathers, 1972）。国内でも1963年に感染樹が確認されており（田中、1963）、外国から導入した品種と共に持ち込まれたと考えられている。

cachexia病はマンダリンオレンジ（*C. reticulata*）やタンジェロ（*Citrus* × *tangelo*）の幹に粘質の分泌物（ガム）を生じる病気で、HSVdの変異体（CCaVdあるいはCVd-IIbなど）の感染が原因で起こる。国内のカンキツ栽培品種からHSVdのcachexia誘導変異体が検出されており、病原は存在しているが、cachexia病の発生は確認されていない（Ito et al., 2006）。

カンキツ類には多数のウイロイドが混合感染している。エクソコーティス病はCEVd単独で引き起こされるが、CEVd以外のカンキツウイロイドの混合感染でもカラタチを台木にして栽培しているカンキツ類にエクソコーティスと類似の症状が顕われる（Ito et al., 2002a）。草野らは、温州ミカン‘原口早生’の一般栽培圃場に多数のエクソコーティス類似症状が発生していることを認め、生物検定‘エトログシトロン’とRT-PCRでウイロイド検定を行った。その結果、CBLVd、CDVd、CVd-V（異名CVd-OS）、HSVdの4種類のカンキツウイロイドが種々の組合せで感染していた。検出されるウイロイドの数が多いほど台木部の病徴が激しく、樹冠容積や幹周の減少が著しい傾向があったと報告されている（草野ら、2005）。

キク／矮化病・退緑斑紋（クロロティックモットル）病：キク矮化病は、1945年に米国で初めて確認され、1945～1947年に大流行した（Dimock, 1947; Brierley & Smith, 1949）。1952年には英国で最初の発生が確認されている（Hollings, 1960）。1960年代以降、米国では通年栽培品種の人気が高まり、多くの感染苗が輸入され局所的な流行がみられるようになった（Hollings & Stone, 1973）。病原はCSVdで（Hollings & Stone, 1973; Diener & Lawson, 1973; Palukaitis & Symons, 1980）、切り花の流通を通じて世界中に拡がった（Palukaitis, 2017）。キク（*Dendranthema grandiflora*、異名*Chrysanthemum morifolium*）の品種や光・温度などの環境条件により症状は異なるが、感受性品種では背丈が健全の2/3～1/2程度にしか育たず、葉は小さく黄色の斑紋や斑点、壊疽などが顕われる。一方、側枝の伸長が旺盛になり、開花が早まる傾向があり、花は小さく色割れを起こすこともある（写真16）。日本では1977年に国内で初めて発生が報告され（大沢ら、1977）、1980年代後半から全国に流行が拡大し、輪キク、スプレーキク、小キクなど様々な品種に発生している（松下、2006; 2011; 楠 & 松本、2006; 中村ら、2013）。また、キク以外にダリアにも無症状で感染している（Nakashima et al., 2007）。

キク退緑斑紋病は1967年米国ニューヨーク州の商業温室で栽培されているキク品種‘Yellow Delaware’で発生した病気で、感染した感受性品種の若い葉には軽度の斑点や斑紋が顕われ、葉や花の生育が阻害され矮化する（Dimock et al., 1971）。病原はCChMVdで、病徴を顕わすタイプと顕わさないタイプが知られている。日本では2003年秋田県の小キクや京都府のスプレーキクで初めて発生が確認された（Yamamoto & Sano, 2005；Hosokawa et al., 2005）。山本らによる秋田県の調査では、輪キク、小キク、スプレーキク何れも2割程度の品種が感染しており、年々増加する傾向がみられた。感染が確認された小キク品種‘七夕まつり’や輪キク‘神馬’などではしばしば下位葉を中心に壊疽を伴う明瞭な黄斑がみられ（写真17）、また一般に病徴を顕わすタイプとされる第82～85番塩基にUUUC配列を有する変異体も確認されているが、多くの品種は感染していても無症状だった（Yamamoto & Sano, 2005；2006）。CChMVdの症状は品種間差が大きく、明瞭な黄斑が顕われる品種（‘Yellow Delaware’、‘Deep Ridge’、‘Bonnie Jean’）もあれば、出ない品種もある。感受性品種でも発病には温度が重要で21.1℃以上が好ましく、28℃一定条件が最適とされている（Dimock et al., 1971）。日本の野外栽培条件は発病好適条件ではないのかもしれない。また、Hosokawaらは、日本各地（京都、大阪、愛知、広島、滋賀、福岡）産のキクやオランダから輸入されたキク（いずれも切り花）からもCChMVdが検出されることを報告している（Hosokawa et al., 2005）。すなわち、ウイロイド濃度が低いケースが多く、無症状のため本病は見過ごされ、国内での発生は過小評価されているのではないかと考えられる。

アボカド／サンブロッチ（sunblotch）病：アボカドサンブロッチ病の症状は、1910年代から、メキシコ～グアテマラ原産のアボカドを栽培するカリフォルニアの施設で発生が知られていたが、当初、生理的あるいは遺伝的な障害と考えられていた。その後1930年代に接木伝染性が明らかにされウイルス性病害と考えられるようになり、1970年代末から1980年代初め、複数のグループによりウイロイド病（ASBVd）であることが明らかにされた。症状は果実に最も顕著にみられ、果面の茎側から中央にかけて縦に黄色～紫色がかった傷状の幅広い斑紋が顕われ、果実に歪みが生じる。黄色から薄緑色の条線が若い枝や新梢に出ることがあり、葉は基本的に無病徴だが、稀に白色、黄色、灰色～緑色の斑入がみられる。成木の幹にはしばしば浅い割れ目や亀裂が生じ、樹は若干矮化し樹冠が小さくなる。カリフォルニアから世界中に感染樹が拡がったと言われているが、日本ではまだ発生の報告がない。

ヤシ類／カダンカダン（cadang-cadang）病・ティナンガジャ（tinangaja）病、黄葉病：カダンカダン病は 1931 年フィリピンのココヤシ（*Cocos nucifera*）プランテーションで発生が報告された病気で、1914 年からルソン島の一部地域で発生が知られており、1963 年までの間に急速にルソン島内の島々に拡がった（Randles & Rodriguez, 2003）。病原は CCCVd で、感染後 1 ～ 2 年（感染初期）で実（ココナッツ）が丸みを帯び、葉に黄斑が顕われ、花序が詰まりその先端に壊疽が顕われる。中期になると花房・花序・ナッツの生産力が低下・停止し、葉の黄斑の数が増えサイズも大きくなる。やがて、後期になると葉の数が減少して小さく脆くなり、黄斑は融合して拡がり葉全体が黄化し、幹の直径と樹冠容積も減少し、枯死する（Randles, 1975）。フィリピンでは 2003 年までに約 4000 万本のココヤシが枯死し、被害総額は 40 億米ドルに相当すると推計されている（Vadamalai et al., 2017）。類似のココヤシの致死的な病気はグアムでも 20 世紀の初めから発生が報告されており、ティナンガジャ病あるいは "Yellow mottle Disease（黄斑病）" と呼ばれている（Wall & Randles, 2003）。病原は coconut tinangaja viroid（CTiVd）で、CCCVd に最もよく似ているが、塩基配列の相同性は約 64% である（Boccardo et al., 1981 ; Keese et al., 1988）。CCCVd と CTiVd は共にココヤシに感染するが、東南アジアと南太平洋地域で栽培されているそれ以外のヤシ類でも CCCVd と類似したウイロイドが感染していることが報告されている。マレーシアで商業栽培されているアフリカアブラヤシ（*Elaeis guineensis*）から CCCVd の変異体が検出され、当該地域で広く発生がみられる "Orange spotting Disease" の原因となっている（Vadamalai et al., 2006）。

ホップ／矮化病：ホップ矮化病は、日本のホップに発生した病気で、1940 年代末～ 1950 代初め頃から発生がみられ、1970 年に新病害として報告された（山本ら, 1970）。病原は HSVd で、感染後、年数を経るほどに矮化が顕著になり（写真 1、2）、収量が大きく減少すると共に、球果中に含まれるビールの苦み成分である α 酸含有量が正常の半分以下に低下する。発見されて以来長い間、発生は日本と日本から汚染苗が渡り一時的な発生がみられた韓国に限られていた。

しかし2000年代になり、米国（ワシントン州、オハイオ州）、中国（新疆ウイグル自治区）でも発生が報告され、ドイツ、ポーランド、スロベニア、豪州でも少数ながら検出されるようになり、ホップ栽培国では種苗管理体制が強化されている（Eastwell & Nelson, 2007 ; Guo et al., 2008 ; Pethybridge et al., 2008 ; Radišek et al., 2012 ; Seigner et al., 2013 ; Patzak et al., 2019 ; Han et al., 2019 ; Przybyś, 2020 ; Chambers et al., 2021）。

矮化病はHSVd以外のウイロイドの感染でも発生する。2004年日本で発生した矮化病ホップからAFCVdが分離され、AFCVdもホップに矮化病と類似の病気を起こすことが報告された（Sano et al., 2004）。また、2012年にはスロベニアで激しい矮化を伴うホップの新病害が発生し、CBCVdが原因であることが明らかにされた（Radišek et al., 2012）。CBCVdはホップに対し強毒性でHSVdより激しい矮化症状を引き起こすため、その拡がりが注視されている。

1-4-2　発生生態、伝染と拡がり、防除法

発見当初、ウイロイドは病気の植物から分離されるのが常だったが、検出技術の進歩と共に、無症状の植物にもウイロイドが潜んでいることが明らかになってきた。ウイロイドの種あるいは宿主との組合せにより発病しないケースも多く、感受性宿主でも品種によりほぼ無症状から劇症まで、症状の顕われ方は様々である。前述（第I章）のように、HSVdは日本で発生したホップ矮化病の病原ウイロイドだが、世界中で栽培されているブドウ、カンキツ、核果類の多くはHSVdを無症状で保毒している。PSTVdはジャガイモやせいも病の病原であり、ジャガイモとトマトに激しい矮化・葉巻・壊疽症状を起こし甚大な経済的損失を生じ、その他のCEVd、CLVd、TCDVd、TASVd、TPMVd、PCFVdなどのポスピウイロイドもジャガイモやトマトに感染すると、PSTVdと同様またはそれ以上の激しい病気を引き起こす危険性がある。一方、ペチュニア、バーベナ、ダリアなどの花卉・観葉植物には症状を顕わさずに感染する。すなわち、発生生態という観点で捉えると、ウイロイド病発生の背後には病気の症状がでない宿主の存在があり、無病徴宿主は伝染源としてウイロイドの存続と新たな流行の発生に重要な役割を担っているとみることができる。

近年、ポスピウイロイドに汚染された花卉・観葉植物の培養苗が流通し、国際・国内植物検疫上の懸案事項となっている。花卉や観葉植物には病徴が顕われ

ないのでそれ自体に対する経済的インパクトは小さいが、感受性宿主に対する伝染源として潜在的な危険性を有しているためである。複数の植物種苗が狭い空間で増殖される育苗施設等において、無病徴宿主と感受性宿主の不測の接触によって新病害が発生し、増殖されて拡がる危険性が想定される。

種子を介した次世代への垂直伝染（種子伝染）や花粉を介した水平伝染（花粉伝染）も重要な伝染経路である。CbVd-1 は高率（時には 100%）に種子伝染し、市販の種子から検出される例も報告されている。PSTVd に感染したトマトやジャガイモの（真正）種子と花粉（Fernow et al., 1970）、ASSVd に感染したリンゴ種子、GYSVd-1 や HSVd に感染したブドウ種子からウイロイドが検出されることが報告されている（Wan Chow Wah & Symons, 1999；Hadidi et al., 2022）。従来、種子伝染はウイロイドの伝染経路としてそれほど重要視されていなかったが、国際植物検疫上の検疫有害動植物に指定されている PSTVd を含む複数のポスピウイロイドが、1990 年代末から花卉や観葉植物類あるいはトマト・トウガラシなどの野菜の汚染種子を介して世界中に拡がっていることが明らかになり、種苗管理における汚染種子検査の重要性が高まっている（Matsushita & Tsuda, 2016；Matsushita et al., 2018）。国内においても、汚染種子に由来する突発的な PSTVd や TCDVd によるトマトの病気の発生や、海外から輸入されたピーマンの種子から PSTVd が検出されたことを受けて、2019 年末から当該国に輸出時精密検査の徹底を求めるとともに、暫定措置として輸入時検査に精密検査が取り入れられるなど、侵入を阻止するための対応がなされている。

媒介生物による伝染は一般的ではないが、PSTVd がジャガイモ葉巻ウイルスと混合感染している時、アブラムシによって、ウイルスと一緒に低率ながら非永続的に伝搬されることが報告されている（Salazar et al., 1995）。ハウス栽培のトマトでは、受粉蜂マルハナバチの受粉活動で TCDVd が伝染する可能性があると報告されている（Matsuura et al., 2009）。また、実験的にではあるが、ASSVd がオンシツコナジラミ（*Trialeurodes vaporariorum*）で（Walia et al., 2015）、HSVd や ASBVd が子のう菌（*Valsa mali, Fusarium graminearum*）で、それぞれ植物から植物に伝搬したという報告がある（Wei et al., 2019；Sun & Hadidi, 2022）。ただし、現在まで、栽培現場でコナジラミや菌類によりウイロイドが伝染していることを示唆する状況証拠は報告されておらず、さらに検証が必要であろう。

このようにウイロイドは病汁液、汚染農機具、接ぎ木、栄養体繁殖によって伝染し、汚染種苗の流通・移動に伴って産地間、時には国境を越えて広域に拡散する。ジャガイモ、ホップ、ブドウ、カンキツなどのウイロイドは栄養体繁殖で増殖された栽培品種、育種用母樹、台木などと共に世界中に拡がったと考えられる。

ウイロイドの伝染・流行を防ぐには、診断による早期検出と除去の徹底が現在最も有効な防除手段である。生物検定、ゲル電気泳動、遺伝子診断、RT-PCRなど様々な優れた診断法が開発され（第Ⅲ章3)、北米ではジャガイモやせいも病、日本ではホップ矮化病などの流行の収束に貢献した。ウイロイドは様々な宿主植物に感染して生存している。元々病原として発見されたものだが、宿主や品種により病徴の程度は様々で、潜伏期間が長く無病徴で感染しているケースも多く、それを根絶することは困難である。伝染は自然界の媒介者より、むしろ私達人間の行う食糧生産と経済活動に起因し、保毒植物が感受性の高い作物に種の壁を越えて伝染し、各地に拡がり、新病害の発生・流行をもたらしている。常にこのような危険性を認識して、農機具の消毒、圃場衛生、種苗管理（無病苗利用）を徹底すると共にウイロイド感受性作物の管理にあたっては外観症状に頼らず、定期的にウイロイド検査を実施して健全種苗の維持に努め、栽培現場への侵入を未然に防ぐことが重要である。

2　ウイロイドの自己複製能と病原性発現機構

2-1　複製と病原性に関与する分子構造

2-1-1　環状1本鎖RNAと2次構造

ウイロイドの発見に至るまでに蓄積されたデータから、ジャガイモやせいも病の病原因子PSTVdは、タンパク質の外殻を持たない小さなRNA分子であることが判明した。また感染性を有する遊離の核酸として、PSTVdとは独立に発見されたカンキツエクソコーティス病の病原因子CEVdは、高度に秩序化されたtRNA様の構造を持つ低分子量のRNAと考えられた。1973年、電子顕微鏡でその姿が初めて視覚化され、PSTVdは約50 nmの短い棒状の分子として観察された（Sogo et al., 1973)。棒状分子の幅はT4バクテリオファージのDNA（2本鎖）

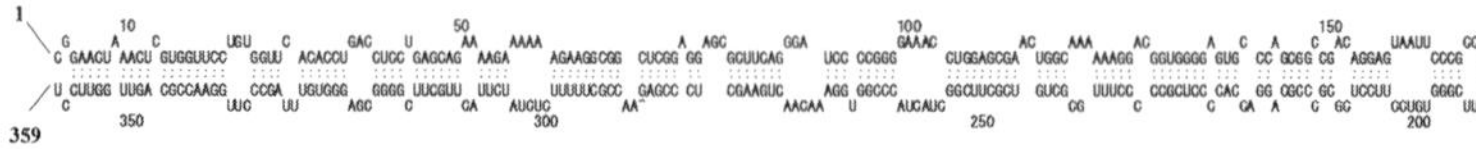

図16　ジャガイモやせいもウイロイド（PSTVd）の予測2次構造模式図

と同じ位でカーネションモットルウイルスのゲノムRNA（1本鎖）より太かったことから、2本鎖RNA様のヘアピン構造をもつ1本鎖RNAと推測された。その後、電子顕微鏡観察と生化学的な分析から、PSTVdは分子量110,000～127,000の共有結合で閉じた環状1本鎖RNAで、分子中の塩基間の高い相補性により熱安定性の高い棒状2次構造を形成することが明らかにされた（Sänger et al., 1976）。1978年、Heinz Sängerらドイツの研究グループは、当時の最先端技術だったRNAフィンガープリント分析によってPSTVdの全ゲノム塩基配列を解読し、同時に塩基特異的なRNaseを用いたマッピングデータとコンピューター予測に基づいて2次構造モデルを提案した。PSTVdは全ゲノム塩基配列が決定された最初の真核生物の病原になった（Gross et al., 1978）。PSTVdゲノムRNAは359ヌクレオチドで構成されており、予想通り、多数の分子内塩基対を含み、高度に構造化された棒状のステム-ループを形成することが示された（図16）。この時、塩基配列の決定に供されたPSTVdはDienerから分譲された分離株で、以来この株がPSTVdの**基準株**として扱われている。後述のように、病原性は強毒型で、弱毒型と致死型の中間であったためPSTVd-Intermediate（PSTVd-I）あるいはDienerにより分離された株であるためDIと呼ばれるようになった。

PSTVdの全塩基配列が解読され、2次構造モデルが提案されて以来、40種を超えるウイロイド種が発見されたが、その全塩基配列が決定されると、専らコンピューターによる構造予測アルゴリズムに基づいて2次構造が予測・提案されてきた（Adkar-Purushothama & Perreault, 2020）。

近年、SHAPE（Selective 2′-Hydroxyl Acylation analyzed by Primer Extension）法あるいはハイスループットSHAPE（hSHAPE）法と呼ばれるRNA選択的2′-ヒドロキシルアシル化（2′-hydroxyl acylation）反応をプライマー伸長法で分析する手法を用いて、既知の多くのウイロイドの2次構造が実験的に分析され、コンピューターによる予測2次構造と比較検証された（Dubé et al., 2011; Giguère et al.,

2014a；2014b）。SHAPEは、RNAヌクレオチドであるリボースが有する2′-ヒドロキシル基（2′-OH）と選択的に反応する化学物質N-methylisatoic anhydrideやbenzoyl cyanideなどでRNAを処理することによって、個々の塩基が塩基対を形成しているか否かを識別し、RNAの詳細な分子構造を決定する方法である（Merino et al., 2005；Vasa et al., 2008）。つまり、分子内で塩基対を形成している塩基の2′-OH基は化学物質の修飾を受けず、2′-O-付加反応が起こる塩基はループを形成している塩基である。2′-O-付加物は逆転写酵素によるプライマー伸長を阻害し伸長反応が停止する。したがって、プライマー伸長が停止した部位にはループがあると判断される。このプライマー伸長が停止する塩基の位置に関する情報を熱力学的計算に基づくRNAの2次構造予測プログラムと合わせて分析することにより、正確な2次構造を予測することができる。

SHAPE実験データに基づく分析から得られた2次構造は、2次構造予測プログラムで計算したものと比較すると、細部には多少の違いもみられたが、全体としては良く一致していた。PSTVd以外のウイロイド、特に分岐が多く複雑な構造を有するアブサンウイロイド種でも実験データに基づく2次構造予測が示された意義は大きい。

アブサンウイロイド科では、まずペラモウイロイド属のPLMVdのSHAPEによる詳細な分子構造解析が行われた。PLMVdは約330～360ヌクレオチドのゲノムサイズを有し、多様な塩基変異を含む変異体が分離されている。予測された2次構造分子は2つの大きな領域から構成されており、左側領域は熱力学的により安定で長い棒状のステム-ループ構造を形成し、右側領域には内部ループを含む複雑に分岐した2次構造がみられた（図17）（Dubé et al.,2011；Giguère et al., 2014a）。

同じペラモウイロイド属のCChMVdはシュードノットの存在も含めてPLMVdとよく似た2次構造を示し、エラウイロイド属のELVdは左端の近くに1つの突出したステム-ループがあり、右側の末端にY字型構造を形成するが比較的棒状に近い構造を有していた。一方、ASBVdはシンプルな棒状の構造を形成し、アブサンウイロイドの特徴であるHH-Rzモチーフを有するが、全体の分子構造はむしろポスピウイロイドに近い。また、他のアブサンウイロイド科のメンバーではHH-Rz配列が直線状に連続して配置された配列から生じるのに対

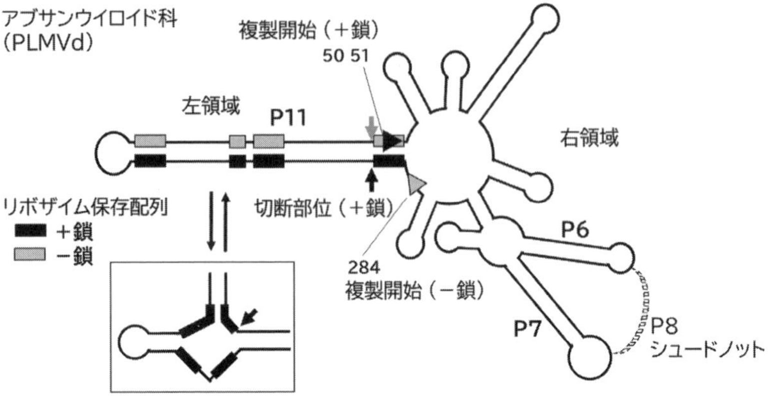

図 17　アブサンウイロイド科・モモ潜在モザイクウイロイド（PLMVd）の予測分子構造とリボザイムモチーフ．P6、P11 などはステム - ループ構造の番号を示す。P8 シュードノットは P6 と P7 のループ間で生じる高次構造である。（+）鎖の複製開始点（第 50 あるいは 51 番塩基）と（−）鎖の複製開始点（第 284 番塩基）を示した。黒色の太線は（+）鎖の、灰色の太線は（−）鎖のリボザイム（HH-Rz）保存配列を示す。黒色矢印は（+）鎖、灰色矢印は（−）鎖の自己切断点を示す。枠内の構造はハンマーヘッドリボザイムと自己切断点（矢印）を示す。

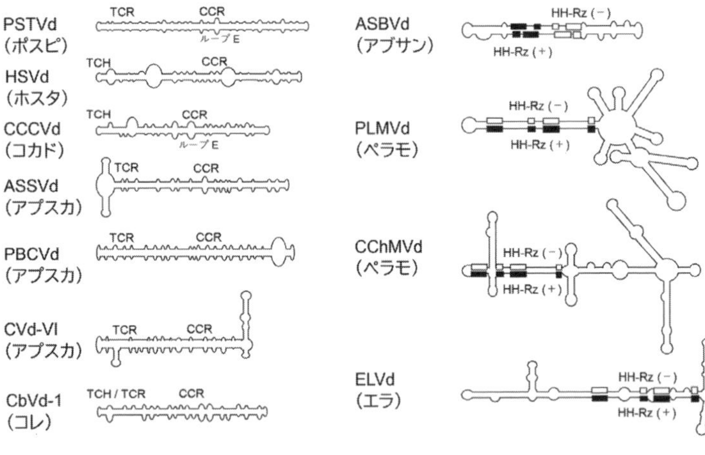

図 18　主なウイロイドの予測 2 次構造模式図．Giguère & Perreault（2017）らの SHAPE による解析で得られたポスピウイロイド科（左側）とアブサンウイロイド科（右側）の予測 2 次構造の模式図．ウイロイド名は略号で、カッコ内は属名を示している。CCR；中央保存領域、TCR；末端保存配列、TCH；末端保存ヘアピン、白い長方形と HH-Rz（+）；（+）鎖ハンマーヘッドリボザイム保存配列、黒い長方形と HH-Rz（−）；（−）鎖ハンマーヘッドリボザイム保存配列

し、ASBVd の HH-Rz 配列は 2 つの領域に分かれて配置され、1 つは上鎖に、もう 1 つは下鎖にお互いに向き合うように位置している点が特徴である（図 18）。

ポスピウイロイド科についても、基準株とは異なる PSTVd 変異体の 2 次構造が SHAPE 法を用いて解析され、わずかな局所的な違いはみられたが、かつて基準株で提案されたものとほぼ同様の棒状分子に折りたたまれることが確認された。さらに PSTVd 以外のポスピウイロイド科のメンバーについても、各属から少なくとも 1 種が選択されて SHAPE 法により 2 次構造が実験的に解析され、これまで熱力学的動態解析、NMR やコンピューター解析で予測されてきた全体的あるいは局所的な分子構造の妥当性が検証された（Dingley et al., 2003；Giguère & Perreault, 2017；Giguère et al., 2014b）（図 18）。

2-1-2　構造ドメインモデル

PSTVd ゲノムがタンパク質をコードしていないことが明らかになり、ウイルスとは異なる新しいクラスの病原に属していることが示された。ゲノム塩基配列が解読され、2 次構造モデルが提案されると、ゲノム塩基配列と分子構造に基づいてウイロイドの機能を分析することが可能になった。強毒型あるいは弱毒型の病原性を示す PSTVd 株が分離され、弱毒型に感染した植物は、その後、強毒型に感染しても重度の症状が顕われないことが示された（Dickson et al., 1979）。この現象はクロスプロテクションと呼ばれる（第Ⅲ章4-3）。強毒型と弱毒型の病原性を示す PSTVd 変異体の比較により、3 箇所の塩基置換が強毒型を弱毒型に変える可能性が示唆され（Gross et al., 1981）、さらに病原性が異なる様々な PSTVd 自然分離株の塩基配列の分析から、病原性の強弱が 2 次構造モデルで提案された棒状分子の 2 つの領域内の数ヌクレオチドの違いに起因している可能性が示唆された（Schnölzer et al., 1985）。特に、PSTVd 分子の棒状 2 次構造の左側に位置する領域の熱力学的不安定性が病原性の強弱と相関していたことから、病原性調節（Virulence Modulating；VM）領域と名付けられた（第Ⅱ章 2-1-3；図 19A、病原力に関与する構造ドメインと構造モチーフの項目参照）。この領域は、（未知の）宿主因子と PSTVd RNA の相互作用（結合性）を調節することで病原性に影響を与えるのではないかと予想された（Schnölzer et al., 1985）。

一方、カンキツエクソコーティス病の病原 CEVd の複数の分離株（A、C、

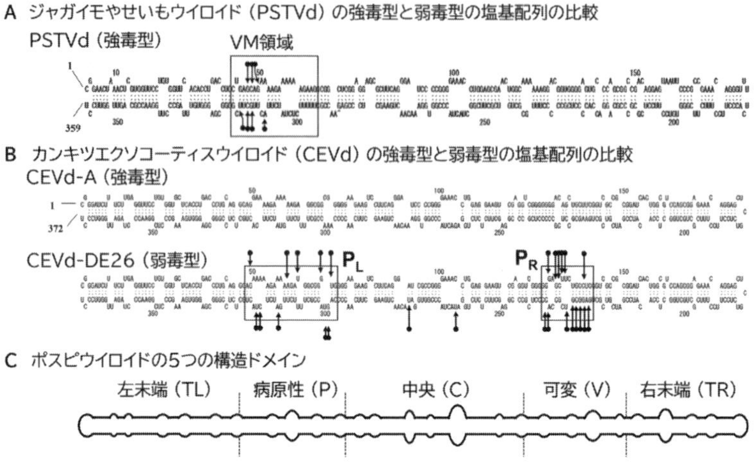

図 19　ジャガイモやせいもウイロイドとカンキツエクソコーティスウイロイドの病原性領域とポスピウイロイドの構造ドメインモデル．(A) PSTVd の病原性に関与する VM 領域、矢印の箇所は病原性の異なる変異体間で異なる塩基を示す。(B) CEVd の強毒型と弱毒型間で変異がみられる領域（P_L と P_R）；DE26 の枠内の矢印の箇所は強毒型と異なる塩基を示す。(C) ポスピウイロイドの 5 つの構造ドメインモデル

DE25、DE26、DE27、DE30、J）のゲノム塩基配列の解読により、CEVd のゲノム RNA の長さは 370 ～ 375 ヌクレオチドの範囲で変動することが明らかになった。これらの分離株のいくつかは、**準種**として知られている塩基配列変異体の混合物で構成されていた。多様な塩基配列変異体は塩基配列の類似性から 2 つのクラス（A と B）に大別された。両者間には最大で 26 箇所の塩基に変異がみられ、そのほとんどが 2 次構造分子の左側と右側に位置する 2 つの領域に集中していた。クラス A と B のメンバーは、それぞれ CEVd の検定植物であるトマトに強毒型と弱毒型の症状を引き起こし、特に分子の左側に位置する領域（P_L）が病原性を調節する領域と特定された（図 19B）。この領域は PSTVd の病原性を調節する VM 領域に相当する部位と一致した。一方、右側の領域（P_R）は、感染の効率や複製に影響を与えることが示唆された（Visvader & Symons, 1983; 1985; 1986）。

これらの結果を基に、また、それまでにゲノム塩基配列が決定されていた 8 種

のウイロイドと30を超える変異体間の塩基配列相同性の比較解析から、ウイロイド分子が5つの構造的および機能的ドメインで構成されるとする“ドメインモデル”が提唱されている（Keese & Symons, 1985）。棒状分子の真ん中に複製サイクルを調節する可能性のある高度に塩基配列が保存された中央ドメイン（C;Central）、その両側に塩基配列変動性の高い領域が存在し、左側は病原性の強弱に関連している病原性ドメイン（P;Pathogenicity）、右側は高い塩基配列変動性を示す可変ドメイン（V;Variable）、そして分子の両端に位置するウイロイド間で交換可能な2つの末端ドメイン（TL;Terminal Left とTR;Terminal Right）、合計5つのドメインである（図19C）。この提案の後、新種ウイロイドが分離され、そのゲノム塩基配列が決定されると、コンピューターによる2次構造予測プログラム（mfold）に基づいて2次構造が予測され、さらに、ポスピウイロイド科ウイロイドでは類縁ウイロイド種との塩基配列相同性や塩基配列変異体にみられる変異箇所の分析結果に基づいて、このモデルに沿ったドメインが規定されてきた。一方、この解析の中で、ASBVdだけは当時知られていた他のウイロイドとの塩基配列の類似性がみられず、ドメインモデルが適用できないことが判明した。このことは後にASBVdをアブサンウイロイド科として独立させることにつながっていく。アブサンウイロイド科のウイロイドでは、次の項目で説明するように、種間の塩基配列相同性が低く、HH-Rz配列以外に保存配列がないことから、ドメインを規定することができず、ドメインモデルには適合しない。

ドメインモデルは、様々なウイロイド種や変異体の塩基配列の比較から、ウイロイド分子にはいくつかの保存性の高い領域が存在し、その境界では異なるウイロイド間で塩基配列相同性が急激に低くなる部分があるという分析結果に基づいて提案された。ドメインモデルが提唱された後で発見されたポスピウイロイド科のウイロイドについてもモデルが当てはまるか、複数のアルゴリズムで再検証されている。ポスピウイロイド属、ホスタウイロイド属、コレウイロイド属のメンバーでは、ドメインの境界を数塩基程度修正する必要があるケースもあったが、基本的にドメインモデルが適用できることが確認された。特にポスピウイロイド属では、保存された配列と構造モチーフはその棒状分子を生物学的な機能と関連した区画（モジュール）に細分化するのに十分な意味があると考えられた。しかし、アプスカウイロイド属のメンバーの多くは、他のポスピウイロイド科のメンバーと共通性の高い配列で構成されてはいたものの、ドメインの境界を明確に決定することができなかったという（Wüsthoff & Steger, 2022）。すなわち、ポスピウイロイド科の全てのメンバーにドメイン間の境界まで厳密に規定したドメインモデルが適応できるかどうかについては疑問が呈されている。

2-1-3 ウイロイドの機能性に関与する構造ドメインと構造モチーフ

複製能に関与する構造モチーフ：ポスピウイロイド科ウイロイドで提唱された構造ドメインは複製や病原性など特定の機能的役割と関連付けて提案されている。特に C ドメインの中央には CCR と名付けられた保存配列があり、その上鎖の保存配列の両側には 9 塩基からなる**逆向き反復配列**が存在し、安定なステム - ループ構造（ヘアピン I ）を形成することができると指摘されていた（図 20）（Henco et al., 1979；Baumstark et al., 1997；Gas et al., 2007；Steger & Perreault, 2016）。

CCR が複製に必須な領域であることはウイロイドの逆遺伝学（reverse genetics）解析から明らかになった。ウイロイドは RNA であるが、その全長 cDNA を 2 つ縦列に連結した 2 量体 cDNA とその in vitro 転写物が通常のウイロイドと同様に感染性を有することが PSTVd と HSVd で報告されたのである（Cress et al., 1983；Ohno et al., 1983a；Tabler & Sänger, 1984）。2 量体 cDNA は感染性を示すが 1 量体（単位長分子）cDNA は感染性がなかったことから、2 量体を両末端から少しずつ削り、どこまで短くすると感染性が失われるか分析された。その結果、HSVd では単位長分子に CCR 上部鎖配列を含む約 60 ヌクレオチドが付加されていれば感染性があることがわかった（Meshi et al., 1985）。また PSTVd と CEVd では、単位長 cDNA の両端に CCR 上部鎖配列を含む 11 ヌクレオチド（5′-GGATCCCCGGG-3′）が付加されていれば感染性があった（Visvader et al., 1985；Hashimoto & Machida, 1985）。すなわち、両端に CCR 上部鎖を有することが感染に必須であったことから、この領域内にローリングサークル複製の最終段階となる単位長への切断と環状化が起こる部位があるものと考えられた。PSTVd では第 94 番塩基と第 95 番塩基の間で単位長への切断と環状化が起こるモデルが提案され（Diener, 1986）、後に、切断点は第 95 番塩基と第 96 番塩基の間であることが実験的に示された（Baumstark et al., 1997）。このモデルによれば、PSTVd の複製中間体として生じる

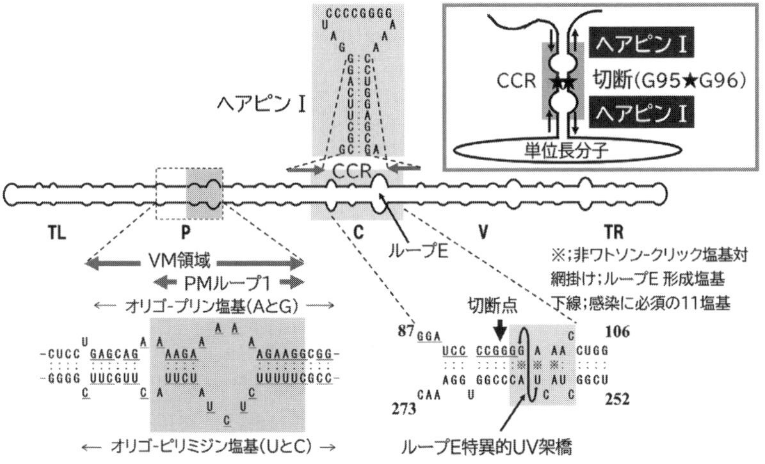

図20　ジャガイモやせいもウイロイドの病原性に関与するVM領域と複製に関与するヘアピンⅠ．CCRの矢印の領域に逆向きの反復配列が存在し、ヘアピンⅠと呼ばれる安定なステム-ループ構造（図の上）を形成する。複製中間体分子中に存在する2箇所のヘアピンⅠは逆向きに向きあいtri-helical構造を形成し第95番と第96番塩基の間で単位長に切り取られる（右上の枠内と右下）。CCRにはループEと呼ばれる機能性RNAにみられる高次構造が存在する（右下）。Pドメイン内には病原性の強さと関連性があるPMループ1を含むVM領域と呼ばれる熱力学的に安定性の低い構造がある（左下）。TL、P、C、V、TRは5つの構造ドメインを示す。CCR；中央保存領域

（＋）鎖オリゴマー分子中に存在する2箇所のヘアピンⅠ配列が逆向きに対合してtri-helical（3連続らせん）構造と呼ばれる特殊な構造を形成し、第95番塩基（G）と第96番塩基（G）の間で切断され単位長分子が生じる（図20右上の枠内）。

CCRの重要性は、トマトで継代していたPSTVd変異体（KF440-2）をタバコ（*Nicotiana tabacum*）に接種して出現した新規変異体（PSTVd-NT）の分析からも明らかになった。この変異体は宿主特異性に変化がみられ、トマトだけでなくタバコでも安定に複製することができた。また、CCRに存在するループEモチーフ（図20下右）内の第259番塩基がCからUに変異していた（Wassenegger et al., 1996）。ループEは、原核生物の5SリボソームRNA（rRNA）、16S rRNA、23S rRNA、グループⅠおよびグループⅡイントロン、細菌のRNase P、タバコリ

ングスポットウイルス（tobacco ringspot virus;ToRSV）サテライトRNAのリボザイム、リジンリボスイッチなど様々な機能性RNAにみられる高次構造で(Wimberly et al., 1993)、RNA-RNAおよびRNA－タンパク質の相互作用において重要な役割を果たすことが知られている。PSTVdのCCRにループEに類似した高次構造が存在することは、in vitroでPSTVd RNAを紫外線にさらすと、中央保存領域上鎖の第98番塩基（G98）と下鎖の第260番塩基（U260）（ただし、KF440-2変異体ではU259）の間にHeLa細胞5S rRNAのループEに類似した局所的なUV誘導架橋が観察されるという実験結果で予想されていた（Branch et al., 1985）。したがって、第259番塩基の変異はループEの立体構造変化を通じて宿主特異性に影響を与えるのではないかと考えられた。また、トマトに強毒型の病原性を示すPSTVd-DI変異体の第259番塩基のすぐ近傍に位置する第257番塩基をUからAに変化（U257A）させると、さらに病原性が強くなり致死型に変化し、トマトに重度の発育阻害を引き起こすことも報告された（Qi & Ding, 2003b）。その後、複数の論文でその構造と機能が論議され、PSTVdのループEはGAAAテトラループ（GNRAテトラループの一つ）と呼ばれる非ワトソン－クリック塩基対で構成されている構造モチーフで（Baumstark et al., 1997; Schrader et al., 2003; Zhong et al., 2006; Wang et al., 2007; Gas et al., 2007; Freidhoff & Bruist, 2019）、複製と単位長分子の切取りに関与していることが明らかにされている。

同様の結果はCEVdでも報告されている。多様なCEVd変異体集団の中から選ばれた塩基配列変異体の感染性と病原性の解析から、CEVdのCドメイン内のループEを形成している第265番塩基がAからGに変化した変異体は遺伝的に安定で野生型と同等の複製能を有し、カンキツとキクに野生型より強い病原性を示すことが報告された。また、同じくCドメイン内の第278番塩基がUからAに変化した変異体はカンキツのプロトプラスト（体細胞由来の遊離細胞）での複製能が野生型より10倍以上高く（ただし実生苗ではほぼ同じ）、カンキツ、キク、ギヌラに対する病原性も野生型より強くなった。第278番塩基はループEを形成する塩基ではないが、その変異はループE構造を拡げる作用があると考えられた（Hajeri et al., 2011）。

以上の事例から、Cドメインは（＋）鎖複製中間体の切断－結合部位としてウイロイドの複製機能に重要な役割を果たしているだけでなく、複製能を介して宿主特異性や病原性など幅広い機能に影響を及ぼす構造モチーフを含んでいるものと考えられる。

複製に重要なもう一つの領域がTLドメインにある。TLドメインにはTCRやTCHなどの保存配列があり、PSTVd（＋）鎖の複製開始点は、TLドメインの右末端ループを構成する第359番塩基（U）あるいは第1番塩基（C）と特定されている（Kolonko et al., 2006）。また、PSTVd高感受性の宿主であるトマトから抽出したPolⅡ複合体（ポスピウイロイドの複製を司る装置）がPSTVdのTLドメインに結合すること（Bojić et al., 2012）、さらにPSTVd（＋）鎖の合成に宿主の転写因子（TFIIIA）とリボソームタンパク質L5（RPL5）が関与することも報告された（Eiras et al., 2011）。TFIIIAには、9つのzinc-finger（ZF）モチーフを有する標準型のTFIIIA-9ZFとその**スプライシングバリアント**で7つのZFモチーフを有するTFIIIA-7ZFが存在し、TFIIIAのスプライシングレギュレーターであるRPL5によってTFIIIA-9ZFからTFIIIA-7ZFへのスプライシングが制御されている。Wangらは、両者ともにPSTVdの（＋）鎖と相互作用するが、TFIIIA-7ZFだけが（－）鎖とも相互作用し、RNaseプロテクションアッセイ（Ribonuclease protection assay）によりTLドメイン内にその結合部位があることを明らかにした。また、TFIIIA-7ZFの発現を抑制するとPSTVdの複製は低下し過剰発現させると増加したことから、PolⅡによるPSTVdの複製にはTFIIIA-7ZFが不可欠なものと考えられた（Wang et al., 2016）。興味深いことに、PSTVdのCCRはTFIIIAのスプライシングレギュレーターのRPL5と強い結合能を有していた。RPL5がPSTVdに奪われることにより、TFIIIA-9ZFからTFIIIA-7ZFへのスプライシングが促進され、TFIIIA-7ZFの発現が最適化されることによりPSTVdの複製に有利な状況が作り出されていると考えられる（Jiang et al., 2018; Dissanayaka Mudiyanselage et al., 2018）。さらに、PSTVd（－）鎖ダイマー分子と結合しているPolⅡ複合体が純化され、その構成成分の分析結果から、本来のDNA鋳型上のPolⅡ複合体は通常12個のサブユニットで構成され、またそのコアが10個のサブユニットで構成されているのに対し、ウイロイドと結合していたPolⅡ複合体はそのうちの3つのサブユニット（Rpb5、Rpb6、Rpb9）を欠落していることが判明した（図21）（Dissanayaka Mudiyanselage et al., 2022）。サブユニットRpb9はPolⅡの転写忠実度に関与していることから、その欠落はウイロイド

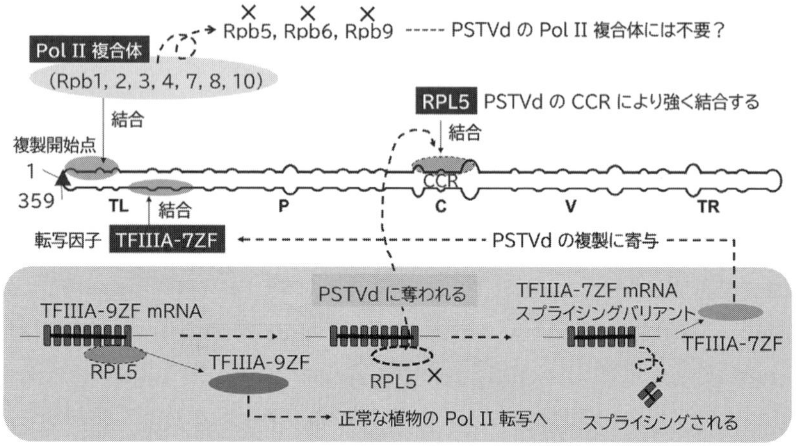

図21　ジャガイモやせいもウイロイドの複製に関与する転写因子 TFIIIA-7ZF と Pol Ⅱ複合体の相互作用. TFIIIA-9ZF は9つのジンクフィンガー（ZF）モチーフを持つ植物の Pol Ⅱ転写に寄与する転写因子。TFIIIA-9ZF の mRNA 前駆体にリボソームタンパク質 L5（RPL5）が結合し、スプライシングが制御されている。PSTVd の中央保存領域（CCR）は TFIIIA のスプライシングレギュレーターである RPL5 と結合することにより、TFIIIA-9ZF から TFIIIA-7ZF へのスプライシングを促進し、7つの ZF を持つスプライシングバリアント（TFIIIA-7ZF）の発現が最適化される。TL、P、C、V、TR；5つの構造ドメイン、Rpb1 ～ 10；Pol Ⅱ複合体を構成するタンパク質サブユニット

RNA にみられる高い突然変異率を説明しているのかもしれない。また、この不完全な Pol Ⅱ複合体は、他の標準的な転写因子（TFIIA、TFIIB、TFIID、TFIIE、TFIIF、TFIIH、TFIIS など）を必要としないようだとも報告され、RNA を鋳型として RNA を複製する本来と異なる機能をもつ複製装置が存在する可能性が示唆されている。なぜ、DNA を鋳型にして RNA を写しとる酵素がウイロイドの RNA を鋳型にできるのか？　これまでずっと奇異な現象に思われていたが、その分子メカニズムが見え始めると、あらためて生命現象の柔軟性に驚かされる。一方でこのことは Pol Ⅱ複合体自体が辿ってきた進化の履歴を示しているのかもしれないという想像も湧いてくる。つまり、原始的な Pol Ⅱの祖先は RNA も（あるいは RNA だけを）鋳型にすることができ、その転写忠実度は高くはなかったが、その後多様な転写因子を取り込むことによって転写忠実

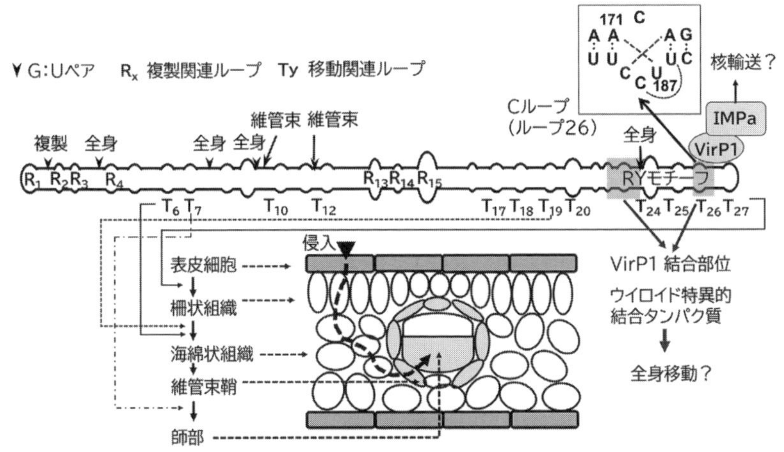

図 22　ジャガイモやせいもウイロイド（PSTVd）の組織内移動に関与する塩基と構造モチーフ模式図．PSTVd の 2 次構造中のループのうち、複製能に関与するもの（Rx）と組織間移動に関与するもの（Ty）をマップした。また、複製、全身移動、維管束系への侵入に重要な G:U 塩基対を（▼）と（↓）で示した。下の図は葉の断面の模式図で、上方は表（おもて）表皮、下方は裏表皮、中央は維管束を示す。表皮細胞から柵状組織へはループ 27（T_{27})、柵状組織から海綿状組織へはループ 6（T_{6}）と 19（T_{19})、維管束鞘から師部へはループ 7（T_{7}）がそれぞれ関与している。師部細胞に侵入後、師部組織を通じて上葉へと感染を拡げる。ループ 26（T_{26}）は VirP1 が結合する RY モチーフを形成し、その中には C ループと呼ばれる特殊な RNA モチーフ（図の右上の枠内）が存在し、ウイロイドの全身移動や細胞核への輸送との関与が示唆されている。VirP1；ウイロイド結合タンパク質、IMPa；インポーチン

度を高め、専ら DNA を鋳型にする現在の姿に進化してきたと考えるほうがむしろ妥当かもしれない。

以上、TL ドメインと C ドメインの中央に位置する CCR は、複製の始まりと終わりという二つの重要ステップを制御する構造モチーフを含む領域である。

細胞内・細胞間・組織間の移動に関与する構造モチーフ：ウイロイドの感染に関わるもう一つの重要な要素は“移動能力”である。表皮の傷口から細胞内に取り込まれた後、増殖の場である核や葉緑体に輸送され、新たに複製されたウイロイドは再び細胞質に出て、プラズモデスマータを通過して隣接細胞に拡が

る。さらに表皮細胞から柵状組織、海綿状組織を経て、やがて維管束鞘に達し、師部伴細胞を通過して師部細胞に侵入し、師部組織を通じて長距離を移動して上葉の組織へと感染を拡大させる（図 22）。ウイロイド自体には移動装置はないが、分子中に備わる構造モチーフが様々な宿主因子と相互作用することで、感染部位から全身に拡がることができる。

RNA が植物体内で、細胞内、細胞間、あるいは全身に移動する際に受ける制御や選択は生物学の興味深い課題の一つである。ウイロイドは自律複製する感染性 RNA であり、その特異な分子構造には 2 本鎖 RNA ヘリックス（ステム）部分とそれを分断している多数のループ構造がみられる。ステム部分は隣接するアデニン（A）とウリジン（U）、グアニン（G）とシトシン（C）、グアニン（G）とウリジン（U）の 3 種類の塩基対で構成される。塩基対を形成できない塩基はループを形成し、両方の鎖が開いたインターナルループと一方の鎖のみが開いたバルジループの 2 つのパターンがある。例えば PSTVd 基準株の予測 2 次構造には 26 個のステムと 27 個のループが存在する（変異体によりループ数は異なる場合もある）。さらに、RNA 分子中のほとんどのループは高度に配置された非ワトソン－クリック塩基対、塩基間の重なり合い（塩基スタッキング）、あるいは塩基骨格間の相互作用など、複雑な塩基間相互作用により特殊な立体構造を形成している。この RNA ループが形成する立体構造は“RNA モチーフ”と呼ばれ、RNA －タンパク質、RNA － RNA、あるいは RNA －リガンド相互作用の認識部位を提供すると考えられている。したがって、ウイロイドが感染細胞から組織内を全身へと拡がる過程で、細胞内の器官や細胞間あるいは組織間に存在する様々な障壁を越えて移動する際に、ウイロイド分子中のどんな RNA モチーフがどのような宿主因子と相互作用するのかを明らかにすることは、RNA が生体内で輸送されるメカニズムの理解にもつながる重要な知見をもたらす（Zhu et al., 2001 ; Ding & Itaya, 2007 ; Ding, 2009）。

<u>核への輸送に関与する構造モチーフ</u>：ポスピウイロイド科のウイロイドは宿主細胞内に侵入後、細胞質からまず核に輸送されることが感染のための第 1 段階になる。植物など真核生物の核に侵入するためには核膜を通過しなければならない。PSTVd RNA に核移行能力あるいは核指向性があることは、蛍光標識した PSTVd をトリトン X-100 処理で膜透過性にしたタバコプロトプラスト（細胞壁

を取り除いた遊離細胞）と混ぜるとやがて核が蛍光を発するようになるという観察により証明された（Woo et al., 1999）。PSTVd が細胞膜を通過して細胞質内に取り込まれ、さらに核膜を通過して核内に移動したことが示唆されたのである。また、緑色蛍光タンパク質（GFP）のコード領域に、PSTVd の全長配列を挿入したイントロンを組込み、植物ウイルスベクターを介してベンサミアーナの細胞質に送り込むと、ベンサミアーナ細胞で GFP が発現して蛍光を発するようになった。しかし、イントロン配列だけを GFP コード領域に挿入して同じ実験をしても、ベンサミアーナに蛍光はみられなかった（Zhao et al., 2001）。すなわち、ウイルスベクターによりベンサミアーナの細胞質に送り込まれた“PSTVd－イントロン－GFP”融合転写物は、PSTVd の核指向性で核に輸送され、核内でスプライシングを受けてイントロン配列が除かれた後成熟した GFP mRNA に加工され、核から細胞質に出てリボソームにおいて GFP タンパク質に翻訳されたと解釈されるのである。さらに、断片化した PSTVd 配列を用いた同様の分析から C ドメイン内の CCR と核移行能の関連性が示唆されている（Abraitiene et al., 2008）。

一方、PSTVd RNA に結合するタンパク質（VirP1；Viroid RNA binding protein 1 と命名）が発見され、TR ドメイン内の「5′-ACAGG ---- CCUUCUC-3′」配列で構築される RNA モチーフに特異的に結合することが報告された。この配列によって構築される立体構造は RY モチーフと名付けられ、RY モチーフと VirP 1 の結合はウイロイドの感染性や病原力と関連していることが示唆された（Gozmanova et al., 2003；Maniataki et al., 2003；Kalantidis et al., 2007）。実際、高濃度の PSTVd をベンサミアーナの葉肉細胞にマイクロインジェクションしても濃度依存的に核に移行することはなかったが、トマトから単離・クローニングした VirP1 遺伝子から発現・精製した VirP 1 タンパク質を添加すると、それが CEVd と特異的に結合し核内への移行が促進されることが示され、VirP 1 がウイロイドの核移行に関与している可能性が示唆された（Seo et al., 2020；Seo et al., 2021）。

ウイロイドの核輸送メカニズムを明らかにするために、PSTVd とインポーチンの相互作用の分析が行われている。インポーチンは、核局在化シグナルと呼ばれる特定のアミノ酸配列に結合して、タンパク質を細胞核の中に運び込む役割を担う輸送タンパク質で、2 つのサブユニット（α と β）から構成されている。シロイヌナズナ（*Arabidopsis thaliana*）のクローン化された 9 種のインポーチンα（IMPa）タンパク質と PSTVd の相互作用を RNA 免疫沈降法で分析したところ、IMPa-4 が PSTVd と相互作用すること、トマトの IMPa-4 オルソログ（共通の祖先遺伝子から種分岐に伴って派生した遺伝子）の発現を阻害すると PSTVd の感染が劇的に減少すること、IMPa-4 が in vivo で Virp1 と相互作用することなどが明らかになった。そして、PSTVd の TR ドメイン内の RY モチーフ構造の再検討により、その領域内のループ 26 に C ループと呼ばれる構造が存在することが見出され、Virp1 がこの RNA モチーフを認識することが確認された（Ma et al., 2022）（図 22 枠内）。C ループとは、多くの rRNA、ホ乳類のノンコーディング RNA、そして 1 つの細菌 mRNA にみられる非対称ループである（Torres-Larios et al., 2002；Lescoute et al., 2005；Iacoangeli & Tiedge, 2013；Drsata et al., 2017）。RNA 分子は、上述のように、2 次構造で様々なヘリックス（らせん）とループを形成するが、ループ領域は**ワトソン－クリック塩基対**以外にも**フーグスティーン型塩基対**（Hoogsteen）や**シュガー塩基対**（Sugar）と呼ばれる多様な塩基対で高度に配置され（Wang et al., 2018）、それらの相互作用でループ内には複雑な 3 次構造が生み出される。PSTVd に見出された C ループは、ループを構成する第 171 番塩基（A）と第 187 番塩基（U）、および、第 173 番塩基（A）と第 189 番塩基（C）の間に生じる非ワトソン－クリック塩基対により構成されていた（Ma et al., 2022）。興味深いことに、C ループは、ほぼ全ての核複製型ウイロイドと、核移行を Virp 1 に依存するキュウリモザイクウイルス（CMV）のサテライト RNA（Q-satRNA）にも見出されることから、サブウイルス RNA 病原の核内輸送に広く使用されている RNA モチーフではないかと考えられている。この結果に基づき、インポーチン（IMPa-4）が Virp1 と RY モチーフの複合体に結合してウイロイドを核に輸送するモデルが提唱されている（Ma et al., 2022）。しかし、VirP1 がない条件でも CEVd が核に輸送されたという報告もあることから（Seo et al., 2021）、ポスピウイロイドの核輸送に関わる未知の宿主因子やそれと相互作用する別の RNA モチーフが存在する可能性も否定できない。

細胞間・組織間の移動に関与するループモチーフと G:U 塩基対：感染細胞で増殖したウイロイドはやがて全身に拡がる。核で増殖したウイロイドがプラズモデスマータなどの細胞間あるいは組織間に存在する障壁を通過し、感染細胞から隣接細胞へ、そして維管束系を通じて長距離輸送される際に、ウイロイドの特定のRNAモチーフが重要な役割を果たすことがPSTVdのキメラ変異体を使用した研究などから予想されてきた（Ding et al., 1997）。そして、PSTVd感染タバコ（*N. tabacum*）とベンサミアーナから生じた変異体PSTVd-NTとPSTVd-NBの分析から、ウイロイドが細胞組織間の境界を越えて移動する際に機能するRNAモチーフの存在を示唆する証拠が得られてきた（Qi et al., 2004）。PSTVd-NTは、PSTVd-トマト分離株（PSTVd-KF440-2）に自然突然変異C259Uが生じてタバコに安定して感染するようになった変異体である（Wassenegger et al., 1996）。PSTVd-NBは、PSTVd-NT感染タバコ植物の挿し木による栄養繁殖中に出現した変異体で、さらに5つの自然突然変異（A47U、G201U、A309U、U313A、U315C）が生じていた（Qi et al., 2004）。PSTVd-NTとPSTVd-NBは、ベンサミアーナのプロトプラストではほぼ同程度の複製効率を示したが、植物体の葉ではPSTVd-NBの蓄積レベルが高かった。**in situハイブリダイゼーション法**で感染組織を観察したところ、PSTVd-NTが維管束鞘から先の葉肉細胞に拡がらなかったのに対し、PSTVd-NBは維管束鞘からさらに全身の葉に拡がっていた（Qi et al., 2004）。突然変異分析の結果、PSTVd-NBの5つの自然突然変異のうち4つ（A47U、G201U、A309U、U313A）が、タバコの維管束鞘の出口を通過して葉肉に侵入するのに必要十分なことがわかった。さらに、維管束鞘から葉肉に拡がらなかったPSTVd-NBと-NT由来の全ての変異体は、汁液接種ではなく**パーティクルボンバードメント法**で接種すると全身感染するようになった。パーティクルボンバードメント法では金微粒子に吸着したウイロイドが組織の深部にまで到達するため、汁液接種では通過できなかった維管束鞘から葉肉への出口を越えた組織に感染できたためと考えられた。そしてこの結果は、維管束鞘から葉肉に拡がらなかった変異体が葉肉から維管束鞘へ逆の方向には移動できることを示し、特定の細胞境界を越えるウイロイドの移動は方向によって異なる規制を受けている可能性が示唆された。これら4塩基の変異はPSTVd分子のTRドメインのループ24（U201）とPドメイン（U309、U47、A313）の2箇所に集中していたことから、論文の著者らは2領域性のモチーフを形成している可能性を示唆している（Qi et al., 2004）。一方、このモチーフはタバコでのみ維管束鞘からの脱出に必要で、トマトやベンサミアーナでは必要とされないようであることから、認識されるモチーフは宿主植物によっても異なる可能性が指摘されている。

次に PSTVd の機能喪失型変異体の分析から、複製には影響を与えないが全身移動能を喪失させる 2 つの塩基（U43、C318）が特定され、この 2 塩基は、1 塩基対ループのループ 7（T_7）を形成していた（図 22）(Zhong et al., 2007)。このループが閉じるように、U43G あるいは C318A、どちらか一方を変異させてベンサミアーナに感染させ、in situ ハイブリダイゼーションで観察すると、変異体は接種葉の表皮、葉肉、維管束鞘細胞には存在したが、師部には移動できないことがわかった。

以上の観察結果は、各細胞組織の境界に RNA を含む細胞内容物の移動を調節する機構が存在することを示唆している。ウイロイドを植物に擦り付けて接種すると、傷口から取り込まれたウイロイドは表皮細胞で複製を開始する。表皮細胞の下には柵状葉肉細胞、さらにその下には海綿状葉肉細胞がそれぞれ層をなし、維管束系へとつながっている（図 22)。すなわち、ウイロイドは、表皮と柵状葉肉組織、柵状葉肉組織と海綿状葉肉組織、そして海綿状葉肉組織と維管束組織の間に、それぞれ存在する障壁を越えないと感染を拡げられないのである。そこでさらに、PSTVd 分子を構成する全てのループモチーフについて、各々が複製と全身輸送の調節に果たす役割が評価された。具体的には、ループモチーフの全ての可能な非標準的な塩基対をワトソン－クリック型の塩基対に置き換えることにより、ループ 15 とループ 7 を除く全てのループモチーフを 1 つずつ閉じた一連の変異体が作られ、それぞれの複製能力はベンサミアーナのプロトプラストで、また組織間や全身移動能力はベンサミアーナ植物体への接種により検討・評価された (Zhong et al., 2006; 2008)。その結果、27 箇所のループのうち 7 箇所は複製、12 箇所は組織間移行や全身輸送にそれぞれ重要な機能を担っていることが判明した（図 22)。

侵入部位として最も一般的な表皮細胞から順を追ってみると、まず、表皮から柵状葉肉層への移動には、PSTVd の右末端ループ（ループ 27）が重要と考えられた (Wu et al., 2019)。ループ 27 は U178 ／ U179 ／ U180 ／ C181 の 4 塩基からなる分子右末端のループである。この 4 塩基の突然変異誘発実験により、U178G ／ U179G 変異を除いて、ループを破壊するほとんどの変異が複製能の喪失につながることが示された。U178G／U179G変異体は、接種葉の表皮細胞内に拡がるが、隣接する柵状葉肉層への侵入は抑制されていた。一方、この変異体は茎に針刺し接種すると、柵状葉肉組織から全身の葉の表皮までを含む全ての細胞境界を越えて移動することができた。つまり、ループ27は表皮細胞からの脱出など少なくとも一方向の輸送を調節することが示唆された。またこの末端ループはUNCG様モチーフと予測された（Wu et al., 2019）。UNCGモチーフとは安定したRNAテトラループモチーフの一つで、生物学的に活性なRNAで頻繁にみられ、RNA-RNAあるいはRNA－タンパク質相互作用のRNA折りたたみに様々な機能を発揮することが知られている。

次に、柵状葉肉層から海綿状葉肉層への移動にはループ6とループ19の関与が認められた。両ループの変異体は、柵状葉肉細胞に侵入できたが海綿状葉肉細胞に入ることができなかったのである（Takeda et al., 2011; Jiang et al., 2017）。これら2つのループは同じ細胞境界を越える移動を調節するループモチーフで、2領域性のモチーフを構成している可能性も考えられた（Takeda et al., 2011; 2018）。

以上、PSTVd分子内にみられるループモチーフの分析から、ウイロイドが傷口などから表皮細胞内に侵入後、まず核に輸送される際にはループ26、核内で複製後、表皮細胞から柵状葉肉細胞に移動する際にはループ27、柵状葉肉組織から海綿状葉肉細胞に移動する際にはループ6とループ19、そして維管束鞘から師部組織に移動する際にはループ7が重要な役割を果たしていることが明らかになった（図22）。さらに、師部で長距離輸送されたPSTVdが再び維管束鞘から葉肉に脱出するためにはU201、U309、U47、A313の4つのヌクレオチドが重要と考えられ、植物内の複数の異なる細胞境界を越えたRNAの移動と輸送は複数の構造モチーフによって調節されているモデルが想定されている。これらの構造モチーフは、細胞内の小器官の障壁やさまざまな細胞境界に存在する移動制限を解除あるいは調節するための「鍵」のように機能すると考えられ、RNA－タンパク質複合体を形成する特定の細胞タンパク質（未知）によって認識され、その全てが揃って初めて、ウイロイドは細胞組織間の障壁を乗り越えて全身に拡がることができるのである。実際にこのことを示唆する例をシロイヌナズナに見ることができる。シロイヌナズナはモデル生物として植物の様々な研究に利用されているが、これまでシロイヌナズナに感染するウイロイドは見つかっておらず、人為的に感染させる試みも成功していない。Daròs & Floresはその原因を調べるため、シロイヌナズナをポスピウイロイド科（CEVd、HSVd、ASSVd、CCCVd、CbVd-1）とアブサンウイロイド科（ASBVd）の代表的な種の２量体cDNA（感染力がある）で形質転換した。遺伝子導入された2量体cDNAから転写される各ウイロイドRNAは正常な複製中間体を経て環状（＋）鎖RNAに加工されたことから、シロイヌナズナにウイロイドの複製をサポートするリボヌクレアーゼとリガーゼがあることが確認された。しかし、これらの2量体cDNAをアグロインフェクション法で接種すると感染は認められなかったことから、移動能の欠陥がシロイヌナズナにウイロイドが感染できない一因と考えられている（Daròs & Flores, 2004）。

一方、ループだけでなく、ほぼ全てのG:U塩基対も複製と全身への拡がりに重要なことが示された（図22、➤と↓）（Wu et al., 2020）。特に第7番塩基と第353番塩基対は複製に、27と335、44と317、61と299、156と205の4塩基対は全身移動に、そして64と296および76と283の塩基対は維管束系への侵入にそれぞれ必須なモチーフと考えられた。ただし、64と296および76と283の2組のG:U塩基対は維管束系からの脱出には必須でなかったことから、維管束鞘と師部境界間の移動に必要なG:U塩基対モチーフは一方向の可能性が示唆された。後述（第II章3-4）のように、ウイロイドの複製・増殖や塩基変異は分子構造上の厳しい制約を受けているが、ループに加えて、ほぼ全てのG:U塩基対まで感染個体内部での移動に関与していることを考慮するとそれも当然の結果である。

一般的にRNAは師部組織中で速やかに分解されるため、師部の移動にはRNAに結合するタンパク質による保護が必要と考えられている。師部組織には多数のRNA結合タンパク質が存在し、ウリ科の師部タンパク質PP2（phloem protein 2）がHSVdに結合することが報告されている（Owens et al., 2001; Gómez & Pallás, 2001; 2004）。PP2には2本鎖RNA結合ドメインがありウイロイドの高次構造を認識して結合できるのではないかと考えられている。PP2は保護だけでなく、宿主因子と相互作用することで長距離の移動にも関与しているかもしれない。

病原力に関与する構造ドメインと構造モチーフ：

〈PSTVd とその変異体の病原性に関与する構造モチーフ〉 PSTVd の P ドメインには AG に富むオリゴプリン配列（上鎖）と CU リッチなオリゴピリミジン配列（下鎖）が存在する（Steger et al., 1984）（図 20）。この部分には熱力学的安定性が低く、熱融解温度が低い「pre-melting（PM）ループ 1」と名付けれられた領域が含まれる。Schnölzer らは、病原性の異なる 4 種類の PSTVd 自然変異体、KF6（弱毒型）、DI（強毒型）、HS（劇症型）、KF-440（致死型）の塩基配列、熱力学的安定性、そしてトマトに対する病原性を分析し、PM ループ 1 の熱力学的不安定性が病原性と相関していることを見出し、PM ループ 1 を含む周辺領域の構造変化が宿主因子（未知）の結合を促進し、PSTVd の病原性の強弱に影響を与えるのではないかと考え、この領域を病原性調節（VM）領域と名付けた（Schnölzer et al., 1985）。PSTVd の別の弱毒型（KF5）と劇症型変異体（S）を用いた分析でも VM 領域の熱力学的不安定性の増加が病原性の強さと相関しており、仮説は支持された（Lakshman & Tavantzis, 1993）。さらに、温室で継代中に強毒型（DI）から突然変異で生じた致死型変異体（RG1）の解析でも、RG1 では VM 領域内の 3 箇所の塩基に変異が生じており、これらの変異は VM 領域の熱力学的不安定性に影響を及ぼし、病原性の強さと相関することが示された（Gruner et al., 1995）。しかしその一方で、強毒型変異体（DI）に致死型変異体（KF-440）の P ドメインにみられる 4 箇所の変異（塩基番号 46、47、315、317）を導入した変異体の分析から、VM 領域の熱力学的不安定性と病原性の強さは必ずしも全ての変異体で相関するものではなく、むしろ VM 領域の分子構造の曲がり角度が病原性とより完全な相関性を示すことが報告されている（Hammond, 1992）。VM 領域の立体構造の熱力学的安定性は PSTVd の複製と病原性を調節する重要な要因の一つではあるが、絶対的なものではないことが指摘されている（Owens et al., 1995；1996）。また、弱毒型変異体 1 種と強毒型変異体 2 種間で P ドメインと V ドメインを交換した 6 種類のキメラ変異体の感染実験から、P ドメインがトマトの症状の重症度に直接関与していることが確認され、複製能／増殖能の高い変異体ほど、重症度も高い傾向がみられたが、重症度は蓄積量と常に相関しているわけではなく、P ドメインを介した病原性への影響は単純ではなく、V ドメインの潜在的な寄与も考慮する必要があることが指摘されている（Góra et al., 1996）。

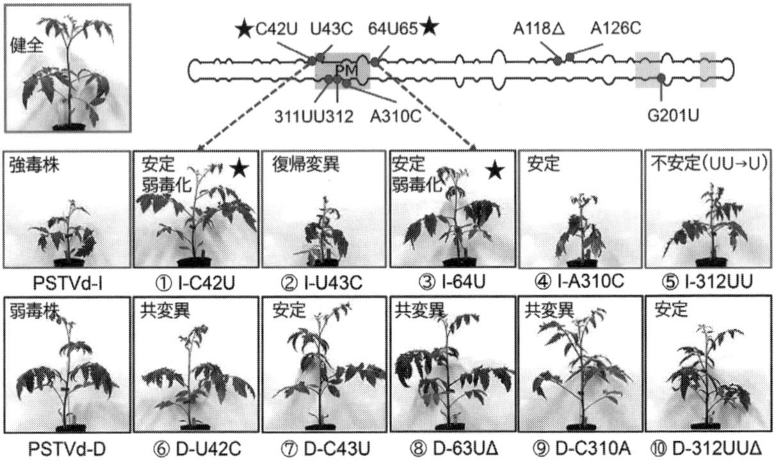

図23　ジャガイモやせいもウイロイド-ダリア変異株の弱毒性に関与する塩基変異. ダリア変異株（PSTVd-D）の 2 次構造上に基準株（PSTVd-I；強毒型）と異なる塩基変異をマッピングした。PSTVd-D は PSTVd-I と 9 箇所の塩基（図の丸点印の個所）が異なる。両変異体間でそれぞれの変異を 1 つずつ交換した変異体を作成し、トマト（‘Rutgers’）に接種した。病徴写真の上段は健全トマト、中段は強毒型（PSTVd-I）とその変異体、下段はダリア弱毒型（PSTVd-D）とその変異体の病徴を示している。強毒型の PSTVd-I にダリア弱毒型の第 42 番塩基と第 64 番目の変異を導入すると弱毒化した（図の星印)。復帰変異は導入した変異が元に戻ったもの、不安定は導入した変異が変化したもの、共変異は導入した変異以外の変異が生じたものを意味する。

Tsushima T らは、日本のダリアから新奇な PSTVd 変異体（Dahlia；D）を分離した。この変異体はダリアに病気を起こさず、トマト ‘Rutgers’ にも弱毒型の病原性を示した（Tsushima T et al., 2011)。強毒型（PSTVd-I）と較べ 9 箇所（塩基番号 42、43、64、119、126、201、310、311、312）で異なり、これらの変異は C ドメイン以外の全ての領域に散在していた。そこで PSTVd-D（弱毒型）と PSTVd-I（強毒型）間で異なる塩基を 1 つずつ交換した変異体が作出され、複製能と病原性が解析された。その結果、導入した変異を保持して複製するもの（安定)、導入した変異が元に戻ってしまうもの（復帰変異)、あるいは導入した変異とは異なる変異を生じるもの（共変異）など、変異体により様々であったが、TL ドメイン内の第 42 番塩基（C → U）と P ドメイン内の第 64 番塩基（U

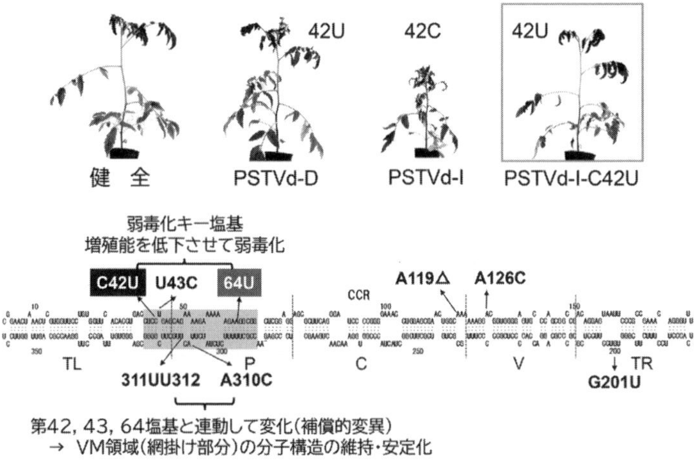

図 24　ジャガイモやせいもウイロイドの弱毒化をもたらすキー塩基. 上段；PSTVd-D（ダリア株；弱毒型)、PSTVd-I（基準株；強毒型)、PSTVd-I の第 42 番塩基（C）をUに変化させた変異体（PSTVd-I-C42U）を接種したトマト（'Rutgers'）の病徴。PSTVd-I-C42U は PSTVd-D と同様の弱毒型の病徴を示した。下段；PSTVd-D の弱毒化に寄与する塩基変異。C42U 変異は弱毒化のキー塩基。64U 変異も弱毒化をもたらす塩基。PSTVd 分子内で C42U や 62U 変異と対合する下鎖の 311UU312（第 311 番と第 312 番塩基間に UU 挿入）や A310C 変異は単独では病原性の強さに影響を与えなかったが、第 42 や第 64 番塩基の変異と連動して生じた変異で、PSTVd の局所的な分子構造（VM 領域；網掛け部分）の安定性に寄与する塩基と考えられた。

挿入）をそれぞれ D 型に変えた PSTVd-I ベースの変異体（PSTVd-I-C42U と PSTVd-I-64U）は安定に複製し、感染植物体中の蓄積量が低く、病原性も PSTVd-D と同レベルの弱毒型であった（図 23）(Tsushima D et al., 2015；Adkar-Purushothama et al., 2015 a；Tsushima D et al., 2016)。

Kitabayashi らは、PSTVd-I の弱毒化に効果がみられた C42U と 64U65 の変異に注目して分析し、特に第 42 番塩基の C → U 変異は PSTVd-I の蓄積量を著しく低下させ、それに伴ってウイロイド感染で発現が誘導される病原性関連タンパク質 PR1b1 の誘導も遅延することなどを明らかにした（Kitabayashi et al., 2020）。PR1 タンパク質は病原体の侵入に対する過敏感反応などの防御反応で誘導される酸性タンパク質で、サリチル酸がその誘導に関与している。そのメカニズム

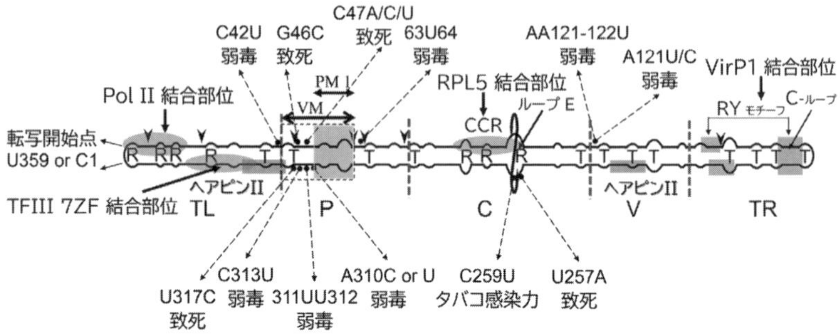

図 25　ジャガイモやせいもウイロイドの病原性（複製・増殖・移行）を制御する塩基と構造モチーフ．PSTVd の 2 次構造上に複製能、細胞内移動能、および病原力に関連している塩基と構造モチーフをマッピングした。TL、P、C、V、TR は 5 つの構造ドメインを示す。2 次構造内の R と T はそれぞれ複製能と移動能に関わるループを示している。矢印（►）は感染に重要な G:U 塩基対の位置を示している。C42U は第 42 番目の塩基が C から U に変化したことを示す。Pol II；DNA 依存 RNA ポリメラーゼ II、CCR；中央保存領域、RPL5；リボソームタンパク質 L5、VirP1；ウイロイド結合タンパク質

は明らかになっていないが、ウイロイドの感染でも顕著に発現が誘導されることが報告されている（Conejero & Semancik, 1977 ; Conejero et al., 1979）。つまり、PSTVd-I-C42U 変異体は過剰な宿主防御反応を誘発しないことが症状の重症度の軽減に大きく寄与しているものと考えられた。

また、VM 領域の下鎖に位置する第 310 〜 312 番塩基の変異は病原性に直接影響しなかったが、特に弱毒型の PSTVd-D の第 310 〜 312 番塩基を強毒型に変化させた場合、変異は安定に維持されず、上鎖の第 64 番塩基との共変異が誘発された。これらの塩基は協働的に作用して VM 領域の局所構造を維持することにより、PSTVd-D の複製能の安定性に寄与しているものと考えられた（図 24）（Kitabayashi et al., 2020）。

以上、病原性が異なる多数の PSTVd 変異体の解析結果は、TL と P、そして C ドメインに病原性の強弱に関与する重要領域が存在することを支持している。特に P ドメイン内の VM 領域には病原性を変化させる塩基変異が集中しており（図 25）、熱力学的不安定性や分子の曲がり角度などの指標で示される VM 領域

の局所的な立体構造が、PSTVdの複製や組織内移動あるいは宿主の防御応答を介して病原性の強弱に関与する未だ同定されていない宿主因子と相互作用する構造モチーフになっているものと考えられる。今後この領域の精密な立体構造の解明、そしてそれと相互作用する宿主因子の特定が俟たれる。

〈その他のポスピウイロイド：CEVd、TASVd、TPMVdの病原性に関与する構造ドメイン〉　PSTVd以外のポスピウイロイド属のメンバーでも、病原性に関連する構造ドメインとモチーフが特定されてきた。Sanoらは、同属同種のウイロイド変異体の比較から、同属異種さらには異属異種に分析の範囲を拡げて、より普遍的なポスピウイロイド科ウイロイド属の構造ドメインと病原性の関係を分析した。同属異種としてCEVdとTASVd、異属異種としてCEVdとHSVdが選ばれた。CEVdはトマトに軽度の矮化、TASVdは葉脈壊疽を伴う劇症型の矮化を顕わす。また、CEVdはキュウリにも無病徴で感染し、一方、HSVdはキュウリに明瞭な矮化・葉巻症状を顕わし、トマトには無病徴で感染する。CEVdとTASVd間、あるいはCEVdとHSVd間で構造ドメインを交換したキメラウイロイドを作出し、安定に複製するものはその病原性の強さを比較して、構造ドメインと病原性（病徴の種類と強さの程度）の関連性が分析された。

まず、同属のCEVdとTASVdでは、各ドメイン間の塩基配列相同性はTL（91%）、P（54%）、C（99%）、V（49%）、TR（46%）で、TLとC以外の塩基配列は大きく異なっていた（図26A）が、少なくともTLとPは単独でも両方一緒でも2種間で複製能を損なわずに交換可能であった（図26B、a～f）。一方、ドメイン内の上鎖と下鎖をヘテロな組合せにしたキメラウイロイドは感染性を喪失したことから（図26B、gとh）、分子の高次構造の維持が感染性の有無に重要なことが確認された。病原性と増殖速度はそれぞれのキメラウイロイドで異なり、CEVdに近い軽症型とTASVdに近い劇症型に分かれた（図26B）。感染実験の結果に基づき構造ドメインと病原性の関係を整理すると、①TLドメインには葉脈壊疽発症の決定因子、②TLとPドメインには矮化と葉巻症状の強さに関わる因子があり、③VとTRドメインも複製・増殖能を介して葉脈壊疽症状の発症に関与するなど、ポスピウイロイドの病原性は複数の構造ドメインに制御されていることが明らかになった（図26C）（Sano et al., 1992）。

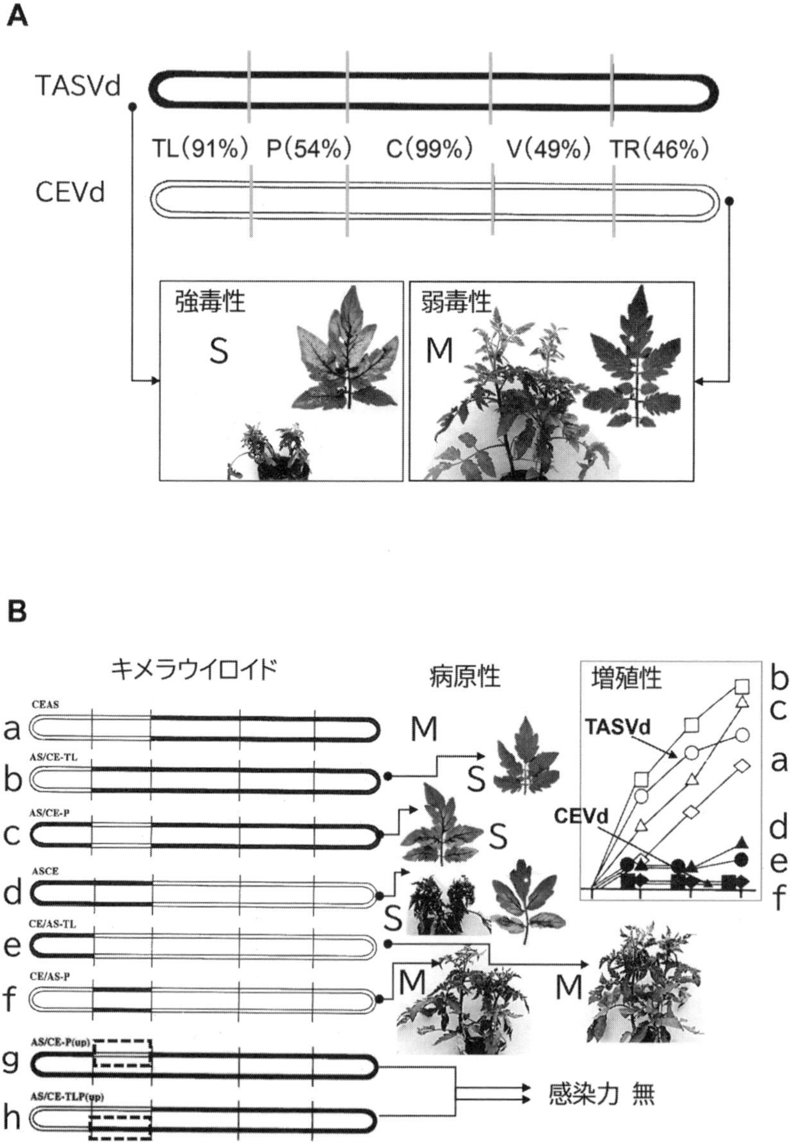
A
TASVd
TL(91%)
P(54%)
C(99%)
V(49%)
TR(46%)
CEVd
強毒性
S
弱毒性
M
B
キメラウイロイド
病原性
増殖性
a
CEAS
b
AS/CE-TL
c
AS/CE-P
d
ASCE
e
CE/AS-TL
f
CE/AS-P
g
AS/CE-P(up)
h
AS/CE-TLP(up)
M
S
S
S
M
M
TASVd
CEVd
b
c
a
d
e
f
感染力 無

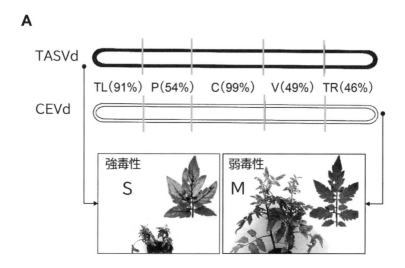

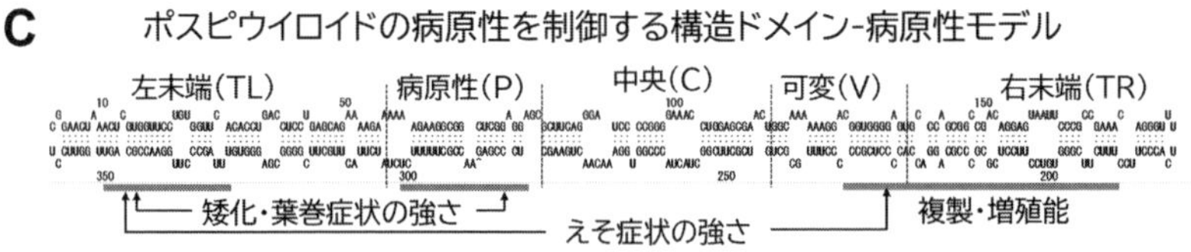

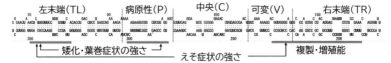

図 26　病原性が異なる同属異種間キメラウイロイドの病原性とポスピウイロイドの病原性を制御する構造ドメイン.
A：(上) カンキツエクソコーティスウイロイド (CEVd) とトマト apical stunt ウイロイド (TASVd) はポスピウイロイドに属し、トマト ‘Rutgers’ に CEVd は弱毒型 (下右枠内)、TASVd は葉脈壊疽を伴う強毒型 (下左枠内) の症状を出す。
B：両種のドメインを交換したキメラウイロイド (a ～ h) を構築し、トマト ‘Rutgers’ に感染させた。TASVd (強毒型) の TL と P ドメインを持つキメラウイロイド (b、c、d) は TASVd に似た強毒型の病原性を示した。P ドメインの上鎖と下鎖が異種の組合せのキメラウイロイド (g、h) は感染性を喪失した。S：病原性 (強毒型)、M：病原性 (弱毒型)
C：A、B の結果から、TL ドメインには矮化・葉巻症状の強さ、TL と TR の相乗効果で壊疽症状の強さ、V と TR には複製・増殖能を制御する機能が存在していた。

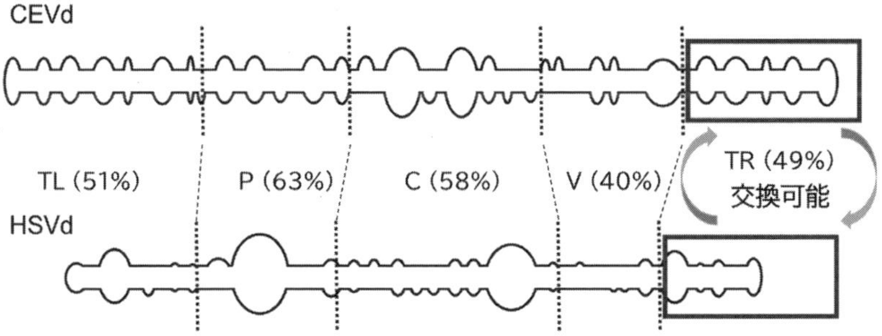

図 27　カンキツエクソコーティスウイロイド (CEVd) とホップ矮化ウイロイド (HSVd) の異属間キメラウイロイドの感染性. CEVd はポスピウイロイド属、HSVd はホスタウイロイド属に分類され、各ドメインの塩基配列相同性は TL (51%)、P (63%)、C (58%)、V (40%)、TR (49%) である。TR ドメインを交換しても感染性は維持された。

またCEVdとHSVdは属が異なるウイロイド種で、各構造ドメイン間の塩基配列相同性はTL（51%）、P（63%）、C（58%）、V（40%）、TR（49%）と大きく異なっているが、共にトマトとキュウリに感染する。Sano & Ishiguroは、CEVdとHSVd間でも構造ドメインの交換が可能か調査した。低い塩基配列相同性にもかかわらず、両種間でTRドメインを交換しても複製能は維持され、トマトとキュウリに感染した（図27）。ウイロイドは例え1箇所の塩基置換でも感染力を喪失することが珍しくないのに、構造ドメインのような大きなブロックを入れ換えても安定な複製能が維持されるのは驚きである。ただし、増殖量は大きく低下し複製能には負の影響が認められたことから、この実験系でもTRドメインは複製能を介して病原性に関与することが確認された（Sano & Ishiguro, 1998）。

その他のポスピウイロイド属のメンバーでは、TPMVdの病原性や花粉伝染性に関わる構造ドメインが分析されている。TPMVd-papitaはメキシコの野生パピータ（*S. cardiophyllum*）から分離されたウイロイドで、発見当初Mexican papita viroidと呼ばれていたが（Martínez-Soriano et al., 1996）、後にTPMVdの変異体とされたウイロイドである（Verhoeven et al., 2011; Di Serio et al., 2014）。トマトに強毒型と弱毒型の矮化葉巻症状を顕わす変異体が分離され、TRドメインに位置する第174番塩基と第183番塩基が形成する1対の塩基対の違い（強毒型G:C、弱毒型U:A）が病原性の違いをもたらすことが特定された（Li et al., 2017）。また、Yanagisawaらは、ペチュニア植物で花粉によって水平伝染と垂直伝染するTPMVdと垂直伝染はするが水平伝染しないPSTVdのキメラウイロイドを構築して花粉伝染性に関与する領域を分析し、TPMVdのTLとPドメインの両方を有するキメラウイロイドが水平・垂直両方の方法で伝染されることを明らかにした（Yanagisawa et al., 2019）。

〈ホスタウイロイド属：HSVdとその変異体の病原性に関与する構造モチーフ〉

ホスタウイロイド属のCVd-IIは、HSVdの異名でHSVd-citrusとも呼ばれ、295〜302ヌクレオチドの多様な塩基配列変異体の存在が知られている。CVd-IIは電気泳動の移動度の若干の違いに基づいてIIa、IIb、IIcに分けられ、CVd-IIaなどほとんどの変異体はカンキツ類では潜在性だが、CVd-IIbの一部の変異体が検疫病害に指定されていたcachexia病の原因になる（Semancik et al., 1988）。cachexia変異体は、Parson's Special mandarin、Orlando tangelo、Palestine sweet lime など感受性のミカン類に gumming（粘質液溢出）や茎のピッティングなどの症状を起こし、V ドメイン内の「cachexia 発現モチーフ」と名付けられた領域内に位置する 6 箇所の塩基（塩基番号 107、109、115、189、194、197）に特有の変異を有する（Reanwarakorn & Semancik, 1998; 1999）。Reanwarakorn & Semancik は、cachexia を起こす CVd-IIb 変異体と cachexia 非誘導変異体 CVd-IIa の様々なキメラ変異体を構築して感受性品種に接種し、CVd-IIa に cachexia 変異体の V ドメインにみられる 6 箇所の変異を導入すると cachexia 病特有の茎のピッティングが発症することを明らかにした（図 28A）。

その後、cachexia 変異体と非誘導変異体を含む 7 つの分離株の 1 本鎖高次構造多型（single-strand conformation polymorphism; SSCP）と塩基配列の解析から、上記の 6 塩基のうち第 197 番塩基の変異は必ずしも全ての cachexia 変異体に保存されてはいないことが示された（Palacio-Bielsa et al., 2004）。ただ、この塩基を非誘導型に変異させると cachexia 症状が軽減することから、第 197 番塩基を含む V ドメイン内の構造モチーフは cachexia 症状を誘発する上で主要な役割を果たし、このモチーフ内の微妙な構造変化が症状の重症度に影響を及ぼすと考えられた（Serra et al., 2008）。一方、興味深いことに、cachexia 誘導モチーフはヘチマ（*Luffa aegyptiaca*）には逆の結果をもたらした。すなわち、cachexia 非誘導変異体 CVd-IIa 型の V ドメインを有する変異体はヘチマに強い病原性を示し、cachexia 誘導変異体 CVd-IIb 型の V ドメインを有する変異体は弱い病原性を示したのである（Reanwarakorn & Semancik, 1998; 1999）。これは、同じ構造モチーフが宿主により逆の作用をもたらすことがあることを示している。この領域にはその他にも多様な変異があることが報告されていることから（Vidalakis et al., 2005; Hamdi et al., 2011）、PSTVd の VM 領域と同様、この構造モチーフと相互作用する宿主因子の探索とその相互作用がどのように病原性の発現に至るのか、今後の解析が興味深い。

第 I 章（図 4）で述べたように、HSVd は様々な宿主植物に感染しているが、ホップ、ブドウ、スモモ、カンキツから分離された主要な変異体のホップへの感染実験の結果、HSVd-cit が最も劇症型の矮化葉巻症状を顕わし、HSVd-hop と HSVd-g は軽症、HSVd-pl はその中間であった。接種実験に用いた HSVd-g

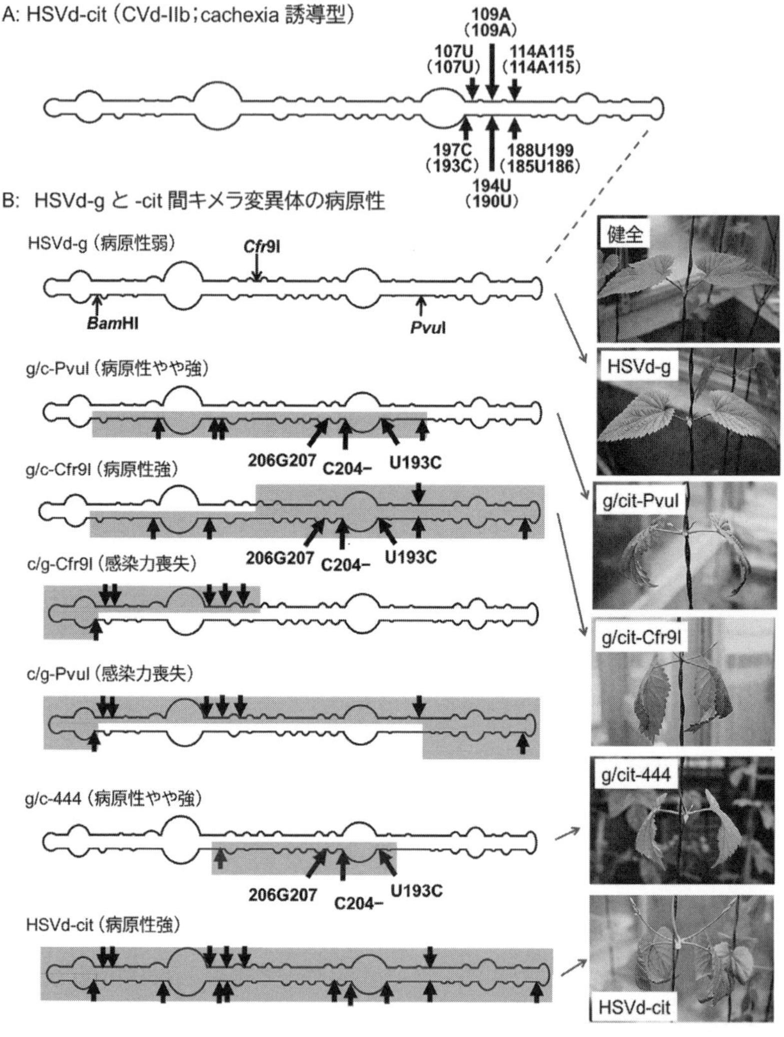

図 28　ホップ矮化ウイロイドの病原性に関与する領域．A：HSVd-cachexia 病誘導変異体を特徴付ける 6 箇所の塩基変異．カッコ内は HSVd-g の塩基番号。197 番塩基は HSVd-g の 193 番塩基に対応する。B：HSVd-g と HSVd-cit のキメラ変異体 5 種類を構築し、ホップに対する感染性と病原性を分析した。C ドメイン下鎖の 3 塩基の変異 U193C（置換）、C204 −（欠失）、206G207（挿入）が特に病原性の強さに関与し、HSVd-cit 特有の葉脈の下垂と葉巻を発症した（右写真）。網掛け部分は HSVd-cit 由来の領域を示す。

(297ヌクレオチド）とHSVd-cit（302ヌクレオチド）は15箇所の塩基が異なっている。伊藤らおよび吉田らは、軽症型のHSVd-gと劇症型のHSVd-citのキメラ変異体5種類（図28B）を構築し、ホップに対する感染力と病原性を分析した。その結果、g/cit-Cfr9I、g/cit-PvuI、g/c-444と名付けた3つのキメラ変異体が感染性を有しており、共にHSVd-citに近い劇症型の矮化と葉巻を示した。しかし、HSVd-cit型変異を9箇所有するg/cit-Cfr9Iがg/cit-PvuI（7箇所）やg/c-444（4箇所）より若干HSVd-citに近い症状を示した。このことから、3つのキメラ変異体が共通して有する中央保存領域下鎖の3塩基の変異U193C（置換）、C204－(欠失)、206G207（挿入）が特に病原性の強さに関与しており（図28B)、それ以外の変異も相乗的な効果をもたらしていることが示唆された（伊藤ら、2000;吉田ら、2002)。

また第I章（図7）に記したように、HSVd-gをホップに感染させると、ホップに適応した新たな変異体hKFKiに変化する。後述（第II章3-4）のように、hKFKiに生じた5箇所の変異が病原性に及ぼす影響の分析から、hKFKiはHSVd-gよりキュウリに対する病原性が低下しており、hKFKiにみられる5箇所の変異のうち第54番塩基の変異（G54A）以外はHSVd-gのキュウリに対する病原性を低下させることが明らかにされている（Zhang et al., 2020)。特にCドメイン内の第193番塩基（U）をhKFKi型（C）にすると病原性が低下したことは興味深い。HSVd-gの193番塩基はHSVd-cit（CVd-IIb）の「cachexia発現モチーフ」のキー塩基の一つ、197番の塩基に相当する。197（または193）番塩基を含む「cachexia発現モチーフ」は、少なくともカンキツ類、ウリ科、そしてホップではHSVdの重要な病原性決定領域と考えられる。

このようにHSVdの場合、病原性を制御する最も重要な領域はCドメインとVドメインの境界領域にあることが複数の実験結果からサポートされた。ポスピウイロイド属、特にPSTVdの場合、病原性を制御する最も重要な領域はPドメインであったが、病原性に関わる宿主因子が相互作用する領域はウイロイドの属や種により異なっているようだ。

〈コレウイロイド属: CbVd-1の種子伝染性に関与する塩基〉　CbVd-1はカラフルな色彩が美しい観葉植物コリウス（*Plectranthus scutellarioides*; 異名 *Coleus blumei*)

に無症状で感染しているウイロイドで、高率に種子伝染することが知られている。Tsushima T & Sano は、栄養体繁殖系コリウスから CbVd-1 を分離し、塩基配列を解析した結果、249 ヌクレオチドと 250 ヌクレオチドの 2 種類の変異体が約 3 対 2 の比率で混合感染していることを見出した。両変異体は TL ドメインのループ 5 を構成する第 25 番塩基が異なり、249 ヌクレオチド変異体は U、250 ヌクレオチド変異体は AA であった。両変異体とも韓国、中国、インドで分離された既報の変異体と一致し、アジアで流通・栽培されているコリウスで優占している変異体と考えられた。栄養繁殖系コリウスは種子生産能力が低いが、当該コリウス植物から得られた 20 粒の種子から育成した次世代の 6 株（30%）で CbVd-1 の種子伝染が確認された。種子伝染 6 株から CbVd-1 を回収し、各個体 11 ～ 12 個（合計 70 個）の cDNA クローンの塩基配列を解読した結果、全て 249 ヌクレオチドのタイプであった。つまり、249 ヌクレオチドの変異体だけが選択的に種子伝染していた。249 ヌクレオチド変異体と 250 ヌクレオチド変異体の感染性 cDNA を構築し、in vitro 転写物を各 10 本の種子繁殖性コリウスに感染させ、種子を採取し、それぞれ 10 粒を選んで次世代を育成した結果、249 ヌクレオチド接種区では 2 本で CbVd-1 の種子伝染（20%）が確認され、塩基配列は全て 249 ヌクレオチドタイプであった。一方、250 ヌクレオチド接種区は全て陰性で種子伝染は確認されなかった（Tsushima T & Sano, 2018）。すなわち、両 CbVd-1 変異体の感染・増殖力に大きな違いはなく栄養繁殖系コリウスでは 2 つの変異体とも安定に維持されるが、TL ドメインのループ 5 を構成する第 25 番塩基に種子伝染性に関与する因子があり、250 ヌクレオチド変異体は種子伝染性が劣るため、種子繁殖系コリウスでは淘汰されるものと結論付けられた。

〈アブサンウイロイド科の複製・病原性に関与する構造モチーフ〉　アブサンウイロイド科ウイロイドにはポスピウイロイド科にみられるようなドメイン構造はなく、報告されている種数も限られているため、この科の特徴である HH-Rz 型リボザイムモチーフ（第II章 1-3-1）以外の構造モチーフに関する情報は限られている。

ペラモウイロイド属の PLMVd は複雑に分岐した 2 次構造をとるが、分子の左側は比較的分岐の少ない棒状に近い構造を示し、HH-Rz 保存配列など複製や病原性に関わる要素は全てこの棒状構造に集中している。すなわち、ペラモウイロイド属のPLMVdとCChMVd、エラウイロイド属のELVdのHH-Rz保存配列はこの棒状領域にあり、（＋）鎖のHH-Rz保存配列は下部鎖に、（－）鎖のHH-Rz保存配列は上部鎖に位置し、お互いに向かい合うように直線状に配置されている（図18)。この状態ではHH-Rzの自己切断機能は不活性化されているが、新生鎖の複製中にそれぞれ機能的なHH-Rz構造に折りたたまれ、特定の部位で自己切断される（図17枠内)。PLMVdでは複雑に分岐する右側領域と接する左側領域の付け根部分に（＋）鎖と（－）鎖の複製開始点が存在し、また、左側領域の末端に病原性に関与するループがある。このループに12～14ヌクレオチドの配列が挿入されることでモモにキャリコ症（peach calico；PC）と呼ばれる葉の一部が白化する症状が発症するのである。また、CChMVdでは病徴を顕わすS株と無症候性のNS株が知られており、両株の塩基配列の比較と検定キク品種‘Bonnie Jean’に対する病原性の解析から、左側領域にみられるヘアピン構造先端の4塩基ループの塩基配列により病徴の有無が決定されることが特定されている。このようなアブサンウイロイド科ウイロイドの病原性の有無は構造モチーフの機能というより、配列特異的なものと考えられており、これについては次のRNAサイレンシングの項目で説明する。

一方、右側領域の機能性に関する情報は少なく、この領域に起因する生物学的特性は報告されていない。ただ、この右側領域に予測された複雑に分岐したステム‐ループが実際に存在するであろうことは、いくつかの変異体の塩基配列の分析から支持されている。ステムを構成する塩基対の一方の塩基に変異が起こるとそれと塩基対を形成すると予想される塩基にも変異が起こり、再び塩基対が形成される“塩基対の共変異”が観察されるのである（Dubé et al., 2011)。複雑に分岐した右側領域の構造的特徴の一つは、全てのPLMVd変異体で保存されている“P8シュードノット”と呼ばれる3次構造である。この構造はP6とP7と名付けられた2つのステムの先端のループを構成する少なくとも4つのG:C塩基対によって形成され（図17)、PLMVdの増殖・蓄積に重要と考えられているが、役割は今後の研究課題である（Dubé et al., 2010)。

2-2　ウイロイド感染と RNA サイレンシング

2-2-1　ウイロイド感染で誘導される RNA サイレンシング

RNA サイレンシングまたは RNA 干渉（RNAi）は 20 ～ 30 ヌクレオチドの小分子 RNA（small RNA）が関与する塩基配列特異的な遺伝子発現調節機構で、原生動物、真菌、植物、動物など様々な生物が生来具備している機能である。2001 年、Itaya らと Papaefthimiou らは、それぞれ独立に PSTVd 感染トマトから PSTVd 配列と相同あるいは相補な約 22 ～ 25 ヌクレオチドの小分子 RNA が検出されることを報告した（Itaya et al., 2001; Papaefthimiou et al., 2001）。この小さな RNA は 2 本鎖 RNA や異常な RNA の切断により生じる RNA で、RNA サイレンシングが誘導されたことを示す指標となっている。すなわち、PSTVd に感染したトマトにはウイロイドを標的とする RNA サイレンシングが誘導される。PSTVd 分子の右半分と左半分に由来するセンス鎖とアンチセンス鎖をプローブにしたハイブリダイゼーション分析により、PSTVd 由来の小分子 RNA（PSTVd-small RNA; PSTVd-sRNA）は、PSTVd ゲノムの（+）鎖と（−）鎖の様々な領域に由来していることが示唆された（Papaefthimiou et al., 2001）。さらに PLMVd 感染モモと CChMVd 感染キクからも約 21 ～ 23 ヌクレオチドの PLMVd-sRNA あるいは CChMVd-sRNA が検出され、核局在型のポスピウイロイド科だけでなく、葉緑体局在型のアブサンウイロイド科ウイロイドの感染も RNA サイレンシングを誘導することが明らかになった（Martínez de Alba et al., 2002）。

RNA サイレンシングには、RNA を介した転写型遺伝子サイレンシング（Transcriptional gene silencing; TGS）と転写後遺伝子サイレンシング（Post-transcriptional gene silencing; PTGS）があり、どちらも内因性または外因性の 2 本鎖 RNA、ヘアピン RNA、あるいはウイルスなどの異常な RNA が引きがねとなって誘導される。動物ではダイサー（Dicer）、植物ではダイサー様（Dicer-like; DCL）と呼ばれる RNase III 様エンドリボヌクレアーゼによって、標的となる 2 本鎖やヘアピン RNA は 20 ～ 30 ヌクレオチドの長さの 2 本鎖小分子 RNA（siRNA とも呼ばれる）に切断される（Hamilton & Baulcombe, 1999; Zamore et al., 2000; Bernstein et al., 2001; Elbashir et al., 2001; Hamilton et al., 2002）。ダイサーによる小分子 RNA への切断は ATP 依存性で（Zamore et al., 2000; Bernstein et al., 2001）、アルゴノート様タンパク質（Argonaute; AGO）、2 本鎖 RNA 結合タンパク質、RNA

ヘリカーゼなどの他のタンパク質との相互作用を伴う（Tabara et al., 2002）。植物では 4 種類の DCL、すなわち、DCL1、DCL2、DCL3、DCL4 が発見されている（Finnegan et al., 2003 ; Liu et al., 2009）。DCL によって生成された小分子 RNA は 2 本鎖で、各 RNA 鎖は 5′- リン酸基と 3′- ヒドロキシル基を持ち、3′- 部分は 2 塩基分突出した構造をとる。小分子 RNA は解離し、一方（標的配列と同じセンス鎖）は分解され、もう一方（標的配列のアンチセンス鎖）は RNA 誘導サイレンシング複合体（RISC）と呼ばれるエンドヌクレアーゼタンパク質サイレンシング複合体に組込まれ（Hammond et al., 2000 ; Hannon, 2002）、標的 mRNA を配列特異的に認識するガイド鎖として機能する（Zamore et al., 2000 ; Bernstein et al., 2001 ; Elbashir et al., 2001 ; Hammond et al., 2001）。

RNA サイレンシングは、望ましくない宿主遺伝子の発現の不活性化に重要な役割を果たすほか、病原体の感染に伴う外因性の異常 RNA の侵入・増殖を防ぐ重層的な防御システムの一部を構成している（Baulcombe, 2004 ; 2007 ; Ding et al., 2004 ; Daròs et al., 2006 ; Ding & Voinnet, 2007 ; Ruiz-Ferrer & Voinnet, 2009）。特に、植物ウ

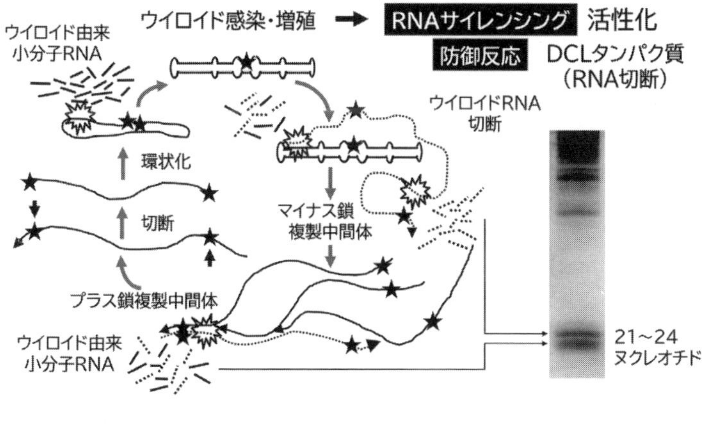

図 29　ウイロイドで誘導される RNA サイレンシング．ウイロイドがローリングサークル複製で RNA から RNA に複製される過程で生じる複製中間体やヘアピン RNA が引き金となり、ウイロイドを標的とする RNA サイレンシングが誘導される。活性化されたダイサー様リボヌクレアーゼ（DCL）によりウイロイド（＋鎖も－鎖も）は切断され、感染植物中にウイロイド由来小分子 RNA（21 ～ 24 ヌクレオチド）が蓄積する。

イルスの多くはRNAをゲノムとし、2本鎖RNA中間体を介して複製するため、RNAサイレンシングの強力な誘導物質として機能し且つ標的となる。ウイロイドも自律複製する外因性のRNAで、ローリングサークル複製で増殖する過程で2本鎖RNAを生成し、ウイロイドRNA自体も高次に折りたたまれた2本鎖RNA様のステム-ループ構造を形成することから、異常RNAとしてRNAサイレンシングを誘導し、その標的となって小分子RNAに切断される（図29）。

2-2-2　ウイロイド小分子RNAの生合成と病原性機能

ウイロイド小分子RNAの生成様式：2007年、PSTVdあるいはCEVd感染トマトで生成されるウイロイド小分子RNAの塩基配列が解析され、ウイロイドゲノムのどの位置から小分子RNAが生じるか明らかになった（Itaya et al., 2007; Machida et al., 2007; 2008; Martín et al., 2007）。ウイロイド小分子RNAはウイロイドゲノムRNAの全領域から生成するものの、部位により生成量は大きく異なり、いくつかの領域から特に多量に生成していた。さらに2009年以降は次世代シークエンサーによる解析が主流となり、PSTVd感染トマト（Wang et al., 2011; Adkar-Purushothama et al., 2015 a; Tsushima D et al., 2015）、PSTVd－ベンサミアーナ（Di Serio et al., 2010）、HSVd－キュウリ（Martinez et al., 2010）、HSVdとGYSVd-1重複感染－ブドウ（Navarro et al., 2009）、AFCVd－トマト（Suzuki et al., 2017）、AFCVd－ホップ（Matoušek et al., 2017）、Citrus bark cracking viroid（CBCVd）－ホップ（Matoušek et al., 2017）、CbVd-1、-5、-6－コリウス（Jiang et al., 2019）、PLMVd－モモ（Di Serio et al., 2009; Bolduc et al., 2010; Patrick St-Pierre et al., 2009）、CChMVd－キク（Di Serio et al., 2009）など、様々なウイロイド種や変異体と宿主の組合せで解析が加速した。

ウイロイド小分子RNAの生成パターンの特徴は、その生合成に関わる情報を含んでいる。まず、21～24ヌクレオチドの異なるサイズクラスのウイロイド小分子RNAが検出されることから、ウイロイド小分子RNAの生成には複数のDCLが関与していることが示唆される。DCLはRNA干渉経路で中心的な役割を果たし、短鎖干渉RNA（siRNA）とマイクロRNA（miRNA）を含む小分子RNA生合成におけるキー因子である（Bernstein et al., 2001）。シロイヌナズナでは、DCL1はmiRNAの生合成に関与し、長さ21ヌクレオチドのmiRNAを生成する（Bartel, 2004; Ramachandran & Chen, 2008; Xie et al., 2014）。DCL2は、ストレス関連の22ヌクレオチドのnatural-antisense-transcript（nat）-siRNAや外因性起源の22ヌクレオチドsiRNAを生成し（Xie et al., 2004；Borsani et al., 2005）、DCL4の非存在下でトランス作用性の低分子干渉RNA（transacting small interfering RNA；ta-siRNA）前駆体から約22ヌクレオチドのsiRNAを生成すると報告されている（Gasciolli et al., 2005）。DCL2はDCL4と協働して「transitivity（推移性）」として知られる"最初の標的部位からその周辺にRNAサイレンシングが拡がる現象"を引き起こす2次siRNAの産生にも関与し（Mlotshwa et al., 2008）、抗ウイルス防御において重要な役割を果たす（Xie et al., 2004；Bouché et al., 2006；Vazquez et al., 2008）。DCL3はヘテロクロマチン形成を導くDNA繰り返し配列関連の24ヌクレオチドのsiRNAを生成する（Xie et al., 2004）。DCL4は内因性のRDR6依存性トランス作用性ta-siRNA（Gasciolli et al., 2005；Xie et al., 2005）や遺伝子導入によるRNA干渉で引き起こされるPTGS（Dunoyer & Voinnet, 2005）を媒介するsiRNA（共に21ヌクレオチド）を生成し、シロイヌナズナの特定のmiRNAのプロセシング（Rajagopalan et al., 2006；Vazquez et al., 2004）、あるいは抗ウイルス防御機構など様々な機能に関与している（Bouché et al., 2006；Deleris et al., 2006；Zhang et al., 2015）。特に、DCL2とDCL4はウイルスに対する防御において重要な役割を果たし（Deleris et al., 2006；Fusaro et al., 2006）、また、DCL1は、DCL2、DCL3、およびDCL4の非存在下で21ヌクレオチドのウイルスsiRNAを生成する可能性がある（Bouché et al., 2006；Deleris et al., 2006）。このように、DCLの機能は多岐にわたり、それぞれのDCL間には機能の重複や階層性がみられる。

DCL活性を有する小麦胚芽抽出液を用いたin vitroの実験で、PLMVdの2本鎖RNAだけでなく、（+）鎖と（−）鎖もDCLの基質となり、特に、P11と呼ばれるPLMVd分子の左半分の棒状のステム-ループ部分がDCLによって切断され、（+）鎖と（−）鎖では異なるサイズのPLMVd-sRNAが生成されることから両極鎖のわずかな構造の違いにより異なる生成物が生じること、すなわち、異なるDCLが動員される可能性があることが示唆されている（Landry & Perreault, 2005）。ウイロイド小分子RNAはタンパク質をコードしないウイロイドRNAから感染の過程で多量に発せられる唯一の物質である。その生合成と生物学的機能の解明は興味深い課題であり、Machidaらは、ウイロイド感染植物に蓄積するウイロイド小分子RNAの経時的な変化をノーザンハイブリダイゼーション法で分析し、① PSTVd 感染トマト植物から約 20 ～ 24 ヌクレオチドの少なくとも 2 つのサイズクラスの PSTVd-sRNA が検出されること、② 茎頂先端に近い微小な葉原基からは短いサイズ（約 20 ～ 21 ヌクレオチド）のみが検出されるが、その下のより発達した葉原基や展開葉からは短いサイズだけでなく長いサイズ（約24ヌクレオチド）も検出されることを観察した（Machida et al., 2007)。すなわち、感染が進むにつれ複数の DCL による複雑な切断を受けるようになることが予想された。

Katsarou らは RNA 干渉法で 4 種類の DCL を単独あるいは複数ノックダウンしたベンサミアーナの変異体系統を作出し、PSTVd を感染させると DCL2、3、4 単独ノックダウン系統では順に 22 ヌクレオチド、24 ヌクレオチド、21 ヌクレオチドの PSTVd-sRNA の蓄積量が減少することを示した（Katsarou et al., 2016 a)。一方、DCL1 単独ノックダウン系統では大きな変化はみられなかった。また、Suzuki らは、DCL2 と DCL4 を RNA 干渉でノックダウンしたトマト（品種 'Moneymaker'）を作出し、PSTVd を感染させた。その結果、予想通り、21 ヌクレオチド（DCL4 による）と 22 ヌクレオチド（DCL2 による）の PSTVd-sRNA の蓄積量が減少し、一方で 24 ヌクレオチドが大幅に増加した（Suzuki et al., 2019)。これは DCL2 と DCL4 活性の低下により、DCL3 の活性が上昇した結果と考えられ、ウイロイド感染で生成する 3 種類（21 ヌクレオチド、22 ヌクレオチド、24 ヌクレオチド）の主要なウイロイド小分子 RNA の生成には、順に DCL4、2、3が関与しているとする知見と一致する結果が得られた。つまり、トマトでも、DCL の階層性により DCL2 と 4 の機能が低下すると DCL3 が活性化されることが確認された。さらに、トマトでは 4 種類の *DCL2*（*SlDCL2 a, 2 b, 2 c, 2 d*）遺伝子が存在することが知られている。Fujibayashi らは、PSTVd 感染トマトの 4 種類の *SlDCL2* の感染前と感染後の発現量を定量 RT-PCR で調べ、PSTVd 感染により *SlDCL2 b* と *SlDCL2 d*、特に *SlDCL2 d* の発現が最も強く誘導され、PSTVd の感染に対しては DCL2d が主要な役割を演じている可能性を指摘している（Fujibayashi et al., 2021)。

また、（+）鎖と（−）鎖由来のウイロイド小分子 RNA の比率については、実に様々な結果が報告されている。例えば GYSVd-1 感染ブドウ、HSVd 感染ブドウ、HSVd 感染キュウリではいずれも（−）鎖由来が多く、（−）鎖の比率は順に

75%〜70%、67%〜60%、55.2%だった。一方、PSTVd感染ベンサミアーナとPLMVd感染モモでは（+）鎖由来が若干多く、順に65%、70%〜50%だった。PSTVd感染トマトではさらに（+）鎖の比率が高く、致死型AS1と強毒型Intermediateに感染した感受性トマト品種‘Rutgers’では約90%を占め（Diermann et al., 2010；Wang et al., 2011）、強毒型を感染させた耐性品種‘Moneymaker’でも57%であった（Wang et al., 2011）。もしウイロイド小分子RNAが2本鎖RNA複製中間体だけから生成すると仮定すると（+）鎖と（−）鎖の比率はほぼ等しくならなければならない。しかしこれらの実験結果は、激しい病徴を示すウイロイドと宿主の組合せでは（+）鎖に偏る傾向を示している。一般に、感染植物体中にはウイロイドの（+）鎖が（−）鎖より多量に存在することを考慮すると、これらの結果は、ウイロイド小分子RNAが2本鎖RNA複製中間体だけでなく、ウイロイド分子からも生成していることを支持している。前述のように、小麦胚芽抽出液を使用したin vitroの実験で、PLMVdの（+）鎖と（−）鎖をハイブリッドさせた2本鎖RNA複合体だけでなく、高度に構造化された（+）鎖と（−）鎖それ自体も、DCL酵素の基質となることが示されている（Landry & Perreault, 2005）。同様に、核で増殖するポスピウイロイド科のPSTVdでも、DCL活性を含むシロイヌナズナ細胞抽出画分を調製し、PSTVdの環状分子と同様の棒状2次構造に折りたたまれる線状（+）鎖PSTVd RNAとインキュベートし、それが約21ヌクレオチドの小分子RNAに切断されること、つまり、構造化されたPSTVd RNA自体が実際にDCLの基質となりえるという生化学的証拠が示されている（Itaya et al., 2007）。これらの結果に基づいて、ウイロイドRNAは高次に折りたたまれたステム-ループ構造を有し、miRNAの前駆体と類似した構造であることから、ウイロイド小分子RNAも、miRNA（ヘアピン構造を形成する前駆体RNA分子からDCL1により不完全な短鎖2本鎖RNAに切断されて生成する）あるいはta-siRNA（TAS遺伝子座から転写されたRNAがRNA依存RNAポリメラーゼ6（RDR6）で2本鎖になった後、DCL4で短鎖2本鎖RNAに切断されて生成する）と同じようなプロセスで、ウイロイドゲノムRNAから切り出されて生成してくるのではないかという考えも提案されている（Denti et al., 2004；Gómez et al., 2009）。

〈PSTVd-sRNA の多様な生成パターン〉 ウイロイド小分子 RNA の生成部位と生成量の偏りも興味深い課題を提供している。ウイロイド小分子 RNA はウイロイド分子自体からも生成し、一般に高次構造を形成している領域に由来すると考えられていたが（Itaya et al., 2007; Patrick St-Pierre et al., 2009）、実際に PLMVd では、多数の内部ループを含む複雑に分岐した右部分より、棒状ステム-ループを形成する左側部分からより多くの PLMVd-sRNA が生成することが報告されている（Landry & Perreault, 2005）。

Wang らは、感染植物の感染部位の違い、感受性と抵抗性品種間の違い、そして、病原性の異なるウイロイド変異体間の違いがウイロイド小分子 RNA の生成パターンに及ぼす影響を明らかにするために、PSTVd とトマトの組合せで、PSTVd-sRNA の次世代シークエンス解析を行った。まず、強毒型の PSTVd-I に感染した感受性品種 ‘Rutgers’ の茎と葉で PSTVd-sRNA の生成パターンを比較した結果、（+）鎖由来の PSTVd-sRNA は、TL − P ドメインの上鎖（塩基番号第 40 〜 60 番；図 30 ピーク A）と C − V ドメインの上鎖（同 90 〜 130 番；同ピーク B）の 2 箇所にホットスポットがみられたが、茎では第 40 〜 60 番、葉では第 90 〜 130 番の領域がそれぞれ最大だった。また、（−）鎖由来の PSTVd-sRNA は、茎では V − P ドメインの下鎖（同 240 〜 260 番；同ピーク D)、葉では TR ドメインの上鎖（同 160 〜 180 番；同ピーク C）にそれぞれ最大のホットスポットがみられた（Wang et al., 2011）。

次に、PSTVd-I に感染した PSTVd 感受性トマト ‘Rutgers’ と耐性品種 ‘Moneymaker’ の葉の PSTVd-sRNA の生成パターンを比較分析した結果、（+）鎖と（−）鎖の比は、感受性の ‘Rutgers’ では 8.5 以上と大きく（+）鎖に偏っていたが、耐性の ‘Moneymaker’ では 1.3 で僅かに（+）鎖が多かった。（+）鎖由来の PSTVd-sRNA の全体的なプロファイルは ‘Rutgers’ でも ‘Moneymaker’ でも実質的に同じように見えたが、（−）鎖由来の生成パターンには違いがみられ、‘Rutgers’ ではホットスポットの数が少なく、‘Moneymaker’ に存在する塩基番号第 200 〜 220 番付近（TR ドメインの下鎖；図 31 ピーク g）と同 290 〜 320 番付近（P ドメイン下鎖；同ピーク j）の 2 箇所のホットスポットが少なかった（Wang et al., 2011）。

さらに、病原性が異なるウイロイド変異体に関する分析も行われた。PSTVd

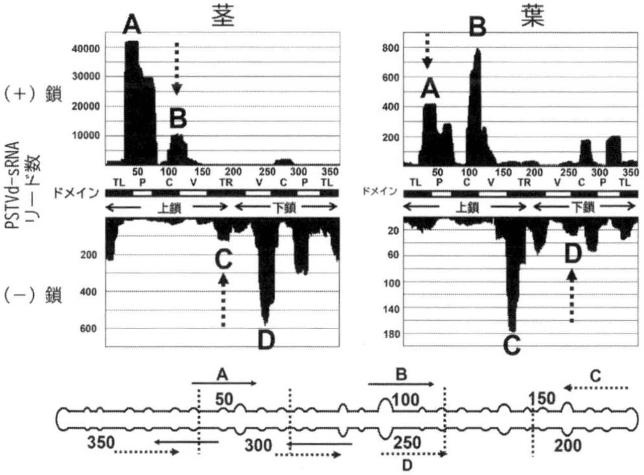

図 30　ジャガイモやせいもウイロイド小分子 RNA の生成ホットスポット（茎と葉の違い）．次世代シークエンス解析で得られた PSTVd-sRNA のリード数を PSTVd ゲノム第 1 〜 359 番まで塩基ごとにプロットした。図の真ん中に 5 つの構造ドメインの位置を示し、上方は（+）鎖、下方は（−）鎖由来を配置した。（−）鎖は逆向きに配置されていることに注意。最下段には PSTVd の 2 次構造とホットスポットの位置を示した。実線矢印は（+）鎖、破線矢印は（−）鎖由来を示す。ホットスポットは（+）鎖と（−）鎖で位置が異なり、茎と葉では位置は一致したが生成量に違いがみられた。茎では（+）鎖の第 40 〜 60 番（A）、（−）鎖では第 240 〜 260 番（D）、葉では（+）鎖の第 90 〜 130 番（B）、（−）鎖の第 160 〜 180 番（C）に最大のホットスポットがあった。

ダリア変異体（D）と基準株（I）は 97%の配列相同性を有するが、9 箇所の塩基が異なり、PSTVd-D はトマト ‘Rutgers’ に弱毒型の症状、PSTVd-I は強毒型の矮化・葉巻症状を引き起こす。両変異体に感染させた ‘Rutgers’ の PSTVd-sRNA の次世代シークエンス解析による蓄積量と生成パターンの比較分析の結果、PSTVd-D では PSTVd-sRNA の生成量が大幅に減少し、特に両変異体間で変異がみられた第 119 番、第 127 番、第 202 番塩基を含む PSTVd-sRNA が有意に減少していた。また、P ドメイン上鎖の第 49 〜 68 番と P ドメイン下鎖の第 294 〜 312 番の領域に由来する PSTVd-sRNA が PSTVd-D 感染 ‘Rutgers’ でほぼゼロになり、PSTVd-I に比べて大幅に減少していた（図 32）(Tsushima D et al., 2015)。

このように、PSTVd とトマトの系で分析した一連の実験結果から、ウイロイ

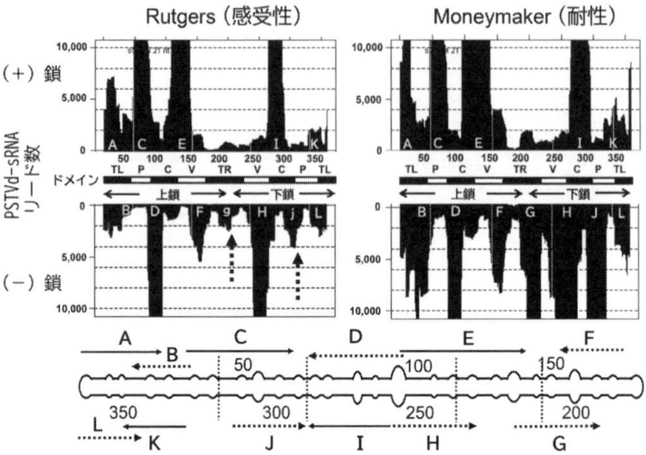

図 31　ジャガイモやせいもウイロイド小分子 RNA の生成ホットスポット（品種の違い）．次世代シークエンス解析で得られた PSTVd-sRNA のリード数を PSTVd ゲノム第 1 ～ 359 番まで塩基ごとにプロットした。図の真ん中に 5 つの構造ドメインの位置を示し、上方は（＋）鎖、下方は（－）鎖由来を配置した。（－）鎖は逆向きに配置されていることに注意。最下段には PSTVd の 2 次構造とホットスポットの位置を示した。実線矢印は（＋）鎖由来、破線矢印は（－）鎖由来を示す。感受性品種では（－）鎖のホットスポット g（TR ドメイン）と j（P ドメイン下鎖）から生成する PSTVd-sRNA の量が有意に少なかった。

ド小分子 RNA には次のような特徴がみられた。

特徴①：核内で複製するポスピウイロイドでは 21 ヌクレオチドと 22 ヌクレオチドが最も多く、次いで 24 ヌクレオチドである。一方、葉緑体で複製するアブサンウイロイドでは 21 ヌクレオチドが最も多く 22 ヌクレオチドがその次で、24 ヌクレオチドは極めて少なかったと報告されている（Di Serio et al., 2009）。24 ヌクレオチドクラスの違いはポスピウイロイドとアブサンウイロイドの増殖の場の違いに基づくものかもしれない。

特徴②：（＋）鎖由来と（－）鎖由来の比率は様々で、ウイロイドと宿主の組合せやウイロイド変異体の病原性の強弱でも異なる。PSTVd 感染トマトのような病原性の強いウイロイド種（あるいは変異体）と感受性宿主（あるいは品種）の組合せでは大きく（＋）鎖に偏る傾向がみられた。この組合せでは、感染植

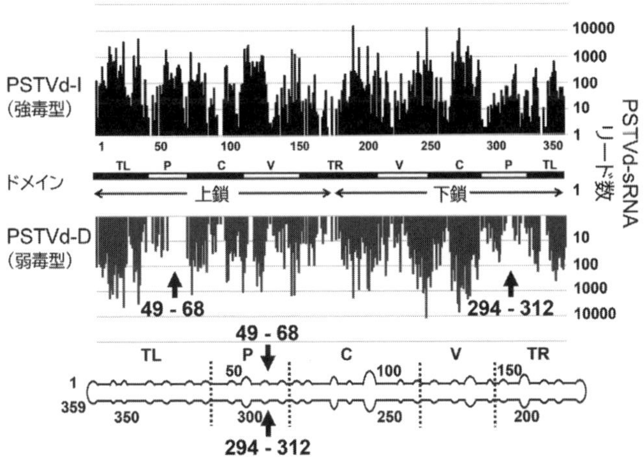

図32　ジャガイモやせいもウイロイド小分子 RNA の生成ホットスポット（強毒型と弱毒型の違い）. 次世代シークエンス解析で得られた PSTVd-sRNA の 5′ 末端の位置を PSTVd ゲノム第 1 番から第 359 番まで塩基ごとにプロットした。図の真ん中に 5 つの構造ドメインの位置を示し、上方に PSTVd-I、下方に PSTVd-D 由来を配置した。PSTVd-D は逆向きに配置されていることに注意。最下段には PSTVd の 2 次構造と PSTVd-D 感染区で PSTVd-sRNA が大きく減少した領域を矢印で示した。

物体中のウイロイド濃度（すなわち（+）鎖の量）が高いことを考慮すると、この結果はウイロイド小分子 RNA が複製中間体の 2 本鎖 RNA だけでなく、ウイロイド分子からも生じている可能性を示唆している。

特徴③：生成量は部位により不均一で、（+）鎖と（−）鎖それぞれの特定領域（ホットスポット）から特に多量に生成される。

特徴④：ホットスポットの位置と生成量は、ウイロイドの病原性の強さ、宿主植物種（あるいは品種）のウイロイド感受性、さらに宿主植物の組織など様々な要因の違いで異なる。しかし、ホットスポットの位置は同一のウイロイドと宿主の組合せでも異なる場合があることが指摘されており（Matoušek et al., 2012)、それがサンプリングの時期、植物の生育環境、分析条件など、何に起因するのか明らかではない。

RNA サイレンシングによるウイロイド小分子 RNA の生合成に関連して、もう一つ未解明の点がある。ウイロイドは細胞内に侵入後、核（あるいは葉緑体）へ移動して複製し蓄積する。一方、生体内で RNA サイレンシングが機能しているのは主に細胞質である。Denti らは PSTVd-sRNA の細胞内所在を分析し、細胞質には存在したが、核では検出されなかったと報告している（Denti et al., 2004）。RNA サイレンシングで生じる小分子 RNA と同じサイズで類似の遺伝子発現調節機能を示すことで知られる miRNA でも、核 DNA から転写された前駆体は核内で検出されるのに対し、成熟した miRNA（例えば miR167 など）は細胞質でしか検出されないことが知られている。ウイロイド小分子 RNA の生合成と生成パターンの多様性そして細胞質局在性から、それが miRNA と同様の過程で生成する可能性が示唆されている。すなわち、ウイロイド感染で生じた 2 本鎖 RNA 複製中間体が、(1) 複製・増殖の場である核から細胞質に輸送され、そこで細胞質に存在する DCL 酵素（DCL2 や DCL4）によって小分子 RNA に切断される経路と (2) 核内に存在する DCL 酵素（DCL1 や DCL3）によって核内で小分子 RNA に切断された後、細胞質に輸送される経路の二つである。後者は植物の miRNA の成熟過程で起こる核内プロセシング経路と共通性がみられる（Papp et al., 2003 ; Voinnet, 2008 ; Xie & Qi, 2008）。また、RNA サイレンシングで生成された小分子 RNA は標的 RNA とハイブリッドを形成し、RDR6 などのプライマーとして使用され、標的 RNA を 2 本鎖 RNA に変換し、小分子 RNA をさらに増幅する経路が報告されているが（Dillin, 2003 ; Voinnet, 2003 ; 2008 ; Xie & Qi, 2008）、ウイロイド小分子 RNA でも同様の増幅が起こるのか、現時点では明確ではない。

以上、核内で増殖するポスピウロイドでも葉緑体内で増殖するアブサンウイロイドでも、ウイロイド小分子 RNA が生成されるプロセスは、複数の DCL と各 DCL 間にみられる階層性、基質となるウイロイド RNA の構造的多様性と病原力、また、ウイロイドが感染した植物のウイロイド感受性や感染植物の器官など、様々なウイロイド側と宿主側の要素が関与している複雑で多様な経路であることが明らかになった。

ウイロイド小分子 RNA の病原性機能：　PSTVd 感染トマトにウイロイドを標的とする RNA サイレンシングが誘導されることがわかると、様々なウイロイドと宿主の組合せでウイロイド小分子 RNA と病原性の関係が分析されるようになった。当初行われた病原性の異なるPSTVd系統（mild－弱毒型とRG1－致死型）間でウイロイド小分子RNAを定量的に比較した実験では、ウイロイド小分子RNAの蓄積量と病原性の強弱との関連性は認められなかったと報告された(Itaya et al., 2001)。アブサンウイロイド科ウイロイドの分析でも、高濃度のASBVdを含むアボカド組織からASBVd-sRNAが検出されなかった一方で、それぞれ低濃度のPLMVdとCChMVdを含むモモとキク組織から充分量のウイロイド小分子RNAが検出された例も報告され（Martínez de Alba et al., 2002)、RNAサイレンシングとウイロイドの病原性や蓄積濃度の関連性を強く支持する結果は得られなかった。しかしその後、分析の精度が高まるにつれ、RNAサイレンシングが病徴発現の強さに及ぼす影響はウイロイドと宿主の組合せで異なる可能性が示唆されるようになった。例えば、強毒型と弱毒型のCEVd変異体に感染したジヌラでは、各変異体の蓄積量はほぼ同程度だったにもかかわらずCEVd-sRNAの蓄積量は異なり、強毒型では明瞭な蓄積がみられたのに対し、弱毒型ではほとんど検出されないほど低レベルだった（Markarian et al., 2004)。また、ASBVd感染アボカド葉には“サンブロッチ”と呼ばれる部分的な白化がみられるが、サンブロッチ症状の葉と無症状の葉では異なる変異体（BとSc）が優占し、無症状葉で優占するSc変異体の方が白化葉で優占するB変異体より高濃度だった。そしてそれと呼応して、感染組織中のASBVd濃度に依存したASBVd-sRNAの蓄積が観察されることが報告された（Markarian et al., 2004)。つまり、ASBVd-sRNAの蓄積量は無症状の組織の方が高く、ASBVd-sRNAの量的レベルはサンブロッチ症状と相関していなかったのである。この結果は、一見、ウイロイド小分子RNAは病原性の強さと関係ないことを暗示しているようだが、そう結論づけるにはさらに注意深く分析する必要があった。実際、上記のASBVdの例では、ウイロイド小分子RNAの存在が知られる前から、サンブロッチ症状の葉で優占している変異体（B）の右末端ループには無症状葉から検出される変異体（Sc）にはない3か所の塩基置換と3塩基の挿入がみられ、右末端のループ構造が大きく拡がると予想されていた（Semancik & Szychowski, 1994)。さらに、ASBVd感染樹中に存在する変異体の分析から、右末端ループの第115番塩基と第118番塩基の間にみられるUの挿入がサンブロッチ症状の原因になっていることが示唆された（図33A）（Schnell et al., 2001)。つまり、RNAサイレンシングで

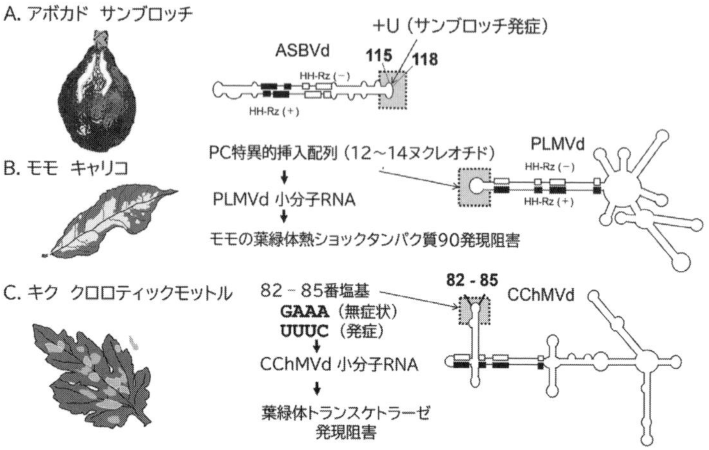

図 33　アブサンウイロイド科ウイロイドの病原性をもたらすウイロイド小分子 RNA．ASBVd では分子右末端ループの第 115 番と第 118 番への U 塩基の挿入（A 枠内）、PLMVd では分子左末端への 12 ～ 14 ヌクレオチドの挿入配列、CChMVd では分子左側のステム - ループ先端部の第 82 番から第 85 番の GAAA から UUUC 配列の変異が、それぞれアボカドサンブロッチ、モモキャリコ、キククロロティックモットルの発症の原因となっている。PLMVd と CChMVd では特殊な変異を持つ変異体から RNA サイレンシングで生じるウイロイド小分子 RNA の作用で葉緑体の形成に関与する宿主遺伝子の発現が阻害され、病徴発現に至る分子機構が解明されている。

生じるウイロイド小分子 RNA の量はウイロイドの蓄積量だけでなくウイロイドの分子構造の違いにも影響され、ウイロイド小分子 RNA の蓄積量に加えて、生じるウイロイド小分子 RNA の塩基配列の違いも病原性に重要な意味を持つものと考えられるようになった。

その後、PSTVd の致死型（AS1）と弱毒型（QFA）に感染したトマトとベンサミアーナでは致死型の方が PSTVd-sRNA の蓄積が有意に高いこと（Matoušek et al., 2007)、AS1 変異体に感染したトマトでは病原性に関与する P ドメインに由来する PSTVd-sRNA の量が最も多かったこと（Diermann et al., 2010)、さらに前述のように強毒型の PSTVd-I 感染トマトでは弱毒型の PSTVd-D 感染トマトより P ドメイン由来の PSTVd-sRNA がより多量に検出されること（図 32）（Tsushima D et al., 2016）などが報告され、ウイロイド小分子 RNA が病徴の発現に関与していることは疑いのないものと考えられるようになってきた。

RNA サイレンシングと病原性の関連を示唆するもう一つの事例に“病徴快復”がある。PSTVd に感染した感受性トマトや HSVd に感染したキュウリで観察されるもので、感染後、一旦激しい葉巻・矮化症状を呈した後、感染後期になるとその後伸びだした上位葉では症状が軽減し、ほぼ無症状の茎葉が生育してくる現象である。Matsuura らはこの現象を RNA サイレンシングの観点から分析するため、病徴快復期の PSTVd 感染トマトの最下葉（第 1 本葉）から最上葉（第 16 本葉）までを全て採取し、各葉中の PSTVd と PSTVd-sRNA の蓄積量を分析した。PSTVd 濃度は激しい矮化・葉巻症状を呈している第 3 本葉～第 9 本葉で最高レベルに達し、病徴が軽減し始める第 11 本葉より上位の葉では有意に低下していた。そして PSTVd が検出可能なレベルに達した第 2 本葉から第 16 本葉までの全ての葉から高濃度の PSTVd-sRNA の蓄積が確認された（Sano & Matsuura, 2004）。病植物の全身性の病徴が軽減する現象は複雑なプロセスであり、この結果だけでは簡単に結論付けることはできないが、PSTVd の感染で誘導された RNA サイレンシングによる配列特異的な分解によって感染組織中の PSTVd 濃度が低下し、その後発達した上位葉の症状が軽減されたと捉えることは、病徴快復現象を説明する一つの有力な見方であると考えられる。

このような中 2004 年、宿主の防御機構である RNA サイレンシングによって生じるウイロイド小分子 RNA がウイロイドの病原性をもたらしているという仮説が提唱された（Wang et al., 2004）。PSTVd のゲノム配列の一部（第 356 ～ 15 番の 19 塩基）を欠失した不完全長分子を向かい合わせに連結させて **CaMV-35S プロモーター**の下流に繋いでトマト品種‘Moneymaker’を形質転換したところ、ヘアピン PSTVd RNA に由来する PSTVd-sRNA が蓄積し、PSTVd に感染したトマトと同様の葉巻症状と節間の短縮がみられ、後代（T1 世代）種子の実生には生育不良が観察されたのである。つまり、PSTVd が PSTVd-sRNA を介して、生育に重要な宿主遺伝子を標的とした RNA サイレンシングを誘導することで病気を引き起こす可能性が示唆されたわけである。その後、この形質転換トマトのさらに後代（T3 世代）では、PSTVd 類似の症状や発育不良は観察されなくなったと報告されているものの（Schwind et al., 2009）、この研究を契機に RNA サイレンシングで生じるウイロイド小分子 RNA を介してウイロイドの病原性が発揮されるという概念はウイロイドの病原性の基盤の一つと考えられるようになった。

この仮説を支持する結果は、まず、モモのキャリコ症（PC）の研究から得られた。PC はモモの葉が部分的に白化して斑入になる病気である。PLMVd の特殊な変異体の感染で起こり、PC を誘導する変異体には PC 非誘導変異体にはない 12 ～ 14 ヌクレオチドの挿入配列がみられることが報告されていた（Malfitano, 2003）。興味深いことに、この挿入配列は PLMVd 分子の左側末端に新たなヘアピンを形成する（図 33 B）。そしてこの PC 関連挿入配列から生じる PLMVd-sRNA（PC-sRNA8a と PC-sRNA8b）は、モモの葉緑体熱ショックタンパク質 90（chloroplastic heat-shock protein 90；cHSP90）をコードする mRNA の一部と高い相補性を有し、その配列を標的にして RNA 干渉作用で cHSP90 mRNA を切断し、cHSP90 の転写後発現阻害を引き起こすことが証明された（Navarro et al., 2012）。シロイヌナズナの cHSP90 は葉緑体生合成と色素体から核へのシグナル伝達に関与することが知られていることから、cHSP90 の発現阻害は葉緑体の形成を阻害し、その結果 PC 症状の誘発につながるものと考えられた（図 33 B）。

また、モモ黄化モザイク（peach yellow mosaic）症と呼ばれる病気の発症機構についても同様の分析がなされた。この病気はキャリコ症と類似しているが、白化ではなく葉の一部が黄化する症状を特徴としている。黄化モザイク症のモモから分離された PLMVd の 4 種類の塩基配列変異体から構築した感染性 cDNA クローンを PLMVd の指標モモ品種‘GF-305’の実生に接種した結果、この症状も PLMVd が原因と同定され、283 番目の塩基が U の変異体が黄化症を発症することが明らかになった。キャリコ症と同様 RNA サイレンシングの観点から 283U を含む領域から生成する PLMVd-sRNA と相補性を示す宿主遺伝子の in silico 解析の結果、（−）鎖に由来する 283 番塩基を含む PLMVd-sRNA のいくつか（RYM-sRNA40 など）と葉緑体の発達に必要なチラコイドトランスロカーゼサブユニット（Protein translocase subunit；SecA1）をコードする mRNA の間に高い相補性が認められることが明らかにされた。SecA1 はタンパク質膜透過装置（Sec translocase）の主要構成因子の一つで、植物細胞では葉緑体チラコイドタンパク質の生合成に関与する。実際に、葉の黄化部分の *SecA1* 遺伝子発現量は有意に低下しており、予想される部位で切断された *SecA1* mRNA が検出されたことから、これらの PLMVd-sRNA が葉緑体の発達に必要な SecA1 をコードする mRNA の切断を導くことが特定された（Delgado et al., 2019）。

同様のメカニズムは、葉緑体で増殖するアブサンウイロイド科のもう一つのメンバーCChMVdの病徴発現にも当てはまることが示された。CChMVdはキク退緑斑紋病の病原で（Navarro & Flores, 1997）、感受性品種‘Bonnie Jean’や‘Deep Ridge’は感染すると葉に黄斑を生じる（Dimock et al., 1971）。CChMVdには病徴を顕わす型（S；symptomatic）と顕わさない型（NS；non-symptomatic）があり、第82～85番塩基の違いが病原性を特徴づける配列と考えられ、S型ではUUUC、NS型ではGAAAであった（de la Peña et al., 1999）。S型に感染した感受性品種‘Bonnie Jean’に顕われた黄斑部分と緑色（外見健全）部分から分離したCChMVdの塩基配列の解析から、黄斑部分から検出されるCChMVdはS型に特徴的なUUUCを有していたが、緑色部分ではUUUCを有するものは少なく、4塩基のうち1～3塩基が変異したものが多く、特にUUUU配列を有するものが優占していた。一方、S型のテトラループ配列UUUCをNS型のGAAAに変換するとウイロイド濃度は変化しなかったが病徴発現能力が失われることが確認された（de la Peña & Flores, 2002）。さらに、感染キク植物中のCChMVd-sRNAとトランスクリプトームの解析が行われ、UUUC配列の全部あるいは少なくともその一部を含むCChMVd-sRNAとその標的となりうるmRNAを探索したところ、CChMVd-sRNAの一つ（CChMVd-sRNA3）がシロイヌナズナの葉緑体トランスケトラーゼ（TKT）をコードするmRNAと相同な配列を有するキクのmRNAを標的とする可能性が見出された（Serra et al., 2023）。詳細な分析の結果、CChMVd-sRNA3がAGO1を有するRISCに取り込まれ、RNAサイレンシングを介してTKT様mRNAの転写後切断を引き起こすこと、黄斑部分ではタンパク質レベルでもTKTの蓄積量が低下していることが判明し、CChMVd-sRNA3によるTKTの発現阻害が退緑斑紋症状の原因であることが明らかにされた（図33C）。

興味深いことに、モモのキャリコ症に関わるPLMVd-sRNA（PC-sRNA8a）、モモ黄化症に関わるRYM-sRNA40、そしてキク退緑斑紋病に関わるCChMVd-sRNA3の全てが5′-末端にUU配列を持っていたことから、これらのウイロイド小分子RNAは、5′-末端にUを有する小分子RNAと結合する性質のあるAGO1に取り込まれて標的mRNAを切断するものと予想された。さらに、この特徴はCMVのYサテライトRNAに由来する小分子RNAにもみられる。Yサテライト

RNAはCMVに付随して増殖する330〜400ヌクレオチドの直鎖状RNAの一つで、タバコ植物に鮮黄色の黄化症状を誘導することが知られているが（Masuta et al., 1993）（第V章3）、これに由来する小分子RNAも葉緑体の生合成に関わるtobacco magnesium protoporphyrin chelatase subunit I（Chl I）のmRNAを、RNAサイレンシング経路を介して分解することが明らかにされている（Shimura et al., 2011）。このように、PLMVdやCChMVdなどアブサンウイロイドの感染で生じる白化や黄化・退緑症状は、ウイロイドの感染で誘導されるRNAサイレンシングによって生成するウイロイド由来小分子RNAが直接の原因になっていて、それと相補な配列を含む葉緑体の生合成に関わるmRNAが転写後にRNAサイレンシング経路を介して切断され発現が抑制されることによって発症することが明らかになってきた。

一方、ポスピウイロイド科のウイロイドでは、主にPSTVdとトマト、タバコ、ジャガイモなどナス科宿主植物の組合せを中心に、特定の宿主遺伝子の発現を阻害する可能性のあるウイロイド由来の小分子RNAが報告されている（Diermann et al., 2010；Eamens et al., 2014；Adkar-Purushothama et al., 2015a；Avina-Padilla et al., 2015；Adkar-Purushothama et al., 2017；Adkar-Purushothama & Perreault, 2018；Adkar-Purushothama et al., 2018；Bao et al., 2019）。注目すべきことに、これらのPSTVd-sRNAの多くは病原性の強弱と最も関連性が高いPドメインから生成してくるものである。また、ホップのトランスクリプトーム解析では、CBCVdとHLVd由来のウイロイド小分子RNAの標的になり得る配列を含む転写物がそれぞれ1,387種と1,062種も存在すると報告されている（Pokorn et al., 2017）。

Adkar-Purushothamaらは、強毒型のPSTVd-I変異体のPドメイン内の病原性調節（VM）領域の第39〜59番塩基から生成するPSTVd-sRNAがトマトのカロース合成酵素遺伝子（*CalS11-like*）の3,768〜3,788番目と高い相補性を有し、RNA干渉作用で*CalS11-like* mRNAを切断することを実験的に示した（Adkar-Purushothama et al., 2015a）。実際にPSTVd感染トマトではCalS11-like mRNAの発現量が低下しており、発現量の低下は弱毒型変異体PSTVd-Dより強毒型変異体PSTVd-Iの感染でより顕著だった。カロースは花粉や花粉管細胞壁内層の構成成分としてあるいは植物が外傷や病原体の感染を受けた時に作られる直鎖状β-1,3-グルカンで、細胞壁やプラズモデスマータに沈着して病原体の侵入拡大を

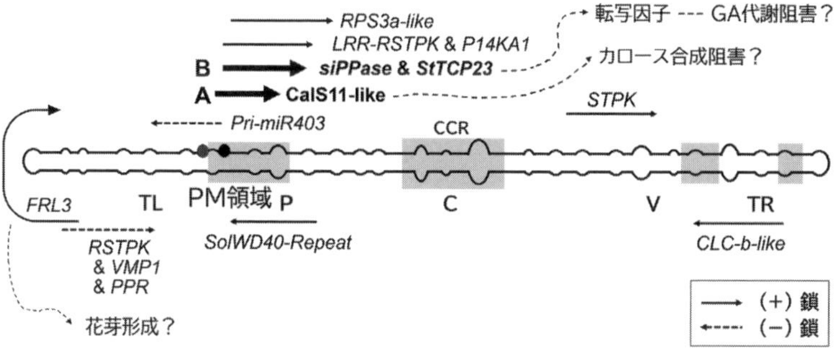

図 34　宿主 mRNA を標的とする可能性のあるジャガイモやせいもウイロイド小分子 RNA とその標的候補遺伝子．宿主の mRNA を標的とする可能性のある PSTVd 小分子 RNA の位置を PSTVd の 2 次構造上に示した。多くは PSTVd の病原性と関連する P ドメイン内の PM 領域に位置している。A と B の符号をつけた 2 つの PSTVd 小分子 RNA はそれぞれカロース合成に関わる遺伝子と転写因子の発現阻害を介して病原性発現に寄与している可能性が示唆されている。

防ぐ重要な生体防御物質である。カロース合成酵素遺伝子発現の阻害によりカロースの沈着が低下し、感染植物体内での PSTVd の拡がりが容易になると考えられるのである（図 34 A)。

また、Bao らは致死型の PSTVd-RG1 変異体の P ドメイン内の病原性調節（VM）領域の第 45 ～ 65 番塩基と第 46 ～ 66 番塩基に存在する 21 ヌクレオチドの配列がジャガイモの *StTCP23* 遺伝子の 3'- 非翻訳領域（UTR）と高い相補性を有することを見出し、RNA 干渉作用で *StTCP23* mRNA の相補領域が切断され発現が抑制されることを証明した（Bao et al., 2019)。*StTCP23* は TCP（teosinte branched1 / Cycloidea / Proliferating cell factor）転写因子ファミリー遺伝子のメンバーで、特にジベレリン酸（GA）への応答において、植物の成長と発達およびホルモン調節に重要な役割を果たしている。PSTVd に感染したジャガイモでは StTCP23 の発現が抑制されており、**人工マイクロ RNA 法**で VM 領域の第 45 ～ 65 番塩基からなる 21 ヌクレオチド配列を発現させたジャガイモでは、塊茎に PSTVd 類似の症状が顕われ、GA レベルも有意に低かった。またそれと呼応して、GA 生合成関連遺伝子 *StGA3ox2*、*StGA20ox1*、*StGA7ox* の発現量が低下し、一方、GA 分解関連遺伝子 *StGA2ox1* の発現量が上昇していた。すなわち、

PSTVd感染で生じる病徴がVM領域由来のPSTVd-sRNAによるStTCP23のサイレンシングに起因する可能性が示された（図34B）。

以上、ノンコーディングなウイロイドのゲノムRNAから生成されるウイロイド小分子RNAが、低分子干渉RNA（siRNA）のように標的（相補的）配列を含む宿主mRNAに直接作用して発現を阻害し、結果として病気の症状を引き起こす可能性が示された。しかし、葉緑体で増殖するPLMVdで示されたウイロイド小分子RNAの標的が葉緑体生合成に関与する遺伝子であるため、ウイロイド小分子RNAの作用と観察される症状との因果関係が明確なのに対し、PSTVdなどポスピウイロイドでみられたウイロイド小分子RNAとその標的mRNAの作用については、標的となるmRNAと矮化や葉巻などの全身性の病徴の発現の間には未解明の複雑な経路が存在し、その因果関係は明確ではないことに注意する必要がある。この点に関して、スペインのRicardo Floresらのグループは、PLMVdなどアブサンウイロイド科のメンバーによって誘発される症状は特異的且つ局所的で、特定の病原性決定塩基を含む変異体と密接に関連しているのに対し、PSTVdなどポスピウイロイド科のメンバーによって引き起こされる症状は非特異的で全身性だと述べている（Flores et al., 2020; Navarro et al., 2021）。その点、最後の事例で示したように、PSTVd-sRNAの一つが転写因子を標的としていることは興味深い。転写因子は特定の遺伝子の発現制御を通して、一連の複雑な生化学反応に影響を及ぼすことができる。また、ウイロイド小分子RNAの病原性作用は標的となる転写物の切断などの直接的なものだけにとどまらないかもしれない。ウイロイドはRNAサイレンシングの攻撃を受けながらも複製を続け（Gómez & Pallás, 2007）、ウイロイドに感染した細胞中には大量のウイロイド小分子RNAが生産され蓄積されることを考えると、宿主のsiRNA経路やmiRNA経路への間接的な影響も計り知れない（Gómez et al., 2009; Diermann et al., 2010）。すなわち正常なRNAサイレンシング機構やmiRNAによる遺伝子発現制御機構などの阻害と撹乱を通じて、宿主の発育や形態形成に悪影響を与える可能性も考えに入れておく必要がある（Mishra et al., 2016）。

2-2-3　ウイロイド誘導DNAメチル化と転写遺伝子サイレンシング

ウイロイド感染植物に大量のウイロイド小分子RNAが生成され蓄積していることが発見される数年前、ウイロイドとRNAサイレンシングに関するもう一つの重要な発見があった。RNAを介したDNAのメチル化（RNA directed DNA methylation；RdDM）の発見である。DNAのメチル化はゲノムDNAのCG、CHG、CHH（HはA、T、C）配列のCがメチル基で修飾される現象で、1948年に発見された。修飾は遺伝子のコード領域、プロモーター部位、トランスポゾンなど様々な部位で起こり、その発現が影響を受ける。特にトランスポゾンはメチル化されることで不活性化され転移が制限されている。しかし、メチル化のメカニズムは不明で、DNA－DNAの相互作用で生じるのではないかと考えられてきた。ところが、1994年、ウイロイドに感染したタバコ植物を使用した研究により、DNAの新た（de novo）なメチル化がRNA分子によって媒介されることが発見されたのである（Wassenegger et al., 1994）。発端は、完全長のPSTVd cDNAを3個縦列に繋いでタバコ植物に遺伝子導入する実験であった。ウイロイドの完全長cDNAを2個以上連結してプロモーターの下流に配置して植物のゲノム中に組込むと、核内でRNAに転写され、感染力のあるウイロイドRNAが複製・増殖してくる。上記の形質転換タバコ植物中でも予想通り感染力のある環状PSTVdが大量に増殖してきた。ところが、形質転換植物系統の遺伝子型を決定するためにゲノムDNAを抽出し、サザンブロット解析を行った時、不可解なことに遭遇した。植物ゲノム中に挿入された3縦列のPSTVd cDNA配列がメチル化感受性の制限酵素で切断できなくなっていたのである。そして、分析の結果、タバコ植物のゲノム中に導入したPSTVd配列由来のトランスジーン（導入DNA）がメチル化されていることが判明した。そこで彼らは、26ヌクレオチドを欠失した不完全なPSTVd cDNAを2個縦列に連結し、タバコ植物に遺伝子導入した。形質転換タバコ植物中には不完全なPSTVd RNAが2つ繋がった転写物が生成していたが、感染性はないためPSTVdの増殖はみられず、導入したPSTVd cDNA配列もメチル化されていなかった。しかし、この形質転換タバコ植物にPSTVdを感染させると、導入したPSTVd cDNA配列は高度にメチル化された。このことから、PSTVd RNAの感染増殖がそれと相同な配列を有するゲノム中のPSTVd cDNA配列のメチル化を指令したことが証明された。この現象は TGS と呼ばれ、PTGS と共に RNA サイレンシングを構成する重要な経路で、クロマチンの後天的な修飾により遺伝子の発現を制御するエピジェネティックな遺伝子制御機構である。

以上の事例が示すように、植物に外来遺伝子を導入して過剰に発現させた場合などに TGS がみられるが、その後、ウイロイド感染植物においても、内在性の宿主 DNA にエピジェネティックな変化が生じ、メチル化の増加や低下とそれに伴う転写活性の変化が観察される事例が報告されるようになった。HSVd 感染キュウリでは、rRNA 前駆体の蓄積レベルの上昇と rRNA 遺伝子プロモーター領域の DNA メチル化の減少が観察され（Martinez et al., 2014)、ベンサミアーナでは、HSVd の感染で普段はメチル化で不活性化されている rRNA 遺伝子のメチル化パターンが変化し、特に CG 配列中のシトシン（C）の選択的な脱メチル化と rRNA 遺伝子転写活性の上昇が観察された（Castellano et al., 2015)。すなわち、HSVd の感染は宿主 DNA のエピジェネティックな変化を誘導し、rRNA 遺伝子の転写活性を攪乱させていることが明らかになった。ただし、この宿主 DNA のメチル化はウイロイド配列と当該宿主遺伝子間の塩基配列相同性に依存したものではないため、上述のウイロイド由来配列の遺伝子導入による TGS とは別のメカニズムで生じる宿主 DNA のエピジェネティックな変化と考えなければならない。キュウリとベンサミアーナのヒストン脱アセチル化酵素 6（HDA6）と HSVd が in vitro および in vivo の両方で相互作用することが明らかにされている。HDA6 は RdDM 経路の構成成分で、シロイヌナズナでは rRNA 遺伝子、転移因子（transposable element)、あるいは外来導入遺伝子のメチル化とその維持に関与している（Liu et al., 2012 a ; 2012 b)。キュウリの HDA6 の発現を一時的に抑制すると HSVd の蓄積は促進され、一時的に過剰発現させると HSVd 感染植物の特徴である rRNA 遺伝子の低メチル化状態が元に戻り、HSVd の蓄積が減少した（Castellano et al., 2016 b)。つまり HSVd 感染キュウリでは、HSVd との相互作用によって HDA6 の機能が阻害され、その結果、rRNA 遺伝子のエピジェネティックな変化が促進されたものと考えられ、それは HSVd の病原性にもつながっているのではないかと提案されている（Gómez et al., 2022 ; Márquez-Molins et al., 2021 ; 2023)。また、HDA6 活性の欠如は、本来 RNA ポリメラーゼ I によって転写される rRNA が誤って PolII で転写される現象に関連しているという報告がある（Earley et al., 2010)。実際、HSVd感染植物では異常な転写環境に由来すると考えられる過剰なrRNA前駆体とそれに由来する小分子RNAの蓄積が報告されており(Martinez et al., 2014; Castellano et al., 2015; 2016a; 2016b)、HSVdによるHDA6の機能阻害はPolⅡの異常な転写をもたらし、PolⅡの非標準的な鋳型転写機能を利用するウイロイドの複製にも有利に働く可能性があることが指摘されている(Gómez et al., 2022)。

一方、ジャガイモ、ベンサミアーナ、トマトなどでは、PSTVd感染でDNAのメチル化に関わる遺伝子(*Methyltransferase I*など)の発現が活性化され、いくつかの遺伝子でプロモーター領域がメチル化され転写量が低下することが報告されている(Torchetti et al., 2016; Lv et al., 2016)。すなわち、ウイロイドと宿主の組合せで、特定のDNA領域がメチル化されるケースと逆に既にメチル化されている部位が脱メチル化されるケースがあることが示唆される。ウイロイド感染に伴う宿主植物DNAのメチル化とその影響に関する研究にはまだ多くの未解明な部分が残されている。ウイロイド感染で誘導されるRNAサイレンシングにより宿主DNAのメチル化部位とそのレベルが変化して遺伝子発現が改変されることは、PTGSに加えTGSを介した宿主遺伝子発現制御の乱れもウイロイドの病原性発現に関わる重要な要素であることを示唆している。今後さらに研究が必要な課題である。

2-3　ウイロイド病発症のメカニズム

2-3-1　ウイロイド感染に対する宿主防御応答と遺伝子発現変動

それまでウイロイドの分子構造や構造モチーフなどウイロイド側の因子に限られていた研究に加えて、2000年代になると宿主側の防御応答などウイロイド感染植物の網羅的な遺伝子発現を解析する研究が加速し、ウイロイド研究の幅が格段に拡がった。まず、**サブトラクション法**で作出したトマトcDNAライブラリーから選抜した1,156個の遺伝子クローンを含むマイクロアレイにより、PSTVd感染で変化する55個のトマト遺伝子が検出された(Itaya et al., 2002)。またより高密度なマイクロアレイによるPSTVd感染トマトの網羅的遺伝子発現解析では、アレイ上の10,000遺伝子のうちの半数以上のmRNA発現レベルが感受性トマト‘Rutgers’で変化したことが示された(Owens et al., 2012c)。さらに、弱毒型の PSTVd-M と強毒型の PSTVd-S23 変異体に感染したトマト ‘Rutgers’ の経時的な遺伝子発現解析により、強毒型変異体に感染したトマトでは 3,000 を超える遺伝子の発現が影響を受けていたのに対し、弱毒型変異体ではその 3 分の 1 しか影響を受けていなかったと報告された（Więsyk et al., 2018）。最近では RNA シークエンス（RNA-seq）解析による包括的なトランスクリプトームの解析が主流となり、PSTVd －トマト（Zheng et al., 2017）以外に、PSTVd －ジャガイモ（Katsarou et al., 2016b）、PSTVd －トウガラシ（Hadjieva et al., 2021）、HSVd －キュウリ（Xia et al., 2017；Mishra et al., 2018；Márquez-Molins et al., 2023）、CBCVd ／ HLVd －ホップ（Mishra et al., 2018；Štajner et al., 2019）、CEVd －カンキツ（エトログシトロン）（Wang et al., 2019）、CEVd －トマト（Thibaut & Claude, 2018）、CSVd －キク（Takino et al., 2019）、HSVd －サクランボ（Xu et al., 2020）など、様々なウイロイドと宿主の組合せでウイロイド感染による宿主の遺伝子発現変化が解析されている（Sano, 2021；Joubert et al., 2022）。これらの網羅的遺伝子発現解析でも、感染による遺伝子発現の変動は弱毒型より強毒型のウイロイド変異体に感染した宿主で大きく（Więsyk et al., 2018；Hadjieva, 2021）、且つ早く誘導されることが確認されている（Xia et al., 2017）。

また、ウイロイド感染植物のマイクロアレイや RNAseq による網羅的遺伝子発現解析から、ウイロイドの感染で発現量が変動する宿主遺伝子はウイロイドの種や宿主によらず共通性がみられることがわかってきた。複数のウイロイド－宿主の組合せで変動することが報告された遺伝子には、① 防御反応／ストレス応答／植物免疫応答、② ジベレリンなど植物ホルモンの生合成とシグナル伝達、③ 葉緑体と光合成、④ 細胞壁の強化、⑤ 色素、タンパク質あるいは糖の代謝、⑥ RNA サイレンシング、そして⑦ RNA スプライシングなどに関連するものが含まれていた（図 35）。

防御反応／ストレス応答／植物免疫応答に関連するものには、カルシウム依存性プロテインキナーゼ（*CDPK*）、MAP キナーゼ、過敏感反応、PR タンパク質などをコードあるいは制御する遺伝子が含まれ、ウイロイド感染で発現量が一律に上昇した。同様に、RNA 依存 RNA ポリメラーゼ 1（*RDR1*）、*DCL2*、*AGO2*、*AGO7*、*silencing defective 3* など、RNA サイレンシング経路の遺伝子も発現量が上昇した。一方、光合成、細胞壁、ジベレリン応答性などの植物ホルモンのシグナル伝達に関連する遺伝子は発現量が正常時と比べて低下あるいは大

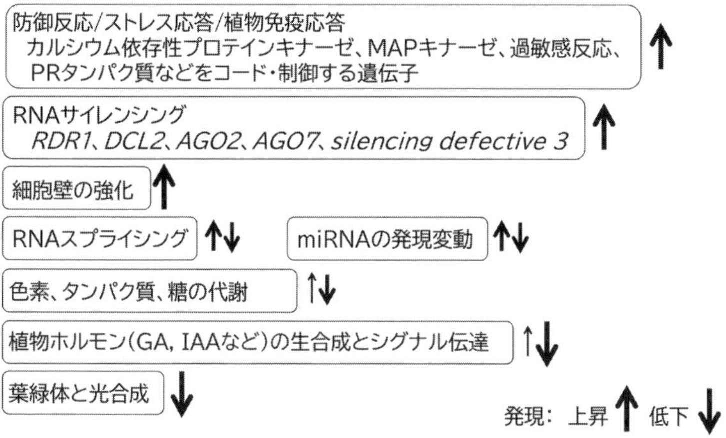

図 35　ウイロイド感染で発現量が変動する宿主植物遺伝子．PR タンパク質：病原性関連タンパク質、RDR1：RNA 依存 RNA ポリメラーゼ 1、DCL：ダイサー様リボヌクレアーゼ、AGO：アルゴノート

きく変動した。これは感染により植物側の防御関連遺伝子の発現が上昇し、一方、栄養生長に関わる遺伝子の発現が低下したことを示している。

もう少し具体的にみると、PSTVd 感染トマト（品種‘Heinz 1706’）の RNAseq 解析では、1,000 以上の遺伝子の発現量の変化が観察されている。特に MAPK カスケードなど植物の基礎免疫を活性化させるシグナル伝達経路に関連する遺伝子群の発現が上昇し、植物免疫が活性化されたことを示す PR1 や WRKY 転写因子が活性化され、ROS 生合成と応答、細胞壁強化、ホルモン経路（サリチル酸、オーキシン、エチレン、アブシシン酸）、過敏感反応など病徴発現に関連した遺伝子の発現が上昇することが報告された（Zheng et al., 2017）。ウイロイドはタンパク質をコードしない病原であるが、菌類、細菌類、ウイルスと同様、植物の基礎免疫を誘導することが明らかになった。さらに、遺伝子の発現量が単に変動するだけでなく、スプライシングが変化する遺伝子がゲノム全体にみられ、隣接する遺伝子の発現量を制御すると考えられている長鎖ノンコーディング RNA（long non-coding RNAs）の発現量にも変化がみられていた。このような植物免疫の活性化に伴う病徴発現関連遺伝子の発現上昇やゲノム全般に亘る遺伝子発現様式の変化が、ウイロイド病（特にポスピウイロイド）に特徴的な矮化や葉巻など全身の生育異常をもたらすものと考えられた。

また、PSTVd 感染ジャガイモの塊茎で発現する遺伝子のマイクロアレイ解析により、*DWARF1/DIMINUTO*、ジベレリン 7-オキシダーゼ（*GA7ox*）、ジベレリン（GA）の核内の受容体 *gibberellin-insensitive dwarf protein 1*（*GID1*）、および塊茎形成を調節する転写因子 *BEL5* などの転写量が変化しており、PSTVd 感染によるジャガイモ塊茎の発達障害（やせいも症状）にジベレリンとブラシノステロイド経路の異常が関与している可能性が示唆された（Katsarou et al., 2016b）。CSVd 感染キクでも、ジベレリン応答性の低下と細胞壁の拡大阻害が観察され、これがCSVd感染キクの特徴である矮化などの成長阻害の主な原因であろうと報告されている（Takino et al., 2019）。

HSVd 感染キュウリの RNAseq 解析でも、HSVd の感染により植物ホルモンシグナル伝達と植物—病原体相互作用やペントースリン酸経路あるいはエンドサイトーシスに関わる経路の遺伝子発現量が上昇し、サイクリックヌクレオチドゲートチャネル（CNGC）、カルシウム依存性プロテインキナーゼ、呼吸バーストオキシダーゼ（*Rboh*）、カルシウム結合タンパク質 CML（*CaMCML*）、WRKY 転写因子 33（*WRKY33*）、ロイシンリッチリピート（LRR）受容体をコードする遺伝子であるLRR受容体様セリン／スレオニンプロテインキナーゼ FLS2（*FLS2*）、マイトジェン活性化プロテインキナーゼキナーゼキナーゼ 1、ブラシノステロイド非感受性 1 −関連受容体キナーゼ 1（*BAK1/BKK1*）、マイトジェン活性化プロテインキナーゼキナーゼ 4/5（*MKK4/5*）、塩基性 PR1 など、植物免疫の活性化の指標となる多様な遺伝子の発現量が上昇することが観察されている（Xia et al., 2017）。

一方、光化学系 I と II（PS I 、PS II）、チラコイドや光合成など、葉緑体機能に含まれる経路は抑制されており、実際に HSVd に感染した植物の光合成速度は対照植物に比べ初期病徴が顕われる時期（接種後 2 週間程度）に劇的に低下していた。ホップ矮化病の初期の研究において、HSVd 感染キュウリとホップ、PSTVd あるいは CEVd 感染トマトには、発病に際して細胞壁の湾曲や葉緑体の崩壊などの細胞変性が起こることが観察されている（Momma & Takahashi, 1982; Kojima et al., 1983; Takahashi et al., 1985）。すなわち、HSVd に感染したキュウリの葉では、まず葉緑体の膨張が観察され、チラコイド膜系が剥離し、グラナが歪み、間質ラメラの配置が不規則になり、膜構造が崩壊して内容物が細胞質に放出される。また、HSVd感染キュウリに現れる症状は著しい発育阻害と葉のしわを特徴とし、内因性インドール酢酸（IAA）のレベルが接種後10日目頃、まだ葉のしわが発症する前から低下し始め、少なくとも30日間持続された（Yaguchi & Takahashi, 1985）。このような感染植物の形態観察でみられていた細胞変性が感染植物中の遺伝子発現レベルの変動から説明することができるようになってきた。さらに、HSVd感染ホップでは球果に含まれるα酸の量が健全の1/2～1/3に減少するが、それに応じてα酸を分泌するルプリン腺がひどく萎縮し、数も健全より60%も減少していたと報告されている（Momma & Takahashi, 1984）。チェコのJaroslav Matoušekのグループは、ルプリンの生合成の最終段階におけるWRKY転写因子ファミリーの働きを分析し、ホップのルプリン腺特異的に発現する転写因子HlWRKY1が、カルコン合成酵素H1、バレロフェノン合成酵素、プレニル転移酵素1、O-メチル転移酵素1など、ホップ球果に含まれるフラボノイド類やα酸など苦味成分の生合成経路で働く主要遺伝子のプロモーターを活性化する能力を持っていることを報告している（Matoušek et al., 2016）。そして、AFCVdやCBCVdに感染したホップではWRKY転写因子ファミリーのHlWRKY1やHlWRKY5が活性化され、カルコン合成酵素H1などの発現量を低下させることを明らかにしている（Matoušek et al., 2017）。α酸含有量の低下はHSVdだけでなくAFCVdやCBCVd、HLVdの感染でもみられることからウイロイド感染ホップに特徴的な病変の一つである。今後、ホップ球果のルプリン腺の形態形成やルプリン腺でのα酸の生合成に関わる遺伝子の発現変動の分析からウイロイド感染によるα酸含有量低下の分子機構の理解が深まることが期待される。

さらに近年では、RNA-seqによる転写物の解析だけでなく、スモールRNAの発現量の変動やゲノム全般に亘るDNAのメチル化の状態を合わせた包括的な遺伝子解析も行われるようになってきた。HSVd感染キュウリの**トランスクリプトーム**、**スモールRNAオーム**および**メチローム**の包括的且つ経時的な解析から、感染初期に、まず選択的スプライシングによる宿主トランスクリプトームの再構成が顕著にみられ、続いて宿主遺伝子のメチル化の増加によるエピジェネティックな変化が観察されるようになり、やがて病徴発現に伴い転写活性の低下が顕著になってくることが報告された（Márquez-Molins et al., 2023）。ウイロイドの感染が進行するにつれ、影響を受け、それに応じて変化する宿主側の調節経路も刻々と変化してゆくことが示唆されている。

2-3-2　ウイロイド感染に対する防御反応と miRNA の発現変動によりもたらされる壊疽症状

ウイロイド感染による miRNA の発現変動も報告されている。miRNA はゲノム DNA にコードされている約 18 ～ 25 ヌクレオチドの RNA で、MIR 遺伝子から PolII により転写される pri-miRNA 前駆体から多段階の切断プロセスを経て生成される。多様な種類が知られており、ある一定以上の高い相補性を有する標的配列を含む遺伝子の発現レベルを RNA サイレンシング機構を通して調節する機能を持ち、発生やプログラム化された形態形成あるいはストレスに対する防御応答など生体機能の維持・調節に重要な役割を果たしている。ウイロイド感染植物でも、miR159、miR171e、miR396a、miR398b、miR403、miR4376 など様々な miRNA の発現レベルが変動していたことが報告されている（Diermann et al., 2010；Owens et al., 2012c；Tsushima D et al., 2015；Zheng et al., 2017）。例えば、強毒型 PSTVd 変異体（AS1）に感染したトマト‘Rutgers’では、miR159a、miR396a、miR403 が健全の 0.2 ～ 0.4 倍に低下していた（Diermann et al., 2010）。miR396 はストレス誘導性の miRNA で、シロイヌナズナでは転写因子を制御していることが知られている。miR159 も転写因子（MYB）を制御しており、葉の形態形成などに関与している。ホップでは次世代シークエンス解析により 67 種の保存された miRNA と 49 種の新規 miRNA が同定され、CBCVd の感染により保存された miRNA の 36 種と新規 miRNA の 37 種の発現量が変化していたと報告されている（Mishra et al., 2016）。ホップのトランスクリプトームの中にはこれら miRNA の標的になりうる配列が 311 箇所もあると予測され、その大部分はホップの葉、根、蔓の成長と発達を調節する可能性のある転写因子と推定されたことから、これらの miRNA は、シグナル伝達、ストレス応答、プレニルフラボノイド生合成経路、細胞や代謝など様々な経路で重要な役割を果たす可能性が示唆された。しかし一方で、PSTVd 感染トマトや HSVd 感染キュウリでは、miRNA の変化は限定的だったとする報告もある（Zheng et al., 2017；Márquez-Molins et al., 2023）。

このような違いはmiRNAの発現が宿主側の様々な生理学的あるいは病理学的状態と関連し複雑に変動していることを示していると考えられる。

ウイロイド感染で発現量が変動するmiRNAの中で、miR398とmiR398a-3pに関して興味深い結果が得られている。Suzukiらは、ウイロイド感染に対するRNAサイレンシングの作用を調べるため、トマト‘Moneymaker’のDCL2とDCL4をRNA干渉でノックダウンした形質転換系統（DCL2&4-i）を作出した。DCL2とDCL4はウイルスやウイロイドなどの病原体の感染に対する防御のキー因子である。野生型の‘Moneymaker’はPSTVd耐性で、感染はするが軽い葉巻を発症する程度である。一方、DCL2&4-i系統では、PSTVd蓄積量が2倍以上に上昇し、劇症の矮化と葉巻が顕われ、PSTVd高感受性に変化した。さらに、感染葉には接種後2〜3週間頃から激しい黄化と壊疽が顕われて成長が停止し、最終的には全身性の壊疽症状を起こして枯死してしまった（図36A）。激しい矮化と黄化・壊疽が顕われる時期にRNAを抽出し、次世代シークエンサーによるスモールRNA解析を行った結果、DCL2&4-i系統では、様々なmiRNAや25S rRNA由来の小分子RNAの蓄積量に変動がみられ、特に、miR398とmiR398a-3pの発現レベルがPSTVdに感染した野生型‘Moneymaker’の7.7倍と8.7倍に増加していた（図36B）。

miR398とmiRNA398a-3pはストレス応答性のmiRNAで、細胞内に発生した有害な活性酸素種ROSを除去する**銅・亜鉛（Cu / Zn）スーパーオキシドジスムターゼ（SOD）**を負に制御するmiRNAである。生物的あるいは非生物的要因による酸化ストレスにさらされると、その発現は転写レベルで下方制御され、その結果、*SOD* mRNAの発現レベルが上昇するためSOD活性が高まり、ROSが効果的に消去される（Sunkar et al., 2006）。トマトでは9種類の*SOD*遺伝子（*SlSOD1*〜*SlSOD9*）が見つかっており、SlSOD1、SlSOD2、SlSOD3、SlSOD4がCu / Zn-SODである（Feng et al., 2016）。

SlSOD1とSlSOD2は細胞質に局在してmiR398によって発現レベルが負に制御され、SlSOD3は葉緑体に局在してmiR398a-3pの負の制御を受けている。SlSOD4は銅シャペロン**CCS1**の塩基配列を有し、miR398の負の制御を受けている。感染トマトのmiR398a-3pと*SlSOD1*〜*4*のmRNAの発現レベル、およびROS産生量を分析した結果、黄化・壊疽を発症した葉ではmiR398a-3pが約

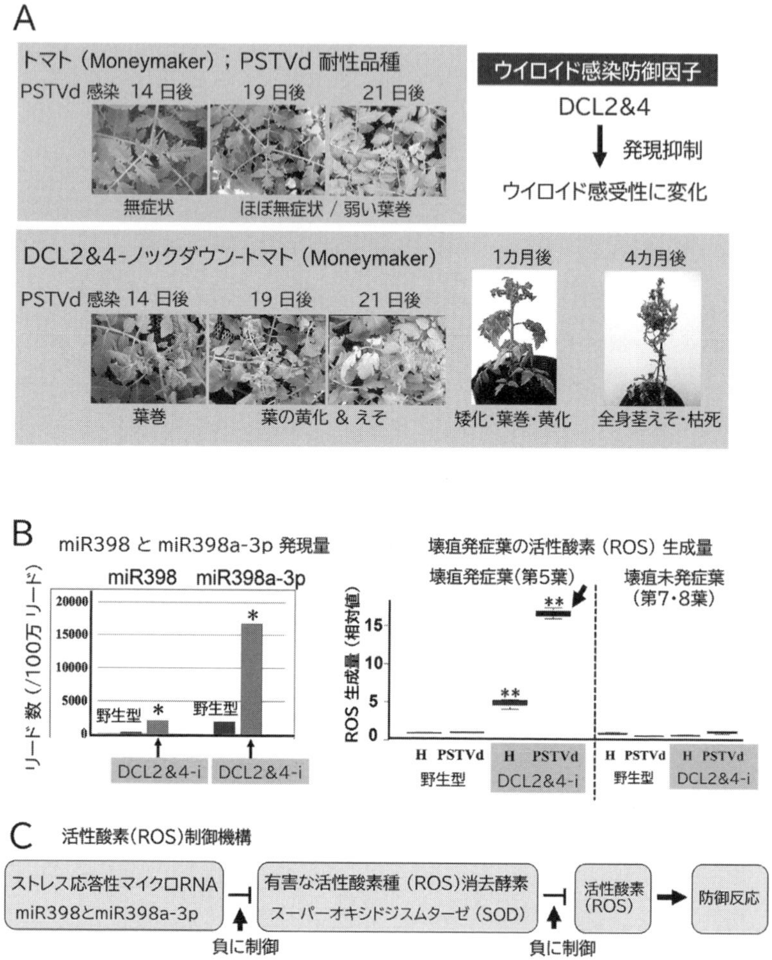

図 36　ダイサー様リボヌクレアーゼ 2 と 4 の発現阻害によるウイロイド感受性の変化．A：'Moneymaker' は PSTVd 耐性トマトで感染しても軽い葉巻が出る程度であるが、DCL2 と DCL4 をノックダウンすると PSTVd に感受性になり、全身の黄化・壊疽を生じて枯死する。B：DCL2&4 ノックダウントマト 'Moneymaker' の壊疽を生じた葉では miR398 と miR398a-3p が約 5 〜 7 倍に増加し（左図）、活性酸素の生成量が増大していた（右図、矢印）。＊と＊＊は有意差があることを示す。C：miR398 と miR398a-3p はストレス応答性のマイクロ RNA で、SOD を負に制御している。SOD は有害な ROS を消去する酵素である。H：健全対照、PSTVd：PSTVd 感染

8倍に上昇し、一方全ての*SlSOD*の発現量は有意に低下し、そして、ROS産生量とROS消去量が壊疽を発症していないPSTVd感染野生型区に比べそれぞれ約3倍と約1.5倍に増加していた（Suzuki et al., 2019）。すなわち、DCL2とDCL4をノックダウンさせた‘Moneymaker’では、RNAサイレンシングによるPSTVdに対する防御能力の低下によりPSTVdの急激な増殖を抑えられず、ストレス応答性のmiR398とmiR398a-3pの異常な高発現が維持され続けるためPSTVd感染による過剰なROS産生を制御できなくなり、結果として致命的な全身性壊疽の発症がもたらされたものと考えられた。

DCL2とDCL4をノックダウンした‘Moneymaker’ほど顕著ではないが、PSTVdの検定植物として使用されているトマト‘Rutgers’も、強毒性のPSTVdに感染すると全身の発育阻害、葉の奇形・葉巻、そして葉脈の壊疽症状がみられる。Fujibayashiらは、PSTVd感受性トマト‘Rutgers’に、強毒型（I）と弱毒型（D）のPSTVd変異体を感染させ、miR398、miR398a-3p、*SlSOD1*～*4*の発現レベルとROS産生量を比較分析した。

その結果、強毒型は弱毒型よりウイロイドの蓄積量が速く高く、強毒型感染区にのみ明瞭な矮化・葉巻と葉脈壊疽が発症した（図37A、B）。葉脈壊疽がみられる葉ではROSの産生量は有意に上昇し、抗酸化活性は有意に低下していた（図37C）。一方、弱毒型感染区は、ほぼ無症状でROSの産生も抗酸化活性も無接種対照とほぼ同等レベルだった。miR398とmiR398a-3pの発現レベルは、感染により上昇し、強毒型感染区が弱毒型感染区より高く、*SlSOD3*と*SlSOD4*（*CCS1*）転写物の発現量は感染により低下し、miR398とmiR398a-3pの発現レベルと負の相関を示した（図37D）。因みに*SlSOD1*転写物は感染の初期でのみ低下がみられたが、*SlSOD2*はほとんど無接種対照区と同等レベルだった（Fujibayashi et al., 2021）。

以上の分析結果から、PSTVd感受性トマト品種‘Rutgers’でも、DCL2とDCL4をノックダウンした‘Moneymaker’と同様に、毒性の強いPSTVdの感染によりmiR398とmiR398a-3pの異常な高発現が引き起こされ、Cu / Zn-*SOD*遺伝子の発現が抑制され、正常なROS消去機能が低下していることが示された。その結果、‘Rutgers’では感染細胞中に発生した有害なROSを適切に処理でき

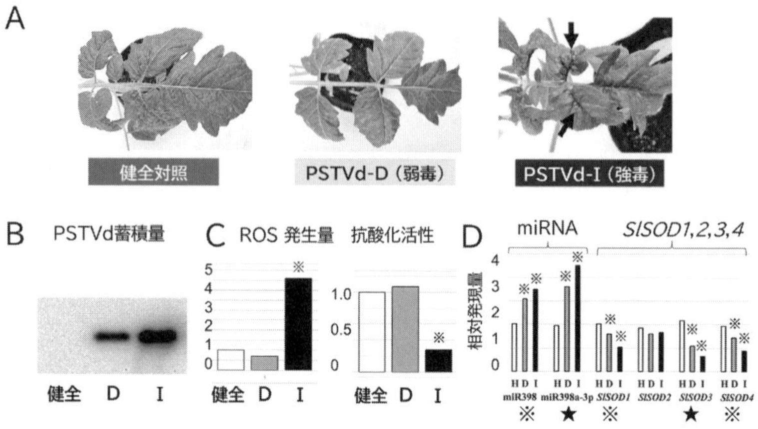

図37　ジャガイモやせいもウイロイド感受性トマト品種‘Rutgers’にみられる葉脈・茎壊疽と miR398、miR398a-3p、SOD、および ROS 発生の分析．A：PSTVd 感受性トマト‘Rutgers’の病徴。PSTVd-I（強毒）感染葉には葉巻と葉脈壊疽（矢印）が生じる。B: PSTVd 蓄積量の比較。PSTVd-I（強毒型: I）は PSTVd-D（弱毒型: D）より蓄積量が高い。C：PSTVd-I（黒棒）感染葉では ROS 発生量が増大し（左グラフ）、抗酸化活性は低下する（右グラフ）。D：PSTVd-I（黒棒）感染により miR398 と miR398a-3p がより強く発現し（左、miRNA）、*SlSOD3* と *SlSOD4*（*CCS1*）遺伝子の発現量が低下する（右、*SlSOD1*、*2*、*3*、*4*）。*SlSOD*: トマトのスーパーオキシドジスムターゼ遺伝子、C と D では PSTVd-I は黒色、PSTVd-D は灰色、健全は白色で示した。★と※は miRNA と *SlSOD* 間で負の相関がみられたものを示す。

ず、壊疽を伴う重度な病状が引き起こされるものと考えられた。

一方、耐性品種‘Moneymaker’（野生型）では、強毒型 PSTVd を感染させても蓄積量の上昇はゆっくりで、ROS 産生は無接種対照と同レベルだった。‘Rutgers’とは対照的に、miR398 と miR398a-3p の発現量は無接種区より低下し、*SlSOD1* ～ *4* 転写物の発現量も全て無接種区より有意に上昇していた (Fujibayashi et al., 2021)。すなわち、耐性品種では PSTVd に感染してもその増殖は抑制され、miR398、miR398a-3p、*SlSOD1* ～ *4* の制御系統が正常に機能して、過剰な ROS の発生をコントロールできていると考えられた。

以上、野生型の耐性品種‘Moneymaker’と感受性品種‘Rutgers’の PSTVd

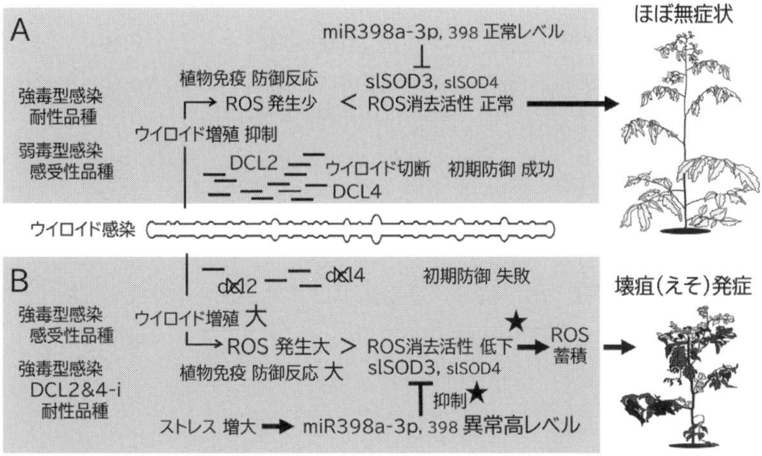

図38　ウイロイド感染による壊疽病徴発症機構．A は PSTVd 耐性トマト品種に PSTVd が感染した時に予想される状態を示す。ウイロイドの増殖は抑制され、植物側の基礎免疫・防御反応により ROS の発生は少量に抑えられ、ストレス応答性の miR398 と miR398a-3p は正常レベルに維持される。植物体に生じる病徴は最小限にとどまる。PSTVd 感受性トマト品種が弱毒型の PSTVd に感染した時も同様と考えられる。
B は PSTVd 感受性トマト品種に強毒型の PSTVd が感染した時に予想される状態を示す。ウイロイドの高い増殖力により、植物側の基礎免疫・防御反応が刺激され大量の ROS が発生し、ストレス応答性の miR398 と miR398a-3p の発現レベルも高いまま維持され、正常な制御が失われる（図中★印）。植物体には黄化や壊疽症状が生じる。DCL2&4 をノックダウンした PSTVd 耐性トマト品種に強毒型 PSTVd が感染した時も同様と考えられる。

感染に対する反応の違いを対比させて模式図に示した（図38）。前者は、弱毒型 PSTVd が感受性品種に感染した場合、後者は強毒型 PSTVd を DCL2 と DCL4 をノックダウンした耐性品種に感染させた場合にみられた反応と置き換えることもできる。なお、この違いをもたらす要因の一つは、感染初期の DCL2 と DCL4 によるウイロイド増殖阻止効果と考えられる。トマトでは前述のように 4 種類の *DCL2* 遺伝子が知られているので、強毒型の PSTVd に感染した両品種の *SlDCL2*（*a*、*b*、*c*、*d*）と *SlDCL4* 遺伝子の発現レベルを分析した結果、感受性品種では感染の初期、すなわち発病の直前の時期から *SlDCL2d* 転写物の高い発現がみられたのに対し、耐性品種では *SlDCL2d* の発現上昇はみられず、*SlDCL4* の高い発現が観察された（Fujibayashi et al., 2021）。Machida らはウイロイド小分子 RNA の生合成（第II章 2-2-1）を分析し、PSTVd 感染トマト‘Rutgers’の茎頂先端に近い微小な葉原基からは約 20 ～ 21 ヌクレオチドの PSTVd-sRNA のみが検出され、その下のより発達した葉原基や展開葉からは約 20 ～ 21 ヌクレオチドに加え約 24 ヌクレオチドの PSTVd-sRNA も検出されることを観察している（Machida et al., 2007）。21 ヌクレオチドの小分子 RNA は DCL4 の作用で生じることを考慮すると、PSTVd 感染初期の防御には DCL4 の活性がより重要なのかもしれない。感受性品種と耐性品種の *DCL* 遺伝子の発現様式の特性を理解することはウイロイド抵抗性品種の開発のためにもさらに分析が必要な課題である。

2-3-3　ウイロイド感染による病徴発現－今後の展望

これまでみてきたように、ウイロイドの感染により、防御／ストレス応答／植物免疫応答に関与する遺伝子群の発現が誘導されて上昇し、また RNA サイレンシングが活性化されて、siRNA 経路あるいは miRNA 経路を介した宿主遺伝子発現調節が阻害・攪乱される。ウイロイド感染で誘導される植物免疫応答や RNA サイレンシングはウイロイド感染に対抗する宿主側の防御機構であるが、時に副作用も伴うようである。その一つはアブサンウイロイド科に特徴的な葉や果実に顕われる白化や黄斑で、ウイロイドが RNA サイレンシングで切断されて生じたウイロイド小分子 RNA が宿主の葉緑体形成にかかわる遺伝子の発現を阻害することで発生していた。また、病原性の強いウイロイド変異体に対する過剰な防御反応は ROS の正常なコントロールを失わせ、葉脈や全身の壊疽症状の発症をもたらしていた。一方、防御反応の発動の結果、ゲノム全般に亘る選択的スプライシングの変化など、宿主遺伝子発現調節の動的で大規模な改変が起こり、植物ホルモンの生合成やシグナル伝達など形態形成に関わる重要な遺伝子群の正常な発現が阻害あるいは攪乱され、最終的に、全身の矮化や葉巻などポスピウイロイド科に特有の病徴の発達に至ると考えられる（図 39）。しかし、矮化に代表される全身性のウイロイド病発症の分子機構に関する研究はまだ初期段階で、その詳細の解明は今後の課題である。ウイロイド病の有効な制御方法を開発するためには、ウイロイド感染で発現量が変動することが明らかになった遺伝子間の相互作用とそれを取り巻く遺伝子発現ネットワークの理解に基づ

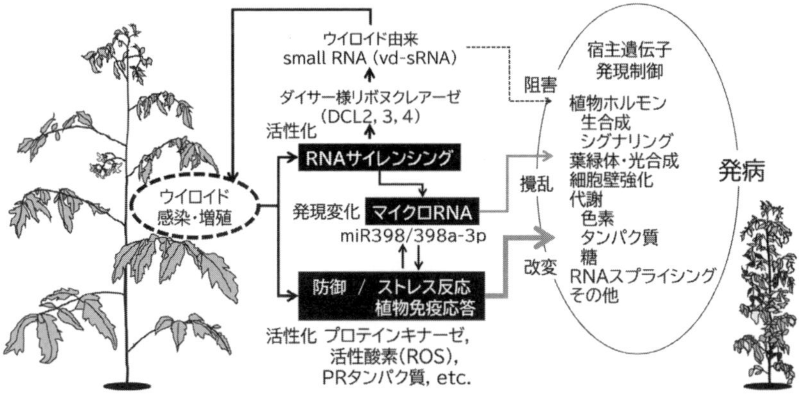

図 39　ウイロイド感染に対する宿主防御反応と病原性の分子機構. ウイロイド感染植物には防御・ストレス反応として植物免疫が活性化され、活性酸素種や PR タンパク質などの生成に関わる遺伝子発現が上昇する。また、RNA サイレンシングが活性化され、細胞内には多量のウイロイド小分子 RNA（vd-sRNA）が蓄積し、ストレス応答性 miRNA（miR398、miR398a-3p）の発現レベルが変化する。その結果、ゲノムワイドな遺伝子発現の再編成が起こり、正常な遺伝子発現制御が阻害・撹乱・改変され、植物の正常な生育が妨げられ病気が発症する。

いてウイロイド病発症機構を解明してゆく必要がある（Owens & Hammond, 2009）。

さらに、ウイロイドはタンパク質に翻訳される情報を持たない RNA であるが、最近、CEVd 感染トマトから調製したポリソーム分画に CEVd や CEVd 由来の小分子 RNA が含まれていることが報告されている（Cottilli et al., 2019）。ポリソームとは複数のリボソームが mRNA のタンパク質コード領域に沿って移動することで形成される構造で、mRNA からタンパク質（ポリペプチド）が合成される翻訳伸長段階にみられる。タンパク質に翻訳される情報のないウイロイドの RNA がなぜポリソームに取り込まれるのか、その理由は明らかでないが、ポリソームの形成、特に 40S リボソームサブユニットの蓄積に影響がみられ、その結果として、“リボソームストレス”と呼ばれる現象が引き起こされ翻訳機能に悪影響が及び、病徴の発現につながる可能性が指摘されている。感染により引き起される遺伝子発現ネットワークだけでなく、未だ情報の乏しいタンパク質やペプチドなど生体内高分子とウイロイドの構造モチーフの相互作用の理解を深めることも引き続き重要である。そして、それ以外の未知の要因が関与している可能性も考えなければならない。

3　分子進化と宿主適応

3-1　ウイロイドゲノムの多様性

独自のタンパク質情報を持たないウイロイドは複製を宿主の転写系に依存している。ポスピウイロイド科のメンバーは核内で宿主の Pol II によって、アブサンウイロイド科のメンバーは葉緑体内で NEP によってそれぞれ複製される。これらの宿主ポリメラーゼは転写する際の間違いを校正する能力を持たないだけでなく、本来の鋳型である DNA ではなく、RNA をゲノムとするウイロイドを複製する時にはさらに読み間違いを起こす頻度が高くなる可能性がある。複製酵素がゲノムを複製する際に発生するエラー率、すなわち変異率は生物種により桁違いに異なるが、一般にゲノムサイズが小さい方が高い。したがって、最小のゲノムを有するウイロイドは最も高い変異率を有する複製体のひとつであり、特に、葉緑体で増殖するアブサンウイロイド科の CChMVd では、**致死変異分析法（lethal mutation analysis）**の考え方に基づいた測定で、感染したキクの細胞中で 1 回の複製で生じる変異率は 1 ヌクレオチド当たり 2.5×10^{-3}、つまり 400 ヌクレオチドに 1 個だったと報告されている（Gago et al., 2009）。算出の条件が異なるために単純に数値を比較することはできないが、ホ乳動物遺伝子（5.5×10^{-9}/ ヌクレオチド / 年）や多くの DNA ウイルス（約 10^{-6} ～ 10^{-8}/ ヌクレオチド / 感染サイクル）の変異率と比較すると格段に高く、高速進化で知られるヒト免疫不全ウイルスのエンベロープ遺伝子（env）の 1 ～ 5×10^{-3}/ ヌクレオチド / 年に匹敵する値である。一方、核で増殖するポスピウイロイド科の PSTVd では、様々な変異体に感染したトマトに蓄積するウイロイド小分子 RNA の次世代シークエンス解析の結果から測定された変異率は 5×10^{-3}/ ヌクレオチド / 感染サイクルで、CChMVd に匹敵すると報告された（Brass et al., 2017）。しかし、同じ PSTVd でも変異体により変異率は異なっていた。一方、アブサンウイロイド科の ELVd とポスピウイロイド科の PSTVd を共通の宿主ナス（*Solanum melongena*）

に感染させて変異率を比較した分析では、ELVd は $1.0 \sim 1.25 \times 10^{-3}$、PSTVd は $1.4 \sim 2.6 \times 10^{-4}$ で、核増殖型の PSTVd は葉緑体増殖型のアブサンウイロイドより 10 倍以上低く、一部の RNA ウイルスの変異率に近かった（López-Carrasco et al., 2017）。ただし、変異率はウイロイドの変異体や宿主植物の種類により異なることから、この結果を基にアブサンウイロイドの方が高い変異率を有すると断定することはできない。さらに、最近、複製中間体の 2 量体（−）鎖の分析による測定の結果、PSTVd の変異率は約 1.1×10^{-3}（1/919）/ ヌクレオチド / 複製サイクルと推定された（Wu & Bisaro, 2020）。推定値に多少の幅はあるが、ウイロイドが最も高い変異率を有する複製体の一つであることは間違いないようである。

RNA ウイルスは、準種と呼ばれる遺伝的に関連する変異体の集団として増殖する。それは、複製中の高い変異率と継続的に発生する塩基配列変異体間の競合の結果である。ウイロイドも様々な個体あるいは異なる宿主に感染し、感染細胞内で複製増殖する時あるいは感染植物の細胞間や組織間を移動して全身に拡がる過程で、複製上の制約、細胞組織間を通過する際に存在する障壁、RNA サイレンシングや植物免疫等の宿主防御システムの攻撃など、様々な淘汰圧を受け、集団内の優勢なゲノム配列に変異が生じ、選択が起こり、宿主に適応する。ウイロイドも RNA ウイルスと同様に準種の概念によって示される多様な塩基配列変異体から構成される集団として存在する。そして、新たな宿主に感染を拡げた時、それに含まれる変異体集団が選択のターゲットとなる。すなわち、感染により持ち込まれた創始者配列の複製が繰り返され、一定の宿主生育環境下で次第に突然変異が蓄積すると、非常に類似しているが同一ではないウイロイド変異体の集団が形成される。生じた個々の変異体は多様でそれぞれ特定の宿主や環境条件下での適応度が異なっている。そして、選択によって変異体の中で創始者配列より高い適応度を持つ配列が集団で優勢なゲノム配列となる新たな変異体の集団となる（Eigen, 1971；Bull et al., 2005；Lauring & Andino, 2010；Domingo et al., 2012；Brass et al., 2017）。

シークエンス解析技術が普及して間もない 1980 年代の中頃から、ウイロイドゲノム塩基配列に不均一性がみられることが野外分離株や温室保存株の解析で認識されはじめ（Visvader & Symons, 1985；Herold et al., 1992；Lakshman & Tavantzis, 1993；Góra et al., 1994；Polivka et al., 1996）、病原性が異なる変異体が同一個体中に混在しているケースも報告されるようになった（Visvader & Symons, 1985；Góra et al., 1994）。このような感染植物体内のウイロイドゲノムの多様性の存在は、ポスピウイロイド科の PSTVd（Góra-Sochacka et al., 1997；Podstolski et al., 2005；Więsyk et al., 2011；Kastalyeva et al., 2013；Brass et al., 2017）、CEVd（Visvader & Symons, 1985；Semancik et al., 1993；Bernad et al., 2005；Gandia et al., 2007；Bernad et al., 2009；Hajeri et al., 2011）、CSVd（Codoñer et al., 2006；Choi et al., 2017）、TCDVd（Nie, 2012）、HSVd（Kofalvi et al., 1997；Amari et al., 2001；Sano et al., 2001；Palacio-Bielsa et al., 2004；Vidalakis et al., 2005；Hamdi et al., 2011）、CbVd（Jiang et al., 2014）、CBLVd（Gandia & Duran-Vila, 2004）、AGVd（Jiang et al., 2009；Adkar-Purushothama et al., 2014）、PBCVd（Ambrós et al., 1995）、GYSVd-1（Rigden & Rezaian, 1993；Polivka et al., 1996）、CBCVd（Jakšě et al., 2015）、CDVd（Rakowski et al., 1994；Owens et al., 2000）、そしてアブサンウイロイド科の ASBVd（Rakowski & Symons, 1989）、PLMVd（Ambrós et al., 1998；Pelchat et al., 2000；Malfitano et al., 2003；Xu et al., 2008；Glouzon et al., 2014）など、様々なウイロイド種で報告されており、これらの多様な塩基変異には、複製能や病原性だけでなく、様々な宿主や地理的環境におけるウイロイドの分化、進化、適応の分子プロセスに関わる重要な情報が含まれているものと考えられるようになった。

ポーランドで収集された重症、中等症、軽症の症状を示す PSTVd 分離株の塩基配列の分析の結果、重症株から 4 種類（S-23、S-27、I-2、I-4）、中等症株から 3 種類（I-2、I-3、I-4）、軽症株から 1 種類（M）の塩基配列変異体が検出された。1 本の植物個体に、複数の塩基配列変異体が混在して感染していたのである。各塩基配列変異体を単離して病原性を調査した結果、S-23 と S-27 は強毒型、I-2、I-3、I-4 は中間型、M は弱毒型の病原性を示した（Góra et al., 1994）。つまり、重症株には重度の症状を引き起こす変異体（S-23、S-27）と中等症を引き起こす変異体（I-2、I-4）が混在していた。

Góra-Sochacka らは、上記の知見を基に、病原性が異なる変異体が感染を繰返す過程で生じる塩基変異を調べる目的で、弱毒型（M）、中間型（I）、強毒型（S）分離株に含まれる主要な塩基配列変異体から感染性 cDNA クローンを構築し、トマトに接種して 6 回の継代を繰返し、最初と最後の継代（1 回目と 6 回目）の子孫集団の塩基配列多様性を分析した。弱毒型クローン（M）に由来する子孫のゲノム配列には不均一性がみられたが、親配列は 6 回目の継代まで保持されていた。すなわち、1回目の継代後、塩基配列を決定した6個のcDNAクローンのうち1つだけが親配列と同一で、他の5つは分子の左半分に様々な点突然変異を有し、4種類の異なる塩基配列変異体が見出された。しかし、これらの変異体は6回目の継代後には検出されなくなり、分析した8つのcDNAクローンの半分は親配列と同一で、残りの半分はVM領域に1塩基の欠失（U312 −）を持つ新たな点突然変異体だった。中間型（I）は3種類の塩基配列変異体（I-2、I-3、I-4）を用いて分析された。I-2はPSTVd-DI（Gross et al., 1978）と同じものである。I-2の子孫にも不均一性がみられたが、親配列は全ての継代の間維持された。1回目の継代後、7つのcDNAクローンのうち3つは親配列を保持し、他の4つはPドメインに1箇所の塩基置換（A310U）を有していた。6回目の継代後、9つのcDNAクローンのうち、4つは親配列と同一で、他の5つは単一の塩基変異を有していた。I-3とI-4はI-2の点変異体で、I-3はPドメイン内のPMループ1に単一の塩基置換（U302C）があり、I-4はVドメインの118番〜123番塩基にみられる6つのAが連続する配列からAが1つ欠失していた。共に変異は安定に維持されず、I-3は1回目の継代後、I-4は6回目の継代後に分析した全てのcDNAクローンがPSTVd-DI（すなわちI-2）配列に復帰変異した。また、P、V、TRドメイン内にいくつかの点変異が検出された。強毒型（S）は2つの塩基配列変異体（S-23、S-27）（Góra et al., 1994）が分析された。S-23は遺伝的に安定しており、1回目と6回目の継代後、全てのクローンは親とほぼ同じ配列を保持していた。S-27はVドメイン下鎖にあるヘアピンII領域（図25）の末端部分に1つの塩基置換（G319A）を有するS-23の変異体で（Góra et al., 1994）、1回目の継代後、7つのcDNAクローンのうち親株と同じものは2つだけで、5つは313番塩基がCからUに変化していた。この変異はその後の継代でも維持され、感染力を増加させたが、病原性はS-27より弱毒型だった。ヘアピンIIにみられたC319A変異は、1回目の継代後は維持されていたが、6回目の継代後に全て野生型配列へ復帰変異した（Góra-Sochacka et al., 1997）。

この結果からわかることはウイロイドの遺伝的な安定性は変異体により様々で、継代中も安定に保持される配列と変異を起こしやすい不安定な配列が存在することである。病原性の強弱にかかわらず、親（創始者）配列のわずかな違いは安定性に影響し、変異体により安定性は大きく異なっていた。弱毒型のM

は最も不均一な集団を生み出し、1回目の継代後、親配列は約18%しか検出されなかったが、6回目の継代後には50%に戻っていた。すなわち、一旦多様化し、その中で最も安定なものに収れんする傾向がみられた。また、中間型のI-3やI-4はI-2の1塩基変異体だが不安定で、たった1回の継代で変異は排除され、PSTVd-DIと同じI-2に復帰変異した。これに対し、強毒型のS-23は最も遺伝的に安定しており、中間型I-2や弱毒型Mの創始者配列より、さらに安定に維持された。

一方、病原性の高い変異体は複製能力が高い「より優れた複製者」である場合が多く、病原性が低い変異体を打ち負かすと考えられているが、強毒型のS-27変異体にみられたように、最初の感染後、S-27はそれより病原性が低いC313U変異を有する新たな変異体（S-27－C313U）に数で圧倒された。個別の感染実験でも、S-27－C313UはS-27より感染力が強いが、弱毒型の症状を顕わすことが示された。さらに、C313U変異は6回目の継代後でも安定に維持されたことから、この変異はPSTVdの感染力を高くする反面、病原性を弱くする効果を有すると考えられた。因みに313番塩基はPSTVdのVM領域内に位置し、移行に関与することが報告されている興味深い塩基である（図25）（Qi et al., 2004）。

また、このPSTVd変異体の継代実験の過程で、中間型変異体I-2とI-4の子孫から派生した3つの感染性がない変異体がみつかった。トマト‘Rutgers’に別々に接種した場合、これらの変異体は目に見える病徴を示さず、感染も認められなかった。しかし、2つの非感染性変異体を混合して接種すると、30個体中7本で感染が認められ、子孫集団には、親のI-2とI-4配列と共に、新規な変異体が含まれていた（Podstolski et al., 2005）。すなわち、全身感染につながる細胞および組織間移動が可能なPSTVd分子が修復されており、当該論文の著者らは「組換え」に起因するものではないかと考えている。ウイロイドに感染した宿主植物体中には多様な変異体で構成される集団が形成され、その中には、致死的な変異により複製能を喪失した変異体も含まれていると考えられる。これらの変異体は、それ自身は子孫を残すことはできないが、他の変異体と組換えあるいはそれ自身に変異が起こることで複製能を獲得した復帰あるいは新規変異体を生じることによって集団としての安定性に寄与し、時にはさらに高い適応度を有する新たな変異体の創出に関与しているかもしれないと考えると興味深い。

これまでに紹介した事例は、cDNA クローニング／サンガーシークエンス法で分析したものである。まず、集団を構成するウイロイド RNA から逆転写酵素を用いてその cDNA を合成し、2 本鎖 DNA に変換した後に、適当なプラスミド DNA に挿入する。それを大腸菌に取り込ませて生じた形質転換体コロニーを無作為にピックアップし、挿入されている子孫ウイロイドの cDNA をサンガー法でシークエンスして、集団内に含まれる変異体の種類とその頻度を調べる。したがって、解析の精度は、サンガー法でシークエンスする cDNA クローンの数に依存しており、10 個から 20 個、多くても 100 個程度を解析することで、集団の全体像を推定していた。

その後、2000 年代になると、次世代シークエンサーによる大規模な解析方法が普及したことで、桁違いの解析数で集団の多様性を評価できるようになった。Adkar-Purushothama らは、感染中に生じる突然変異によりウイロイドの準種を形成している塩基配列変異体の構成が、感染後の時間の経過に伴ってどのように変化するかを分析している。PSTVd の致死型変異体 RG1 をトマト（2 本）に感染させ、1 週間間隔で 3 週目まで、各個体から子孫ウイロイドを抽出して次世代シークエンサーで分析した。その結果、2 つの感染個体からそれぞれ 639,187 個と 677,758 個の PSTVd 子孫配列が得られ、少なくとも 10 回検出された塩基配列変異体はそれぞれ 1,559 と 2,299 種類に上った。接種に用いた創始者配列である RG1 変異体は感染後 1 週目では全体の 22%～ 25%しかなかったが、2 週目には 72%～ 77%に急増し、3 週目以降も 70%～ 72%を占めていた。それ以外の変異体は、1 週目では約 20%～ 24%を占めるものもあったが、2 週目以降は多くても 0.8%未満だった。頻度の高い変異体のほとんどは点変異体で、創始者配列と最も大きく異なったものは 95.4%～ 93.9%の類似性しかなかった。すなわち、感染初期には予想以上に多様な変異体が生じていることが示されたが、これらの変異体の多くは時間の経過に伴って淘汰され、より安定で感染力が優れた変異体である創始者配列 RG1 が優勢となってくるものと考えられた（Adkar-Purushothama et al., 2020）。この結果は、前述の Góra-Sochacka ら（1997）が弱毒型変異体（M）で観察した現象と一致している。

以上、一連の実験結果から、野外あるいは温室で見出された代表的な PSTVd

野生株（DI、S-27、RG1 など）は安定に維持され、準種を構成する集団内で優占することが再確認された。それでは、安定に複製し維持される変異体はどの程度の可塑性を有するのだろうか？ウイロイドのゲノム配列の一部をランダムな配列に置換え、感染後、どのような塩基の組合せの子孫ウイロイドが回収されるかが分析された。Owens らは、PSTVd-DI の TL ドメイン内の 6 ヌクレオチド（塩基番号 6、8、10、331、333、335）あるいは P ドメイン内の病原性調節（VM）領域を構成する 5 ヌクレオチド（塩基番号 46、47、315、316、317）をランダムにした変異体集団を作成し、トマトに感染させて、子孫集団の多様性を分析した（Owens et al., 2003；Owens & Thompson, 2005）。TL 領域ランダム変異体集団感染区から回収されたものは、ほとんど PSTVd-DI で、それ以外に検出された少数の変異体もさらにトマトで継代すると PSTVd-DI に復帰した。一方、VM 領域ランダム変異体集団感染区からは、PSTVd の野生株 RG1 と共に 23 種類の変異体が回収され、23 種類の変異体は集団の 80％以上を占めていた。また、Więsyk らも同様の分析を試み、PSTVd- 強毒型変異体（S-23）の 2 箇所の高度に保存された領域である左末端ループを構成する 6 ヌクレオチド（塩基番号 357 ～ 3）と P ドメインの PM ループ 1 上部鎖に存在するポリプリン配列を構成する 6 ヌクレオチド（塩基番号 50 ～ 55）（図 20）を、それぞれランダムな配列に置換え、トマトに感染させて、選択されてくる 6 ヌクレオチドの塩基配列を分析した（Więsyk et al., 2011）。なお、彼らはより大きな変異体集団を含む接種源を作るため、まず PSTVd S-23 の TL ループあるいは PM ループ 1 内の 6 ヌクレオチドがランダムになった 2 つの変異体集団（以下、TL ループランダム集団と PM ループ 1 ランダム集団）を作成し、一旦プラスミドベクターにクローニングしてライブラリーを構築した後に、*Agrobacterium tumefaciens* に導入し、得られた 50,000 個以上のコロニーを混合してトマト‘Rutgers’に**アグロインフィルトレーション法**で接種している。その結果、まず TL ループランダム集団接種区では、46 本中 18 本が感染し、そのうち 16 本からは PSTVd-S-23 配列のみが検出された。すなわち、ランダムな 6 ヌクレオチドの中から野生株の配列のみが高い頻度で選択されたことがわかった。しかし、感染した残りの 2 本からは、3 箇所（C358A/U359A/C1A あるいは C358G/U359A/C1A）が野生型と異なるものと 4 箇所（C357A/U359A/C1A/G3C）が異なるもの 3 種類の変異体が検出された。この

3つの変異体はその後のトマトへの接種でも安定に複製し、3箇所の変異を維持するものは強毒型で若干複製能が低く、4箇所異なるものは弱毒型で複製能は高かった。PMループ1ランダム集団接種区では、46本中33本が感染し、そのうち6本からはPSTVd-S-23配列のみが検出された。残りの28本からは合計10種類の変異体が検出され、それぞれ6ヌクレオチドの中の1箇所～5箇所が野生型と異なっていた。同じ変異体が複数の感染個体から検出され、複数の変異体が混合感染しているケースもみられた。すなわち、PMループ1の方がTLループより可塑性が高く、前述のOwensらの分析結果と一致した。TLループの359番と1番塩基はPSTVdの転写開始点と考えられている重要な塩基であり、これがこの領域の可塑性が低いことと関連しているものと考えられる。一方、TLループで検出された3種類の変異体ではそれ以外の個所には全く変異がみられなかったのに対し、PMループ1の変異体では変異を導入した領域以外からも変異が検出されるケースがあり、検出された変異体の中には安定に維持されないものもみられた。PSTVdダリア分離株（D）の弱毒性の項目（第II章2-1-3;図24）でみたように、PMループ1の上鎖を構成する塩基（塩基番号50～55）は、下鎖の第305～310番塩基と比較的ルーズな相互作用を有しており、それがこの領域の可塑性の高さに貢献し、また変異の不安定性に影響を及ぼしているのではないかと考えられる。

葉緑体で増殖するアブサンウイロイドではさらに多様な変異体の集団が存在することが報告されている。AmbrósらはPLMVdの病原性の分子基盤を分析するために、その自然宿主モモの指標品種‘GF-305’に対する病原性が異なる3つの分離株（病徴発症型1つと潜在型2つ）から作成した合計31個のcDNAクローンの全ゲノム配列の解析から29種の異なる塩基配列変異体を検出した。各塩基配列変異体は335～358ヌクレオチドで構成されており、病徴発症株ではその13.7%、潜在型2株では9.3%と16.0%の塩基で多型がみられた。複製上重要な（+）鎖と（−）鎖のHH-Rzモチーフ内の10箇所以上の塩基に変異が見つかったが、興味深いことに、1例を除いて、既知のHH-Rzで厳密に保存されているコアヌクレオチドには影響を与えないものだった（図40）。また、このモチーフ内の変異のほとんどはループ内にあるか、補償的な2次的変異を伴うものであるためにHH-Rzモチーフの立体構造に影響を与えないものだった。一つの

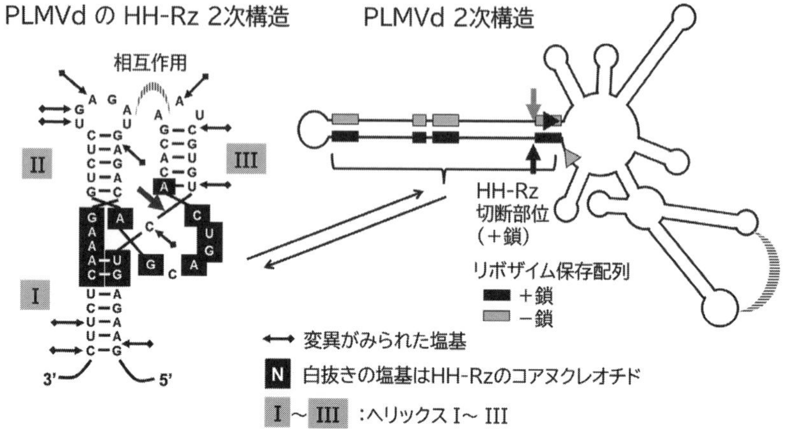

図 40　モモ潜在モザイクウイロイド 2 次構造とハンマーヘッドリボザイムモチーフの変異箇所. PLMVd の 2 次構造モデル（右）と HH-Rz モチーフが形成する 2 次構造（左）を示した。矢印の変異がみられた塩基は HH-Rz のコアヌクレオチド（白抜きの塩基）以外の領域で生じていた（Ambrós et al., 1998 のデータに基づいて作成）。

例外は（+）鎖 HH-Rz の自己切断部位の 3′- 末端に位置する第 290 番塩基の U が欠失したもの（U290 −）で、この変異を有する変異体は in vitro の自己切断活性が著しく低下していた（Ambrós et al., 1998; 1999）。つまり、観察された変異パターンから、（+）鎖と（−）鎖の HH-Rz 構造の安定性の維持と分岐した 2 次構造の保存性の維持が PLMVd 配列の変化を制限する要因となっている可能性が考えられた。さらに、2 次構造左側の末端ループと右分子中に存在するヘアピンループにそれぞれ多数の変異がみられ、それらの間に補償的な変異が観察されることから、2 つのヘアピンループの間にシュードノットのような高次の相互作用が存在する可能性が示唆されている。分子系統解析の結果、PLMVd 変異体は 3 つの主要なグループに分かれたが、同じ分離株由来の変異体が異なるグループに属する場合もあり、分離株とグループは厳密には相関しなかった。すなわち、各分離株とも多様な塩基配列変異体が混合した準種で形成されていることが示された。

中国では、モモの栽培圃場から収集した葉の黄変、葉縁の変色、モザイクなど様々な症状を呈するモモの葉から分離した6つのPLMVd分離株の塩基配列が分析された。各分離株はそれぞれ類似した塩基配列変異体（ハプロタイプ）の集団で構成され、最も優占する変異体は各集団の32%〜57%を占め、その他の変異体の占有率は4%〜5%程度だった。各集団の優占変異体の塩基配列はその集団内の他の変異体と最も類似しており、集団のコンセンサス配列と一致していた。すなわち、各PLMVd分離株は集団を代表する1つの優占変異体とそれと類似した多数の変異体からなる準種を形成していることが示された。同じ症状を示すモモの優占配列間の類似性は異なる症状の場合よりも高く、遺伝距離が小さかった。すなわち、同じ症状由来の優占配列間の類似性は98.8%以上で遺伝距離は1%以下、異なる症状に由来する優占配列間の類似性は98.5%以上で遺伝距離は1%以上だった。各分離株にはいくつかの特徴的な変異がみられ、葉緑に沿った変色症状がある分離株では第169番塩基の位置にA169GまたはA169U、葉の黄変症状がある分離株では第115番塩基にC115U、第116番塩基にU116C、また、葉のモザイク症状を示す分離株では、第3番塩基に欠失（C3 −）、第5番塩基にU5A、第54番塩基にA54Uの変異がみられた（Xu et al., 2008）。ただし、この変異と観察された症状との関連性は今後の課題である。

Glouzonらは、個体群動態の観点から塩基配列の不均一性を評価するために、PLMVd指標モモ‘GF305’にPLMVdの単一の塩基配列変異体を感染させ、6箇月後、2セットのPCRプライマーで増幅した子孫PLMVd集団を次世代シークエンサーで解析した。2つの子孫集団ライブラリーから合計787,678リードの配列が得られ、最終的に2つのライブラリーから合計291,959リードが抽出され解析された。PLMVd子孫集団は3,939種類の異なる塩基配列変異体を含み、接種源配列と異なる塩基数は1つのライブラリーでは3〜22個で平均は6.4個、もう一方のライブラリーでは2〜51個で平均4.6個だった。すなわち、接種源配列と比較して最大17%もの変異を示す塩基配列変異体が検出され、このことは子孫集団内に非常に大きな変異を有する変異体が生み出される可能性があることを明らかにした。各ライブラリー中で最も高頻度に検出された変異体は、それぞれ14,848リード（全リードの9.4%）と20,483リード（同11.9%）だった。驚くべきことに、接種源配列はどのライブラリーからも検出されなかった。

これは前述のAmbrósら（1998、1999）の結果と一致していた。変異は塩基置換が最も多く、PLMVd分子の全体に分散していた。しかし、その一方で、予想に反して、プライマーが結合する領域を除いた254塩基のうち118塩基（46.5%）には全く変異（多型）がみられず、特に分子の左側に位置する（＋）鎖と（－）鎖のHH-Rzモチーフを含む長いステム-ループを構成する塩基は高い保存性を有していた。接種源配列に代わって集団内で優占した変異体にはHH-Rzモチーフ内に位置する3箇所の塩基に変異（G31A、C307U、U290－）が認められた。第31番塩基と第307番塩基はお互いに塩基対を形成する塩基だったが、G:C塩基対がA:U塩基対に置き換わり構造上の影響は少ないと考えられた。U290－変異はAmbrósらの分析でも検出されたものだった。各変異が自己切断活性に与える影響がin vitroで分析されたが、自己切断効率は接種源配列とほぼ同じだった。すなわち、自己切断効率だけでは集団内に生じた特定の変異体の優占度を説明することはできなかった（Glouzon et al., 2014）。なお、この分析では子孫集団から接種源配列が全く検出されず、PLMVdの極めて高速な変異性が示された。この結果は使用したPLMVd変異体が適応度の低いマイナーな変異体だったことが大きく影響していると考えられる。とはいえ分離株中に多様な変異体が生み出されるのはこのウイロイドが有する特性である。

3-2　宿主・環境適応変異

同一の宿主植物に感染中に複製酵素のミスで生じる変異によりもたらされるゲノム塩基配列の多様性に加え、異なる宿主細胞内で増殖・移動する際に生じる生物的ストレスによってウイロイドゲノム配列が選択され変化する現象、すなわち宿主適応に関しても興味深い事例が報告されている。タバコはPSTVdに感染しても無症状で、感受性の低い宿主だが、PSTVdのCCRの下鎖に位置する257番塩基をUからAあるいはCに変化させた変異体や259番塩基をCからUに変化させた変異体は、タバコ培養細胞での複製能がそれぞれ5～10倍上昇した。しかし、これらの変異による効果はタバコ細胞に限定され、ベンサミアーナ細胞では複製レベルに変化はみられなかった。第257番塩基と第259番塩基の変化はループEモチーフの立体構造に影響を与える可能性があるため、CCRの微妙な構造変化が特定の宿主に適応する際の複製効率に影響を与えるのではないかと考えられる。

CEVdは比較的広い宿主域を有するウイロイドで、カンキツからは多様な長さの塩基配列変異体が検出される（Visvader & Symons, 1985）。Semancikらは、宿主植物の違いによる影響を分析するために、スウィートオレンジ（*C. sinensis*）で20年以上継代維持したCEVd分離株を、シトロン（*C. medica*）→ギヌラ（*G. aurantiaca*）→ハイブリッドトマト（*S. lycopersicum* × *S. peruvianum*）の順番で継代接種し、各宿主から分離されるCEVd子孫集団（順にCEVd-シトロン→CEVd-ジヌラ→CEVd-トマト）の病原性や塩基配列の変化を分析した。また、感染したハイブリッドトマトからカルスを再生させ、カルス中で増殖してくる子孫集団（CEVd-カルス）についても調べた（Semancik et al., 1993）。まず、第1番目の宿主シトロンから回収されたCEVd-シトロンには、接種源のスウィートオレンジではみられなかった11箇所の塩基変異がみられ、変異は分子全体に分布していたが特にPドメインに多かった。第2番目の宿主ギヌラから回収されたCEVd-ギヌラでは、CEVd-シトロンと同様にスウィートオレンジにはみられなかった11箇所の塩基変異がみられたが、CEVd-シトロンと同じ変異は1箇所しかなかった。第3番目の宿主ハイブリッドトマトから回収されたCEVd-トマトでは16箇所の変異がみられ、そのうちCEVd-シトロンと同じ変異は1箇所、CEVd-ギヌラと同じ変異は5箇所、ハイブリッドトマト特有の変異は10箇所だった。すなわち、CEVdは異なる宿主植物種を次々に通過させると、宿主が変わるたびに新しい変異を生じることが観察された。

一方、感染したハイブリッドトマトから再生したカルスから分離されたCEVd-カルスでは、CEVd-トマトでみられた16箇所の変異のうち、6箇所（第6、50、53、263、277、349番塩基）は維持されたが、残りの10箇所は接種源のCEVd-スウィートオレンジと同じ塩基に戻り、新たに2箇所の変異が追加されていた。そして、この変異体集団はギヌラに対する病原性が低下していた（Semancik et al., 1993）。さらに興味深いことに、ハイブリットトマトとそのカルスからは、上記の変異に加えて、TRドメインが重複して92塩基長くなった463ヌクレオチドの新規変異体（D-92）が分離された（Semancik et al., 1994）。また、ギヌラで増殖したCEVd－ギヌラをハイブリッドトマトに接種すると6～12箇月後、同様に、TRドメインが重複して長くなった変異体が検出された。重複した領域には様々な塩基変異と挿入・欠失があり、いずれもノーマルなCEVd（~371ヌクレオチド）とTRドメインが重複したD-92変異体（463ヌクレオチド）の中間の長さを有していた。これらのTRドメイン重複変異体は、ハイブリッドトマトでは安定に複製することができたが、*Citrus*（ミカン属）、*Poncirus*（カラタチ属）、*Fortunella*（キンカン属）のカンキツ類には感染できず、TRドメインの重複のないノーマルサイズのCEVdに戻った。すなわち、TRドメインが重複した変異体は、特定の宿主（ハイブリッドトマトなど）に長期間持続的に感染させた時に生じる傾向がみられ、重複した配列は特定の宿主以外では安定に維持されないものと考えられた（Szychowski et al., 2005）。なお、類似の現象はナス（*S. melongena*）で5年間持続感染させたCEVdでも報告されており、やはり、TRドメインの96ヌクレオチドが重複した変異体が分離されてきた（Fadda et al., 2003）。ココヤシにカダンカダン病を起こすCCCVdでも、感染後、長い年月が経過した自然感染樹からTRドメインが重複した変異体が分離されることが報告されており（Haseloff et al., 1982）、長期間の持続感染でTRドメインが重複した変異体が出現する現象はCEVdに限らずポスピウイロイドに一般的な現象かもしれない。

スペインのDuran-Vilaらのグループは、エトログシトロン（*C. medica*）で継代維持したCEVdをカラタチ（trifoliate orange；*C. trifoliata*）とサワーオレンジ（sour orange；*Citrus aurantium*）に接ぎ木接種し、10年間継代維持した後、CEVd集団の多様性を比較分析した。接種源のエトログシトロン中のCEVdは、全体の50%を占める優占変異体と23%を占めるその1塩基変異体が優占する多様性の低い集団（シャノンエントロピー；0.0051）を形成していた。そのCEVd集団を感染させたカラタチ（2樹）には矮化と樹皮の剥皮や茎のしみなどが発症し、エトログシトロンと同様に、集団の約60%を占めるひとつの優占変異体が寡占する多様性の少ない集団（シャノンエントロピー；0.0054と0.0056）が形成されていた。ただし、供試した2樹の優占変異体はお互いに異なり、接種源の優占変異体ともそれぞれ1塩基ずつ異なる（A130－とA313G）新規な変異体だった。一方、サワーオレンジ（2樹）はいずれも無症状で、樹体内には明瞭な優占変異体を欠く15種類以上の変異体を含む多様性の高い集団（シャノンエントロピー；0.0114と0.0149）が形成されていた（Bernad et al., 2005；2009）。つまり、2

つの宿主では接種源のエトログシトロンとは異なる新しいCEVd集団が形成され、サワーオレンジではカラタチやエトログシトロンより遺伝的多様性が有意に高かった。しかし、カラタチとサワーオレンジの集団を再度元の宿主エトログシトロンに接ぎ木接種し、6箇月後に遺伝的多様性を分析したところ、カラタチ経由でもサワーオレンジ経由でも、共に、CEVd集団は元のエトログシトロン接種源と同じ2つの優占変異体を含む多様性の低い集団（シャノンエントロピー;0.0040～0.0075）に戻り、変異体の構成も接種源に用いたエトログシトロンとほぼ同じになった。すなわち、各宿主によりCEVdの感染増殖に有益な変異は異なり、複製や細胞間あるいは組織間移行に不利益な変異は急速に淘汰されることが示された。この結果は、ウイロイド集団の遺伝的構成（塩基配列変異体の構成とその頻度）が複製する宿主によって方向づけされるという概念を支持するものだった（Bernad et al., 2009）。

一方、同じCEVdでも、異なる変異体と宿主の組合せでは異なる結果が得られている。スペインのソラマメから分離されたCEVdは、感染ソラマメ中の濃度が低く無症状で感染していた。このCEVd-ソラマメをトマトに感染させると濃度は高くなったが病徴は現れなかった。ところが、トマトからソラマメに戻し接種すると、CEVd-ソラマメの濃度はトマトに感染させた時と同程度に高くなり、当初無症状だったソラマメに矮化症状を発症するように変化した（Bernad et al., 2005; Gandia et al., 2007）。塩基配列を解読した結果、当初のCEVd-ソラマメはカンキツ分離株（登録番号J02053）と9箇所の塩基が異なる変異体だったが、トマトを通過させた後は、9箇所の変異のうち7箇所がカンキツ分離株と同じに変化し、別の3箇所でカンキツ分離株ともソラマメ分離株とも異なる新規な変異を獲得していた。さらに、それをソラマメに戻し接種するとトマトでみられた新たな3箇所の変異のうち2箇所は元のCEVd-ソラマメと同じに変化し、新たに1箇所の変異が生じていた。また、当初ソラマメで観察された9箇所の塩基はソラマメに戻してもトマトに感染した後と同じままで元に戻らなかった。各宿主中のCEVd集団は、当初のソラマメでは優勢な塩基配列変異体を含まない遺伝的多様性の高い不均一な集団（シャノンエントロピー;0.026）として特徴づけられたのに対し、トマトを通過させた後、集団は均一となり、遺伝的多様性（シャノンエントロピー）は0.007に低下した。そしてソラマメに戻し接種すると、シャノンエントロピーはさらに 0.001 に低下し、元の集団には戻らなかった。すなわち、感受性宿主（トマト）を通過させることで増殖性が高く且つ病原性が強い塩基配列変異体の不可逆的な選抜が生じた。以上のことから、無症候性のソラマメ植物は、CEVd 変異体の非常に不均一な集団の貯蔵庫として機能する可能性があり、様々な宿主に感染する可能性を秘めた変異体を涵養する伝染源となるリスクを有することが示唆された（Gandia et al., 2007）。

CEVd では、宿主の違いだけでなく、同じ宿主でも感染部位（組織）によって遺伝的多様性が異なることが観察されている。CEVd の感染性 cDNA クローンの転写物をカンキツ類のプロトプラスト、実生、成熟植物に接種し、感染後に形成された子孫変異体集団の遺伝的多様性が分析された。なお、プロトプラストはアンブリカルパマンダリン（*C. amblycarpa*）から調製され、実生と成熟植物はエトログシトロンが使用された。その結果、各区 80 個の cDNA クローンの塩基配列から、プロトプラストでは 32 種類、実生では 21 種類、成熟植物では 14 種類の塩基配列変異体が検出され、プロトプラスト中の子孫集団が最も多様性が高く、実生（感染初期）、成熟植物（感染後期）の順に多様性は低下し、より均一な集団が形成されていた（Hajeri et al., 2011）。プロトプラストは遊離細胞のため感染した細胞中で増殖するだけであるが、実生や成熟植物は多細胞であり、細胞間・組織間、そして全身へと多段階の障壁を経て感染を拡げてゆく過程で多様性が低下してゆくものと考えられる。

CLVd は、米国で無症状の観葉植物コルムネア（*Columnea erythrophaea*）から発見された鎖長 368 ～ 374 ヌクレオチドのウイロイドであるが（Hammond et al., 1989）、近年タイではトマトや bolo maka（*Solanum stramonifolium*）などに深刻な病気を起こす変異体が発生して問題になっている。CLVd 感染宿主中に形成される多様な塩基配列変異体集団（準種）の解析が試みられた（Tangkanchanapas et al., 2020）。CLVd-Chaipayon-1 の感染性クローンをトマト（２種）、bolo maka（２種）、丸ナス（*S. melongena*：1 種）、トウガラシ（*Capsicum annuum*：1 種）に感染させ、4 ～ 8 週後、次世代シークエンサーによる分析が行われた。各植物種から平均 133,449 リードの CLVd 配列が得られ、その中には 79 ～ 561 種もの塩基配列変異体が含まれていた。平均相対存在量が 1.0%以上を占める 19 種類の主要変異体の分析の結果、接種源の CLVd-Chaipayon-1 に比べて 15 箇所に変異がみられ（置換13、挿入2）、各主要変異体はそのうちの3〜5箇所の変異をそれぞれ異なる組合せで有していた。2次構造予測の結果、TRドメインに特徴がみられ、接種源のCLVd-Chaipayon-1ではこの領域に5つのループ（Ⅰ、Ⅱ、Ⅲ、Ⅳ、Ⅴ）が形成されるのに対し、主要変異体のループの数は4つで、トマトとbolo makaの変異体はⅠ、Ⅱ、Ⅳ、Ⅴ、トウガラシの変異体はⅠ、Ⅲ、Ⅳ、Ⅴを有していた。この結果をもとに、CLVdではTRドメインが“宿主適応領域”として機能し、TRドメイン内の保存配列“5′-GUARUCCCNRYWGAAACAGGGUUU-3′”が重要な役割を果たす可能性があるという仮説が提案されている。ポスピウイロイドのTRドメインにはRYモチーフと呼ばれるRNA結合ドメインと核局在化シグナル活性を持つブロモドメイン含有タンパク質Virp1の結合領域がある。CLVdはTLドメインの構造を変化させることで、様々な宿主のVirp1タンパク質との結合性を最適化し、宿主植物への適応度を高めているのではないかという解釈が提案されている。

AFCVdは日本で発生した“ゆず果病”リンゴから分離されたウイロイドで（Ito et al., 1993）、ホップ（Sano et al., 2004; Sano, 2009）やカキ（Nakaune & Nakano, 2008）からも分離されており、ゲノム配列には宿主の違いにより多様な変異がみられる（Sano et al., 2008）。ホップでは矮化・葉巻症状を引き起こし（Sano et al., 2004）、カキ（Nakaune & Nakano, 2008）では不顕性感染している。AFCVdが実験的にトマト、キュウリ、カラハナソウにも感染することから、各宿主による適応変異の違いを調べるため、ホップ自然分離株をトマト、キュウリ、カラハナソウに感染させ、子孫集団の塩基配列変異体の構成が分析された。トマト、キュウリ、カラハナソウの優占変異体はホップ自然分離株の優占変異体と、順に10箇所、8箇所、2箇所で異なった。トマトとキュウリの優占変異体はほぼ同じで7箇所の変異が一致し、カラハナソウの優占変異体はホップのものと良く似ていた。ホップとカラハナソウは植物学的に変種の関係にある。ホップとカラハナソウで類似の変異体が優占したことは、宿主の遺伝的構成が類似しているためと考えられた。この分析に用いたAFCVdは自然分離株でそれ自体が多様な変異体で構成されていた。トマトに感染させた時に優占してきた変異体にみられた10箇所の変異が接種源中に存在していたマイナー変異体に由来するものか、あるいは新たな変異が生じて出現したものかを分析するため、ホップ自然分離株の優占変異体（AFCVd-hop）から感染性 cDNA クローンを構築し、その in vitro 転写物がトマトに接種され、後代の分析がおこなわれた。その結果、感染後に検出された変異は2塩基で、ホップ自然分離株をトマトに感染させた時に優占した変異体と8塩基異なっていた。すなわち、自然分離株とその優占変異体の in vitro 転写物の感染で生じた適応変異体の配列は大きく異なったことから、ホップ自然分離株感染トマトから検出された優占変異体は、接種源中に存在していたマイナー変異体に宿主依存性の新たな変異が加わって出現したものと考えられた。実際に、接種に用いたホップ自然分離株中にはトマトで優占してきた変異体とそれぞれ1箇所だけ異なる2つのマイナーな変異体が含まれていたことは、この可能性を強く支持した（Suzuki et al., 2017）。

また、AFCVd カキ分離株・優占変異体（AFCVd-persimmon）の感染性 cDNA クローンと AFCVd-hop の in vitro 転写物をトマトに感染させ、子孫ウイロイドの塩基配列の比較が行われた。それぞれの感染植物中で優占してきた変異体には20箇所の塩基に違いがみられた。mfold による2次構造予測の結果、TL ドメインと TR ドメインにみられた合計11塩基の違いはその2次構造を変化させると予測された。一方、分子中央部分でも9箇所の塩基に違いがみられたが2次構造は保存されていた（図41）（Suzuki et al., 2017）。ウイロイドゲノムの適応進化は高度に塩基対を形成する分子構造を維持する必要性によって制約されていると考えられている（Elena et al., 2009）。ポスピウイロイド科メンバーでは、CCR の存在やこの AFCVd の例にみられるように、一般に、分子中央の分子構造の維持が宿主適応変異の一つの制限になっているものと考えられる。一方、CEVd や CLVd と同様、AFCVd でも末端領域、特に TR ドメインは構造変化を伴う塩基変異の許容度が高い領域と考えられた。

生物的ストレスだけでなく、熱などの非生物的ストレスもウイロイドと宿主の適応に重要な役割を果たす。ウイルスやウイロイドに感染している果樹類からウイルス・ウイロイドを除去する方法として古くから熱処理法が利用されてきた。HLVd に感染したホップの熱処理により、HLVd の複製が阻害され蓄積レベルが低下したが、残存したものでは塩基変異が大幅に増加していたという（Matoušek et al., 2001）。変異の69%は2次構造の左半分に存在し、残りの31%は右半分に局在していた。ほとんどの変異は HLVd の2次構造を不安定化するも

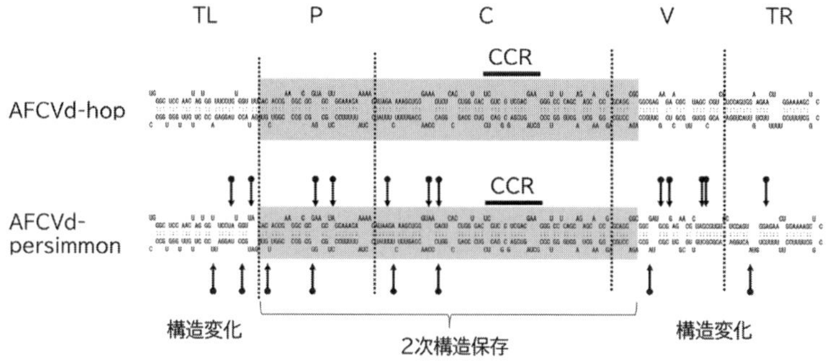

図41　リンゴゆず果ウイロイドの塩基変異と分子構造の保存性. AFCVd-hop と AFCVd-persimmon（カキ分離株）に感染したトマトで優占した変異体間には20箇所の塩基変異（矢印）がみられた。分子の中央部分（P と C ドメイン）にある9箇所の違いは2次構造に影響を与えない（網掛け部分）と予想された。中央部分の2次構造の維持が AFCVd の感染性に重要と考えられる。

のと予測され、最も変異が多い領域は P ドメインだった（Matoušek et al., 2001）。PSTVd に感染したベンサミアーナの熱処理もまた、ゲノムの広い範囲に変異を有する PSTVd 塩基配列変異体の出現をもたらした（Matoušek et al., 2004）。つまり、熱などの非生物的ストレスは、正常な生育条件で最適化されたウイロイド集団を維持する細胞内の正常な機能の不安定化をもたらしてウイロイドの複製に有害な突然変異を引き起こしたと考えられる。しかし、この場合でも、変異は複製開始点を含み可塑性が低い左末端の TL ループにはみられず、可塑性の高い P ドメインの PM ループ 1 に集中していた。

ウイロイドは、本来 RNA を鋳型とせず、転写の際の間違いを校正する機能を持たない Pol II や NEP を宿主から借用して自己複製するため、複製の際に多様でランダムな塩基変異を生じる。しかし、PSTVd の TL ドメインの可塑性の低さや AFCVd 変異体の分子中央の 2 次構造の保存性から窺い知ることができるように、分子構造上の強い制約のために、初期の複製時に生じた多様な変異体が再び Pol II や NEP の鋳型になることができる分子構造を保持し、複製の恩恵にあずかる可能性は限られている。さらに、感染植物中のウイロイド集団の多様性は、感染初期より感染後期の方が低いこと、また、遊離細胞プロトプラスト中より個体中の方が低いことが観察されている。すなわち、感染細胞の核あるいは葉緑体内で複製される際に生み出された多様な変異体は、仮に複製能を保持していたとしても、感染細胞から隣接細胞や維管束系を通って全身に拡がる時、細胞間や組織間に存在する障壁による選択圧で淘汰され、次第に多様性を喪失し、結果として全身に感染を拡げる能力の高い少数の変異体に収束していくのが一般的な傾向である。そして、複製酵素の認識や細胞間に存在する障壁の通過に耐える最適な変異体の分子構造は宿主植物の種類やその栽培環境によって異なるため、宿主に応じた特定の変異体が選択されて集団の中で優占し、宿主ごとに特色のある変異体集団が形成されてゆくものと考えられる。

3-3　危険度の高いポスピウイロイドの塩基配列多様性とリスク評価

ジャガイモやせいも病は、米国ニュージャージ南部の種ジャガイモ（品種‘Irish Cobbler’、和名‘男爵’）に発生した病気で、1922 年に新病害として報告された（Martin, 1922；Schultz & Folsom, 1923）。その源は米国東部のメイン州から持ち込まれたと考えられており、米国北部と北東部およびカナダのジャガイモ栽培地域、そして世界中のジャガイモ栽培国へ拡がり広く発生がみられた。その後、高感度な診断法の導入などにより、北米と西欧州の種ジャガイモ生産現場からは実質的に根絶されている（Sun et al., 2004；Singh, 2014）。日本ではこれまで（2023 年 5 月現在）ジャガイモやせいも病の発生記録はない。

一方、ロシアや旧ソビエト連邦に属する地域では、やせいも病が依然として種ジャガイモ生産の大きな課題になっている。1937 年、ウクライナで「ゴシック」病と呼ばれるジャガイモの新病害が報告され、塊茎が細長くなるなどやせいも病と症状が類似していることから同一の病原によるものと考えられた。1970 年代後半に PSTVd が原因であることが報告されたが、発生・分布は限られていたため、経済的被害はそれほど問題にはならなかったようである（Verhoeven et al., 2008；Owens et al., 2009）。しかし、1980 ～ 1990 年代、ロシアでは、種ジャガイモの収量と品質あるいは一部の品種の品質が急激に低下したことから、その原因としてやせいも病の感染が疑われ、実際に、1980 年代末～ 1990 年代初頭に実施された調査により、PSTVd がロシア全土に蔓延していることが明らかになった。さらに 2000 年代後半～ 2010 年代初頭にかけて行われた大規模な調査の結果、ロシア各地から収集されたジャガイモ検体の約50%〜70%からPSTVdが検出された（Verhoeven et al., 2008）。このような状況をもたらした背景には、1970年代初頭に旧ソ連で始まったウイルスフリージャガイモの生産と普及があったと考えられている。ウイルスフリー化（ウイルス感染植物からウイルスを除去し無病の植物を作り出すこと）には茎頂培養技術が利用されるが、この技術を適用する際に、当時、ウイロイド（PSTVd）感染の可能性は考慮されていなかったため、初期材料のウイロイド検定が行われず、培養器具の消毒も不十分だったという。また、ウイルスフリー化の過程でウイルス濃度を低下させるために使用された温熱療法などの高温処理により、高温で増殖能が高まるウイロイドの感染が助長された可能性も指摘されている（Verhoeven et al., 2008）。

このような深刻なウイロイド汚染が明らかになった後、1980年代〜2010年の間に、ロシア各地のほか、ウクライナ、ジョージア、アルメニアから収集された100サンプル以上のPSTVd分離株の塩基配列が分析され、43種の塩基配列変異体が検出された。それぞれの塩基配列変異体には、基準株PSTVd-Iと比べて、2〜5箇所の塩基変異を含むものが多く、最少1箇所〜最多10箇所の塩基変異がみられた。24種の塩基配列変異体は新規な変異体で、そのうちの21種にはロシアとウクライナの分離株にのみみられる変異（A121C）が含まれ、また、第118〜120番塩基にある3つのA残基のうちの1つの欠失、第121番AのUへの変異もみられた。各塩基配列変異体の病原性を評価するため、26種の塩基配列変異体をトマト‘Rutgers’に接種した結果、7種は致死型、1種はフラットトップ型、2種は致死型と強毒型の中間、8種は強毒型、そして8種は弱毒型だった。なお、ロシアとウクライナ分離株に特徴的な塩基変異は、病原性の点では中立で、トマト‘Rutgers’に対する病原性の強弱との関連性はみられなかった（Kastalyeva et al., 2007; 2013）。

中国でも1960年代にジャガイモやせいも病の発生が報告されて以来、主に内モンゴルや東北地方を中心に発生がみられていたが、1990年代になると南部地方でも発生が報告されるようになった。このような背景を踏まえ、2009〜2014年に実施された大規模なウイロイド調査の結果、市販の種イモだけでなく育種用の増殖素材からもPSTVdが高率に検出され、6省から収集した1,000以上の試料の6.5%が陽性と診断された。また、調査した6省の全てからPSTVdが検出され、既に広く国内に拡がっている状況が判明した（Qiu et al., 2016）。

71 分離株の塩基配列の分析から、42 種類の異なる塩基配列変異体が検出され、そのうちの 30 種は中国分離株特有の新規な塩基配列変異体だった。包括的な分子系統解析の結果、中国の PSTVd 変異体はロシアから分離された変異体と近縁だった。また、トマト‘Rutgers’に対する病原性は、3 種が強毒型、6 種が弱毒型だった。中国と旧ソビエト連邦（ロシア）の間では、1940 年代以来、ジャガイモ遺伝資源の交換が行われており、これが PSTVd の中国国内への侵入の原因の一つになったと考えられた。また、弱毒型の感染により顕著な被害がみられなかったために感染が見逃されてきたことも、深刻な蔓延と流行を許す原因になったのではないかと考えられた（Qiu et al., 2016）。

一方、ジャガイモ以外に目を移すと、1990 年代の初めオランダでは、輸入種子から育成された外観健全なペピーノ（*Solanum muricatum*）から PSTVd の新しい変異体（N）が検出された。N 変異体は 356 ヌクレオチドで構成されており、既知の分離株より 3 ヌクレオチド短く、例えば KF6 変異体と較べると、3 塩基の挿入、6 塩基の欠失、14 塩基の置換がみられた（Puchta et al., 1990）。因みに、カナダと米国のジャガイモから分離された複数の PSTVd 分離株の塩基配列の分析でも、鎖長は 358 ～ 360 ヌクレオチドで、PSTVd の鎖長は 359 に固定されていないことが示された（Herold et al., 1992）。現在（2023 年 5 月）まで DNA データベースに登録された PSTVd の鎖長は、359 ヌクレオチドをピークとして、356 ～ 364 ヌクレオチドの範囲に分布している。ウイロイドの鎖長は種により固有の長さと幅があり、例えば CEVd では 371 ヌクレオチドを中心に 366 ～ 375 ヌクレオチド（配列の一部が重複した変異体は除く）、HSVd では 297 ヌクレオチドを中心に 294 ～ 309 ヌクレオチドの範囲に分布している。なお、DNA データベースにはこの範囲を大幅に逸脱する鎖長の変異体も報告されているが感染能の有無は不明である。

さらに 2000 年代に入ると、PSTVd を始めとする危険度の高いポスピウイロイドの発生が相次いで報告されるようになった。ニュージーランドではトマトとトウガラシから PSTVd が検出され、100％の塩基配列同一性を示したことから、同じ汚染種子に由来するものと考えられた（Elliott et al., 2001; Lebas et al., 2005）。2006 年頃からは、欧州諸国を中心に、トルコ、米国、カナダ、インド、日本などで、ジャガイモだけでなく、トマトやナス科あるいはキク科に属する様々な花卉・観葉植物（Brugmansia、Cestrum、バーベナ、ダリアなど）からPSTVd、TCDVd、CLVd、CSVd、CEVd、TASVdなど、潜在的な危険性を有するポスピウイロイドの検出報告が相次いだ。ジャガイモやトマト以外では不顕性感染しており、感染していることに気付かれないまま汚染種苗が流通していることが明らかになってきたのである（Verhoeven et al., 2004；2008；2009；Matsuura et al., 2010；Tsushima T et al., 2011）。

現在、300件を超えるPSTVd塩基配列変異体の配列情報がDNAデータベースに登録されている（Palchet et al., 2003）。PSTVdゲノムRNAは上述のように356～364ヌクレオチドで構成されているが、その中の200箇所以上のヌクレオチドの塩基が保存されている一方、残りの塩基には多型がみられる。変異頻度は位置によって異なり、PドメインとVドメインでは一般的に高く、最も多く変異がみられた箇所では60％以上の変異体にPSTVd-Iとは異なる塩基がみられた（図42）。

これらDNAデータベースに登録された300件以上の様々なPSTVd変異体の分子系統解析の結果、弱毒型、強毒型、致死型など病原力が類似するものが同じクラスターを形成する傾向がみられた。21世紀に入ってからナス科やキク科などの花卉・観葉植物から分離された変異体とロシアや中国のジャガイモから分離された変異体の多くは、弱毒型の病原性を示す変異体とクラスターを形成した（図43）。

すなわち、分子系統樹上のどこに位置するかを調べることで、変異体の病原性の強弱を予測することができると考えられる。花卉や観葉植物には無症候性で、ジャガイモでの病原性が弱くても、感受性の高いトマト品種には許容できないレベルの被害を生じる（藤原ら、2013）。したがって、ゲノム塩基配列に基づく病原性のタイピングは、PSTVdをはじめとするポスピウイロイドの主要農作物に対するリスク評価の重要な指標をもたらす。塩基配列の特徴に基づきウイロイド変異体の病原性の強弱を予測することは、今後、新たな変異体が発生した時のリスク評価の場面で重要な情報になるものと期待される。

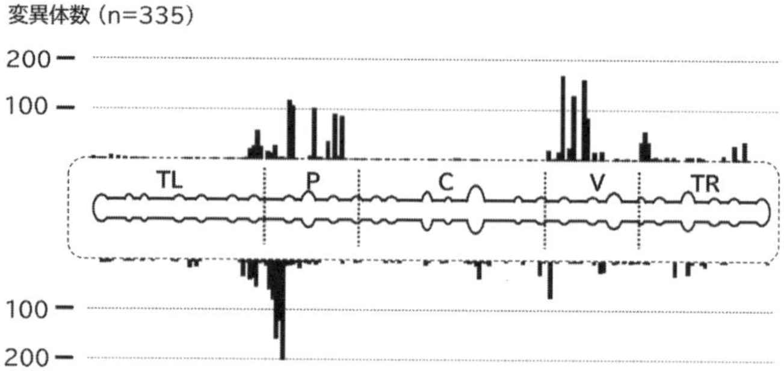

図 42　ジャガイモやせいもウイロイド変異体の塩基変異頻度分布図．DNA データベースには 300 件を超える PSTVd の塩基配列情報が登録されている。PSTVd-I 変異体を基準として、それと異なる変異を有する変異体の数を部位ごとに PSTVd の 2 次構造上にプロットした。P ドメインの上鎖と下鎖、および V ドメインの上鎖に変異を有する変異体が多い。一方、TL ドメインと C ドメインの上鎖には変異が少ない。

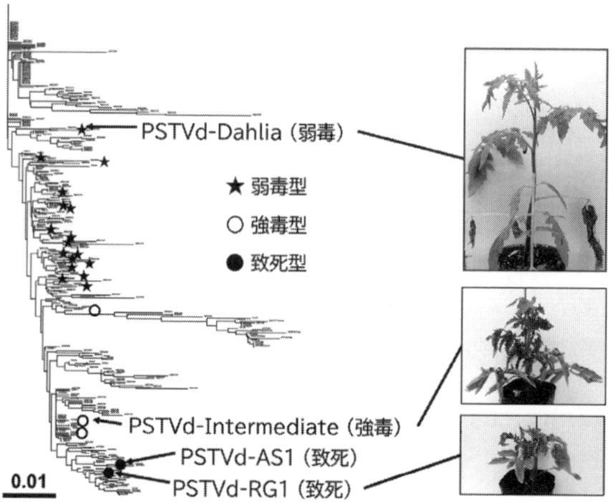

図 43　ジャガイモやせいもウイロイド変異体の分子系統樹と病原性．DNA データベースに登録された 300 件以上の様々な PSTVd 変異体の分子系統解析の結果、トマトに弱毒型（写真上）、強毒型（写真中）、致死型（写真下）の病原性を示す変異体はそれぞれ同じクラスターに含まれていた。

3-4　ウイロイドの宿主適応変異発生機構

本項でみたように、ウイロイドは変異を起こしやすい特性を有し、様々な宿主に感染域を拡げる過程で多様な変異を生じて宿主に適応する。一般に宿主域の広いウイロイドには多様な変異体がみられ、HSVdはその代表の一つである。ホップ矮化病の章（第I章2-2）で述べたように、HSVd-ブドウ変異体（HSVd-g）はホップに感染すると5箇所の塩基変異を有するホップ適応変異体（hKFKi）に変化する。これら全ての変異が生じるには10年程度の長い持続感染期間を要し、変異には再現性がみられたことから、変異はランダムに生じるが、宿主により特定の選択圧が働いているものと予想された。自然淘汰により最もよく適応した変異体が選択されるというダーウィン進化論における「自然選択」の考え方によれば、ホップ適応変異体hKFKiは適応前の元の変異体HSVd-gよりもホップに対する高い適応度を持っていることになる。適応変異がもたらすウイロイドの病原学的特性の変化を評価し、適応変異が発生するメカニズムを考察するため、Zhangらは、キュウリ（HSVdの指標植物）とホップにHSVd-gとそのホップ適応変異体hKFKiを接種し、感染力／病原性、増殖能、遺伝的安定性を分析した（Zhang et al., 2020）。

感染力／病原性と増殖能：キュウリはHSVdに最も感受性の高い宿主で、様々なHSVd分離株の感染により短期間で全身の矮化、葉巻などの症状が顕われる。HSVd-g接種区では、接種後18日で発病が始まり、31日目までに全ての個体が矮化と葉巻を発症した。一方、hKFKi接種区では発病が遅れ22日目に漸く初期症状が顕われ、その後の病徴もHSVd-g感染区より軽症であった（図44A）。また、病徴発現の遅延と比例して、hKFKiはHSVd-gよりも増殖（蓄積）速度が遅かった（図44A）。すなわち、ホップ適応変異体はキュウリに対する感染力と病原力が低下していた（Zhang et al., 2020）。

病原力の低下と適応変異の関連性を調べるため、HSVd-gの第25、26、54、193、281番塩基にみられる変異を一つずつhKFKi型に変えて5種類の点変異体（HSVd-g25h、-g26h、-g54h、-g193h、-g281h）が作出され、HSVd-g、hKFKiと共にキュウリ（各5本）に接種された。全ての変異体は感染力を有し、HSVd-g25h、-g26h、-g193h、-g281hはhKFKiに似た軽度の矮化・葉巻症状、HSVd-g54hはHSVd-gよりさらに激しい症状を顕わした（Zhang et al., 2020）。つまり、4

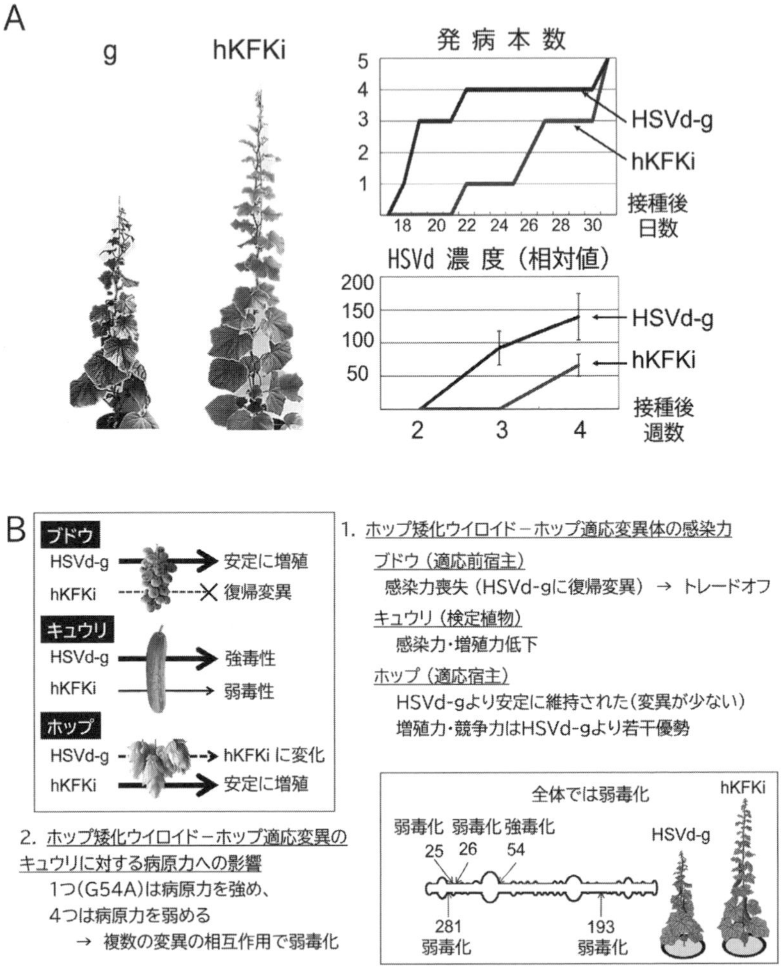

図44　ホップ矮化ウイロイド－ブドウ変異体とホップ適応変異体の病原力の違い．A：HSVd-g（左）と hKFKi（右）に感染したキュウリ、発病本数（右上）と蓄積量（右下）の推移。B：ブドウとホップに対する感染性と個々の適応変異がキュウリに対する病原力に与える影響

箇所のホップ適応変異はキュウリに対する病原性を弱め、1箇所は病原性を強める効果を有していた（図44B）。

一方、ホップは多年生草本植物で、感染しても発病までに数年を要するため、接種後3年目まで観察が継続されたが外観上の発育阻害はみられなかった。感染植物体中の蓄積量もほぼ同程度であり、hKFKiの優位性は確認されなかった（Zhang et al., 2020）。ブドウにも接種されたが、ホップ矮化病の章（第I章2–2）に記載したように、hKFKiはブドウに感染後速やかに復帰変異と考えられる変異を起こし、HSVd-g型に変化した（図44B）。元々ブドウに感染していたHSVd-gがホップに感染してhKFKiが生じたと考えると当然の結果であろう。

遺伝的安定性：両変異体の遺伝的安定性を調べるために、キュウリとホップに感染中に生じる自然突然変異の発生部位と発生頻度が分析された（図45）。

キュウリでは、明瞭な病徴が発症しウイロイド濃度が最高に達する接種4週目に、HSVd-gとhKFKi各4本の感染個体から調製された53個と50個（植物1本あたり7～14個）のcDNAクローンの塩基配列が解析された。HSVd-gでは全15,741塩基（～297塩基×53 cDNAクローン）中32塩基が変異し、見かけの変異頻度は約2.0×10^{-3}/塩基、hKFKiでは全14,850塩基（～297塩基×50 cDNAクローン）中27塩基が変異し、変異頻度は1.8×10^{-3}/塩基であった。両変異体の見かけの変異頻度に大きな違いはみられなかった。

一方ホップでは、各4本の感染個体から個体あたり25～30個、すなわちHSVd-gは107個、hKFKiは106個のcDNAクローンの塩基配列を解析した結果、HSVd-gでは合計31,774塩基（～297塩基×107 cDNAクローン）中69塩基の変異が検出され、変異頻度は約2.2×10^{-3}/塩基であったのに対し、hKFKiでは全31,482塩基（～297塩基×106 cDNAクローン）中、検出された変異は44塩基で、変異頻度は約1.4×10^{-3}/塩基であった。つまり、ホップではhKFKiの方が見かけの変異頻度が低く、HSVd-gより安定に維持されていることが判明した（Zhang et al., 2020）。

見かけの変異頻度が最も高かったのはホップに感染したHSVd-gの第54番塩基で、107個のcDNAクローンのうち8個でGからAに変化していた（図45）。対照的に、hKFKi感染ホップから回収された106個のcDNAクローンの第54番塩基は全てAのままで変化はみられなかった。したがって、このG54A変異は

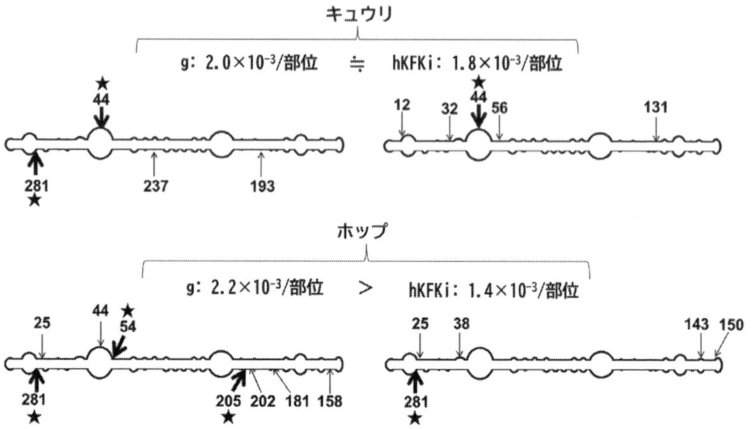

図 45　ホップ矮化ウイロイド - ブドウ変異体とホップ適応変異体のキュウリとホップにおける変異頻度と変異箇所．変異箇所を HSVd の 2 次構造上にプロットした。太矢印（44、54、205、281）は変異頻度が高かった塩基を示す。

ホップに感染中に生じた宿主適応変異であることが再確認された。

競争力：個別の感染実験では、ホップに対する両変異体の感染力の違いが明確ではなかったため、感染競争実験で再度 HSVd-g と hKFKi の感染力が比較された。両変異体の混合比率を変えて接種し、感染確認後速やかに、接種部位の上位葉から検出される子孫集団の塩基配列を分析し、どちらの変異型が優勢か調べられたのである。キュウリ（5 本）とホップ（4 本）に、HSVd-g と hKFKi を 5：1、1：1、1：5 の比率で混合して接種し、キュウリでは 1 箇月後、ホップでは 2 箇月後に、各感染植物から 10 個の cDNA クローンが選抜され塩基配列が分析された。キュウリでは全ての混合比率において HSVd-g が優占し、HSVd-g が 5 倍高濃度の時 hKFKi を子孫集団から完全に駆逐し、0.2 倍の低濃度でも 74%を占めた。一方、ホップでは、HSVd-g を 5 倍高濃度にすると HSVd-g が子孫集団の 78%を占め、等量では hKFKi が 60%とやや優勢となった。しかし、hKFKi を 5 倍高濃度にしても hKFKi の比率は 60%と変わらず、子孫集団から HSVd-g が駆逐されることはなかった。すなわち、キュウリでは HSVd-g が明らかに優勢であったが、ホップではほぼ拮抗し、hKFKi はホップ適応変異体にもかかわらず、顕著な優位性を示さなかった（図 44B）（Zhang et al., 2020）。

以上一連の比較分析から、キュウリでは、hKFKiの5箇所の変異のうち4箇所は負の作用を及ぼしHSVd-gより感染力と蓄積能を低下させたが、適応宿主であるホップでは予想に反してhKFKiの明確な優位性はみられないことが判明した。hKFKiはホップ中でもHSVd-gを駆逐することなく、ほぼ同等のレベルで共存していたのである。この結果から、まず、ホップ感染中に出現した5箇所の適応変異は、ホップ以外の宿主（少なくともキュウリ）での感染・増殖力に悪影響を及ぼしたと解釈できる。これは変異体の新しい宿主環境であるホップでの長期にわたる感染／適応の結果生じた「トレードオフ」現象と捉えることができる。一方、hKFKiの適応宿主ホップへの適応度は、短い観察期間では適応前の変異体HSVd-gと大きく変わらなかったこと、5箇所のホップ適応変異のうち4箇所はキュウリに対する病原性を弱めたこと、そして、持続感染ホップではこれらの変異が長い年月をかけて蓄積し変異体に固定されてきたことを考慮すると、観察されたホップ適応変異は感染力や増殖効率とは異なる理由で生じてきたことが予想された。

宿主適応変異とウイロイド小分子RNA生成パターンの変化：ウイロイドがRNAサイレンシングを介して病原性を発揮する例が報告され、RNAサイレンシングがウイロイドの進化に影響を及ぼすのではないかとする仮説が提唱されている（Wang et al., 2004）。Zhangらはさらに RNAサイレンシングの観点からもHSVdの宿主適応変異を評価している。HSVd-gとhKFKi感染キュウリ（接種4週目）とホップ（接種8週目）からHSVd小分子RNA（HSVd-sRNA）を抽出し、次世代シークエンサーで生成パターンを解析した。その結果、HSVd-gとhKFKi由来のHSVd-sRNAの全体的な生成パターンは宿主によらずほぼ同じであった。ホップでは、（+）鎖も（−）鎖も、両HSVd変異体間で非常に類似しており、特に多数のHSVd-sRNAが生じるホットスポット領域は、（+）鎖ではVドメイン上鎖、（−）鎖ではCドメイン上鎖など数箇所に偏っていた（図46）。全体的な生成パターンはよく似ていたが、細部を比較すると、特に5箇所のホップ適応変異（第25、26、54、193、281番塩基）を含む領域から生成するHSVd-sRNAの量に違いがみられた（図46）（Zhang et al., 2020）。

例えばhKFKiの（+）鎖では第25・26番塩基や第193番塩基を含むHSVd-sRNA、（−）鎖では第54番塩基や第281番塩基を含むHSVd-sRNAの生成量が

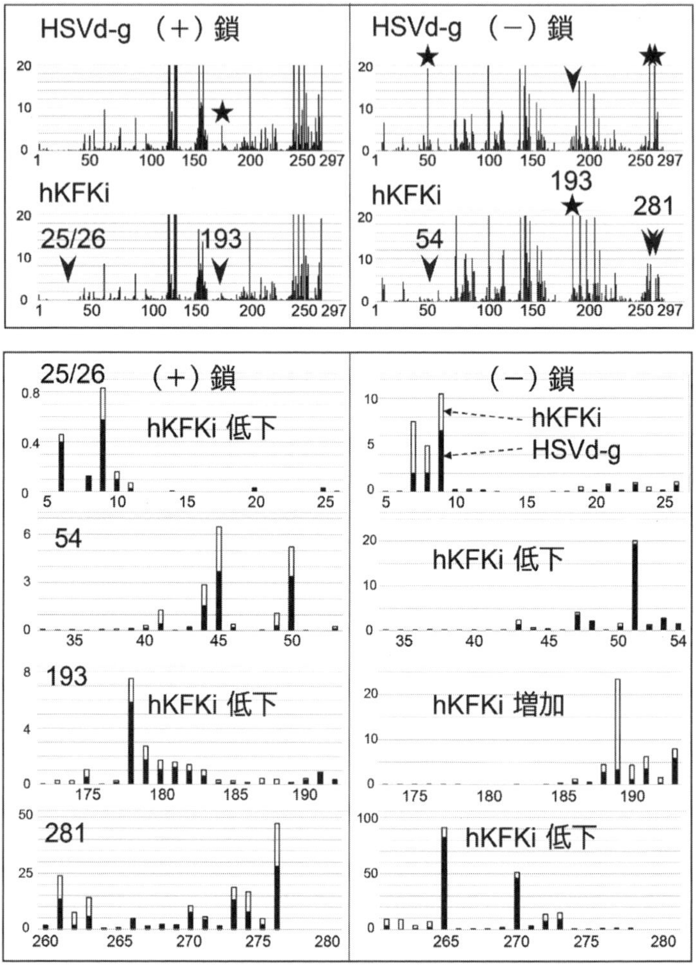

図 46　ホップ矮化ウイロイド - ブドウ変異体とホップ適応変異体感染ホップ中に生じるウイロイド小分子 RNA 生成量の比較．HSVd-g と hKFKi 感染ホップのスモール RNA シークエンス解析で得られた（＋）鎖（図 上左）と（－）鎖（図 上右）由来の HSVd-sRNA の 5′- 末端の位置を HSVd ゲノム上にマッピングした。★は増加、➤は減少したものを示す。また、発現量に違いがみられた 5 箇所のホップ適応変異（第 25、26、54、193、281 番塩基）を含む HSVd-sRNA の生成量を拡大して図の下部に示した。左は（＋）鎖、右は（－）鎖、上から第 25 ／ 26、54、193、281 番塩基を含む HSVd-sRNA のリード数、黒い縦棒は HSVd-g 感染区、白い縦棒は hKFKi 感染区を示す。5 箇所のホップ適応変異を含む HSVd-sRNA は、（－）鎖由来の 193 番塩基を含むものは除き、（＋）鎖か（－）鎖のどちらかが減少していた。

HSVd-gより顕著に少なかった（図46、上の▼部）。つまり、キュウリでもホップでも、HSVd-gよりhKFKi感染植物では5箇所のホップ適応変異（第25、26、54、193、281番塩基）を含むHSVd-sRNAが（+）鎖か（−）鎖のどちらかで低下しており、hKFKiの5箇所の適応変異はRNAサイレンシングによる分解を低減する効果をもたらした可能性が示唆された。その中でも第54番塩基は、HSVd-gをホップに感染させると最初に生じる変異で、この変異だけはHSVd-gのキュウリへの病原性を強める効果があった。

そこで、HSVd-gの第54番塩基をhKFKi型に変化させたHSVd-g54hとhKFKiに感染したキュウリを使用して、再度、接種14日目と28日目のHSVd-sRNAの分析が試みられた。その結果、HSVd-g54hとhKFKiの両方とも、接種14日目と28日目におけるHSVd-sRNAの生成パターンはほぼ同じで、ホットスポット領域も1回目の分析結果と実質的に一致した。また、このキュウリにおけるHSVd-g54hとhKFKiのsRNA生成パターンは、HSVd感染レモンの同様の分析で報告された結果（Su et al., 2015）とも類似しており、HSVd-sRNA生成パターンはある程度宿主非依存的ではないかと予想された（Zhang et al., 2020）。細部の比較分析でも、1回目と同様に、hKFKi感染キュウリでは、HSVd-g54hより（+）鎖の第25、26、193、281番塩基を含むHSVd-sRNAが少なかった。しかし、第54番塩基を含むHSVd-sRNAは、HSVd-g54hでもhKFKiでも、両鎖共ほぼ同程度の低いレベルとなり、HSVd-g54hではHSVd-gの第54番塩基をhKFKi型に変化させたことにより、この領域に対するRNAサイレンシングの効果が低減したことが確認された（Zhang et al., 2020）。

一方、第193番塩基を含むHSVd-sRNAだけは、HSVd-g型（U）からhKFKi型（C）に変化することで、（+）鎖由来の生成量が減少した一方、（−）鎖由来が増加していたことは興味深い結果であった。つまり、第193番塩基の変異は（+）鎖と（−）鎖では逆のRNAサイレンシング圧を受けていると考えられた。日本のホップ矮化病流行地域で優占していたHSVdホップ変異体とHSVd-gのホップでの長期持続感染実験で優占してきたホップ適応変異体の中に、本実験で使用したhKFKi変異体と共にhKF76変異体があった（第I章2-2; 図5〜7）。この2つの変異体の違いは第193番塩基で、hKF76ではU、hKFKiではCある。矮化病流行地域でhKF76とhKFKiが優占していたこと、そして、第193

番塩基の変異は長期持続感染実験で HSVd-g がホップに適応する過程で最後に出現した変異であったことを考慮すると、第 193 番塩基は U と C の間で可逆的に変動している塩基と考えられた。U から C への変化は（+）鎖に対する RNA サイレンシングの圧力を低減させるメリットがあるが、（−）鎖では逆に増加させているようであった。この 2 面性が第 193 番塩基の可逆的な変異の平衡状態をもたらしているのかもしれない。また、本項の本題からは外れるが、第 193 番塩基はカンキツの cachexia モチーフを構成する塩基の一つであり（第II章 2-1-3; 図 28)、HSVd の生物的特性の点でも興味深い塩基であったことを付記しておきたい。

以上、HSVd-sRNA 生成パターンの分析から、hKFKi に感染したホップやキュウリでは 5 箇所のホップ適応変異（第 25、26、54、193、281 番塩基）を含む領域から生成する HSVd-sRNA の生成量が変化し、（+）鎖か（−）鎖のどちらかで減少していることが明らかにされた。宿主適応で生じた変異は局所的な分子構造に影響を及ぼし、RNA サイレンシングの攻撃を回避する効果をもたらしたのではないかと考えられた。

宿主適応変異の発生機構：HSVd のブドウ変異体 HSVd-g とそのホップ適応変異体 hKFKi の比較から、hKFKi ホップ適応変異体は適応前宿主であるブドウで安定に複製する能力を喪失しており、感染後速やかに適応前の HSVd-g に復帰変異した。これは、エトログシトロンで継代維持した CEVd をカラタチとサワーオレンジに接種し長期間継代維持すると各宿主に特徴的な CEVd 集団が形成され、再度エトログシトロンに戻すと両集団とも速やかに元のエトログシトロンと同じ集団に戻ったという結果（第II章 3-2）と共通する。

Sano & Kashiwagi は、HSVd の変異体にみられる様々な変異に対する宿主植物の選択圧の違いを分析するために、HSVd の主要な変異体 HSVd-g、HSVd-cit、HSVd-pl にみられる変異をランダムな組合せで持つ変異体集団を構築し、ブドウ、カンキツ、モモ、ホップ、キュウリに接種し、それぞれの宿主植物で選抜され優占してくる変異体の特徴を分析した。その結果、モモ、ホップ、キュウリでは 3 つの変異体に特徴的な変異を合わせ持つ多様な変異体が検出されるのに対し、ブドウでは HSVd-g、カンキツでは HSVd-cit に特徴的な変異をもつ変異体が強く選抜される傾向がみられ、特にブドウでは HSVd-g と同じ配列を持つ変異体のみが検出された（Sano & Kashiwagi, 2022）。すなわち、宿主により許容される変異が異なり、モモ、ホップ、キュウリでは多様な変異が許容されるのに対し、ブドウでは許容範囲が非常に狭いことが判明した。したがって、宿主特異的変異の少なくとも一部は正の宿主選択圧から生じることが支持され、hKFKiがブドウに感染後すぐにHSVd-gに復帰変異したのも、ブドウが有するHSVd-gのみを許容する強い選択圧によるものと結論付けられた。

ここまではある程度予想される結果であったが、両変異体の競争試験の結果、ホップ適応変異体hKFKiがホップにおいて、僅かな優位性は認められたとはいえブドウ変異体HSVd-gを圧倒するわけではなく、両変異体がほぼ拮抗して共存したことは意外であった。短期的にみると競争力に大きな違いは認められないのに何故長期間の持続感染では占有度に違いがでてくるのだろうか？注目したいのはホップではhKFKiがHSVd-gより遺伝的に安定に維持されたという点である。すなわち、hKFKiが獲得した宿主適応変異は感染力や増殖能という競争力においてメリットをもたらすわけではないが、ホップという宿主の中でより安定に維持されるという利点が有るため、長期間の持続感染中の選抜により優占してきたと考えられるのではないかというわけである。

「自然選択」はダーウィン進化論の基本概念であり、自然淘汰によって最も適応した複製者が支持されると説明される。しかし、高い突然変異率の下では、最も適切な生物は必ずしも最速の複製者ではなく、それは複製効率を犠牲にしても、有害な突然変異に対して最大の頑健性を示す複製者であるとされ、これは「最も平坦な生存者（survival of the flattest）」と呼ばれている考え方である。Codoñerらは、この説を検証するために、同じ植物（キク）に重複感染する2つのウイロイド種（CSVdとCChMVd）間の競争実験を行った。最適な条件下（24℃、16時間照明）では、増殖が速く遺伝的均質性を特徴とするCSVdが、増殖が遅く変異率が高いCChMVdを凌駕し、集団から駆逐した。しかし、上記の培養条件に1日10分の紫外線（UV-C）照射を加えた高い変異率条件で栽培すると、増殖の遅いCChMVdが速いCSVdを打ち負かすことができたという（Codoñer et al., 2006）。実験系は異なり同列に論じることはできないが、増殖力には大きな差がないが遺伝的な安定性が高いhKFKiがHSVd-gを凌ぐ現象の一端もこの考え方で説明できるのではないだろうか。

では、ホップ適応変異体 hKFKi の優占をもたらす遺伝的な安定性に影響を及ぼす選択圧とは何であろうか？考えられる要因の一つは RNA サイレンシングによる選択圧である。ウイロイドを標的とした RNA サイレンシングがウイロイド小分子 RNA の生成パターンに及ぼす影響の分析から、ホップでは、5 箇所のホップ適応変異を含む領域に由来する HSVd-sRNA の生成量に変化がみられ、hKFKi 感染ホップにおいては、(＋) 鎖では第 25・26 番塩基あるいは 193 番塩基、(−) 鎖では第 54 番塩基あるいは第 281 番塩基を含む HSVd-sRNA の生成量が HSVd-g と比較して有意に減少していた（図 47)。つまり、ホップ適応変異は (＋) 鎖と (−) 鎖で異なる部位に対する RNA サイレンシングによる選択圧から逃れる効果をもたらす可能性が示唆された。ウイロイドは宿主細胞中の RNA 分解酵素や防御機構の一つである RNA サイレンシングの攻撃から逃れるために高次のステム - ループ構造を形成すると考えられているが、完全なものではなく、第II章（2-2-1）のウイロイド小分子 RNA の生合成の項目でみてきたように、ウイロイド感染に対する RNA サイレンシングの選択圧は植物の種（species）や品種によっても異なったことから、新たな宿主中ではそれまでとは異なる RNA サイレンシングによる選択圧に曝されることになると考えられる。

したがって、宿主適応変異により局所的な分子構造が変化することで適応度が向上するメリットは大きい。しかし、ウイロイドの感染力を保つには 2 次構造の維持が重要と考えられる事例が複数みられ、例えばホップ適応変異体 hKFKi でも、5 箇所の適応変異のうち第 193 番塩基以外はループ内に位置し、第 193 番塩基の変異も G:U 塩基対から G:C 塩基対への変化であるため、各々の 2 次構造への影響は限定的と考えられた。ウイロイド RNA が高い分子内相補性を有してコンパクトに折りたたまれた 2 次構造を形成していることを考えると、宿主適応で生じたほとんどの塩基変異はそれ単独では 2 次構造の変化をもたらす可能性が高く、複製に有益な変異はごくわずかで、ほとんどが有害か、良くても中立であろう。しかし、仮に分子構造に不利益をもたらす変異でも致死的なものでなければ、追加の変異が起こり複数の変異が組合わさることで、個々の 2 次構造上の欠陥は修正されて安定化し、新たな変異体集団の形成が可能になる場合もあるであろう。

すなわち、まず一般論でいうと、ウイロイドにとって分子構造（2 次構造お

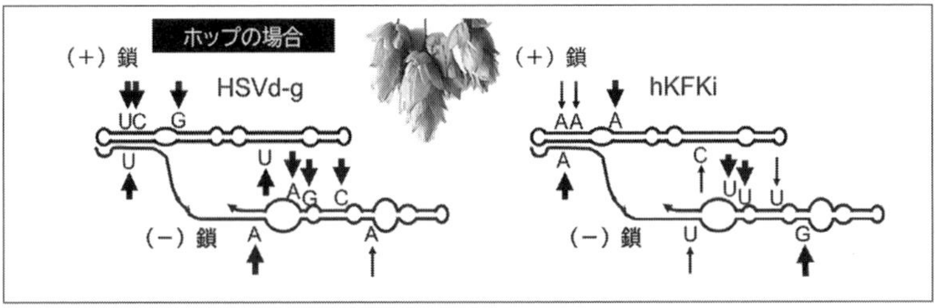

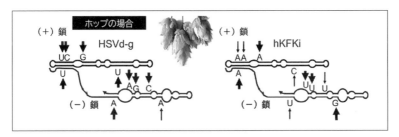

矢印の塩基はHSVd-g(左)とhKFKi(右)がホップ感染中に生じる5箇所の宿主適応変異を示す。
(+)鎖・(−)鎖共に、太い矢印はRNAサイレンシングで強い選択圧を受けている塩基を示す。

図 47　ホップで複製中にホップ矮化ウイロイド－ブドウ変異体とホップ適応変異体の 5 箇所の適応変異部位が受ける RNA サイレンシングの選択圧の変化．HSVd-g から hKFKi に変化することでホップ適応変異が生じる 5 箇所の塩基に対する RNA サイレンシングによる選択圧は変化する。

よび 3 次構造）の維持は感染力を維持する上で極めて重要で、変異によりもたらされる分子構造の変化は、分子構造上の厳しい制約から細胞内での複製能力あるいは感染細胞から全身へ拡がる移動能に深刻な不利益を発生させる。そしてこれを解消するために、2 次、3 次の変異が誘発される必要がある。これを具体的にみると、HSVd 変異体の実験結果から HSVd-g がホップに感染した時、最初に生じる変異は G54A の変異であった。U281A の変異も可逆的と考えられたが比較的早期に出現した。これら 2 箇所の変異は共にループ内に位置することから分子構造の変化がもたらす感染力への不利益は限定的で、一方、ホップに感染したことにより生じた RNA サイレンシングの選択圧から逃れるためには有益な変異と考えられた。そして、その結果発生した新たな分子構造上の不利益あるいは他の部分に残る RNA サイレンシングの選択圧を解消するために U25A と C26A、あるいは U193C などの 2 次的、3 次的な適応変異が誘発され、その過程で発生した多様な変異体を含む準種として新たな適応状態で安定化しているのではないだろうか。しかし、個々の塩基は変異した後も決して安定ではなく、hKFKi を接種したホップから分離される子孫集団の中には、A と U 間で可逆的に変異する第 281 番塩基のように、hKFKi 型への変異と HSVd-g 型への復帰変異を繰返す塩基変異が検出された。これらの塩基は、変異と復帰変異を繰り返し

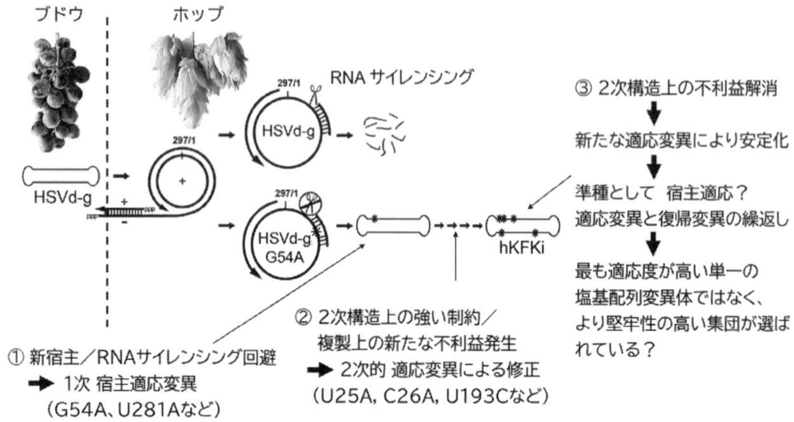

図48　ホップ矮化ウイロイド - ホップ適応変異体が生じる分子機構

ながら一定の平衡状態を保ち、宿主植物に特有な、この場合はホップに適応した hKFKi を優占配列とする堅牢性の高い変異体集団の維持、すなわち「ホップに特徴的な準種」の維持に貢献しているものと考えられる（図 48）。

第Ⅲ章
ウイロイド病の予防、診断、防除

ウイロイド病は様々な農作物に発生し、適切な予防、診断、防除がなされないと甚大な経済的被害が生じる（第Ⅱ章 1-4; 表 3）。

1　植物検疫

植物検疫は海外から栽培目的や遺伝子源として輸入される植物・種苗に付随する植物病害虫の侵入・定着を防ぐための制度である。輸入当事国で栽培されている農作物・有用植物にとってリスクが高いと考えられるウイロイドを含めた病害虫を指定し、それぞれの病害虫の危険度ランクに応じて輸出国にその清浄性の分析を義務付けている。近年、栄養繁殖性の種苗の国際貿易の増加に伴い、世界各国の植物保護規制機関は、それぞれの国や地域の事情に応じて、いくつかのウイロイド種に対して輸出時や輸入時に植物検疫検査を要求している。日本では農林水産省植物防疫所が該当の植物種で除外されなければならない特定の害虫や病原体をリスト化し、ウイロイドではトマトやジャガイモなどナス科植物に甚大な経済的被害を引き起こす 8 種のポスピウイロイドを種苗の輸出入時の検査対象としている。第Ⅱ章（1-4-2）に記載したように、ウイロイドは宿主によっては病徴を顕わさずに感染しているケースも多く、感受性宿主であっても感染してから発病するまで数年に及ぶ長い年月を要することもある。植物検疫制度は、保毒植物の侵入を未然に防止し、地球規模のウイロイド病の拡散を防ぐための最も基本的で効果的な仕組みである。

2　ウイルス・ウイロイド無病苗の育成と栽培

2-1　ウイロイドフリー化技法

主要なウイロイド病は栄養繁殖性の作物に多くみられる。栄養繁殖作物はウイルスやウイロイドのように全身に感染し、時に顕著な症状を顕わさない病原に対して脆弱である。その種あるいは特定の品種の全てがウイロイドに感染していることが判明した場合、貴重な特性を持つ品種が失われる可能性さえある。したがって、感染個体からウイロイドを効率よく除去するウイロイドフリー（無毒）化技術の開発は重要である。感染植物からウイロイドを除くウイロイドフリー化は基本的にウイルスフリー化技法と同じで、茎の生長点の先端分裂組織（茎頂）を切り取りin vitroで組織培養して再生個体を作出する茎頂培養法、感染植物あるいは培養苗を高温または低温に長期間曝してウイロイド濃度を低下させる温熱・寒冷（低温）療法、そして、抗ウイロイド剤を処理する化学療法が利用されている。ただし、ウイロイドフリー化の成否と効率は作物とウイロイドの種類により異なる。

茎頂培養法は、茎などの先端にある先端分裂組織が植物個体を再生する能力、すなわち全能性に基づいており、また、例え植物体がウイルスやウイロイドに感染していたとしても、通常、この部分にはウイルスやウイロイドを含まない組織が存在するという知見に基づいている。この現象を説明するいくつかの解釈があり、例えば、ウイルスやウイロイドなどの病原体は維管束系を通って感染植物の全身に拡がるが、茎頂の分裂組織では維管束系が未発達で侵入できないという考え方、またはRNAサイレンシングなどの防御機構により茎頂への侵入が阻止されているという考え方などが有力である（Gómez et al., 2008; Naoi et al., 2020）。植物ウイルスフリー化への利用は、茎頂培養によって、ウイルスに感染したダリア植物からウイルスのない植物を育成できることが示されたことに始まる（Morel & Martin, 1952）。茎頂は頂端分裂組織とその下にあるいくつかの葉原基で構成され、比較的単純な栄養培地で培養できる。茎頂部を先端から0.2～0.5 mmの厚さで切除し、無菌条件下で培養して発根させ、個体を再生する。ウイルス・ウイロイドの種類と宿主あるいは生育条件により病原を含まない範囲は異なり、それに応じて切り取る茎頂部の厚さも様々で、植物の培養・再生が成功する限界とウイルスが除去される限界の兼ね合いになる。

温熱療法と低温療法は、病原体のない植物を得る古典的な方法である。感染した植物を高温（35℃～40℃）あるいは低温（5℃前後）に長期間（数週間または数箇月）曝して、熱や低温に敏感な病原体を不活性化させて病原体の濃度を低下させる。ほとんどの作物のウイルスやウイロイド、その他の病原体に対して有効であるが、高温に感受性の作物や品種からウイロイドのような高温耐性の病原を除去するには不向きである。

化学療法は、抗ウイルス効果が知られている化学薬剤を植物体に散布または培養基質の中に添加し、宿主植物体中のウイロイドを排除しようとする方法である。様々な抗ウイルス活性のある化合物の効果が調べられているが、特にリバビリン【1-(β-d-リボフラノシル)-1H-1,2,4-トリアゾール-3-カルボキサミド】は複数のウイロイド－宿主の組合せでフリー化に有効なことが報告されている。リバビリンはグアノシンのアナログで、ウイルスのRNA合成を阻害する作用を持つため、抗ウイルス剤として動物やヒトのウイルスだけでなく、多くの植物ウイルス（De Fazio et al., 1978; Cieślińska, 2007; Panattoni et al., 2007）とウイロイド（Hu et al., 2022）の排除に効果があることが報告されている。例えば、リバビリンによるフリー化率は、ジャガイモ－PSTVdでは30μg/mLで78%（Mahfouze et al., 2010）、モモとナシのHSVdでは20μg/mLで33%と35%（El-Dougdoug et al., 2010）、キク－CSVdでは25μg/mLで40%（Savitri et al., 2013）と報告されている。

2-2 作物別:ウイロイドフリー化方法の実例

ジャガイモ、カンキツ、キク、ブドウ、ホップなど様々な栄養繁殖性の作物でウイロイドフリー化が行われている。作物とウイロイドの組合せでフリー化効率は異なるので、作物別に様々な方法が検討されている。

ジャガイモ:ジャガイモ生産においては健全種苗の生産・供給体制がとても重要である。低温条件はPSTVdの複製・増殖を抑制すると考えられることから、低温処理と茎頂培養を組合せてフリー化が試みられている。PSTVd感染ジャガイモ塊茎から生育した植物体を5℃～6℃で6箇月間in vitroで培養した後に茎頂を切り出して培養した場合、得られた再生個体13株のうち7株がPSTVd陰性になった。8℃で4箇月間の処理の場合は17株中5株が陰性になった。一方、22℃～25℃で生育させた植物体の茎頂を培養した場合は全くフリー化されなかったことから、低温処理には確かな効果が認められた。また、PSTVdフリー化効率は頂端ドーム＞茎頂＞シュート先端の順で高く（Lizárraga et al., 1980）、例えば、茎頂ドーム先端0.25mmを培養した時、約83%の高率でPSTVdフリージャガイモ植物が得られたと報告されている。さらに、リバビリン（Virazole®）などの抗ウイルス剤を10～50ppmの濃度で培地に添加すると、濃度が高いほどフリー化効率は向上し、また、塊茎を低温処理した後に伸びだした植物体の茎頂を培養することで、より効果的にPSTVdを除去することができたという(Mahfouze et al., 2010)。

カンキツ:カンキツ類では、当初、熱処理法がよく利用されており、カンキツトリステザウイルス（citrus tristeza virus;CTV）などを除去する効果が認められた反面、エクソコーティス病などの排除には効果がないことが知られていた。一方、カンキツ類の茎頂または分裂組織の培養は困難で、胚珠の中心部（珠心）などの移植片を試験管内で数箇月間維持することは可能だったが、幼若期間が長く続き、個体に発達することはなかった。このような困難を考慮して、幼若期を回避するために開発されたのが、無病苗台木に試験管内で茎頂を接ぎ木する「茎頂接木」技術である（Murashige et al., 1972)。この方法で、いくつかのカンキツ品種のウイルスフリー化が可能になり、CEVdの除去にも成功している(Navarro et al., 1975)。すなわち、野外あるいは温室で栽培した成樹や培養苗の芽の先端から0.14～0.18mmの茎頂部を切り取り、暗所で生育した発芽後2週間の‘Troyer’シトレンジや‘Rough’レモン台木の苗木に無菌状態で移植することで、30%～50%の確率で接木に成功し、幼若期間を経ずに個体に成長することが報告された。茎頂接木に使用する茎頂部の厚さ（頂端ドーム先端からの距離）は接木成功率と比例し、フリー化成功率と反比例したが、0.1～0.7mmまでCEVdのフリー化が可能だった。因みに、移植する茎頂に葉原基が2枚含まれる時（0.1～0.15mm)、接木成功率は約15%でフリー化率は100%（4本中4本）であったが、葉原基が6枚になると（0.4～0.7mm)、接ぎ木成功率は約48%に向上した反面、フリー化率は83%（24本中20本）に低下した（Navarro et al., 1976)。4種類のカンキツウイロイドに感染したエトログシトロン（アリゾナ861-S1）の例では茎頂接木法で作出した16株のうち12株がウイロイドフリーで、残りの4株でも検出されるウイロイドの種類が少なくなったと報告されている(Juarez et al., 1990)。茎頂接木法は効率を上げるために化学療法との併用が推奨されている。シトシン-1-β-d-アラビノ-フラノシド・HCl（Ara-C)、8-アザグアニン、5-フルオロデオキシウリジン（FudR)、リバビリン、2-チオウラシルの5種類が検討されリバビリンが最も効果的だったと報告されている（Greño et al., 1990)。

このように茎頂接木法を基本とするウイルス・ウイロイドフリー化技法は、ほとんどのカンキツ生産国で、カンキツ類の清浄性を認証する際に不可欠なクリーンストックと呼ばれる特定の病原体に感染していない繁殖用母材の開発や検疫プログラムの基礎となっており（Kapari-Isaia et al., 2011）、適切に保存されたカンキツ類遺伝子源コレクションを確立するためにも重要な手法になっている（Mas & Pérez, 2014）。

日本国内においても熱処理（昼7時～19時;35℃、夜19時～7時;30℃）を併用した茎頂接木法でカンキツ類のウイルス・ウイロイドのフリー化が行われている（太田、2016）。フリー化の効率を上げるために化学療法の併用も試みられており、ウイルスではリバビリン（500ppm）を成長中の新芽の葉面に週に6～8回散布した後に台木に接木すると、citrus tatter leaf virus（CTLV）の除去に効果があったこと（Iwanami & Ieki, 1994）、ホスカルネットと温熱療法を組合せた茎頂接木法が温州萎縮ウイルス（Satsuma dwarf virus;SDV）の除去に高い効果があり、一方、リバビリンはSDVに対しては有意な効果がなかったことなどが報告されている（Ohta et al., 2011）。ウイロイドでは、HSVd、CDVd、CVd-VIの3種類が混合感染した温州ミカンから、温熱療法（40℃と25℃を4時間ごとに繰り返す断続熱処理、あるいは28℃一定条件）と茎頂接木（茎頂の厚さ0.2mm）を併用した方法が試みられている。温度条件に関係なく3種ウイロイドのフリー化が可能で、フリー化効率はCDVdが高く、次いでCVd-VI、HSVdの順だったと報告されている（中嶋ら、2017）。

キク：キクからCSVdを除去することは難しく、当初、CSVdに感染したキク品種‘Mistletoe（ミスルトー）’を35℃、37週間の温熱処理後、茎頂培養したが、27週間以内に全て矮化を発症したと報告された（Hollings & Stone, 1970）。Horst & Cohenは、培地にアマンタジン（50～100mg/L）を添加してCSVd感染キクの茎頂（0.3～1.0mm）を培養することで、約10%の再生個体からCSVdを除去することに成功し、アマンタジンの効果を認めている（Horst & Cohen, 1980）。さらに、感染キク組織を抗ウイルス剤（リバビリンとアマンタジン）を含む培地で、4℃、2箇月間低温保存した後に茎頂先端を培養すると、約43%のCSVd除去率が得られ、4℃、3箇月の低温処理後、リバビリン（50～100mg/L）を含む培地で茎頂培養した時に最も高い除去率が得られたことが報告されている（Savitri et al., 2013）。茎頂組織を植物**ガラス化溶液**に浸して液体窒素に暴露した後で培養する凍結保存法を利用したウイロイドフリー化も検討されている（Jeon et al., 2016）。

キク矮化病は1977年に国内初の発生が確認されて以来、全国の産地に蔓延した。品種‘センリョウムスメ’のCSVd感染株では、冬期ロゼット吸枝（花が終わった後10月中・下旬～11月上旬に親株の根元にできる冬至芽と呼ばれる子株）の50％～61％ではCSVdが検出されなかったことから、冬至芽の繁殖によるCSVd無病苗生産の可能性が報告された（Sugiura & Hanada, 1998）。ただ、冬至芽ではウイロイド濃度が低下しているだけで、当初健全と思われた株でも栽培を続けるうちに再びウイロイド濃度が上昇し発症する危険性が懸念された。国内で栽培されるキクには多様な品種があり、希少な在来種が汚染されているケースもある。高濃度に感染した希少品種からCSVdを除去するための新しいキクウイロイドフリー化技術の開発が試みられた。‘Piato’という品種は従来の方法ではCSVdを除去することが最も困難な品種のひとつだったが、Hosokawaらは、葉原基（leaf primordium；LP）を含まない茎頂分裂組織（shoot apical meristem；SAM）、すなわち「LPフリーSAM」をCSVd感染株から切り出し、健全キクあるいはキャベツの根の先端に着生させて植物体を再生させる方法を開発した。フリー化率はキクの根で14%、キャベツの根で3%と報告されている（Hosokawa et al., 2005；Hosokawa, 2008）。CChMVd感染キクでもLPフリーSAMを無菌培養したキャベツ‘はるなみ’の根端に付着させて再生させ、‘Piato’（29個体中1個体）と‘Sttetsuman’（6個体中2個体）からCChMVdの除去に成功したことが報告されている（Hosokawa et al., 2005）。

ブドウ：ほとんどの栽培ブドウ品種と台木品種にはHSVdとGYSVd-1などが無症状で感染しているが、1～2個の葉原基を含む茎頂（0.1～0.2mm）を培養することでフリー化できると報告されている（Duran-Vila et al., 1998）。温熱療法ではこれらのウイロイドをフリー化できなかったが、感染ブドウのカルスから分化した体細胞胚（胚性体細胞）にはウイロイドが含まれず、体細胞胚由来のブドウ樹を温室で3年間栽培してもウイロイドは検出されなかったことから、体細胞胚形成過程でウイロイドが排除される可能性が報告されている（Gambino et al., 2011）。上野らは茎頂培養によりリーフロールなどのウイルス感染樹のフリー化を試み、‘善光寺’では18％、‘甲州’では25％糖度が上昇したと報告している

(上野ら、1985)。

落葉果樹類:リンゴ・ナシでは、温熱処理あるいは低温処理と茎頂培養を組合せてASSVdのフリー化が試みられている。リンゴでは、38℃、70日間温熱処理後に茎頂（5 mm）を1年生の実生台木（種子から育てた苗木）に割接ぎ（台木の主茎に縦に切れ目を入れ、先端を楔形に尖らせた穂木を差し込んで接ぎ木する方法）し、ASSVdのフリー化に成功している（Howell et al., 1998)。ASSVdの除去は比較的容易で、4℃で3箇月休眠処理をした後、36℃～37℃、48日間温熱処理し、茎頂（約2～4 mm）をin vitroで培養して育成したバージニアクラブ台木に接木することでASSVdを除去できると報告されている（Desvignes et al., 1999b)。一方、リバビリンによる化学療法は10～20μg/mLでは効果がなく、30 μg/mLでも2.8%と低率で、効果は限定的であった（Hu et al., 2022)。

ナシでは、4時間ごとに30℃と38℃を繰返す温熱処理、あるいは、7日間、22℃（8時間）と－1℃（16時間）を交互に繰返す低温処理で低温硬化させた後、4℃の冷蔵室で保管し、49～55日後、茎頂（約0.5mm）を切り出して培養し、苗木に生育させるという方法が行われている。温熱処理区では86%、低温処理区では85%からASSVdが除去された。因みに、対照区（22℃一定）でも17%がASSVd陰性になったという（Postman & Hadidi, 1995)。

ナシとモモでは、冷温療法（4℃、30日間）や温熱療法と茎頂培養に化学療法を併用してHSVdのフリー化が検討されている。In vitroでの温熱療法は効果がなく、冷温療法（4℃、1～3箇月）はモモとナシでそれぞれ5%～18%の効率で感染植物体からHSVdを除去できた。リバビリン（Virazole®）は10～30mg/Lの濃度で、ナシでは5%～40%、モモでは18%～41%のHSVdフリー化効果が得られた。核酸アナログのチオウラシルも10～30mg/Lで、ナシでは10%～30%、モモでは10%～18%のHSVdフリー化効果がみられた（El-Dougdoug et al., 2010)。

ホップ:栽培品種の多くがかつてはApMVやHLVなど様々なウイルスに高率に重複感染していたが、熱処理と茎頂培養を組合せてホップモザイクウイルスなどをフリー化できることが報告された（Adams, 1975)。Kuboらはリング&バンドパターンモザイクと呼ばれるウイルス病や矮化病に感染しているホップから熱処理（35℃、1～2週間）と茎頂培養でフリー化を試み、ウイルス症状は茎頂

0.5～1.0mmを培養することで容易に除去できるが、矮化病は茎頂0.3～0.5mmを培養しても除去効率は低かったと報告している（Kubo et al., 1975）。Momma & Takahashiは、電子顕微鏡によるHSVd感染ホップ茎頂部分の超微細構造の観察から、茎頂の0.2mmの頂端ドームと頂部2対の葉原基には特段の細胞変性はみられないが、第3対目の葉原基では細胞壁が湾曲し、厚さが不規則な部分があること、また、HSVd感染ホップの若い芽の先端程HSVd濃度が低く、頂端部0.2mmは実質的にHSVdが検出されなかったことから、HSVd感染ホップから129個の茎頂部を切り取って培養し、再生した55個体のうち3個体がHSVdフリーであることを確認している。切り取る茎頂が小さいほどフリー化効率は高く、頂端ドームと2～3対の葉原基を含む厚さ約0.2～0.3mmの茎頂の培養でフリー化が可能だった（Momma & Takahashi, 1983）。HLVdのフリー化も試みられており、感染ホップを冷暗所（2℃～4℃）で数箇月間保存した後、茎頂培養すると、栽培種6品種と花粉用雄株から育成した合計77個の再生個体のうち28個体からHLVdが除去された（Adams et al., 1996）。

3　診断

3-1　診断法の変遷

植物検疫や栽培現場の種苗管理において、ウイロイドの侵入・定着・流行を防ぐ最も実効性のある手段は診断である。ジャガイモやせいも病の初期の研究から、外観の良いジャガイモを選抜し種芋として植え付けても数年後にはやせいも病が発生することが知られていた。選抜した時点で既に感染していたと考えられる。ウイロイドが発見された当時、その検出・診断はもっぱら生物検定に頼っていた。感受性の高い指標植物を見出すことが病原の性状を明らかにするための鍵であり、初期の診断・防除に大きな役割を果たした。感受性の高い宿主の発見により、それまで数箇月から場合によっては1年以上の歳月を要した診断は、数週間から数箇月に短縮され、弱毒株や発症前の外観健全感染株の見逃しも減り、診断の速度も精度も格段に向上した。ウイロイドは外殻タンパク質に包まれない小さなRNAであるため、ウイルス病診断で用いられる血清診断が利用できず、電子顕微鏡観察もウイロイド分子の環状性の解明に決定的役割を果たしたが診断法としては有効ではなかった。しかし、1970年代の半ばにゲル電気泳動法が取り入れられ診断時間は試料の調製を含め数日にまで短縮された。1980年代になると遺伝子配列の類似性を解析する技術であった核酸ハイブリダイゼーション法が応用され、より迅速で多検体の診断が可能になった。1980年代の後半からは、試験管内で特定の遺伝子断片を増幅するPCR（polymerase chain reaction）法の開発普及によりPCRをベースとした様々な技術が考案され、ウイロイド診断にも利用されるとその検出感度と精度は格段に向上した（Hataya, 1999）。さらに、2000年代の後半からは、次世代シークエンサーによる網羅的な遺伝子解析技術が発達し、加速度的に増加を続ける大量の遺伝子情報とその解析技術の進歩を背景に、より広範で多様な生物種を対象に、既知のウイロイドだけでなく、未知のウイロイド種やウイロイド様RNAの探索が行われるようになってきている。このような最新の診断技術の実践には、高度な機器や高価な試薬、そして十分に訓練を受けたスタッフを必要とするが、社会のデジタル化が加速する中で世界中の検疫や診断の現場で導入に向けた検討が始まっている。

3-2　生物検定

ウイロイド感染で作物に生じる病徴は必ずしも典型的なものだけとは限らず、温度や光などの環境条件、品種の感受性、肥培管理条件、さらにはウイロイド系統の違いなどにより、ほぼ無症状や軽症から重症まで様々である。特に、作物の種類によっては、ウイロイドに感染してから発病するまでに長い年月を要する場合があるし、一般の栽培現場では複数の病原が混合感染しているケースも珍しくない。このような場合はそのウイロイド種に感受性で、明瞭且つ特徴的な病徴を顕わす植物種あるいは品種に接種して確認する生物検定法（Bioassay）が用いられてきた。

主なウイロイドの指標植物を表4に示した。種子繁殖性の草本植物（トマト、キュウリ）、栄養繁殖性の草本植物（ギヌラ、キク）、多年生木本植物（シトロン、オレンジ、モモ、セイヨウナシ）など様々である。カンキツウイロイドの検定にはエトログシトロン、HSVdにはキュウリが用いられ、CEVdはギヌラ（写真18左）、カラタチ台木にピッティングを生じて衰弱させるcachexia病を起こす

表4　主なウイロイド病の指標（検定）植物と病徴

ウイロイド	指標植物	品種	症状	文献
PSTVd	トマト (*Solanum lycopersicum*)	Rutgers	矮化、葉巻	Raymer & O'Brien, 1962
CEVd	シトロン (*Citrus medica*)	Etrog	葉巻、エピナスティー	Calavan et al., 1964
	ギヌラ (*Gynura aurantiaca*)		葉巻、エピナスティー	Weathers & Greer, 1972
CSVd	キク (*Chrysanthemum morifolium*)	Mistletoe	黄斑、矮化	Keller, 1953
CChMVd	キク (*Chrysnthemum morifolium*)	Deep Redge, Bonnie Jean	黄斑、黄化	Dimock et al., 1971
HSVd	キュウリ (*Cucumis sativus*)	四葉	矮化、葉巻、縮花	Sasaki & Shikata, 1977 a
	マンダリンオレンジ (Parson's Special mandarin, Orlando tangelo), *Citrus macrophylla*	Parson's Special mandarin	gumming（粘質液溢出）、 茎ピッティング (cachexia 病)	Calavan & Christiansen, 1965
PLMVd	モモ（*Prunus spp.*）	GF-305	葉の白斑紋	Desvignes, 1976
PBCVd	セイヨウナシ（*Pyrus communis*）	A20、Fieud37	壊疽（葉柄）	Desvignes et al., 1999 a

特殊なHSVd系統の診断にはオレンジの一種‘Parson's Special mandarin’が使用される。

生物検定を行う場合、指標植物を栽培・培養する環境条件が重要になる。ウイロイドは一般に高温増殖性で、高温且つ強い光条件下で早く明瞭な病徴を顕わすので、温度と光条件を制御できる温室で実施する必要がある。PSTVdを北米（メリーランド州）でトマトに接種した時、初秋では10日で発病がみられたが、冬（11月～1月）では42日を要し（Raymer & O'Brien, 1962)、30℃～35℃で育てるとさらに発病までの日数を短縮できたという（Singh & O'Brien, 1970)。CPFVd、CEVd、HSVdでも30℃以上の高温の方が短期間で明瞭な発病が得られた（Van Dorst & Peters, 1974；Sänger & Ramm, 1975；Sasaki & Shikata, 1977 a)。ホップ矮化病（HSVd）のキュウリ検定は、25℃～30℃にコントロールされ補助ランプで日長を16時間程度に調整した条件で実施されている（Sasaki & Shikata, 1980)。しかし、CSVdやCChMVdの診断では21℃が適温で30℃以上の高温では病徴のマスキング（症状が出なくなる現象）が起こると報告されていることから、ウイロイドと指標植物の組合せによっては低い温度の方が好ましい場合もある（Hollings & Stone, 1973；Dimock et al., 1971)。光条件の重要性は、CSVdのキク品種

'Mistletoe' 検定で顕著にみられる。'Mistletoe' にCSVdを接種すると上葉にはっきりとした黄色い斑紋が顕われる（写真18右）。この症状は夏では顕著だが冬になると斑紋が小さくなり見にくくなる。冬季間は補助ランプで日長を16時間にして葉面の照度を2,000 footcandle（fc）にすると病徴が明瞭になる（Brierley et al., 1952）。

接種方法はオーソドックスな擦り付け接種（または機械的接種）や接ぎ木接種からアグロバクテリアを用いるアグロインフェクション法や金粒子にウイロイドを付着させて遺伝子銃で撃ちこむパーティクルボンバードメント法まで様々な手法が考案されている。汁液接種では葉にカーボランダム（600メッシュ程度）を振りかけてから擦り付ける方法、表皮が固い木本類の場合は新梢に汁液を垂らしてカミソリで何度も細かく切りつける切付接種（razor slashing）などが行われる。CCCVdはヤシ類に宿主が限られていて、ヤシ類の特性上接ぎ木接種をすることができない。組織が固くて汁液接種も困難なため、切付接種と高圧で接種液を組織の中に注入する高圧注入法を併用する方法が考案されている（Randles et al., 1977）。指標植物の生育ステージも重要で、トマトやキュウリなどの実生を用いる場合、発芽数日後の子葉に接種すると効率的である。

トマト 'Rutgers'（PSTVd検定植物）：ジャガイモやせいも病は1920年代から発生が報告され、病葉の汁液や接ぎ木で伝染することからウイルス性の病気と考えられていたが（Schultz & Folsom, 1923；Goss, 1926；1930）、長い間、病原"ウイルス"は不明であった。病気の診断や病原を探索するための指標植物が知られていなかったことが病原究明の障害になっていた。ジャガイモは栄養繁殖性の作物で、ジャガイモX、Y、S、Mなどのウイルス、あるいはYellows-type"ウイルス"など、様々なウイルスとウイルス性病原に重複感染していることが珍しくなかった。そのため、診断と病原の特定は容易ではなく、他の原因による類似の病気と混同されていたケースもあった。MacLachlanは、接ぎ木接種と**ネナシカズラ（*Cuscuta gronovii*）接種法**を使って、ジャガイモやせいも病"ウイルス"をジャガイモから、ジャガイモ、トマト、ニチニチソウ（*Catharanthus roseus*）に伝染させたと報告し、ジャガイモに生じた症状がアスターイエロース（Aster Yellows；和名：アスター萎黄病）によるものと類似していたことなどから、ジャガイモやせいも病にはYellows-type"ウイルス"が関連していると結論付けた（MacLachlan, 1960）。しかし、アスターイエロースに代表されるYellows-type“ウイルス”病と総称されたものは、難培養性細菌の一種Phytoplasma（旧名；mycoplasma-like organisms；MLO）が病原であることが後に明らかにされており（土居ら、1967）、やせいも病の病原ではなかった。

Raymer & O'Brienは、米国農務省のシュルツコレクション（Schultz collection）に収蔵されているunmottled curly dwarf strain（葉の斑紋を伴わない矮化葉巻系統;後にPSTVdの強毒系統と判明）と呼ばれる分離株を含む5つのspindle tuber株を、アスターイエロースやジャガイモてんぐ巣（後に共にPhytoplasma病であることが明らかにされている）の宿主として知られていたトマト‘Rutgers’などに接ぎ木と汁液で接種した。シュルツコレクションは、米国に発生する15種類（系統を含む）のジャガイモウイルスを集めたもので、1910年代の後半から40年間にわたり外部からウイルス等が混入することがないように注意深く維持管理されてきたウイルスコレクションである（Webb, 1958）。その結果、接種後20日（接木接種）～30日（汁液接種）で、トマト植物に著しい発育不全が起こり、葉のエピナスティーと斑紋症状が顕われた。接種後に伸長した小葉には軽い葉面の隆起（凹凸）がみられ、主脈と側脈に軽度の壊疽が発症した。ただ植物体が枯死することはなかった。これらの症状は既知のウイルス（X、Y、S、M）やYellows-type“ウイルス”（アスターイエロース、ジャガイモてんぐ巣）の症状とは明らかに異なっていた。また、発症したトマトの汁液をジャガイモ（品種‘Saco’）に戻し接種したところ、いくつかの感染区のジャガイモでは葉の葉脈透過と軽度の隆起が顕われ、全ての感染区の個体から細長く紡錘形で“目（新芽が出てくる窪み）”が飛び出した典型的な“spindle tuber（やせいも）”症状を示す塊茎が得られた（Raymer & O'Brien, 1962）。接種されたジャガイモ品種‘Saco’はX、S、Aウイルスに免疫性で、やせいも病“ウイルス”に感染してやせいも病を発症した‘Saco’はウイルス抗体を用いた血清診断によりX、Y、S、Mウイルスに感染していないことが確認された。すなわち、やせいも病の病原がトマト‘Rutgers’に伝染し、特徴的な症状を示すことが判明した。

Fernowらは、トマト‘Rutgers’を指標植物として圃場のジャガイモやせいも“ウイルス”を診断することを試みている。しかし、当初、得られた結果は全く満足できるものではなかったという。やせいも“ウイルス”に感染していることがわかっているジャガイモから得られた塊茎を、フロリダ州とニューヨーク州（Ithaca）で、トマトに接種して検査した結果、フロリダ州の検査では291検体のうち231（79%）が陽性と判定されたが、ニューヨーク州の検査では233検体のうち、陽性と診断されたのはわずか31（13%）に過ぎなかったのである。トマト検定は検出感度が十分ではないと考えられた（Fernow, 1967）。しかし、原因を分析した結果、検定条件の違いや環境条件の違いではなく、やせいも“ウイルス”に強毒型と弱毒型があるためとわかってきた。強毒型に感染した場合は、24℃程度の栽培条件下で、接種後10～20日程度で節間が短縮し、激しいエピナスティー、葉の下垂と葉巻や小型化が顕われ、さらに5～7日程度遅れて茎・葉柄・主脈に激しい壊疽が生じた。また、このような激しい症状が顕われた後で新たに伸長した葉では症状が若干軽くなった。一方、弱毒型に感染した場合は、病徴の発現がゆっくりで症状は極めて軽く、若干上葉がねじれたり生育が遅れたりする程度で、熟練した観察者でないと感染に気付かないほどだった。すなわち、トマトを指標植物とした前述の診断で検出感度が低かった原因は、弱毒型の症状を見逃していたためと考えられた。彼らは当時、植物ウイルスの強毒株と弱毒株の間の相互作用として知られていたクロスプロテクションを応用して、やせいも“ウイルス”の弱毒型と強毒型の間でもクロスプロテクションが起こることを観察した。予め弱毒型を接種したトマトに強毒型を接種しても、強毒型の感染が阻止され、弱毒型の症状しか観察されなかったのだ。そこで彼らは診断法の改良を試み、2重接種法（double inoculation test）を考案した。まず2本のトマト植物に被検ジャガイモから調製した汁液を擦り付け接種し、そのうちの1本には強毒型をチャレンジ接種（再度接種すること）し、もう1本はチャレンジ接種なしにそのまま経過を観察する。もし被検ジャガイモが強毒型に感染していれば、2本とも強毒型の症状が顕われる。もし被検ジャガイモが弱毒型に感染していれば、強毒型をチャレンジ接種した方は弱毒型の症状のままとなる。また被検ジャガイモが健全だった場合は、チャレンジ接種した方に強毒型の症状が顕われ、もう一方は健全のままのはずである。この診断法により、検出精度は改善され、特に弱毒型の症状が顕われにくい冬季間の診断に効果があった（Fernow, 1967；Fernow et al., 1969）。

‘Rutgers’はその後、PSTVdの指標植物として、診断だけでなく、ウイロイドの病原性や病徴発現、そしてウイロイド－宿主相互作用を分析するため重要なツールとして基礎研究にも広く利用されている。'Rutgers' はPSTVd以外のポスピウイロイドにも感受性で、矮化や葉巻、葉脈壊疽などの症状を顕わす。一方、PSTVdに感染してもほとんど病徴を示さない耐性のトマト品種として 'Moneymaker' が知られている。検定には向かないが、形質転換（遺伝子操作）系が確立していることから、RNA干渉等で特定の遺伝子発現を抑制し、その機能を解析する実験などに利用されている。また 'Heinz 1706' は全ゲノムが解読され、今後ゲノムベースの研究への利用が期待される。

感染価指数（Infectivity Index）：Dienerらは、トマト 'Rutgers' を指標植物として、"ウイルス"粒子が見つからないやせいも病の病原をその感染力だけを頼りに探索し、ウイロイドを発見した。探索の過程で、通常のウイルスが沈殿する遠心力ではやせいも病の病原因子は沈殿しないことがわかった。そこで、ウイルスを精製するための常套手段であったショ糖密度勾配遠心分離やより低分子の核酸の分離・分析に用いられていた電気泳動法で、病汁液抽出物あるいはそれをフェノール抽出して得た核酸溶液を分画し、どの分画に感染力があるか、'Rutgers' を指標植物として分析した。ただ、通常、このような分析方法では、感染力はいくつかの分画に広く分散する傾向があったため、感染力の有無だけでなく感染力の強さを相対的に定量化する必要があった。ウイルスの感染力を生物検定で定量化する方法に、局部病斑（local lesion）宿主の利用がある。Wendell Stanleyは、タバコモザイクウイルス（TMV）を精製して結晶化させる過程で、抽出液をTMVの局部病斑宿主グルチノーサタバコ（*Nicotiana glutinosa*）やインゲンマメ（'Early Golden Cluster bean'）などに接種し、精製が進むにつれて感染力が濃縮され、最終的に得られた針状結晶は病汁液の100倍以上の感染力を有していることを確認し、TMVが結晶化されたことを示した（Stanley, 1935）。しかし、1960年代Dienerらがジャガイモやせいも病の病原因子の研究を開始した当時、ジャガイモやせいも"ウイルス"の局部病斑宿主は知られていなかった（次項 *Scopolia sinensis* を参照）。そこで考案された方法が「感染価指数」である。ジャガイモやせいも病の病原はトマトに感染し特徴的な病徴を顕わすが、病徴が顕われるまでの潜伏期間は病原の濃度に依存し、病汁液の原液を接種した時は約12日だったが、感染力を示す限界まで希釈（12,800倍）すると約

23日になり、40日かかる場合もあった（Fernow, 1967）。Dienerらは、分画した試料の希釈液シリーズ（10倍希釈、100倍希釈、1,000倍希釈）を作り、それぞれを複数（5～10）本のトマトに接種し、個体ごとに発病までの日数を記録した。そして、潜伏日数に希釈指数を乗じた値をその個体の感染価とし、全個体の感染価の総和をその分画の感染価指数として相対的に比較する方法を考案した。例えば、10倍希釈液で15日後に発病したら1 × 15で感染価は15、1,000（10^3）倍希釈液で25日後に発病したら3 × 25で感染価は75となる。このようにして、最も感染力の高い分画、すなわち病原因子が最も高濃度に存在する分画を特定することができた（Diener, 2003）。

局部病斑宿主（シネラリアと *Scopolia sinensis*）：1970年代になり、CSVdとPSTVdで"局部病斑"宿主が発見された。CSVdをシネラリア（*Senecio cruentus*）に接種し、18℃～28℃で2,000fc以下の照度で栽培すると、12～18日で接種葉に細かい黄斑と壊疽斑が顕われ、発病前にデンプン粒（local starch lesion）の蓄積がみられた。日長時間18時間、500fc、21℃一定が最適条件だった（Lawson, 1968）。デンプン粒は点状に観察されることから、局部病斑のように扱えないか検討された。しかし、植物体による個体差が大きく、同一個体でも葉位による変動が大きいことから少量の定量的差異を検出することは難しいと考えられた。また、PSTVdをナス科植物の *Scopolia sinensis* に接種すると強毒型で7～10日、弱毒型で10～15日で接種葉に暗褐色の局部壊疽病斑が生じることが発見された。病斑の形成は温度に敏感で22℃～23℃の生育温度が最適で、28℃～31℃では局部壊疽病斑の形成はなく全身病徴になった（Singh, 1971；1973）。また、強毒型を接種した時、多数の局部壊疽病斑を生じた接種葉は黄化や壊疽を起こして落葉し、局部壊疽病斑が出てから10～15日後、新しい葉に全身性の葉脈壊疽と壊疽斑点、葉全体の黄化が顕われ、落葉した。つまり、*S.sinensis* の接種葉に生じる壊疽病斑は抵抗性遺伝子による過敏感反応で生じるものとは異なるメカニズムによるものと考えられた。*S.sinensis* の局部壊疽病斑は発病までに日数がかかるとはいえ、強毒型だけでなく弱毒型でも同様に生じること、病斑の数は接種源の希釈段階に応じて減少すること、さらに、植物体から切り離した葉に接種しても病斑が生じることなどから、PSTVdの診断に有効と考えられた。しかしその後、以下に述べる様々な分子生物学的分析方法が発達し、実用にはほとんど利用されることはなかった。

3-3　電気泳動

PAGE：1960年代、まだウイロイドが発見される前、米国のジャガイモ栽培圃場ではやせいも病の弱毒型がかなり蔓延しているものと考えられていたが、症状が全くあるいはほとんど顕われないことから目視による診断が困難でほとんどが見逃されていた。前述のように、弱毒型を検出するために2重接種法が開発されていたが、診断に6～8週間という長い日数を要するため、満足のいくものではなかった。PSTVdが発見され、それが低分子量のRNAであることが判明するとMorris & WrightはPAGEを利用してこの問題を解決した。検体試料から抽出したRNAを5%PAGE（TAE緩衝液；トリス－酢酸ナトリウム－EDTA）で分離し、トルイジンブルー O（0.01%）で核酸を染色してPSTVdの特異的バンドを検出したのである。診断は2～3日で済み、強毒型だけでなく弱毒型も検出でき、検出されるバンドの濃さでPSTVd濃度を知ることもできた。この方法は、冬期間に発芽させたジャガイモの芽を用いても診断が可能だったことから、冬場の農閑期に定期的に種イモのPSTVdを検査することで、無病種イモの認証プログラムに利用できると提案された（Morris & Wright, 1975；Morris & Smith, 1977）。また、ジャガイモでもトマトでも強毒型・弱毒型にかかわらず発病前から検出可能で、トマトでは発病の4～8日前に検出することができた。キクのCSVdの検出にも有効で、50mgの感染組織から検出可能で、診断の信頼性はCSVd指標キク品種‘Mistletoe’による生物検定と同等と評価された（Mosch et al., 1978；Horst & Kawamoto, 1980）。アボカドサンブロッチ病も、それまでアボカドに接種して発病を観察する生物検定で3～24箇月もかかっていた診断がPAGE検定により2日に短縮された（Desjardins et al., 1981；Utermohlen & Hhr, 1981）。なお、PAGE検定では十分な解像度を得るために、電気泳動で分析する試料からゲル中の移動を阻害する多糖類などの粘質物質や検出の邪魔になる色素などをできるだけ除去する必要がある。キクでは、ホウ酸－硫酸ナトリウム－SDS－LiCl緩衝液（pH 9）で抽出した後、フェノール／クロロホルムで核酸を抽出し、蒸留水に対して透析して色素を除去すると効果があったと報告されている（Horst & Kawamoto, 1980）。また、植物中にはウイロイドと類似したサイズ（沈降定数7S～

9S）の RNA が存在し、ウイロイドと同じ位置に泳動されることがある。HSVd では、ゲル濃度が 5％と 10％の時 HSVd はそれぞれ約 9S と 7S の RNA のバンドと同じ位置に泳動されて特異的バンドとして検出されなかったが、7.5％では 7S と 9S のバンドの間、15％ではそれらの下に移動して特異的バンドとして検出可能だった（Yoshikawa & Takahashi, 1982；Ohno et al., 1982；Uyeda et al., 1984）。つまり、ゲル濃度の上昇とともに HSVd の相対的移動度が見かけ上速くなる。高度に折りたたまれたウイロイド分子の特性による現象と考えられる。

R-PAGE、2D-PAGE、sPAGE：上記の電気泳動法は健全対照には存在しないバンドを見出すもので、ウイロイドに特異的な検出方法ではなかった。一方、ウイロイドは環状 1 本鎖 RNA という特異な分子構造を有し、類似の RNA はソベモウイルス属（*Sovemovirus*）の一部に付随するサテライト RNA（ウイルソイド）や B 型肝炎ウイルスに付随する肝炎 δ ウイルスゲノムなどに限られていた（第Ⅴ章 3）。そこで、環状 1 本鎖 RNA を特異的に検出する PAGE 法として、リターン（Return）-PAGE（R-PAGE）（Schumacher et al., 1986；Singh & Boucher, 1987）、2 次元（Two dimensional）-PAGE（2D-PAGE）と 2 方向性（Bi-directional）-PAGE（Schumacher et al., 1983）、連続（Sequential）-PAGE（sPAGE）（Flores et al., 1985）が開発された。いずれの方法も、ウイロイド RNA を常温・未変性状態（棒状分子）で泳動する第 1 電気泳動と、加熱または 8M 尿素存在下の変性状態（開環状分子）で泳動する第 2 電気泳動を組合せ、植物の多様な RNA 分子種（線状）からウイロイド環状 RNA を分離検出する方法である。1 回目の常温未変性条件の泳動ではウイロイドは分子内で高次に相補結合を形成したコンパクトな棒状構造をしており、同様のサイズの植物由来の核酸より速く移動する。一方、2 回目のゲル電気泳動は、泳動緩衝液を希釈してイオン強度を下げたり、加熱して温度を上げたり、あるいは高濃度（通常 8 M）の尿素をゲルに含ませて高電圧で電気泳動して核酸を変性条件下で泳動する。この条件で、ウイロイドは分子内相補結合が可逆的に離れて拡がった環状構造に変化し、植物由来の線状の核酸に比べて移動度がずっと遅くなり、植物核酸と分離することができる。1 回目と 2 回目のゲル電気泳動の方向が逆向き（R-PAGE、双方向-PAGE）か、横向き（2D-PAGE）か、あるいは同じ（sPAGE）かで 3 種類の PAGE に分けられる（図 49）。

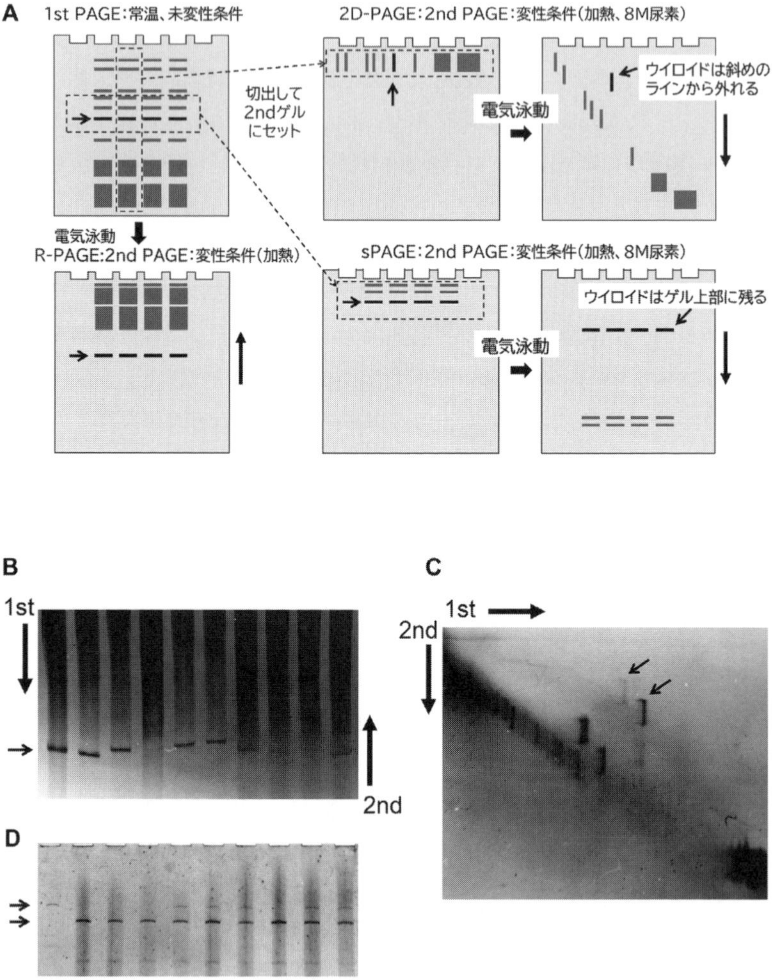

図 49　ウイロイド検出のための電気泳動法の模式図と実例．A：模式図、 B：リターン-PAGE　C：2D-PAGE　D：連続-PAGE。長い矢印は電気泳動の方向を示す。1st：最初の電気泳動、2nd：2 回目の電気泳動。短い矢印はウイロイドの環状 1 本鎖 RNA の位置を示す。

これらの方法はウイロイド配列の違いに依存しないで、ウイロイドに特徴的な環状1本鎖RNAを特異的に検出できることから、既知のウイロイドの診断だけでなく未知のウイロイドやウイルソイドなどの環状サテライトRNAの検出にも有効な方法である。これらのPAGE分析法はカンキツ類、ブドウ、観葉植物コリウスなど、複数のウイロイドが混合感染している植物の新規あるいは既知ウイロイド種の検出、診断・同定に威力を発揮した。

R-PAGEは双方向-PAGE（Schumacher et al., 1983）を改良した方法である。使用するポリアクリルアミドゲルの濃度は5％～7.5％、アクリルアミドとビスアクリルアミド比は48.8:1.2、緩衝液はTBE（89mMトリス－89mMホウ酸－2.5mM EDTA、pH8.3）で、最初の電気泳動は室温未変性条件で行い、ウイロイドがゲルから流れ出る直前（マーカー色素；ブロモフェノールブルーがゲルの下端から流れ出るまで）に、一旦電気泳動を中断する。2回目の泳動は、TBE緩衝液を1/8倍に薄めて加熱（通常80℃以上）したものに交換し、10分程度放置してゲル中の核酸を変性させる。電場の極性を1回目と逆向きに変更して電気泳動を再開し、ゲル内の全ての核酸を逆方向に移動させる。なお、1回目の電気泳動は150～250V程度の電圧で行い、2回目の電気泳動は450V程度の高い電圧で行う。2回目は高圧にすることでゲル中に熱が発生し核酸の変性がより効果的となる。加熱とイオン強度の低下による変性条件下で、ウイロイドは分子内塩基対を持たない環状1本鎖構造に変化する。変性して環状になったウイロイド分子は、同等の分子サイズの他の全ての線状核酸よりもはるかに遅くゲル内を移動するため、他の植物由来の核酸の末端のさらに後ろに取り残され、孤立したバンドとして検出できる（図49A、B）（Schumacher et al., 1986）。興味深いことに、若干の塩基配列の違いに基づく立体構造の違いで移動度に差があらわれるため、PSTVdの強毒型は変性条件下での移動が弱毒型より遅く、検出と同時に強毒型と弱毒型の識別も可能だった。交差防御を利用した2重接種法では数週間かかった検査が数時間に短縮できた（Singh & Boucher, 1987）。R-PAGEはゲノム塩基配列の違いに関わらずウイロイド分子に固有の性質を利用して検出するため、量が検出限界以上であればあらゆるウイロイドに適応できる。簡便な試料調製方法を用いれば、分析に必要な時間は5～8時間未満に短縮でき、組織1g当たり0.8～60ng（ナノグラム；10^{-9}g）という低濃度でも、放射性同位元素や有機溶媒そして高価な実験装置を使用せずに検出することができる。実際に、ジャガイモのPSTVdの外、ホップとスモモのHSVd、カンキツ類のCEVd、リンゴのASSVdなどの検出に利用され、植物検疫の場で苗木や母株の検定への利用が検討されたこともある（Li et al., 1995；浅井ら、1998；Roenhorst et al., 2000）。

2D-PAGEは、最初の電気泳動に5％～7.5％ポリアクリルアミドゲル（アクリルアミド：ビスアクリルアミド比39:1）とTBE緩衝液を使用し、室温未変性条件で行う。マーカー色素ブロモフェノールブルーがゲルの下端まで来たら電気泳動を止め、サンプルが流れたレーンを短冊状に切り取る（図49A）。2回目の電気泳動は、8M尿素を含む5％～7.5％ポリアクリルアミドゲルを使用し、それ以外は1回目と同じである。2回目のゲルを作成する時、短冊状に切り取った1回目のゲル片を泳動方向に対して垂直になるようにゲルの下端にセットし、その上から2回目のゲルを注ぎ込む。ゲルが重合したら電流を下から上に流れるように設定して2回目の電気泳動を開始する。R-PAGEと同様、1回目の電気泳動は150～250V程度、2回目の電気泳動は450V程度に高くする。1回目のゲルに残っているマーカー色素がゲルの上端まで移動したら電気泳動を止め、染色してウイロイドのバンドの有無を確認する。2回の電気泳動で核酸は2次元に展開され、植物由来の線状核酸はゲルの対角線上にバンドを形成する。一方、ウイロイドの環状分子は2回目の電気泳動での移動が遅れ、対角線上から大きく外れた位置に検出される（図49C）。植物材料から試料の抽出を始めてバンドを検出するまでに必要な時間は8時間未満で、60ng/g組織という低いウイロイド濃度まで検出できる（Schumacher et al., 1983）。後述するノーザンハイブリダイゼーションより検出感度は低いが検出時間の短さでメリットがある。2D-PAGEは平板状のスラブゲルで行われるが、2次元に展開して検出するため、1枚のゲル電気泳動で1つの試料しか分析できない。R-PAGEではレーンの数だけ分析できるので、それに比べると多検体の診断には不向きである。しかし、複数のウイロイドが重複感染しているコリウスのウイロイドでは、同時にサイズの異なる複数のウイロイド種のバンドを検出できるので新規ウイロイドの発見に威力を発揮した（Hou et al., 2009a；2009b；Tsushima T & Sano, 2015）。

sPAGEも基本的な原理はR-PAGEや2D-PAGEと同じで、1回目は室温未変性、2回目は尿素等による変性条件で行なう（Semancik & Harper, 1984；Flores et al.,

1985)。1回目と2回目の電気泳動の方向は同一で、1回目のゲル電気泳動終了後、ゲル片をそのまま2回目のゲルに乗せる方法とゲル片から核酸を溶出・回収して2回目のゲルに乗せる方法などいくつかの変法がある（図49A、D)。最初の電気泳動は15%ポリアクリルアミドゲル（39:1）とTAE緩衝液（40mMトリス－酢酸ナトリウム－1mM EDTA、pH6.5）を使用し、室温未変性条件（150～250V）で泳動する。マーカー色素（ブロモフェノールブルー）がゲルの下端まで来たら泳動を止め、臭化エチジウムで染色してウイロイドが泳動される部分をゲルから切り出す。ゲルからRNAを抽出する場合は、ゲル片をカミソリで1mm程度に細かく刻み、溶出用緩衝液（0.5M酢酸アンモニウム、0.1%SDS、1mM EDTA）に浸して一晩振とうして核酸を回収する。2回目のゲル電気泳動は、8M尿素を含む5%～7.5%ポリアクリルアミドゲル（39:1）とTBE緩衝液を使用する。ゲル片から回収した核酸を2回目のゲルに乗せ、電気泳動(450V）を行う。sPAGEには1回目と2回目の泳動緩衝液が異なるため2回目に乗せた試料がゲルに入る際に濃縮されバンドがシャープになるメリットがあり、わずかな塩基数の違いも識別して検出できる（Rivera-Bustamante et al., 1986)。Itoらは、sPAGEで日本のカンキツから多数のウイロイド様RNAを検出・分離し、塩基配列を解読し、それらがCEVd、CBLVd、CDVd、HSVd、CBCVd、CVd-OSであることを明らかにした（Ito et al., 2002a)。

銀染色（Silver staining）:電気泳動で分離したウイロイドの検出に使用される染色剤はトルイジンブルーOから臭化エチジウムに代わったが、R-PAGEや2D-PAGEの普及と共に、より高感度の銀染色法が用いられるようになった。銀染色法はタンパク質や核酸（DNAやRNA）などポリペプチドを染色して可視化する方法で、ポリペプチドの反応中心と銀が結合して錯体を生じる錯化反応を利用している（Sammons et al., 1981)。結合した硝酸銀を金属銀に還元することでタンパク質やRNAなどの核酸を可視化する。電気泳動後、ゲルを酢酸－エタノール溶液に浸して核酸をゲルに固定し、硝酸銀溶液に30分ほど浸して振とうしながら平衡化する。新しい容器に移して、水酸化ナトリウム－水素化ホウ素ナトリウム－ホルムアルデヒドを含む還元溶液に入れて銀の還元反応を開始させる。還元溶液中でゲルを5分程度ゆっくり振とうすると核酸やタンパク質が茶色（薄い）～緑褐色（濃い）に染色されてバンドとして見えてくる。ただし、ゲル本体も時間とともに全体が薄黄色に染まり、染まりすぎると暗くなりバンドが見にくくなるので、適切な時間を見計らって新しい容器に移して、炭酸ナトリウムの溶液に漬けて還元反応を停止させる。最後にライトボックスの上においてバンドの有無を観察する。

核酸の染色に最も一般に使用されてきた臭化エチジウムはDNAの2本鎖やRNAの高次構造の隙間に挿入されるインターカレーターで、紫外線を当てると赤橙色の蛍光を発する。R-PAGEや2D-PAGEはRNAを加熱あるいは尿素やホルムアミドなどで変性して検出するためRNAの高次構造が失われ、臭化エチジウムの検出感度は低下する。それに対し、銀染色は構造の影響を受けない点でもメリットがあり、1 ng以下のPSTVdを検出できる（Colpan et al., 1983）。

3-4　核酸ハイブリダイゼーション

ハイブリダイゼーション法：1980年代初めから核酸ハイブリダイゼーション法がウイロイドの検出診断法に取り入れられた。ウイロイドは外被タンパク質を持たず又それ自体では抗原性を示さないため、特異的な抗体を作成することができず、血清診断法が使えない。そこで、試験管内でウイロイドRNAから逆転写反応で作成したcDNAをプローブとして検出する方法が考案された。PSTVd感染ジャガイモから抽出した核酸溶液をニトロセルロース膜に滴下して固定し、放射性同位元素 ^{32}P で標識したPSTVdのcDNAとハイブリダイズさせ、オートラジオグラムで検出するドットブロット（dot-blot）法（Owens & Diener, 1981）、ASBVd感染アボカドから抽出した核酸と ^{32}P で標識したASBVd cDNAを溶液中でハイブリダイズさせ、放射性シンチレーターでハイブリッドを計測する方法（Palukaitis et al., 1981）などが報告され、ウイロイドを配列特異的に迅速且つ高感度に検出・診断できることが示された。その後、被検植物から抽出した核酸をアガロースゲルあるいはPAGEで分離後にメンブレンに転写してからウイロイド特異的プローブと反応させてウイロイドの有無を調べる**ノーザンブロットハイブリダイゼーション法**あるいはRNAゲルブロット法、被検植物の切り口から出る汁液を直接メンブレンに押し付けるティッシュブロット（tissue-blot）ハイブリダイゼーション法やティッシュプリント（tissue-print）ハイブリダイゼーション法、そして感染植物の組織切片標本上でプローブと反応させてウイロイドの組織および細胞内局在性を分析するin situハイブリダイゼーション法などが開発され、ウイロイドの診断・同定から感染メカニズムを探る基礎研究まで様々な場面で利用されるようになった。固相支持体は当初ニトロセルロース膜が使用されていたが、強度に優れ、核酸吸着力が高く、ノイズも低いプラスチャージのナイロンメンブレンが使用されるようになった。

ドットブロット法は、簡易な方法で抽出した微量（数μl）の粗核酸溶液を固相支持体上の0.5～1 cm四方のマス目に滴下することで多検体を一括して診断できるので、既知ウイロイド病の発生調査などに効果的だった（Lakshman et al., 1986）。陽性／陰性はシグナル／ノイズ比により判定するため、非特異的な反応を抑える必要がある。そのため、滴下する試料溶液に健全組織由来の核酸を添加して非特異反応を抑えたり、ホルムアルデヒド（終濃度7.4%）を添加して変性（60℃、15分）することでシグナルを強くするなどの改良が報告された（Flores, 1986）。しかし、簡便な抽出方法とはいえ、検体数が多くなると核酸抽出に手間と時間がかかる。その点、ティッシュブロット法は検体の葉や茎の切り口を直接メンブレンに押し付けるだけなので、核酸等を扱う専門技術を有するスタッフや分析機器の揃っていない栽培現場での試料調製に大きな利点がある（Romero-Durbán et al., 1995）。勝部らは、岩手県内で栽培される小キク品種に発生したCSVdの発生調査と健全親株の選抜にティッシュブロット法を採用し、キク矮化病の防除対策に実効をあげている（勝部ら、2003）。

ノーザンブロットハイブリダイゼーション法は、より検出精度の高い分析方法として、ウイロイドの複製や病原性解析実験に使用され、新種あるいは新規ウイロイド変異体の検出・同定にも用いられている（Shikata et al., 1984）。ドットブロット法に比べ、ノーザンブロット法にはウイロイドの分子サイズに関する情報と塩基配列の類似性を合わせて評価できる利点があり、新病害や新宿主と特定のウイロイドの関連性を示すための研究では、最も信頼性の高い分析方法の一つになっている。

ティッシュプリント法（Stark-Lorenzen et al., 1997）とin situハイブリダイゼーション法は、感染植物組織や細胞中のウイロイドの所在を分析する実験に用いられる。in situハイブリダイゼーション法がウイロイドの細胞間、組織間、そして全身の移動に関与する構造モチーフの研究に威力を発揮したことは第II章（2-

1-3）に記載したが、ポスピウイロイドの増殖の場を明らかにする研究にも貢献した。Hardersらは、PSTVd感染トマトの葉組織から分離した核をスライドガラスに貼付け、ホルムアルデヒドで固定し、PSTVd cDNAをプローブとしてハイブリダイズさせ、PSTVdとその複製中間体（－鎖）が核のどこに存在するか顕微鏡で観察した。PSTVdの（＋）鎖を検出するプローブでも、（－）鎖を検出するプローブでも、最も強いハイブリダイゼーションシグナルは核小体にみられた。共焦点レーザー走査型顕微鏡で観察し、ハイブリダイゼーションシグナルの立体的な分布状態を再構築したところ、PSTVdは核小体の表面にも周辺部にも限定されず、核小体全体に均一に分布していること、すなわち核小体で増殖していることが示された（Harders et al., 1989）。

ナイロンメンブレンの代わりに、マルチタイタープレートの中でウイロイドとプローブをハイブリダイズさせ、検出する方法も考案されている。ウイロイドをホルムアルデヒドで変性してポリスチレン製の96穴マルチタイタープレートに吸着させ、DIG標識したウイロイドcRNA（次項【プローブ】を参照）をハイブリダイズさせ、後述のDIG抗体を用いた発色反応で検出する（Sano & Ishiguro, 1996）。植物ウイルスの診断ではELISAが広く普及しているので、本法は既存の設備と備品・技術を利用して多検体のウイロイドサンプルを半定量的に診断できるメリットがある。

CCCVdの診断にはRNaseプロテクションアッセイが使用されている。このアッセイ法は、プローブRNAを被検サンプルRNAとハイブリダイズさせ、RNaseで処理してハイブリッドを形成していない1本鎖の遊離のプローブを消化・除去する。被検サンプルRNA中に標的配列があれば、それとハイブリダイズしたプローブが分解されずに残るので、これをゲル電気泳動で分離後オートラジオグラム等で検出し、標的RNAの有無を判定する。この方法で、CCCVdに相補的なRNAプローブを使用し、CCCVdに感染したココヤシとアフリカアブラヤシから陽性シグナルが得られることが確認され、さらに、マレーシアで発生したオレンジリーフ病アブラヤシとスリランカのヤシにもCCCVdと類似したウイロイドが感染していることが明らかにされた（Vadamalai et al., 2006）。

プローブ：ハイブリダイゼーション法がウイロイドの診断に利用され始めた当初、ウイロイドのゲノムRNAを逆転写して作成したcDNAがプローブとして使用されていたが、T7やSP6RNAポリメラーゼを用いたin vitro転写系が開発されると、クローン化したウイロイドのcDNAをT7やSP6RNAポリメラーゼのプロモーター配列の下流に挿入し、試験管内で転写したウイロイドのcRNAがプローブ（リボプローブ；riboprobe）に用いられるようになった。cRNAプローブはcDNAプローブよりも感度が高く、1.4 pg（ピコグラム；10^{-12}g）のPSTVdまで検出できたという報告があり（Lakshman et al., 1986）、また別の論文ではPSTVdのcDNAプローブの検出限界が5～10 pgだったのに対し、cRNAプローブは1 pg以下まで検出可能だったと報告されている（Candresse et al., 1990）。

上記の実験には全長ウイロイド由来のcDNAやcRNAが用いられていたが、PSTVdの全長cDNAを6個（正確には6.2個）連結させて^{32}Pで標識したプローブが作成され、ドットブロット法で休眠中のジャガイモ塊茎のPSTVdを検定した結果、多量体プローブは単量体プローブよりも4倍検出感度が高く、0.5 pgのPSTVdを検出できることが明らかになった（Zekanowski et al., 1990）。以上の結果を基に、現在では、ウイロイドの全長配列を2個以上連結した多量体cRNAがプローブに使用されることが多い。

一方で、人工合成したオリゴDNAの利用も試みられている。ASBVdの中央保存領域の上鎖に相補的な17ヌクレオチドと20ヌクレオチド（Bar-Joseph et al., 1985）、あるいはPSTVdの中央領域上鎖に相補的な87ヌクレオチド（Wełnicki et al., 1989）のオリゴDNAプローブは、全長プローブとほぼ同程度の検出感度を有し、20pgのPSTVdを検出できたと報告されている。Sanoらは、HSVdとCEVdのそれぞれの中央保存領域と塩基変異がみられる領域に相補的な17～20ヌクレオチドの4種類のオリゴDNAプローブを合成し、ハイブリダイゼーションの温度条件と洗浄条件をコントロールすることで、ポスピウイロイドグループに属するPSTVd、CEVd、CSVdを同時に検出できるプローブ、CEVdだけを検出できるプローブ、HSVdのホップ、ブドウ、カンキツ、スモモ変異体を同時に検出できるプローブ、そしてブドウ変異体だけを検出できるプローブを開発した。この方法は、ウイロイド種や変異体の種類によらず全てを一括して検出する診断、あるいは特定の種や変異体だけを特異的に診断する目的に有効であった（Sano et al., 1988b）。

また、カンキツやブドウなど果樹類では、複数のウイロイド種が重複して感染しているケースが一般的で、診断には複数のプローブが必要になる。しかし、例えば増殖用のカンキツ類母樹のウイロイド認証プログラムでは、既知のウイロイドのどれか1種でも感染していればその母樹は破棄される。Cohenらは、カンキツ類に感染する4種類のウイロイド（HSVd、CEVd、CBLVd、CDVd）の全長cDNAクローンを連結したマルチプローブを作出し、4種を一括して診断する方法を開発した（Cohen et al., 2006）。種は同定できないが、感染樹を探し出すという実質的な効果は確保され、診断作業の省力化が達成できる。トマトに感染する6種類のポスピウイロイド（CLVd、PCFVd、PSTVd、TASVd、TCDVd、TPMVd）の診断には、6種に共通する高度に保存された61ヌクレオチドの長さの配列に基づくユニバーサルプローブを用いたドットブロット法で、中国の栽培トマトの大規模なウイロイド調査が実施され、いくつかのトマトから新たにPSTVdを検出することに成功している（Zhang et al., 2022）。簡便に多数のウイロイド種を一括して診断することは特に検疫の場などでは重要で（Pallás et al., 2018）、現在知られている8属37種のウイロイドを属レベルで検出するためのマクロアレイプローブの開発も試みられている（Zhang et al., 2013）。

標識－検出法：ドットブロットやRNAゲルブロットなどメンブレン上に固定した核酸は、当初放射性同位元素（^{32}P）で標識したプローブで、オートラジオグラフィーにより検出されていた。しかし、放射性同位元素の取扱いは管理区域内に制限されるため、一般的な診断法として普及させるためには非放射性物質で標識したプローブの開発が求められ、ビオチン（Biotin；Bio）やジゴキシゲニン（Digoxigenin；DIG）が用いられるようになった。cRNAプローブの場合はBio-11-UTPあるいはDIG-11-UTPを基質に加えてin vitro転写反応で取り込ませることによりcRNAを標識し、合成オリゴプローブの場合はビオチンやジゴキシゲニンで3′-末端を標識する。

Bio標識PSTVd cRNAプローブの検出限界は約5pgで^{32}P標識と同程度の感度だった（Roy et al., 1989；Candresse et al., 1990）。PSTVdとCSVdの共通配列に相補的な26ヌクレオチドの合成オリゴDNAの3′-末端をBio標識したプローブでは、0.65ngのCSVdとPSTVdまで検出できた（Meldraïs et al., 1992）。なお、Bio標識プローブは、ハイブリダイゼーション反応の後、ビオチンとアビジンの特異的結合反応を利用して、ストレプトアビジン－アルカリホスファターゼ（AP）

複合体またはストレプトアビジンとビオチン化APを反応させ、最終的にはAPにより発色基質（BCIP/NBT）あるいは発光基質（CDP-Starなど）を分解させて呈色反応あるいは化学発光反応に置換えて検出する。

DIG標識したPSTVd多量体cRNAプローブでは、検出限界は精製PSTVdで2.5pg、感染葉から抽出した粗抽出液で64～512倍希釈まで検出可能だった。これは、並行して比較した^{32}P標識プローブと同程度の検出感度だった（Welnicki & Hiruki, 1992）。DIG標識cRNAプローブはASSVdの検出にも利用され、精製ウイロイドは2.0～2.5pgまで、ASSVd感染組織から抽出した全核酸溶液は1,000倍希釈まで検出できた（Podleckis et al., 1993）。DIG標識プローブはAP標識したジゴキシゲニン抗体と抗原抗体反応させ、最後はBio標識プローブと同様、呈色反応か化学発光反応で検出する。また、ハイブリダイゼーション反応後に、2倍SSC溶液中（0.3M塩化ナトリウム－0.03Mクエン酸ナトリウム、pH7.0）でRNase Aを処理して標的ウイロイドとハイブリッド（2本鎖RNA）を形成していないプローブ（1本鎖RNA）を消化除去し、バックグランドノイズ（非特異的反応）をほぼ完全に抑える処理が考案され、一段と特異性が高まった。現在、DIG標識cRNAプローブはハイブリダイゼーション法によるウイロイド検出法として最も一般的に使用されている。

Nakaharaらは PSTVdに相補的な5種類のビオチン化合成オリゴDNAプローブを設計し、DIG標識cRNAプローブと比較した。合成オリゴDNAプローブは単独では感度が低かったが、5つを混合することで感度が向上し、7.8pgの精製PSTVdを検出することができ、DIG標識cDNAプローブと同程度の検出感度だった（Nakahara et al., 1998b）。

3-5　アプタマー

アプタマーとは、標的となる生体分子の立体構造を特異的に認識して結合する核酸オリゴマーで、抗体が抗原の高次構造を認識して結合するように、核酸オリゴマーが配列依存的に折りたたまれ特異な分子構造を形成し、標的分子と結合する。アプタマーは、試験管内選択法（SELEX法；Systematic Evolution of Ligands by Exponential Enrichment）と呼ばれる方法でランダムな配列を有するオリゴヌクレオチド集団の中から、標的生体物質との混合―結合―洗浄―PCR

増幅を複数回繰り返して選抜する。Kaponi らは、ウイロイドと結合するアプタマーを開発することを目指し、アプタマー選抜の中核技術となる PSTVd を標的とした SELEX 法の最適化を検討している。これまでに 30 ヌクレオチドのランダムなオリゴヌクレオチド集団の中から PSTVd と結合性を有する複数のアプタマー候補分子を選抜することに成功しており、今後ウイロイド診断薬としての活用が期待される（Kaponi et al., 2022)。

3-6　PCR とその関連技術

PCR（Polymerase Chain Reaction）は、DNA ポリメラーゼにより、二つの DNA 断片（プライマー）に挟まれた DNA 領域を増幅する技術である。1980 年代後半に実用化され、最も広く利用されている遺伝子増幅型診断技術で、ウイロイドの検出・診断にもいち早く取り入れられ、いろいろな方法が開発されてきた。PCR は、標的となる 2 本鎖 DNA の 1 本鎖への解離（変性；通常 95℃)、プライマーとの配列特異的な結合（アニーリング；通常 50℃～ 60℃)、そしてプライマーを起点とする相補鎖伸長（プライマー伸長反応;通常 72℃）の 3 段階を遺伝子増幅装置（サーマルサイクラー）中で 25 ～ 35 サイクル程繰返す。プライマー伸長反応には耐熱性細菌由来の耐熱性 DNA ポリメラーゼが使用される。ウイロイドは RNA のみで構成されるため、まず逆転写酵素（Reverse Transcriptase ; RT）で cDNA に逆転写した後、標的ウイロイドに特異的な配列をもつ 1 対のプライマーに挟まれた領域を増幅する。増幅された標的 DNA 断片は電気泳動、あるいはリアルタイム PCR 装置で検出する。リアルタイム PCR あるいは定量的 PCR（qPCR）は、増幅反応液中の増幅産物の量を経時的に検出定量する方法である。DNA ポリメラーゼを使用する PCR は 3 段階の温度条件でインキュベートするため、温度を正確に制御できる高価な遺伝子増幅装置が必要となる。一方、鎖置換型 DNA ポリメラーゼを使用する ICAN（Isothermal and chimeric primer initiated amplification of nucleic acids）法や LAMP（Loop mediated isothermal amplification）法など、遺伝子増幅装置不要の簡便で高感度な等温 DNA 増幅法が開発され、診断キット化され市販されている。

RT-PCR は、1990 年代初めから、ホップ矮化病（HSVd)、リンゴさび果病、リンゴ斑入果病、あるいはナシくぼみ果病（いずれも ASSVd）などの診断に利用され、既存の検出方法より感度が高く、微量サンプルから特異的に標的ウイロイドを検出できることが報告された（佐野、1990；Hadidi & Yang, 1990）。栽培圃場ではひとつの作物に複数のウイロイドやウイルスが混合感染していることも多い。複数の種を一括して検出するためにマルチプレックスRT-PCRが利用され、ジャガイモから5種類のウイルスと1種のウイロイドPSTVdを検出する方法（Nie & Singh, 2001）、カンキツから6種のウイロイドCEVd、CBLVd、HSVd、CVd-Ⅲ（CDVdの異名）、CVd-Ⅳ（CBCVdの異名）、CVd-OS（CVd-Ⅵの異名）と1種のウイルスASGVを検出する方法（Ito et al., 2002b）、ブドウから5種のウイロイドHSVd、GYSVd-1、GYSVd-2、AGVd、CEVdを検出・診断する方法などが開発されている（Hajizadeh et al., 2012；Gambino et al., 2014）。また、逆転写（RT）とPCRを1本のチューブ内で、1ステップで行う、マルチプレックス1チューブ1ステップRT-PCRが考案され、7種類のウイロイドASSVd、ADFVd、PBCVd、HSVd、CSVd、CEVd、PLMVdに感染している8種56検体の植物試料を用いて有効性が評価されている（Ragozzino et al., 2004）。

RT-PCRの利点は検出感度が高いことだが、それは一方でコンタミネーションによる偽陽性への厳密な対応が必要となる。特に2セットの入れ子になったプライマーを用いて2回PCRを繰返すNested-PCRは高感度で特異性が高い反面、コンタミネーションの危険性も高くなる。逆に、抽出した核酸試料中に含まれる多糖類や色素などの不純物はRTやPCRの増幅効率を阻害あるいは低下させ、結果として偽陰性をもたらす可能性がある。したがって、検体試料からできるだけ簡便に効率よく純度の高い核酸を抽出することはRT-PCR診断を成功させる重要な要素であり、Trizol®（Thermo Fisher Scientific）、Isoplant（ニッポンジーン）、RNeasy®（Qiagen）など様々な抽出試薬が市販されている。Nakaharaら（1999）は、検体試料を磨砕せず、エチルキサントゲン酸カリウム（potassium ethyl xanthogenate；PEX）を含む緩衝液に漬けてインキュベートすることによって核酸を組織から遊離させ、エタノールで沈殿させた後、RT-PCRで増幅する簡便な抽出法（PEX法）を考案している（Nakahara et al., 1999）。

RT-PCRが効率よく行われたことを保証するために、検体抽出液中に含まれる植物由来のmRNAを内部標準として同時に増幅する手法が開発されている（Nassuth et al., 2000）。Boonhamら（2004）は*NADH dehydrogenase 5*をリアルタイム

PCRの内部標準に使用し（Boonham et al., 2004）、Hataya（2009）はPSTVdの診断にPSTVdと共に*NADH dehydrogenase ND2 subunit*（*ndhB*）遺伝子のmRNAを増幅させるduplex-RT-PCR法を考案している（Hataya, 2009）。

RT-PCRの鋭敏性と植物ウイルス病診断で用いられる酵素結合抗体法（ELISA）を組合せたRT-PCR-ELISA法も開発されている。RT-PCRでまずウイロイドcDNAを合成・増幅し、増幅反応中にウイロイドcDNAをDIGで標識する。次いで、ビオチン化したcDNA捕捉プローブをコーティングしたマイクロタイタープレート中にPCR増幅産物を入れてハイブリダイゼーションさせ、後はハイブリダイゼーションの方法に準じてDIG-ELISAシステムで増幅産物を検出する。RT-PCRの鋭敏性、ハイブリダイゼーションの特異性、比色反応による観察しやすさを兼ね備えており、ゲル電気泳動分析よりも少なくとも100倍高感度だったと報告されている（Shamloul & Hadidi, 1999）。本法はさらに、マルチプレックスRT-PCRと組合され、PSTVd、PLMVd、ASSVd、ADFVd、PBCVd、HSVd、合計6種のウイロイドを同時にPCRで増幅しながらDIG標識し、6種類の捕捉プローブとハイブリダイズさせる6種一括検出法も考案されている（Shamloul et al., 2002）。

一方、マルチプレックスRT-PCRで複数のプライマーセットを使用する煩雑さを解消するため、複数のウイロイド種を1対のプライマーペアで検出しようとする試みもある。ポスピウイロイド属のメンバーの保存配列に基づき、約200塩基対のフラグメントを増幅するプライマーペアが考案され、PSTVd（ジャガイモ）、TCDVd（ジャガイモ）、CSVd（*Verbena*、*Vinca*）、IrVd（*Verbena*、*Vinca*）、CEVd（*Impatiens*）の検出に有効なことが報告された（Bostan et al., 2004）。

リアルタイムPCRは、PCRの1サイクルが終了するたびに反応液中の増幅産物量を測定し、経時的に増殖量の変化を調べる技術である。PCRで増幅される2本鎖DNAに結合する蛍光色素サイバーグリーン（SYBRGreen）の発光量で計測する方法（インターカレーター法、サイバーグリーン法）と増幅されたDNA断片中の特定の配列と特異的にハイブリッドを形成するTaqManプローブを用いる方法（蛍光標識プローブ法、TaqManプローブ法）がある。サイバーグリーンはDNAの2重鎖の隙間に入り込んでDNAと結合し（インターカレーション）、励起光の照射で蛍光を発する色素で、蛍光発光量を測定することで増幅したDNA量を測定する。TaqManプローブは増幅されるDNA断片中に存在する特定の配列と相補的な20塩基程度の配列を含むオリゴDNAで、その両端に蛍光物質とその蛍光の発生を抑制するクエンチャ―物質が結合されている。蛍光物質にはFAM™（Applied Biosystems）、クエンチャーにはTAMRA™（Applied Biosystems）などが使用されている。クエンチャ―の効果は蛍光物質との距離に依存し、近接距離では蛍光の発生を抑えるが、距離が離れると抑制効果はなくなる。したがってTaqManプローブは普段は蛍光を発しないが、標的配列とハイブリッドを形成すると、相補鎖の伸長反応中にTaq DNAポリメラーゼのもつ5′→3′エキソヌクレアーゼ活性によりプローブが分解され、蛍光色素がプローブから遊離し、クエンチャーによる抑制が解除されて蛍光を発するようになる。リアルタイムPCRは、標的DNAがPCRで増幅され、増幅量がある一定の閾値を超えるまでのサイクル数（Ct；threshold cycle）を指標にして適切なスタンダード（濃度既知の陽性対照）を設けることにより、元のサンプル中の標的DNAの量を測定することができる。定量PCR（quantitative PCR；qPCR）とも呼ばれる。

2000年代になるとTaqManプローブを用いたリアルタイムPCRがウイロイドの診断にも利用され、広範囲のPSTVd分離株をハイブリダイゼーション法と比較して1,000倍もの高感度で検出できることが示された（Boonham et al., 2004）。通常のRT-PCRと同様に複数のウイロイドの同時検出法も検討され、マルチプレックスRT-TaqMan PCRがCEVdとHSVdの診断に（Papayiannis, 2014；Lin et al., 2015）、ワンステップ-マルチプレックスRT-qPCRがカンキツ類のCEVd、HSVd、CBCVdの同時検出、識別、定量化のために開発され、有効性が評価されている（Osman et al., 2007）。リアルタイムPCRはゲル電気泳動を必要としないことから、診断の工程を機械化して多検体を処理する自動診断システムにも対応可能で、植物検疫の外、基礎から応用まで様々な場面における調査・研究にも有効である。

デジタルPCR（Digital PCR；dPCR）は、検体試料中に含まれる標的DNAの絶対数を測定することができる核酸増幅法である（Sykes et al., 1992；Vogelstein & Kinzler, 1999）。検体試料を混合したPCR反応溶液を数百～数百万の液滴に分割し、個々の液滴中に1分子以上の標的DNAが含まれなくなるまで希釈してPCR

を行う。PCR 反応液の分割を、チップ上で行う方法（chip-based dPCR）と油膜で包んだエマルジョンや極微量の液滴にして行う方法（droplet dPCR；ddPCR）が考案されている（Pinheiro et al., 2012）。したがって、PCR 後、全ての液滴中の何個が陽性か判定することで検体試料中に何分子の標的 DNA があったか、その絶対数がわかる。RT-ddPCR 法を用いて感染組織中の PLMVd や ASSVd の正確な定量法が検討され、RT-qPCR より 2 ～ 10 倍高感度だったと報告されている（Lee et al., 2021；2022）。

3-7　等温 DNA・RNA 増幅法

RT-PCR や RT-qPCR は高感度で用途が広く、ウイロイドの診断だけでなく基礎研究におけるいろいろな場面でも日常的に使用されている。しかし、PCR 関連技術は異なる反応ステップ間の温度遷移を制御するサーマルサイクラーと信頼性の高い電源設備の整った実験室の使用を必要とする。十分な設備のない施設や屋外での使用に対処するために、等温キメラプライマー遺伝子増幅（ICAN）、核酸配列ベース増幅（NASBA）、ループ媒介等温増幅（LAMP）、リコンビナーゼポリメラーゼ増幅（RPA）、ヘリカーゼ依存増幅（HDA）、鎖置換増幅（SDA）、あるいはローリングサークル増幅（RCA）など様々な等温 DNA・RNA 増幅法が開発され、ウイロイドの診断への利用が試みられている。

ICAN（Isothermal and Chimeric primer-initiated Amplification of Nucleic acids）は、1 組の DNA-RNA キメラプライマー、DNA-RNA キメラプローブ、超好熱性古細菌由来の RNase H、および鎖置換活性を有する DNA ポリメラーゼ（BcaBEST™ DNA polymerase）を使用して、約 55℃の等温で標的 DNA を増幅させる。鎖置換活性を有する DNA ポリメラーゼは 2 本鎖 DNA を解きながら相補鎖を合成できるので、加熱して DNA を変性させる必要がない。相補鎖の合成が終了後、RNase H でキメラプライマーの RNA 部分が切断されて次のサイクルの相補鎖合成が開始され、一定温度でこのサイクルが連続的に継続する（Mukai et al., 2007）。増幅産物の検出は、TaqMan RT-PCR の場合と同様に、蛍光色素とクエンチャーが両端に結合したキメラプローブをハイブリダイズさせて検出する。このプローブの中間部分は RNA で出来ており、標的 DNA とハイブリッドを形成すると DNA と RNA のハイブリッド構造が形成される。この RNA 部分は

RNase H で特異的に分解されるため、DNA とハイブリッドしたプローブは 2 つに切り離され、UV トランスイルミネーターで観察すると蛍光を発する。55℃の一定温度で 30 分から 2 時間インキュベーションするだけで、PCR と同等またはそれ以上の検出感度が得られる。磯野らは PSTVd と CSVd の簡易で迅速な診断キットを開発し、Cycleave ICAN™ PSTVd ／ TCDVd 検出キットと Cycleave ICAN™ キクわい化病原因ウイロイド（CSVd）検出キットがタカラバイオ（株）から市販され、栽培圃場の発生調査や育苗施設等での検査に利用されている（磯野ら、2006；2007；Owens et al., 2012b）。

LAMP（Loop-mediated Isothermal Amplification）も、等温で標的 DNA を特異的に迅速且つ大量に増幅する技術である（Notomi et al., 2000；Tomita et al., 2008）。標的遺伝子の配列から 6 つの領域を選んで組合せた 4 種類のプライマーを用いて、Bst DNA ポリメラーゼの鎖置換反応を利用して 60℃～ 65℃の等温で増幅させる。最初の増幅産物のプライマー結合部位にループ構造を生じるようにプライマーが設計されている。このループ部分は 1 本鎖なので、次のプライマーが結合でき、増幅反応が連続して起こり、標的 DNA が増幅される。増幅産物は標的DNA配列の多量体を形成するので、電気泳動で分析すると増幅産物の整数倍の長さのバンドがラダー状にみられる。ただし、大量の標的 DNA が増幅されるため、反応容器の蓋を開けると増幅産物を含むエアロゾルが飛散しコンタミネーションの原因となる。一方、標的 DNA の増幅反応の副産物として、増幅産物量に比例したピロリン酸マグネシウムが産生される。LAMP 法は増幅産物量が桁外れに多いためそれが白濁として観察されるので、目視あるいは濁度計で白濁を検出することで標的 DNA の有無を判定する。

RT-LAMP は PSTVd や CCCVd など様々なウイロイドの診断への利用が検討されている。PSTVd は、ジャガイモの葉、塊茎、真正種子、あるいはトマトの葉と種子から調製した全核酸分画を用いてわずか 15 ～ 60 分で検出可能で、RT-PCR より約 10 倍も検出感度が高かった（Tsutsumi et al., 2010；Lenarčič et al., 2013；Verma et al., 2020）。CCCVd もアブラヤシから 60 分以内に検出されたと報告されている（Thanarajoo et al., 2014）。また、Lenarčič らが考案したプライマーは PSTVd を標的としたものだったが、ポスピウイロイド属の CLVd、CSVd、TCDVd、TPMVd も検出できた（Lenarčič et al., 2013）。これらの結果を基に、ワンステップ RT-LAMP でナス科植物に感染する 6 種のポスピウイロイド（CLVd、PCFVd、PSTVd、TASVd、TCDVd、TPMVd）の同時検出が検討され、6 種間で良く保存された領域をカバーする 5 つのプライマーが考案され、6 種全ての増幅に成功している。検出限界はウイロイドの種類により異なり、1 fg（フェムトグラム；10^{-15}g）～ 10 ng の範囲で、ディジェネレートプライマー（縮重プライマー；複数種にハイブリッドするように設計された共通プライマー）を用いたワンステップ RT-PCR より高感度と報告されている（Tseng et al., 2021）。

RPA（Recombinase polymerase amplification）も高感度で選択的な等温増幅技術であり、等温で標的 DNA 分子を増幅することができる（Piepenburg et al., 2006）。反応液に逆転写酵素を加えることで、DNA だけでなく RNA も検出でき、さまざまな生物試料から dsDNA、ssDNA、RNA、miRNA など多様な標的核酸を増幅するために使用されている（Lobato & O'Sullivan, 2018）。RPA にはリコンビナーゼ、1 本鎖 DNA 結合タンパク質（Single-strand DNA binding protein；SSB）、鎖置換 DNA ポリメラーゼの 3 種類の酵素が使用される。まず、リコンビナーゼが標的 DNA 特異的プライマーと複合体を形成し、プライマーを標的 DNA の相補配列と結合させる。この際、PCR のように標的 DNA を加熱変性させる必要はない。続いて SSB がそれに結合してプライマーの置換を防ぎ、鎖置換 DNA ポリメラーゼの作用でプライマーを起点として相補鎖が合成される。反応の至適温度は 37℃～ 42℃で、わずか数コピーの標的 DNA あるいは RNA 分子から、通常 10 分以内に、検出可能なレベルまで特異的な DNA が増幅される。さらに、反応液にエキソヌクレアーゼⅢを追加するとリアルタイムの蛍光検出が可能になり、エンドヌクレアーゼⅣの添加によりニトロセルロース製メンブレンストリップを使用した簡易な**ラテラルフロー迅速診断テスト（クロマトグラフィー検査）**にも利用できる。

RPA はホップの HSVd 診断に利用され、RT-PCR の診断結果と 100％一致する結果が得られた（Kappagantu et al., 2017a）。また、ラテラルフローストリップを利用した RPA 技術に基づく AmplifyRP® Acceler8™ RT-RPA あるいは AmplifyRP® XRT 診断アッセイ（Agdia 社）の有効性が検討され、TCDVd と TASVd を特異的に且つ RT-PCR に匹敵する感度で検出することができ、本法が実験室内だけでなく野外圃場での診断にも活用できると報告されている

(Hammond & Zhang, 2016; Kovalskaya & Hammond, 2022)。

NASBA（Nucleic acid sequence-based amplification）も、等温で単一の混合物中の核酸を特異的プライマーで連続して増幅する技術である。他の遺伝子増幅法と異なるのは、1本鎖RNAが増幅される点である（Compton, 1991）。まず、標的RNA試料を逆転写酵素、RNase H、RNAポリメラーゼ、1対のプライマーを含む反応液に入れ、65℃で加熱した後、41℃でインキュベートすると、標的RNAに相補的なプライマーが結合しcDNAが合成される。cDNA合成反応中に、RNase HがcDNAとハイブリッドを形成した標的RNAを分解し、もう一方のプライマーがcDNAに結合して2本鎖DNAが生じる。1つのプライマーの5′-側にはRNAポリメラーゼ（T7 RNAポリメラーゼなど）のプロモーター配列が付加されており、反応液中のRNAポリメラーゼの作用で標的RNAの2本鎖DNAから標的RNAの一部分が多量に転写される。

Nakaharaらは、カンキツに感染するCEVdとHSVdのNASBAによる診断を検討した。ウイロイドはG＋C含有量が高く、高次構造をとっているため、通常のNASBAのプロトコールでは増幅されなかったが、イノシン5′-3リン酸（ITP）を反応液に加えることで、カンキツの全核酸抽出液からCEVdとHSVdのcRNAを増幅することに成功した。改良したNASBAはCEVdの検出においてRT-PCRよりも感度が高く、且つ1ステップ－1チューブの等温反応で、標的RNAを迅速に増幅する利点があった（Nakahara et al., 1998a）。

3-8　次世代シークエンス解析

次世代シークエンス解析は、超並列塩基配列解析技術に基づくDNAシークエンサーで膨大なDNA配列情報を取得する方法である。全ゲノム配列の解読、ゲノム上の特定領域のディープシークエンス解析、DNAのメチル化によるエピジェネティックな遺伝子発現制御を分析するための全ゲノムDNAメチル化解析、様々な環境中に存在する生物種を網羅的に分析する環境DNA解析、そして生物個体・組織中の全転写産物（トランスクリプトーム）の網羅的な発現動態分析のためのRNA-seq（RNAシークエンス）やスモールRNA解析など、様々な用途に用いられている。

このパワフルな遺伝子解析技術は病原体の同定・診断にも利用され、RNA-seq

解析で得られるトランスクリプトームデータ中のウイロイド配列を検出することで、特定の試料に含まれるウイロイド種を同定する網羅的ウイロイド診断法として威力を発揮し始めている。具体的には、ウイロイドの感染が疑われる試料のRNA-seqデータを構成するRNA配列断片の重複部分を重ね合わせてコンセンサス配列（コンティグ；contig）を組立て、既知のウイロイド配列データベースを参照してBLAST（Basic Local Alignment Search Tool）解析で相同あるいは類似の配列を探索するのである。この手法を用いて新病害の病原が探索され、スロベニアで発生したホップの新病害・劇症型矮化病の病原がカンキツに樹皮亀裂を生じることで知られていたCBCVdの新規変異体であることが明らかにされた(Jakše et al., 2015)。また、オーストリアで発生したリンゴ果実に黄斑と凹凸症状が顕われる新病害からApscaviroidに特徴的なCCRと末端保存領域TCRを有する354ヌクレオチドの新種ウイロイドACFSVdが検出され（Leichtfried et al., 2019)、さらに南アフリカで発生していた斑入果症ニホンスモモからApscaviroidの特徴を有する317ヌクレオチドの新規ウイロイド様RNA（仮称plum viroid I；2023年5月7日時点で自律複製能未確認）が発見されている（Bester et al., 2020)。

RNA-seq解析は、遺伝資源植物コレクションや特定作物の定期的なスクリーニングあるいは網羅的ウイロイド病発生調査などにも利用されており、フランス・ボルドー地域のブドウ品種のRNA-seqデータからgrapevine hammerhead viroid-like RNA（Candresse et al., 2017)、中国産ライチのトランスクリプトームデータからApscaviroidの特徴を有する304ヌクレオチドの新奇ウイロイド様RNA（仮称；Lychee viroid-like RNA；現時点で自律複製能未確認）(Jiang et al., 2017)、ベトナムのトマトとトウガラシのトランスクリプトームライブラリーからCLVdとPCFVd（Choi et al., 2020)、日本の栽培ブドウ品種（*Vitis vinifera*と*Vitis labrusca* × *V. vinifera*）から新規HSVd変異体とApscaviroidの特徴を有する新奇ウイロイド様RNA（仮称；Japanese grapevine viroid、現時点で自律複製能未確認）(Chiaki & Ito, 2020）などが検出されたと報告されている。南アフリカではブドウ遺伝資源コレクション圃場で維持されている229系統のブドウから得られたRNA-Seqデータの分析から、既知の7種類のブドウウイロイドのうち5種類(AGVd、GYSVd-1、GYSVd-2、HSVd、JGVd）が検出され、214系統には少なくとも1種のウイロイドが感染していることが明らかにされている（Morgan et al.,

2022)。また、トマト種子の清浄性を調べるためのウイロイドスクリーニング検査に RNA-seq 解析が利用されるなど（Fox et al., 2015)、植物検疫の現場への導入も検討されている。

このような RNA-seq データの分析方法および前項に記載した核酸ハイブリダイゼーション、PCR、等温核酸増幅技術などは、いずれも標的ウイロイドの塩基配列の特異性に基づく検出・診断法であった。したがって配列未知のウイロイド種を検出することはできなかった。2011 年、札幌市で開催された第 15 回国際ウイルス学会議で、塩基配列相同性に依存せず、環状 1 本鎖 RNA というウイロイドの分子構造上の特徴に基づいてウイロイドあるいは類似因子を発見するためのコンピューターアルゴリズム PFOR（progressive filtering of overlapping small RNAs）の開発が発表された（Wu et al., 2012)。ウイロイド感染植物には、ウイロイドゲノム全体を高密度でカバーするウイロイド由来小分子 RNA（約 21 ～ 24 ヌクレオチド）が生成・蓄積する（第Ⅱ章 2-2-1)。PFOR は、まず次世代シークエンス解析で得られるスモール RNA ライブラリーに含まれる小分子 RNA の重複部分を重ね合わせてコンティグを組立てる。この過程で重複のないスモール RNA は排除される。そしてコンティグの中から反復する配列に組立てることができないもの（線状 RNA）を排除し、環状の RNA 分子を検出する計算アルゴリズムである。より高速の改良型 PFOR2 も開発され、ブドウとリンゴのスモール RNA ライブラリーから、grapevine hammerhead viroid-like RNA (Wu et al., 2012)、新種の grapevine latent viroid（GLVd）(Zhang et al., 2014)、apple hammerhead viroid-like RNA（Zhang et al., 2014）が発見された。Apple hammerhead viroid-like RNA はリンゴでの自律複製能も確認され AHVd と命名された。現時点で自律複製能が確認されていない grapevine hammerhead viroid-like RNA を含めて、これら 3 種類はいずれも宿主植物に病原性を示さずに感染している。すなわち、この手法を用いることにより植物以外の生物界における新規環状 RNA の探索が可能になった。

3-9　ウイロイド診断・同定の手順

被検試料の準備と前処理：実際にウイロイド病の診断はどのように行われるのだろうか。ウイロイドを診断するにあたり、検体試料は生組織を使用するのが望ましいが、凍結材料、凍結乾燥機やシリカゲルで乾燥させた試料も使用できる。果樹類では果実にだけ病徴が出る場合が多いので、病果実等の診断依頼が多くなるが、被検樹の枝も入手できると良い。枝は冷蔵庫（4℃程度）で保存できるので、重要な試料とわかれば接木等で維持・保存することも可能になる。ウイロイド病の特徴の一つの矮化症状などは農薬や除草剤などの薬害でも類似の障害が発生する場合があり、外観だけでは判別が難しいが、非生物的要因に起因する場合は、新しい土に植え替えて栽培すると症状が快復してくることが多い。一方、ウイロイドに起因する場合は新たに展開してくる葉にも同じ病徴が出現してくるだろう。

ウイロイドの関与が疑われる場合、まず、被検試料から核酸を抽出する。トリス緩衝液（0.13 M Tris-HCl pH8.9, 0.017 M EDTA pH7.0, 0.83% SDS, 5% PVP, 1 M LiCl）、リン酸カリウム緩衝液（1 M K_2HPO_4）、臭化セチルトリメチルアンモニウム（CTAB）緩衝液（0.1 M Tris-HCl pH9.5, 0.02 M EDTA pH7.0, 1.4 M NaCl, 5% 2-melcaptoethanol, 2% CTAB）など様々な抽出緩衝液が考案されており、TRIzol™（Thermo Fisher Scientific）、Tri Reagent®（Sigma-Aldrich）、ISOPLANT II（ニッポンジーン）、ISOGEN（ニッポンジーン）、RNeasy®（Qiagen）などの核酸抽出試薬も市販されている。植物種により適不適があるので最初に吟味する必要がある。

診断法の選定：全核酸を抽出後、2 M LiCl 可溶性分画を回収することで 400 ヌクレオチド以下の低分子 RNA を濃縮分離できる。必要に応じて、トマトやキュウリなどのウイロイド指標植物に 2M LiCl 可溶性画分を汁液接種し経過を観察する。また、目的に応じて、電気泳動、核酸ハイブリダイゼーション、各種 PCR 法で診断する。

育苗施設や植物検疫における既知のウイロイド種の定期的な検査や発生調査の場合は RT-PCR、RT-ICAN、RT-LAMP などの高感度診断法が有効である。一方、未知の新病害の場合には、この核酸試料を sPAGE、2D-PAGE、R-PAGE 等で分析し、環状 1 本鎖 RNA の有無を調べる。陽性の場合は既知のウイロイドを指標に sPAGE で分子サイズを推定する。さらに、RNA ゲルブロット法で既知ウイロイドの cRNA プローブとの反応性から種を絞り込み、最終的に種あるいは属特異的な RT-PCR プライマーでウイロイドの一部あるいは全部を増幅して塩基配列を解析し、変異体情報を含め、種を確定する。RT-PCRで特異的なDNA断片が増幅されたとしても、増幅断片のサイズ情報だけでは種は確定できない。RT-PCRの結果だけで新宿主等の発見を報告する例がみられるが、電気泳動とRNAゲルブロットなど複数の手法と合わせて確認する必要がある。塩基配列情報はウイロイドの系統、伝染源や侵入経路の特定につながる重要な情報となる。

次世代シークエンス解析で環状1本鎖RNAあるいはウイロイドの保存配列を含む配列が見つかった場合は、得られた配列情報を基にプライマーを作成して、まず、RT-PCR等で元の植物から検出されたRNAが増幅されるか確認する。増幅が確認できたら全長塩基配列を決定して、塩基変異、保存配列の有無、あるいは既知種との塩基配列相同性（PWIS）を基に属と種の同定あるいは絞り込みを行う。この手法で検出された新種は、自律複製能や病原性が不明なケースが多いので、得られた配列情報を基に感染性cDNAを構築し、自律複製能と病原性の有無を解析することが必須である。

4　防除

4-1　耕種的防除法

感染予防・器具の消毒：ウイロイドは汚染された鎌などの農機具や機械あるいは、人間の手、そして植物同士の接触によって容易に伝染し（Roistacher et al., 1969; Ling, 2017）、栄養繁殖体（挿し木、組織培養苗など）、種子、花粉を通して、あるいは昆虫等の媒介生物によって周囲に拡がる可能性がある。

ジャガイモやせいも病の初期の研究において、健全なジャガイモをやせいも病汚染区画の近くで栽培すると数年のうちにやせいも病の発生が増加すると報告されている（Schultz & Folsom, 1923）。ホップ矮化病は株ごしらえ、選芽などの農作業で伝染し、ある矮化病発生圃場の調査によれば、苗の植え付け2年目に圃場の北側にわずかな発生がみられたのが、5年後には圃場全体の30%、6年後には51%に拡がったという。新たな発病株は主に罹病株の隣接株に認められ、畝に沿って、圃場の北側から南側に拡がってゆく傾向がみられたことから、汚染した農機具を介して伝染が拡がったと考えられた（山本ら、1970）。HSVdに汚染した剃刀を160℃、10分間加熱すると感染性は失われたが、140℃では不完全だった（Takahashi & Yaguchi, 1985）。PSTVd感染トマト汁液を、綿、木、ゴムタイヤ、皮、金属、プラスチック、糸などに付着させると、PSTVdは24時間感染性を保持していたというデータもある（Mackie et al., 2015）。トマト退緑萎縮病の病原TCDVdも同様で、感染植物汁液が付着したハサミやナイフあるいは手指を介して容易に接触伝染する（松浦、2012）。

ウイロイドの伝染を防ぐには農機具や手指の消毒が重要で、CEVdは2％ホルムアルデヒドと2％水酸化ナトリウム混合液（Garnsey & Jones, 1967；Garnsey & Whidden, 1972）、HSVdは5％次亜塩素酸ナトリウム溶液に10分間浸漬すると感染性が喪失する（Takahashi & Yaguchi, 1985）。TCDVdに汚染したハサミやナイフ類は、収穫や摘葉等に用いる前に0.5％以上の次亜塩素酸ナトリウム溶液に数十秒浸漬し、施設内構造物やカート類は0.2％以上の次亜塩素酸ナトリウム液に数分浸漬することで消毒できる（Matsuura et al., 2010；松浦、2012）。PSTVdの消毒には4倍希釈した家庭用漂白剤（終濃度約1％次亜塩素酸ナトリウム、1分浸漬）や20％脱脂スキムミルクが有効で、消毒剤のVirkon S（1％、0.5％）は効果がなかったと報告されている（Singh et al., 1989a；Mackie et al., 2015；Olivier et al., 2015）。一方で、2％ Virkon Sや10％ Clorox regular bleachなどの消毒剤には効果が認められたが、逆に20％脱脂粉乳の効果は限定的だったとする報告もある（Li et al., 2015）。

直接ウイロイドに作用する物質ではないが、紅藻類海藻から抽出された多糖類のラムダ-カラギナン（λ-Carrageenan）がTCDVdのトマトでの複製と病徴発現を抑制するという報告もある（Sangha et al., 2015）。ラムダ-カラギナンをトマトに処理するとジャスモン酸関連遺伝子、アレンオキシドシンターゼ（AOS）、リポキシゲナーゼ（LOX）遺伝子の発現が上昇することから、ジャスモン酸依存性の防御反応が誘導され感染阻害が起こるものと考えられる。

4-2　自然抵抗性・耐病性遺伝資源

ウイロイド感染に対する宿主植物の反応は、栽培品種とウイロイド株に応じて無症候性（耐性）から軽症あるいは重症・劇症（感受性）の症状を引き起こす場合まで様々で、植物の遺伝的構成（素因）に大きく左右される。ジャガイモはPSTVdに感受性の宿主で、PSTVdに感染しない完全な自然抵抗性を有する品種は見つかっていないが、'LaChipper'、'Kennebec'、'Katahdin' などは感染しても症状が軽い耐性のジャガイモ品種に区分される（Pfannenstiel & Slack, 1980）。起源の異なるジャガイモ39品種に4種類のPSTVd株を接種し、どの株に感染しても正常な塊茎を生じる5つの栽培品種が特定されたが、その塊茎の次世代は全て激しい病徴を示した（Afanasenko et al., 2022）。一方、ジャガイモの近縁野生種には、*Solanum berthaultii*（PI473340）や *Solanum acaule*（OCH 11603）など、PSTVdに耐性を示すものがある（International Potato Center, Annual Report 1981, 1982; Singh, 1985）。ただし、これらの野生種は汁液接種した場合には抵抗性を示すが、接ぎ木やアグロバクテリウム法で接種すると感染したことから、機械的な侵入に対する抵抗性と考えられている（Salazar et al., 1988; Kovalskaya & Hammond, 2014）。トマトもジャガイモ以上にポスピウイロイドに罹病性であるが、Naoi & Hatayaは、小玉トマトは一般に大玉種や中玉種よりPSTVd耐性が高い傾向があり、'Tiny-Tim' や 'Micro-Tom' などのマイクロトマト品種は中玉の耐性品種 'Moneymaker' よりもさらに耐性が強く、PSTVdの中間型（I）と致死型（AS1）を感染させても、最大6週目まで病徴はみられなかったと報告している。また、野生種トマト・*S. lycopersicum var. cerasiforme* の2系統はPSTVd-IだけでなくAS1にも耐性で、近縁野生種 *S. pimpinellifolium*（LA0373）と *S. chmielewskii*（LA1028）はさらに高度の耐性を示し、cerasiformeの感受性系統 よりPSTVd蓄積量は低く抑えられた。抵抗性素材としてPSTVd耐性トマト品種育成への利用が期待される（Naoi & Hataya, 2021）。

キクは栄養繁殖性の重要な観賞用花卉であるが、世界的にCSVdの汚染が蔓延している。CSVd感染キクは栄養体繁殖を通して次世代に持ち越されるので、抵抗性・耐性品種の育成は本病の制御に大きなメリットがある。CSVd濃度が低い耐性品種 'うたげ' が見出され、自家受粉で得られた後代実生からさらに強い耐性を示す3系統が選抜されている。CSVdの蓄積量は 'うたげ' のさらに約1/240、1/41,000、1/125,000で、2系統からはほとんどCSVdが検出されなかった（Omori et al., 2009）。Matsushitaらは、35系統のキク栽培品種・系統、野生種、種間雑種にCSVdを接種し、CSVdに強い耐性を示す品種 '岡山平和' を発見した。'岡山平和' では接種後210日後でもCSVdの蓄積が検出されず、感受性品種の‘セイエルザ’や‘アンリ’と交配させて作出したF1実生の中からCSVdに感染しない子孫が見出され、CSVd抵抗性品種と感受性品種の交雑で抵抗性が遺伝することが示された（Matsushita et al., 2012）。さらに栽培種80品種の調査から、輪キク品種‘精の一世’とスプレーキク品種‘鞠風車（まりふうしゃ）’が強いCSVd耐性を有することが見出されている。‘精の一世’では、CSVd感染キクに接木しても一時的にCSVdが検出されるだけで、新たな展開葉では蓄積量が低下し、茎の先端では検出されなくなったという（Nabeshima et al., 2012; Nabeshima et al., 2014）。このような知見を基にCSVd抵抗性キク品種の開発研究が進められており、CSVdに抵抗性で商品性を備えたキク系統の開発が進んでいる（長谷川ら、2016; Nabeshima et al., 2018）。

4-3　クロスプロテクション（交叉防衛、交差防御）

植物があるウイルスに感染するとその後同種の近縁なウイルスに感染しなくなる現象が知られており、干渉効果、交叉防衛、交差防御、あるいはクロスプロテクションと呼ばれている。同一宿主個体に同時感染したウイルス種や変異株間の相互作用で生じる現象で、TMVの“light green mosaic”を生じる変異株に侵されたタバコに、黄斑モザイク（yellow mosaic）を生じる変異株を繰返し接種しても病徴に変化がなく、黄斑が生じることはないという観察から発見された（McKinney, 1929）。植物ウイルス変異株間だけでなく異種ウイルス間にも広くみられる相互作用で、予め毒性の弱いウイルス変異株（弱毒ウイルス、ワクチン株）を感染させ、毒性の強い野生株の感染を防ぐウイルス病防除法として利用されている。

Fernowは、PSTVの弱毒型を接種したトマトに強毒型を接種しても、強毒型の感染が阻止され、弱毒型の症状しか観察されないことからPSTVdの変異株間でもクロスプロテクションが起こることに気付き、この現象を利用してPSTVdの弱毒株と強毒株を診断する2重接種法を開発した（第Ⅲ章3-2）。NiblettらはPSTVdの強毒株と弱毒株、CEVd、CSVd、そしてCChMVdをトマトとキクに感染させ、ウイロイド種間の相互作用を観察した。その結果、予めPSTVdの弱毒株を感染させたトマト（軽症）にPSTVdの強毒株やCEVdを接種しても重篤な症状は発症せず、予めCSVdやPSTVd（強毒と弱毒株）を感染させたキク（軽症）にCEVdを接種しても重篤な症状は発症しなかった。しかし、予めCChMVdをキクに感染させてもPSTVdやCEVdあるいはCSVdの感染を防ぐことはできず、逆にPSTVd（強毒株）を感染させたキクはCChMVdの感染を防ぐことはできなかった。すなわち、ウイロイド種間にもクロスプロテクションが起こるが、それは種の組合せによることが明らかになった（Niblett et al., 1978）。この論文の発表当時、ポスピウイロイド科とアブサンウイロイド科の概念はまだ明確ではなかったが、その後PSTVd、CEVd、CSVdはポスピウイロイド科ポスピウイロイド属の近縁種であり、CChMVdは細胞内所在と複製様式が異なり塩基配列の類似性もみられないアブサンウイロイド科に属するウイロイドであることが明らかにされた。つまり、ウイルスと同様、ウイロイドでもクロスプロテクションは近縁種間で成立する相互作用である。

実際、この特性を利用してウイロイド種の判定に利用された例がある。メキシコで発生したトマトの"Planta Macho病"はPSTVdによって誘発される症状に似ているがそれよりさらに深刻な病気であった。罹病トマトからPSTVdと同じサイズの低分子量RNAが検出され、PSTVdの変異株の可能性も考えられたが、数種宿主植物に対する病原性が異なることや、PSTVdの弱毒株との間にほとんどクロスプロテクション効果がみられなかったことから、新種と判断されTPMVdが提案され（Galindo et al., 1982）、その後、塩基配列の比較解析からPSTVdとは別種であることが確認された。

Singhらは、PSTVdの弱毒株と強毒株をトマトに感染させてクロスプロテクションが起こる条件を検討した。弱毒株接種後7日間隔で強毒株を接種すると、間隔が長いほど強毒株の感染率は低下し、クロスプロテクション効果が高かった。また、クロスプロテクション効果はPSTVd感受性ジャガイモ品種'Russet Burbank'では完全だったが、耐性品種'BelRus'では不完全だった。ただ、どちらも接ぎ木で強毒株をチャレンジ接種すると防御効果はみられなかった。外被タンパク質を持たないウイロイドでもクロスプロテクション現象はウイルスと同じで、弱毒株の存在量が強毒株の感染防御に重要な役割を果たす可能性が示唆された（Singh et al., 1989b; 1990）。CEVdの弱毒株（CEVd-129）と強毒株を用いたシトロン（*C. medica*）における分析でも、弱毒株の事前接種によるクロスプロテクション効果は病徴発症のわずかな遅れ程度の場合から完全な発病阻止まで様々で、防御効果は弱毒株と強毒株を接種する間隔の長さと相関していた。しかし、シトロンのような多年生の果樹ではやがて増殖能力に優る強毒株が優勢となり、弱毒株による保護効果は限定的だった（Duran-Vila & Semancik, 1990）。

以上の例のように、クロスプロテクションによる保護効果は2つのウイロイドの増殖能力の違いと接種するタイミングに大きく依存している。例えば、増殖能力の異なる同種ウイロイドの変異株あるいは異種ウイロイドを同時感染させて相互作用を分析した実験では、PSTVdの弱毒株を強毒株の100倍過剰にして接種しても接種されたトマト植物の75%は強毒株の症状を顕わした。また、PSTVdとHSVdの感染性cDNAを連結して接種するとPSTVdによる重症の症状が顕われ、HSVdの感染はみられなかった（Branch et al., 1988b）。すなわち、同時に同じ細胞に侵入した2種のウイロイドは両立できず、一方の種のみが選択される現象がみられた。この実験に用いられたトマトでは、PSTVd強毒株の方が弱毒株より、また、PSTVdの方がHSVdより増殖能力が高いので、増殖能力の高さが重要な要因であることがわかる。したがって、強毒株の感染時に弱毒株が強毒株の感染・増殖を阻止できる濃度に達していることが十分なクロスプロテクション保護効果が発揮される要件となる。

クロスプロテクションが栽培現場でウイロイド病の防除に使用されたことはないが、その潜在的な効果には今でも興味がもたれている。タイでは、トマトやトウガラシにCLVdやPCFVdが発生し、商業生産と種苗生産の懸念材料になっている。CLVdとPCFVdは感受性トマトに感染すると、全身の矮化、エピナスティー、葉の奇形や退緑、葉脈壊疽などを伴う重篤な発育障害を引き起こすのである。一方、同国のキクにはCSVdの発生が確認されており、CSVdはトマトに感染しても症状をださないことから、CSVdの事前接種によるクロスプロテクション効果の研究が行われた。CSVdとCLVdを同時に接種するとCLVd単独感染よりも症状が軽く、事前にCSVdを接種すると後でCLVdを接種しても症状がほとんどみられなかった。PCFVdでも、CSVdとの同時接種ではPCFVd単独より若干壊疽病斑が軽減する程度だったが、CSVdを事前接種するとPCFVd特有の壊疽病斑はなく若干の退緑がみられる程度で、果実も収穫できたという（Kungwon et al., 2022）。

例え当該宿主にほとんど症状を顕わさないとはいえ、他の宿主に病原性を有するウイロイドそのものをワクチンとして一般栽培環境で使用することには議論がある（第Ⅳ章）が、特定の重要ウイロイドに対して抵抗性を誘導することができるという点で、実害が大きく防除が困難な病気の場合、その防除手段としてクロスプロテクションは魅力的な現象である。利用方法を工夫することにより実用的効果の高い防除法の開発に結び付く可能性があり、今後の研究の進展が興味深い。

4-4　遺伝子組換えによる抵抗性付与

優れた抵抗性遺伝子源の利用は最も効果的なウイロイド病防除法であるが、ウイロイド病の防除に有効な自然抵抗性遺伝子源に関する情報は極めて限られており、耐病性品種にみられる耐病性機構もほとんど未解明のままである。しかし、遺伝子組換え技術を用いて人為的にウイロイド抵抗性を付与しようとする研究は 1990 年代から活発に行われており、RNA 分解酵素、アンチセンス RNA、リボザイムなどによるウイロイドの分解・複製阻害から RNA 干渉を利用した方法まで、様々な可能性が試みられてきた（Sano et al., 2000）。

RNA 分解酵素（RNase）: Pac1 は分裂酵母（*Schizosaccharomyces pombe*）由来の RNase で 2 本鎖 RNA を特異的に分解する。

1990 年代は植物バイオテクノロジーの全盛期で遺伝子組換え技術を用いて有用作物に外来遺伝子を導入して、ウイルスなど病害抵抗性作物を作出しようとする研究が活発に行われた時代である。Watanabe らは、Pac1 を発現する植物を作出し、それがトマトモザイクウイルスなど複数の植物ウイルスに耐性を示すことを報告した（Watanabe et al., 1995）。植物ウイルスの多くは RNA ゲノムを有し、複製の過程で 2 本鎖 RNA を生じることから、Pac1 を発現する植物は多くの植物ウイルス病に対する防除効果が期待された。ウイロイドも 2 本鎖 RNA 様の構造を有し、複製中間体として 2 本鎖 RNA を生じることから、Pac1 はウイロイドにも有効と考えられた。実験に先立ち、クローン化した *pac1* 遺伝子を大腸菌で発現させ、大腸菌抽出液中に PSTVd 分解活性があることが確認された。すなわち、ウイロイドは完全な 2 本鎖 RNA ではないが、Pac1 RNase の基質として認識され分解されたのである。**アグロバクテリウム法**で *pac1* 遺伝子をジャガイモ品種‘Russet Burbank（ラセットバーバンク）’に遺伝子導入し、Pac1 タンパク

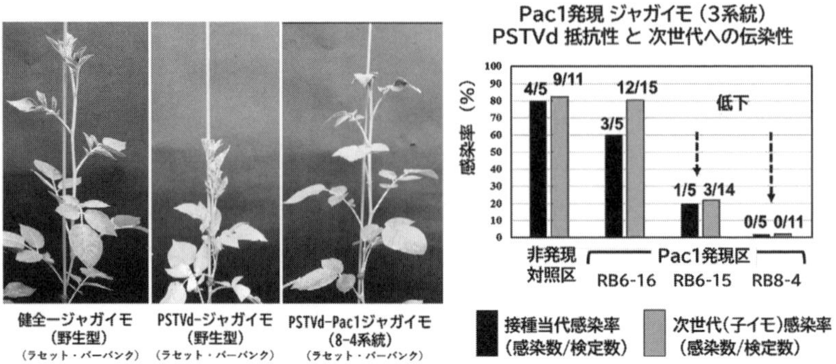

図50　分裂酵母由来2本鎖RNA分解酵素（Pac1）を発現する遺伝子組換えジャガイモのウイロイド抵抗性．左写真：Pac1タンパク質を発現する遺伝子組換えジャガイモ品種‘Russet Burbank’（ラセットバーバンク8-4系統）はPSTVdに抵抗性を示し、健全に生育した（左から3番目)。右グラフ：Pac1タンパク質を発現する遺伝子組換えジャガイモ（3系統）は、非遺伝子組換え系統に比べ、感染率が低下し（黒色棒グラフの上の数値：感染数／接種数)、次世代の子イモへの伝染率も低下した（灰色棒グラフ)。

質を発現する5系統の遺伝子組換えジャガイモが選抜された。隔離温室内で育成しPSTVdを接種すると、各系統は33%～90%のPSTVd感染阻害効果を示し、蓄積量の低下も認められ、Pac1タンパク質の発現レベルが高い系統ほど感染阻害効果も高かった。また、PSTVdに感染した野生型ラセットバーバンクから生じた子芋の約90%が垂直伝染によりPSTVdに感染していたのに対し、Pac1ラセットバーバンク系統では次世代の子芋への垂直伝染率が低下し、最も高レベルのPac1を発現している系統では子芋への伝染がみられなかった（図50）(Sano et al., 1997)。Pac1は2本鎖RNA特異的RNaseだが、高次に折りたたまれたステム-ループ構造を有するPSTVd RNAも分解することから、配列に依存せず、類似の分子構造を有するウイロイド一般に適応できる抵抗性導入法になるものと期待された。

*pac1*遺伝子は栽培キクにも導入され、Pac1タンパク質を構成的に発現する3系統の遺伝子組換えキク（品種‘Reagan’）が作出・選抜された。Pac1キク系統はCSVdに抵抗性を獲得し、感染率とCSVd蓄積レベルが低下し、CSVdによる生育の遅延も改善した。さらにこのPac1キク系統はCSVdだけでなく、RNAゲ

ノムを有するトマト黄化えそウイルス（TSWV）にも抵抗性を示した。それをキクの野生種イワギクの1種（*D. pacificum*）と交配させて作出したPac1ハイブリッド種の後代は、予想通り、完全なTSWV耐性と高感受性に分離した（Ishida et al., 2002; Ogawa et al., 2005）。このような一連の研究により、*pac1*という単一遺伝子の導入でウイロイドとウイルスの両方の病気の発生を軽減できることが実証された。*pac1*遺伝子組換え作物は不特定多数の植物ウイルスとウイロイドの抵抗性をもたらすことができる有望なものであったが、遺伝子組換え植物に対する厳しい規制もあり、商品化には至らなかった。

配列非特異的に核酸を加水分解するミニ抗体を利用してウイロイド抵抗性を付与しようとする試みも報告されている。scFv（single chain Fv）と名付けられた人工ミニ抗体は、抗体が抗原を認識するために必要な最小単位である抗体の可変領域（Fv；VHとVLから構成される）をフレキシブルなペプチドリンカーで結合した単鎖可変領域フラグメントで、大腸菌などの微生物に発現させることができるように構築されている。3D8 scFvは、これに配列特異性のない核酸加水分解能を持たせたもので、DNA分解酵素とRNA分解酵素活性があり、単純ヘルペスウイルス、豚コレラウイルス、インフルエンザウイルスなど、様々なウイルスに対して抗ウイルス効果を示すことが報告されている（Cho et al., 2018）。この手法をウイロイドに利用するため、キクのコドン（遺伝子暗号）使用に合わせて3D8 scFv遺伝子配列を改変・最適化してキクに遺伝子導入し、それを構成的に発現する遺伝子組換えキクが作出されている。最適化された3D8 scFvミニ抗体を発現する遺伝子組換えキク系統は、最適化前のバージョンで形質転換した系統の2倍量の3D8 scFvミニ抗体を発現し、CSVd感染に対する抵抗性が60％上昇したという（Tran et al., 2016）。

アンチセンス、センスRNA：アンチセンスRNAは標的核酸とハイブリッドを形成してその機能を阻害することが期待される。アンチセンスRNAを利用したウイロイド抵抗性遺伝子組換え作物はMatoušekらにより初めて報告された。彼らは、PSTVd（＋）鎖のCCRに相補的な短いアンチセンスRNA（18ヌクレオチド）と、（－）鎖分子の左半分に相補的な長いアンチセンスRNA（173ヌクレオチド）を発現する遺伝子組換えジャガイモを作出し、PSTVdを接種した。遺伝子組換え系統では、接種4週間後までPSTVdの蓄積量が非組換え区に比べて有意に低くおさえられたが、6～8週間後になると対照区と同様の重度に感染した個体が観察されるようになった。つまり、PSTVdの感染を阻止することはできなかったが、発病を遅延させることができた（Matoušek et al., 1994）。同様に、CSVdのセンスとアンチセンスRNAを発現する遺伝子組換えキク品種'VividScarlet'では、16系統のうち9系統がCSVdに対する強い抵抗性を示したと報告されている（Jo et al., 2015）。

触媒RNA：リボザイムは、特定の部位でRNAを切断する触媒機能を有するRNAである。ヘアピン型リボザイム（hairpin ribozyme；HP-Rz）はToRSVのサテライトRNAにみられるリボザイム、HH-Rzはアブサンウイロイドなどにみられるリボザイムである。リボザイムは分岐した立体構造を形成し、特定の塩基の分子間相互作用を介して特定の部位で自己切断反応を起こすが、この機能をトランスに作用させて標的RNAの特定部位を切断するように改変することもできる。CEVdの（＋）鎖の3箇所（塩基番号116、145、185）と（－）鎖の1箇所（塩基番号130）に存在するGUC配列、あるいは2箇所（塩基番号101、173）に存在するGUU配列を標的にするように設計されたHP-Rzを発現する遺伝子組換えトマト（品種；UC82B）が作出され、抵抗性が分析された。（－）鎖を標的とするリボザイムを発現する系統はCEVdをわずかに抑制したが、（＋）鎖を標的とする系統では野生型よりも高いレベルのCEVdの蓄積がみられ、逆に感染が促進される可能性が示唆された（Atkins et al., 1995）。

同様の考えから、PSTVdを標的にして、HH-Rz配列をPSTVdのアンチセンス配列に連結し、ポスピウイロイドの複製を担うPol IIの結合部位と考えられているTLドメインの（－）鎖にあるGUC配列、あるいは、（＋）鎖の中央保存－可変領域の下鎖にあるGUC配列を切断するように設計した人工DNAが構築され、ジャガイモ（品種；Desirée）に遺伝子導入された。（－）鎖を標的とするリボザイムを発現する系統では34系統中23系統（68％）がPSTVdに強い抵抗性を示して感染せず、抵抗性は栄養体繁殖した子孫にも安定に受け継がれた（Yang et al., 1997）。しかし、（＋）鎖を標的とする系統では50系統中49系統がPSTVdに感受性のままで感染阻止効果はみられず、前述のAtkinsらの結果と同様、リボザイムを利用する方法では（－）鎖を標的とする方が感染阻止効果が高いことが明らかになった。

遺伝子組換え作物の作出と抵抗性の検定は手間と時間のかかる作業である。PLMVd由来のトランス切断型のHH-RzとPSTVdをアグロインフィルトレーション法でベンサミアーナの葉で一過的に共発現させる実験系で、PLMVd由来のHH-RzがPSTVdの転写物や複製中間体を切断する効果を評価する方法が考案されている（Carbonell et al., 2011）。

RNA干渉（RNAi）またはPTGSは、ウイルスなど外因性の病原に対する防御応答機構である。ウイルスと同様に、ウイロイドは強力なRNAサイレンシングを誘導し、感染植物にはウイロイドが分解されて生じる小分子RNAが蓄積する。RNA干渉は2本鎖RNAやヘアピンRNAにより配列特異的に誘導されることから、CarbonellらはCEVd、PSTVd、CChMVdの配列の一部を欠損させた2本鎖RNAを調製し、各ウイロイドと混合してトマト、ギヌラ、キクに接種し、ウイロイド配列を有する2本鎖RNAのウイロイド感染抑止効果を分析した。その結果、それぞれのウイロイドにそれと相同な2本鎖RNAを過剰、すなわちCEVdでは1,250倍（モル比）、PSTVdでは5,000倍、CChMVdでは1,250倍過剰に混合した時に感染阻害効果がみられ、ヘテロなウイロイドと2本鎖RNAの組合せではみられなかった（Carbonell et al., 2008）。また、CEVdとギヌラの組合せでは、CEVd-sRNAも100倍過剰で感染阻害効果を示した。一方、この2本鎖RNAの混合による感染阻害効果は、20℃～22℃の培養条件でみられ、培養温度を25℃～30℃に上げると全くあるいはほとんどみられなくなった。すなわち、RNA干渉は、配列特異的且つ温度依存性であり、同時接種される欠損ウイロイド2本鎖RNAやウイロイド小分子RNAの用量にも依存していた。人工合成した感染性の無い欠損型ウイロイド2本鎖RNAを投薬して感染を阻止することができれば新しい感染阻害剤開発の道が拓ける。しかし、感染を阻害するためにはモル比でウイロイドの100倍または1,000倍以上大過剰の小分子RNAや2本鎖RNAを投与する必要があり、25℃以上の温度では感染阻害効果がみられなくなったことを考えると、実用化にはまだ数多くの技術革新が必要である。

遺伝子組換え技術を用いRNA干渉を介して植物にウイロイド抵抗性を付与することを目的として、ほぼ全長のPSTVd配列に基づくヘアピンRNA（hpRNA）を発現する遺伝子組換えトマトが作出された（Schwind et al., 2009）。このPSTVd-hpRNAを発現するT3世代の遺伝子組換えトマト（品種‘Moneymaker’）は

PSTVdに抵抗性を示し、抵抗性はPSTVd-hpRNA由来のsiRNAの高レベルの蓄積と相関していた。高レベルのPSTVd-sRNAを蓄積する系統ではPSTVdを接種しても感染は確認されず、RNA干渉で植物にウイロイド耐性を付与できることが示された。

RNA干渉でウイロイド抵抗性を誘導できれば、植物が本来有する優れた機能を活用する理想的な防除法になる。しかし、上記の分析に使用されたPSTVd-hpRNA発現トマトは、先行研究（Wang et al., 2004）において、PSTVdに感染していないにもかかわらずウイロイド病に類似した症状を示すことが報告されていた系統だった。すなわち、ヘアピンPSTVd配列から生成するPSTVd-sRNAの中にそれと相同な配列を含む植物遺伝子の発現を阻害するものがあり、ウイロイド病に類似した症状が発症する危険性が指摘されていた（第II章2-2-1）。Adkar-Purushothamaらはこの副作用の危険性を回避してウイロイド抵抗性を達成するために、PSTVdの全長ではなく、様々な部分配列からなるヘアピンRNAを発現する遺伝子組換え植物を作出し、抵抗性と副作用の問題を分析している。PSTVdの機能性モチーフやPSTVd感染で誘導されるRNAサイレンシングの標的部位（PSTVd-sRNAのホットスポット）に関するこれまでの分析情報(第II章2–2–1）を基にヘアピンRNAがデザインされ、遺伝子組換えベンサミアーナ系統の選抜と育成が進められ、7種類のヘアピンRNA（26～347ヌクレオチド）を発現するベンサミアーナ系統が作出された。PSTVdをチャレンジ接種し、抵抗性の強弱に加えて生育に及ぼす負の影響の有無を調査した結果、どのヘアピンRNAを発現させても植物の生育に悪影響はみられず、作出した7系統の遺伝子組換えベンサミアーナのうち5系統はPSTVdに抵抗性を示し、感染を阻止することはできなかったがウイロイド蓄積量が抑制された。抑制の程度はhpPSTVd-RNA由来のPSTVd-sRNAの発現量と相関していた。すなわち、26～49ヌクレオチドの短いhpPSTVd-RNAを発現させることで宿主植物の生育に悪影響を及ぼすことなくPSTVdの感染を抑制できることが示された。特にPSTVdのPドメイン上部鎖（+）鎖由来の26ヌクレオチド（第47～72番塩基; P上鎖)、および、CCR下部鎖（−）鎖のPSTVd-sRNAホットスポット領域由来の40ヌクレオチド（第228～268番塩基；257A（−）鎖）から構築したhpPSTVd-RNAは最も強い感染阻害効果を示した（Adkar-Purushothama et al.,

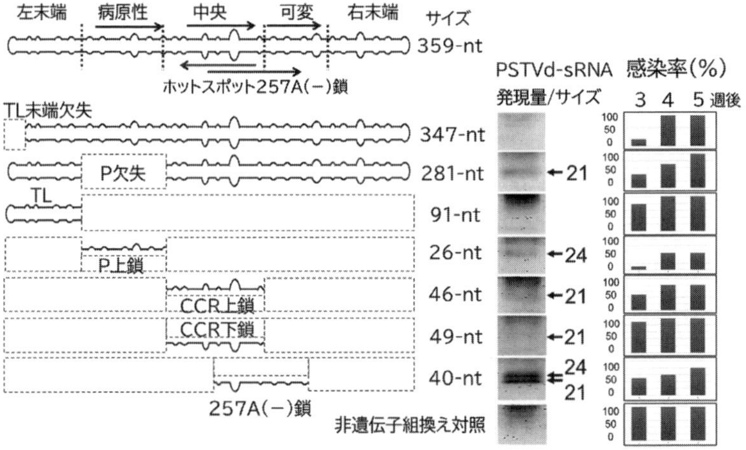

図 51　ウイロイド由来小分子 RNA による RNA 干渉を利用したウイロイド抵抗性ベンサミアーナ．PSTVd 配列に基づく 7 種類のヘアピン RNA（26 ～ 347 ヌクレオチド）を発現する遺伝子組換えベンサミアーナを作出した（左の模式図）。7 系統のうち 5 系統は PSTVd に抵抗性を示し、ウイロイド蓄積量が抑制された。抑制は PSTVd-sRNA の発現量と相関した。26 ～ 49 ヌクレオチドの短い hpPSTVd-RNA の発現で宿主植物の生育への悪影響なしに PSTVd 感染が抑制された。

2015b）（図 51）。

Kasai らは、師部伴細胞で特異的に発現する Commelina yellow mottle virus（CoYMV）由来のプロモーター（pCoYMV）を使用して、上記の hpPSTVd-RNA の中の一つ、PSTVd 全長ゲノムから左末端の 12 ヌクレオチド（第 353 ～ 5 番塩基）を欠失させた hpPSTVd-RNA（TL 末端欠失）を師部伴細胞で発現する遺伝子組換えベンサミアーナを作出した。そして、これを台木にして、その上に野生型ベンサミアーナを接ぎ木することで、hpPSTVd-RNA 由来の PSTVd-sRNA を師部を通して上部の野生型に供給するシステムを構築した。接ぎ穂に PSTVd をチャレンジ接種すると蓄積レベルの有意な低下が観察され、遺伝子組換え台木から野生型の穂木に PSTVd-sRNA を送達し PSTVd の蓄積を減弱できることが示された（Kasai et al., 2013）。このシステムでは、組換え遺伝子由来の PSTVd-sRNA だけが台木から師部を通して接ぎ穂に輸送される。したがって、接ぎ穂に生じる生殖器官には組換え遺伝子は存在せず、花粉や種子を通して周辺作物あるいは次世代に組換え遺伝子が拡散するなど、生態系の遺伝子汚染のリスクを回避することができる。遺伝子組換え体ではないウイロイド抵抗性作物を作出する道が拓かれた（Harada, 2010）。

人工マイクロRNA（artificial microRNA；amiRNA）と**合成トランス作用型低分子干渉RNA**（synthetic trans-acting small interfering RNAs；syn-tasiRNA）は、植物の内因性転写物やウイルスRNAをサイレンシングするように設計された人工低分子RNAである。コンピュータプログラムP-SAMS（the Plant Small RNA Maker Suite）（Fahlgren et al., 2016）を用いてPSTVdの（＋）鎖と（－）鎖を標的とする可能性があるそれぞれ6種類のamiRNAをデザインし、植物発現用ベクター（pMDC32B-AtMIR390a-B/c）に組込み、ベンサミアーナにPSTVdと共にアグロインフィルトレーション法で共感染させると、いずれのamiRNAもPSTVdの蓄積レベルを約20％～60％に低下させる効果がみられた。さらに、高い効果がみられた5種を選び、syn-tasiRNAの植物発現用ベクター（pMDC32BAtTAS1c-B/c）に組込み、同様にPSTVdとアグロインフィルトレーション法で共感染させて、syn-tasiRNAの効果を評価した結果、5種類ともPSTVdの蓄積レベルを50％程度に低下させる効果を有していた。すなわち、amiRNAでもsyn-tasiRNAでも同様の効果がみられ、特に、PSTVdのCCR上部鎖（第78～98番塩基）とCCR下部鎖（第253～273番塩基）に高い阻害効果がみられた（Carbonell & Daròs, 2017）。amiRNAとsyn-tasiRNAは共に21ヌクレオチドの小分子RNAで、予めコンピュータプログラムで**オフターゲット効果**（副作用）によるウイロイド配列と相同性を有する内生遺伝子転写物の発現阻害を最小限に抑えることができることから、より副作用の少ないRNA干渉に基づいたウイロイド感染制御法として期待される。

5　将来展望

ウイロイド研究の歴史が示すように、病原因子として発見されたウイロイド研究の最終的な目標の一つは、如何にしてウイロイド病の発生・流行を食い止め、その経済的損失を許容限界以下に抑えるかである。ウイロイドの防除は、植物検疫による監視体制の下でその侵入・拡散・定着を防ぐことを基本として、大規模・高精度で迅速且つ簡易で安価な検出・診断技術の開発とウイロイドフリー種苗あるいはウイロイド抵抗性品種の生産・供給体制の構築によって支えられている。世界中から発信されるウイロイド病発生情報に基づき植物検疫体制は逐次修正・改善されながら運用されており、診断には最新の分子生物学・遺伝子工学の技術が取り入れられ、近年では、次世代シークエンス解析技術とバイオインフォマティクスの融合による格段の大規模化と高精度化が図られようとしている。特に次世代シークエンス解析とウイロイド検出アルゴリズムによる網羅的なウイロイド診断技術の普及は、今後、植物検疫を始めとする様々な病害診断現場に浸透してゆくものと考えられる。ウイロイドフリー化技術も、熱・低温療法、化学療法、茎頂培養法、茎頂接木法、そしてそれらの組合せなど、様々な優れた方法が開発され着実に進歩している。一方で、ウイロイド抵抗性作物の開発はいまだ発展途上の段階である。生物工学的手法により、2本鎖RNA分解酵素、配列非特異的な核酸加水分解ミニ抗体、アンチセンスRNA、リボザイムRNA、ウイロイド由来の小分子RNAなどを発現する遺伝子組換え作物が開発され、実験的には優れたウイロイド感染抑止あるいは発病抑制効果が認めれたケースもあるが、商業的栽培に至ったものはない。遺伝子組換え作物が周辺の類縁野生種に及ぼす遺伝子汚染など環境負荷に関する懸念も関連の研究の普及を阻害する要因の一つになっていたと考えられる。

このような中、遺伝子組換えに該当せず作物遺伝子を人為的に改変できるゲノム編集技術は、これからのウイロイド抵抗性作物開発の焦点となるだろう(Hadidi & Flores, 2017；Hadidi, 2019；Naoi et al., 2022)。現時点で、ゲノム編集技術を用いて生産されたウイロイド耐性作物は報告されていないが、ウイロイドの複製、細胞間移動、病原性に関わる構造モチーフと相互作用する宿主因子(VirP1、RPL5、TFIIIA-7ZF)、あるいはRNA干渉を介してウイロイドと相互作用する宿主因子（AGOs、DCLs）などゲノム編集の候補になりそうないくつかの宿主因子が見出せるようになってきた。また、キクの品種や野生トマト近縁種で見出されたCSVdあるいはPSTVd耐性遺伝子も、その実体が特定され、抵抗性に果たす機能解析が進めば、将来的にゲノム編集の標的になる可能性を秘めている。さらに、CRISPR-Cas13aシステムを利用し、ウイロイドの複製開始点、中央保存領域、あるいはRYモチーフなどウイロイド側の構造モチーフを直接標的とするCas13a／sgRNAコンストラクトを植物に遺伝子導入・発現させることで、ウイロイドの複製を阻害することができるのではないかという提案もある（Hadidi, 2019）。

第IV章
ウイロイド利用の試み

ミカンなどのカンキツ類は、一般にカラタチ（*C. trifoliata*）やユズ（*C. junos*）、シトレンジ（カラタチとスウィートオレンジの雑種）などを台木にして栽培される。これらの台木を使用したカンキツは収量性が高く、高品質の果実を生産するが、一方で生育が旺盛で樹冠が大きくなり、剪定や収穫に手間がかかるという課題がある。そのため、剪定や切り戻し、根圏の制限、矮性台木や成長抑制剤の使用など、様々な樹勢抑制対策が取られているが、それぞれに課題もある。

カラタチ台木のオレンジ類（*C. sinensis*）には昔から伝染性の矮化症状が発生することが知られていた。一部はエクソコーティス病の因子（当時、まだウイロイドであることが明らかにされていなかった）との関連性が指摘されていたが、台木部分の樹皮の裂皮や剥離などの典型的なエクソコーティス症状を示さないで矮化するケースがあることも認識されていた（Fraser et al., 1961）。これらは接ぎ木伝染性矮性因子（graft-transmissible dwarfing agents；GTD）と呼ばれ、GTD で矮小化したオレンジの木を密植栽培することで、単位面積当たりの収量を増やすことができると考えられた（Long et al., 1972）。その後、ウイロイドが発見され、接ぎ木伝染性矮性症状との関連が示唆されていたエクソコーティス病の病原が CEVd であることが明らかになった。しかし、さらにカンキツ類には CEVd 以外にも複数のウイロイド種が感染しており、それらが台木部の裂皮や剥離などのエクソコーティス症状を伴わない弱毒型の接ぎ木伝染性矮性症状と関連していることが明らかになってきた（Schwinghamer & Broadbent, 1987；Broadbent et al., 1988；Duran-Vila et al., 1988）。接ぎ木伝染性矮性因子 GTD を利用して、作付けの効率や果実の品質に影響を与えずに樹体サイズをコントロールすることは、高密植栽培において収穫と樹木の手入れのしやすさ、肥料と灌漑の経済性、初期の生産性の向上、新品種の迅速な供給など、様々な利点があると考えられ、豪州（Gillings et al., 1991; Hutton et al., 2000）とイスラエル（Bar-Joseph, 1993）などで、それぞれ独自のGTD自然分離株が選抜されて野外圃場での栽培試験が実施された。

豪州ではカンキツ類は低～中密度栽培と呼ばれる1 ha当たり400～600本の樹を栽培する方法が一般的で、高い生産性を示すが、生育初期の生産量が低く、生産量がピークに達するまでに長い年数がかかるという課題があった。また、矮性台木'Flying Dragon（飛竜）'（*C. trifoliata* 'Monstrosa'）を使用した高密植栽培では、低い温度条件では生育が遅いという欠点があった。そこで、GTDを利用した矮性栽培の可能性を評価するために、エクソコーティス症状を示さない9分離株のGTDを感染させ、1955年から40年以上にわたり、圃場での栽培試験が開始された（Hutton et al., 2000）。その結果、幹直径、樹高、樹冠容量などの有意な減少が観察され、それに応じて生産量が減少することが確認された。カラタチ台木の場合は樹のサイズが半分に減少し、シトレンジ台木の場合は20%～50%減少した。その一方で、栽植後5年間の初期生育は慣行栽培樹とほとんど同じで、果実品質（サイズ、色、果汁、酸度、糖度）にも影響はないと評価された。GTDには複数の自然分離株が用いられたが、後にCVd-IIIb（CDVdの異名）とCVd-IIa（HSVdの異名）を含むことが判明したGTD分離株ではシトレンジ台木のバレンシアオレンジに樹体の矮性化と相応の生産量の低下（23%）がみられた。個々の樹の生産性は低下するが、高密度で栽培することで通常栽培より収穫量を上げることが可能で、GTD感染オレンジを1ヘクタール当たり864本の高密度で栽植した区では、通常栽培区（222本/ha）に比べ、20年間の総生産量が約1.5倍高かったと報告されている（Hutton et al., 2000）。

豪州で上記のGTDによる矮性栽培試験が開始された1950年代当時、まだウイロイドは発見されておらず、この伝染性矮性因子の正体は不明だった。その後、ウイロイドが発見され、特にカンキツ類には複数のウイロイド種が混合感染していることが明らかになってきた。このような中、Gillingsら（1991）は、カンキツエクソコーティス病の原因となるCEVdを保毒しているカンキツ樹の排除を目的として、矮化症状や接ぎ木結合部の異常などエクソコーティス病特有の症状を示すカンキツ樹をCEVdの指標植物エトログシトロンに接ぎ木してCEVdの感染状況を調査した。すると、ほとんどがCEVdによる病徴とは異なる軽度のエピナスティー症状を発症し、ハイブリダイゼーション検定でもCEVdが検出されず、電気泳動による解析でCEVdと異なる複数のウイロイドのバンドが検出された。調査範囲を拡げて1,800本以上のカンキツ樹試料を電気泳動法で分析したところ、豪州のカンキツには、CEVd以外に分子サイズが異なる3グループのウイロイド、すなわち、332ヌクレオチドと325ヌクレオチドのCVd-I（CBLVdの異名)、302ヌクレオチド、299ヌクレオチド、297ヌクレオチドのCVd-II（順にIIa, IIb, IIc;HSVdの異名)、そして295ヌクレオチドと290ヌクレオチドのCVd-III（順にIIIa, IIIb;CDVdの異名）が検出された。CVd-IIとCVd-IIIグループは、cachexia病を含む野外でみられる様々な病気の症状と強く関連しており、カラタチ台木のカンキツ樹には矮化がみられた。各グループを代表するウイロイドが精製され、一旦それぞれをカンキツウイロイドの検定・増殖宿主エトログシトロンに単独で感染させた後に、各ウイロイド単独または複数種が組合されて圃場の若木に接木接種された。その結果、CVd-IIbを接種した‘Parson's Special mandarin’（cachexia病の指標植物）が接種2年後にcachexia病を発症し、CVd-IIbがcachexia病の原因ウイロイドであることが確認された（Gillings et al., 1991)。そして、上記の矮性栽培試験に供試された9分離株のGTDをはじめ、豪州のGTD分離株の全てからCVd-IIIが検出されたため、CVd-IIIが接ぎ木伝染性の矮性を引き起こす因子であることが強く示唆された。さらにスペインと米国のカンキツウイロイドコレクションの分析から、CVd-IIIには分子サイズの異なる4つの変異体（a、b、c、d）があることが明らかにされ（Duran-Vila et al., 1988)、カリフォルニア大学のカンキツウイロイドコレクションの分析からCVd-IIIaは297ヌクレオチド、CVd-IIIbは294ヌクレオチドで、両者の塩基配列相同性は96.6%であったと報告された（Rakowski et al., 1994)。その後、豪州のGTD分離株に含まれるCVd-IIIはIIIbと同一かその派生体と同定され（Hutton et al., 2000)、CVd-IIIbがカンキツの伝染性矮性を誘導する原因と判明した。

一方イスラエルでは、グレープフルーツ樹由来のGTD分離株#225をカラタチに接木して得られた3つの派生分離株#225-S、#225-M、#225-VMが選抜され、その利用が検討された。#225-Sは強い矮化を誘導し、電気泳動による分析の結果、少なくとも5種類のウイロイドのバンド（371ヌクレオチド、330ヌクレオチド、299ヌクレオチド、295ヌクレオチド、284ヌクレオチド）を含んでおり、これは元株の#225と同じだった。一方、#225-Mは軽い矮化を誘導し、3種類のバンド（330ヌクレオチド、299ヌクレオチド、284ヌクレオチド）を含み、#225-VMは最も軽い矮化を誘導し、3種類のバンド（299ヌクレオチド、295ヌクレオチド、284ヌクレオチド）を含んでいた。強い矮化を誘導する#225-Sにみられた371ヌクレオチドのバンドはCEVdと同定されたことから、CEVd以外のウイロイドを含むGTD分離株を感染させることで適度な樹体サイズが得られることがわかった（Hadas & Bar-Joseph, 1991）。

同様の試みは、豪州とイスラエル以外にも、南アフリカ、ブラジル、イタリアなどでも実施され（Stuchi et al., 2007）、高密植栽培で樹体サイズを小さくするためにカンキツウイロイドを使用することの潜在的なメリットが認められた。しかし一方で、安全面で考慮しなければならない点も指摘され、GTDに用いるウイロイドは突然変異性、接触伝染性、媒介生物の有無、対象作物以外の宿主への潜在的危険性などを十分に吟味し、既に対象作物に広く拡がっていて且つ宿主域が狭いものに限ることが提案されている（Hadas & Bar-Joseph, 1991；Roistacher, 1992）。したがって、このような観点からエクソコーティス病の病原CEVdとcachexia病の病原CVd-IIb（HSVdの変異体）はGTDから排除されなければならない。

このような経緯を踏まえて、Semancikらは、上記2種を除外した3種類のカンキツウイロイド、CVd-Ia（CBLVdの異名）、CVd-IIa（HSVdの異名）、CVd-IIIb（CDVdの異名）の効果を分析し、3種全てがカラタチ台木のバレンシアオレンジの樹体サイズを20%～50%減少させることを確認した。CVd-IIaでは樹当たりの収量が増加した一方、CVd-IaやCVd-IIIbでは正味の収量が減少したが、ウイロイドを含まない対照区と比較すると全てのウイロイド区で単位面積当たりの収量が大幅に向上した（Semancik et al., 1997；Semancik et al., 2002）。彼らはこのように経済的な利点をもたらすウイロイドに「transmissible small nuclear RNA (TsnRNA)；伝染性小分子核RNA」の名称を提案している。その後の調査で、CVd-Ia、-IIa、-IIIbの3種TsnRNAsを感染させた‘Carrizo’シトレンジ（*C. sinensis* × *P. trifoliata*）を台木にしたネーブルオレンジ（12年生）とクレメンティンマンダリン（10年生）では樹体サイズがそれぞれ33%と43%減少し、またCVd-Iaと-IIaあるいはCVd-Iaと-IIIbの2種の混合でもクレメンティンマンダリンの樹冠容量が38%と31%減少し、一方、樹冠容量あたりの果実の生産量や高品質の果実割合がそれぞれ24%と32%増加し、台木の生育への悪影響もみられなかったことが報告されている（Vidalakis et al., 2011）。

以上、様々なカンキツ栽培国で実施されたGTDやTsnRNAの分析で、CVd-IIIbあるいはその変異体が分離されており、豪州の栽培試験でもCVd-IIIb感染樹は健全で良品質の果実を生産し続けたことから、特に有望と考えられ、さらに望ましいレベルの矮性化を誘発するCVd-III変異体の分離が検討された。Owensらは、CVd-III感染樹からCVd-IIIbと2つのCVd-IIIb塩基配列変異体（No. 31とNo. 33）を分離し、感染性cDNAクローンをエトログシトロンに感染させて病原性を比較した。CVd-IIIが感染すると、エトログシトロンには葉柄の付け根から葉が垂れ下がる“下垂症状”が顕われるが、No. 31とNo. 33感染樹はCVd-IIIbより下垂症状が弱く、ウイロイド濃度も低かった。また、No. 31とNo. 33はCVd-IIIbと比べてPドメイン内の第44番と第45番塩基に変異があり、感染植物中で安定に維持されたことから、この変異が下垂症状発現の顕著な減少と関連していると考えられた（Owens et al., 1999）。今後、in vitroで突然変異を誘発させた多様なCVd-III集団から、様々なレベルの矮性化特性を持つ安定な変異体を選抜することも可能かもしれない。

Lavagi-Craddockらは、CDVd（後に採用されたCVd-IIIの正式名称）を感染させたカラタチ台木のネーブルオレンジでは、樹冠内の新梢成長が20%以上減少し、樹冠容量が約50%減少すること、効果は永続的で矮性台木として知られる‘Flying Dragon’に匹敵することを認めた（Lavagi-Craddock et al., 2020）。また、高密度条件で栽培したCDVd感染カラタチ台スウィートオレンジ（18年生）のRNA-seq解析から、CDVd感染区では非感染区に比べて発現レベルが変動した遺伝子が409種類検出されたと報告している。発現量が上昇したものは131で、そのうちの81（約62%）はスウィートオレンジ部分でみられた。一方、下降したものは278で、そのうちの186（約67%）は台木部分でみられた。CDVd感染区のスウィートオレンジではストレス応答、病原体に対する防御、オルガネラのRNA代謝と器官の発達、過剰なジャスモン酸の不活性化などと関連する遺伝子の発現が高いレベルで上昇し、矮小化の表現型に関連している可能性のある転写因子 MYB13 と MADS-box も有意に上昇していた。すなわち樹体の生育や発達過程に重要な遺伝子の発現量の変化は、カラタチ台木ではなく穂木のスウィートオレンジで発生しており、これは、カラタチ台木の生育には影響を与えず、接ぎ穂のスウィートオレンジの成長を抑制する CDVd のこれまでの観察と矛盾していなかった（Lavagi-Craddock et al., 2022)。

このような報告に基づき、日本のカンキツ品種を用いて CDVd の効果が分析されている。CDVd（CVd-IIIb）変異体は国内のカンキツから以下のように分離された。ヒュウガナツ（*C. tamurana*; 日向夏）には半世紀ほど前から“茶年輪症状”あるいは“バームクーヘン症状”と呼ばれる“コーンケーブガム”類似症状を示す病原不明の病気が発生していた。病樹は枝幹の分岐部や樹皮の亀裂からヤニが吐出し、樹勢が衰弱する。本病とウイロイドの関連性を調査したところ、分析した試料には、病気と関係なく HSVd（CVd-IIa）や CVd-IIIa、-IIIb、-IIIc、-IIId（CDVd）が感染しており（図 52)、既知のウイロイドが病気の原因とは考えられなかった。実際に、sPAGE 法で分離した CDVd のバンドをポリアクリルアミドゲルから回収し、ヒュウガナツの実生苗に戻し接種したが、コーンケーブガム症状は発症せず、CVd-IIIb 型の CDVd（294 ヌクレオチド）の感染が確認され、第 250 番目の塩基が A（アデニン）と U（ウラシル）の 2 つの変異体が混合して検出された（公開特許公報（A）_ 弱毒性カンキツ矮化ウイロイドおよびその使用、出願番号：2013000722)。すなわち、国内産のヒュウガナツのウイロイド検定から諸外国で矮性栽培への利用が試みられてきた CVd-IIIb タイプ

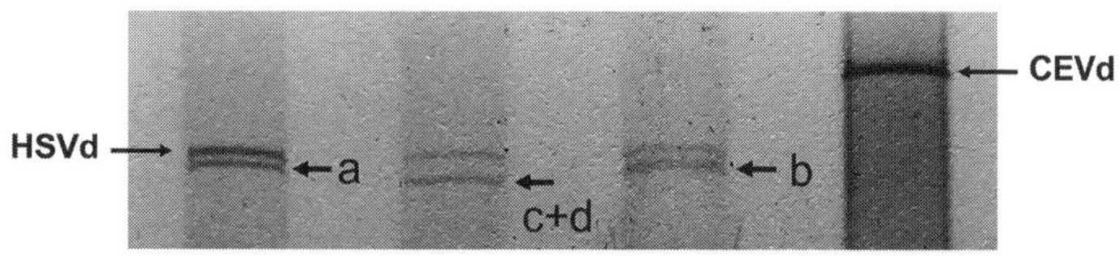

図 52　日向夏から検出されたカンキツ矮化ウイロイド．日向夏から抽出した低分子量 RNA を sPAGE で分析した結果、HSVd とカンキツ矮化ウイロイド（CDVd あるいは CVd-IIIa, b, c, d）が検出された。左から日向夏（健全樹）、日向夏（コーンケーブガム発症樹 1)、日向夏（コーンケーブガム発症樹 2)、CEVd を示す。a ; CVd-IIIa、b ; CVd-IIIb、c ; CVd-IIIc、d ; CVd-IIId

の CDVd が単離されたのである。

このCDVdヒュウガナツ分離株のGTDとしての可能性を評価するため、2007年秋、この感染樹から抽出された低分子量RNAがカラタチ台木の温州ミカン（*Citrus unshiu*）品種‘宮川早生’の新梢に切りつけ接種され、その感染樹からさらに芽接ぎ接種で複数の感染樹が作出された。2008年秋に、4年生樹が愛媛大学農学部附属農場に栽植され（写真19）、2011年から2014年にかけて無接種15樹と感染が確認された11樹について、樹体成長や果実品質の調査が継続された。接種区の主幹直径は無接種区より小さく、また経年的にその差が大きくなる傾向がみられ、年毎の肥大量も接種区では無接種区に比べて抑制されていた。すなわち、感染樹は生育が抑制され矮化した。接種区では、果実の肥大成長も小さい傾向がみられたが、一方で、果実の着色が早まる傾向がみられ、果肉歩合が大きくなり、糖度や酸度も高くなる傾向があった。つまり、接種区では1樹当たりの果実収量が減少したが、果実品質が向上し、密植栽培をすれば単位面積当たりの収量は増やせると評価された。また、接種樹には病気の症状はみられなかったことから、温州ミカン‘宮川早生’でもCDVdを接種することによって、密植栽培に適した樹体の矮小化が可能で、糖度や酸度の高い良品質の果実を生産できる可能性が示唆された（河野ら、2014）。

CDVd（CVd-IIIb）あるいはTsnRNAをカンキツ類の高密植栽培に利用しようとする動きは、かつては豪州とイスラエルで実用化を視野に入れた試験栽培が実施された歴史があるが、現在では米国の研究者が積極的に利用しようとする姿勢がみられる。一方、欧州の研究者は、本質的に病気を引き起こす可能性のあるものを栽培圃場で広く使用することに対して慎重になるべき、という意見が強いように感じる。2018年に開催されたウイロイドの国際会議（Viroid-2018: International Conference on Viroids and Viroid-Like RNAs、バレンシア・スペイン）においても、積極派の米国の研究グループの発表に対して欧州のグループから慎重論が投げかけられている。日本ではこれまで植物のウイルス病防除にワクチンとしての弱毒ウイルスの商業的利用が行われてきている（サテライトRNA、同RNAを有するキュウリモザイクウイルスの弱毒ウイルス、同弱毒ウイルスを接種したキュウリモザイクウイルス抵抗性植物及びキュウリモザイクウイルスの防除法、特許第3728381号）。国内ではCDVdのカンキツ栽培への利用の動きはみられないが、少なくともCDVdによりもたらされる矮性をはじめとする農業上有益な効果に関する基礎的研究はカンキツ栽培技術の向上に貢献できるものと考えられる。

第Ⅴ章
起源－ RNA ワールドの生きた化石？

ウイロイドはどこから来たのだろうか？ウイロイドの発見者であり命名者であるDienerは、それが新奇な病原因子だという確証に辿り着く過程で、この病原が複製をまだ宿主機能に依存している“原始的なウイルスRNA”、あるいは、それらの機能を喪失した“退縮したウイルスRNA”に由来する可能性を議論している。また、そのようなRNA（ウイロイド）はウイルスと遺伝子の間の「Missing-link（失われた環）」（Temin, 1970）を埋める染色体外遺伝因子の可能性があり、ごく僅かな遺伝的メッセージしか担うことができないにもかかわらず、それによって引き起こされる疾患の重篤性を考慮すると、mRNAとしてではなく、異常な調節因子として機能するRNAで、高等植物だけに限定されるものとは考えられないと予想している（Diener, 1971 a ; Temin, 1970）。

このような、タンパク質に翻訳される遺伝情報をコードしない極小のRNAにもかかわらず宿主に特異的に感染して自律複製し、時に宿主の生育異常を引き起こすウイロイドの存在と起源は発見当初から特別の興味が持たれてきた。本章では、病原としてのウイロイドがどこから来たのかという疫学的な視点と、そもそもウイロイドというRNAがどのようにして誕生してきたのかという進化的視点からウイロイドの起源をみてみたい。

1　疫学的視点：ウイロイド病の起源

まず、作物に病気を引き起こす病原としてのウイロイドはどこから来たのだろうか。あるいは、植物のウイロイド病はいつの時代から存在していたのだろうか。最初のウイロイドはジャガイモに病気を起こすことから発見された。Diener（1971a）が述べているように、もし、ウイロイドが作物に経済的に重要な病気を引き起こさなかったらその発見はずっと遅れていたであろう。現在まで、25種類以上のウイロイド病が報告されているが、いずれも20世紀以降に発生が報告されたものである。この事実は、ほとんどのウイロイド病が近世以降に発生したことを示唆している。しかし、病気として記録されなかったとはいえ、ウイロイド病そのものは農耕の発達の歴史の古い時代から存在していたと考えるのが妥当であろう。

1-1　カンキツウイロイドの発生史

Moshe Bar-Joseph（イスラエル、農業研究機構・ボルカニ研究所）は“Natural history of viroids（ウイロイドの自然史）”と題した著作の中で、イスラエルのユダヤ教シナゴークの床絵や壁絵のモザイク画に描かれたエトログシトロンの果実の形に興味深い変化がみられることから、農作物とウイロイドの少なくとも1500年以上にわたる関わりを論じている（Bar-Joseph, 1996；2003）。エトログシトロンはヒマラヤ山麓の原産で、紀元前200～300年頃、地中海沿岸地方に持ち込まれて栽培されるようになった最も古いカンキツの一種である。果実は紡錘形で先が細くとがり表面はごつごつしている。果物として栽培されたが、イスラエルではユダヤ教の宗教儀式の供え物のひとつとして用いられ、教会堂の壁絵などにその果実がデザイン化されて描かれた。紀元4～6世紀に建てられたシナゴークの床や壁に描かれたエトログシトロンには紡錘形のものの外に、ヒョウタンのように中央部分がくびれたものもみられる。この果実の奇形はCEVdやカンキツウイロイドに感染したエトログシトロンに特徴的な症状であることから、Bar-Josephは、1500年以上前にイスラエルで栽培されていたエトログシトロンには既にウイロイドが感染していたという仮説を提唱している。実際、イスラエルで200～300年前から栽培されてきた古い在来種に由来する樹齢100年以上のスウィートオレンジ（*C. sinensis*）品種‘Shamouty’の樹はCEVd、CBLVd、CDVdなど5種類のカンキツウイロイドを保毒していることから（Ben-Shaul et al., 1995）、20世紀以前からイスラエルのカンキツにはウイロイドが感染していたと考察している。この品種はカンキツウイロイドに耐性で感染していても病的症状はでなかったのだが、“トリステザ病”の大流行により状況が変わった。トリステザ病は中晩生カンキツ類の樹勢や収量の低下、枯死をも引き起こす深刻なウイルス病である。カンキツ類は台木を用いて栽培されるが、当時用いられていた台木はトリステザ病の病原カンキツトリステザウイルスに感受性だった。そこで抵抗性のカラタチやラングプールライムが台木に用いられるようになったのだが、これらの台木はCEVdやカンキツウイロイドに感受性で、カンキツウイロイドを保毒している品種を接ぎ木すると激しい樹皮の剥皮症状が発生し、今度はウイロイド病が問題となったのである（Bar-Joseph et al., 1989）。すなわち、ウイロイドは元々存在していたのだが、栽培品種が耐性だったため問題にならずに長い間共存状態で見過ごされてきた。ところが、新たなウイルス病の発生により栽培方法が変更され、ウイロイド病として出現してきたというわけである。

1-2　ブドウウイロイドの来歴

イスラエルのカンキツに限らず、現在世界中で栽培されているブドウ、カンキツ、スモモなどの果樹類にもそれぞれ複数のウイロイドが感染していることが知られている。しかし、ほとんどの栽培種はウイロイドに耐性で無症状である。これは、その長い栽培の歴史の中で、より生育が良く栽培しやすいものが選抜されてきた結果、より耐病性に優れた作物品種と病原力の弱いウイロイド系統が選抜された結果と捉えることができる。しかし一方で、このような病気を発症しない耐病性の宿主はウイロイドの伝染源あるいは自然界の貯蔵池として重要な意味を持つ。第I章に記したように、ホップ矮化病の発生は栽培ブドウに潜んでいるウイロイド（HSVd）が種を超えてホップに感染して発生したと考えられる。ホップに感染すれば矮化病としてその存在が顕在化し防除対象となるが、症状が出ない栽培ブドウでは感染に気付かれないままブドウ栽培種の栽培地域の拡大に伴って世界中に拡がったのである。

ブドウの原産地は中近東（黒海東南岸小アジア）で、主にワインの原料としてあるいは生食用として世界に拡がった。栽培化の歴史は古く、紀元前3000年頃にはコーカサス地方やカスピ海沿岸で欧州ブドウ（*V. vinifera*; ヴィニフェラ種）の栽培が開始されていたという。日本では奈良時代に原産国から中国を経て伝来したといわれ、古くから栽培されてきた‘甲州’種は東洋系ヴィニフェラ種で、1186年、甲斐国八代郡上岩崎村（現在の勝沼市岩崎）で雨宮勘解由が発見したと伝えられている。中国から種子が渡来し実生で発生したものと考えられ、日本の野生種ではないという。安藤安貞（農業全書;1697年）に江戸時代には既にブドウが栽培されていたことが記載されているが、明治以降に欧米諸国から様々な品種が輸入され、国内のブドウ栽培が盛んになった。1872年に開拓使が米国種30種、1880年に農商務省がイタリアとフランスから欧州種を導入した。欧州系ヴィニフェラ種は失敗したが、米国のラブラスカ種（*V. labrusca*）とその雑種は栽培に成功し、デラウェア、キャンベルアーリーなど様々な品種と交配種が作り出されたという（ブドウ大事典、農文協編、農山漁村文化協会、2017年）。

2000年代はじめ、日本と中国で、ホップ矮化病の伝染源になったと考えられるブドウのウイロイドの大規模な調査が行われた。日本では、山梨県農業試験場、福岡県農業総合研究所（果樹苗木分場）、青森県りんご試験場、マンズワイン（株）、岩の原葡萄園から提供された国内で栽培・保存されている合計150サンプル以上のブドウ葉試料が分析に供された（荒木ら、2004；Jiang et al., 2012）。試料の中には、調査時点で樹齢50年以上の古木も含まれていた。当時ブドウに感染することが知られていた4種類のブドウウイロイド（HSVd、GYSVd-1、GYSVd-2、AGVd）を分析した結果、ほとんど全てのブドウ樹からHSVdとGYSVd-1が検出されたが、樹齢90年以上の2樹だけは分析した4種のウイロイド全てが陰性だった。1樹は日本古来の‘甲州’種で、山梨県甲府市勝沼町にある「甲龍」と呼ばれる日本最古とされるブドウ樹で、樹齢は100年以上（2002年当時）だった。もう1樹は‘善光寺’種の原木で、長野県小諸市のマンズワイン（株）に保存されている樹齢90年（2002年当時）を経たものだった。‘善光寺’は、東洋系カスピカ亜系のビニフェラ種に属する中国の‘龍眼’に由来し、明治初年長野市近郊に導入されたものから選抜した系統であるという（茂木ら、1978）。興味深いことにこの2樹だけは台木を使用せず自根で栽培されていた。日本ではこれ以外に樹齢の古いブドウ樹が残っていないため、これ以上の情報を得ることはできなかったが、この結果から推定されるのは、日本には本来ブドウウイロイドが存在しなかったのではないかということである。併せて調査した日本各地の山野に自生している野生ヤマブドウ（*Vitis coignetiae*）39試料からも全くウイロイドは検出されなかった。この結果もブドウのウイロイドが元来日本に存在していなかったことを支持していると考えられる。

一方、日本に現存するほとんど全てのブドウ樹が該当するが、樹齢が60～70年より若い樹からはHSVdとGYSVd-1が高頻度に分離された（Jiang et al., 2012）。これは既に欧米ブドウ産地を中心に報告された結果とほぼ一致するものだった。日本の栽培ブドウ品種のほとんどが欧米系導入品種の選抜やその交配種に由来している事を考慮すると、これは当然の結果かもしれない。すなわち、世界中で栽培されているブドウ樹の多くはHSVdとGYSVd-1を宿しているのである。何故、このようにHSVdを始めとするウイロイドが世界中の栽培ブドウに感染するようになったのだろうか？日本の樹齢90～100年のウイロイドを宿していないブドウ樹が自根で生育していたのに対して、樹齢60～70年生のウイロイド感染樹が例外なく害虫フィロキセラ抵抗性の台木上に生育していることにヒントがあるかもしれない。フィロキセラ（ブドウネアブラムシ）は1850～1860年代に米国から欧州に侵入した害虫で、フランスのブドウ栽培に未曽有の大被害をもたらした。日本にも1880～1900年代に侵入し、それ以降、一般にフィロキセラ抵抗性台木が使用されるようになった。ウイロイド調査の結果、台木品種も同様にHSVdとGYSVd-1を保毒していた（Jiang et al., 2012）。フィロキセラから栽培品種を守るためにウイロイドに感染したフィロキセラ抵抗性台木に接木することで共通のウイロイドに感染し、またそのようなウイロイドを保毒したフィロキセラ抵抗性台木の世界的な普及によって、世界中に類似のウイロイドが蔓延していくことが助長されたのではないかと考えられる。

これに対し、中国の調査では若干異なる興味深い結果が得られている。すなわち、現存する中国最古のブドウ樹の一つ新疆ウイグル自治区ウルムチ市で栽培されている生食用品種‘Thompsom seedless（トンプソン・シードレス）’（樹齢約110年）と「葡萄王」と呼ばれる樹齢150～200年の古樹、そして河北省にある品種‘龍眼’の古樹（樹齢約150年）から、順に3種（HSVd、GYSVd-1、AGVd）、4種全て（HSVd、GYSVd-1、GYSVd-2、AGVd）、1種（HSVd）が検出されたのである（Jiang et al., 2012）。特に、新疆ウイグル自治区の2樹は、地理的に隔離された乾燥地帯に生育していたためにフィロキセラの被害を免れて生存した自根樹で、台木の使用や接ぎ木の経歴がないことから、既に19世紀の半ばには4種類のブドウウイロイドがこの地のブドウに感染していた可能性が示唆された。

以上の結果を総合すると、ブドウ原産地域のブドウ樹には古くから様々なブドウウイロイドが感染していて、それが挿し木繁殖や接木技術の普及により、世界中に分散していったのではないかと想像される。その後欧州にフィロキセラが侵入し、フランスのワイン産業に大被害を与えた事件を契機にフィロキセラ抵抗性台木が開発され、フィロキセラ被害の世界的拡大に伴って抵抗性台木に接木する栽培技術が普及した。その結果、栽培品種だけでなく台木と共に世界中にブドウウイロイドが拡散し、明治以降欧米系ブドウ品種の導入・栽培により、それまでウイロイドが存在していなかった日本のブドウにも HSVd が持ち込まれたのではないかと考えられる。

このようにカンキツやブドウのウイロイド病の起源を辿ると、限られた地域の特定の植物に寄生し、局地的な風土病として発生していたものが、宿主植物の栽培化の過程で選抜・増殖され流行病として顕在化してきたケース、あるいは、ウイロイドとは無関係だった感受性植物が栽培の過程でウイロイドを宿す植物と遭遇して感染することで新病害として出現してきたケースなど、様々な事情があったものと想像される。過去には深刻な病気を発症したケースもあったであろうが、より優れた栽培品種の選抜や栽培方法の改良などを通じて、耐性の作物品種や遺伝資源植物集団内で顕著な病状を示すことなくウイロイドは長い間維持・温存されて定着していったものと考えられる。発生地域と発生作物が限られ、発生量が限定的なうちは大きな問題にはならなかった。しかし、20 世紀以降、遺伝的に均一な作物集団の広範囲にわたる単一栽培、あるいは、優れた品種の世界的な流通・配布などを特徴とする近代農業の発達により、潜在的危険性を有するウイロイド保毒作物や遺伝資源植物の分布域が拡大するようになると、感受性の高い作物や品種と遭遇する機会が増え、重大な病気の流行を招いて、ウイロイド病として認識されるようになったのであろう。

2　進化的視点：ウイロイドの起源

発見当初、ウイロイドは、原始的なウイルス RNA あるいは退縮したウイルス RNA のようなものと考えられたが、その後明らかにされたゲノム RNA の環状性、ウイルスゲノムとのヌクレオチド配列相同性の欠如、mRNA 活性の欠如などの分子構造や生物的特性から、ウイロイドはウイルスとは系統発生学的に大きく離れた生物学的実体であることが明らかになってきた。ウイロイドやウイロイド様サテライト RNA および動植物の細胞中に存在するウイロイドと類似する塩基配列や機能的構造モチーフの検索と比較解析から、それらの進化的関連性を推定することによって、いくつかの尤もらしいウイロイドの起源に関するシナリオが模索され、提案されてきた。

2-1　イントロン起源（Escaped Intron）説

Diener は、1981 年、ウイロイドのイントロン起源説を提唱している（Diener, 1981）。イントロンはゲノム DNA 内に存在する mRNA に取り込まれない介在配列である。1977 年、アデノウイルス（DNA ウイルス）の mRNA をウイルスのゲノム DNA とハイブリダイズさせ電子顕微鏡で観察したところ、ゲノム DNA 中に mRNA とハイブリッドを形成しない 1 本鎖ループが観察されたことから発見された（Berget et al., 1977；Chow et al., 1977）。真核生物の遺伝子にみられる構造で、タンパク質に翻訳される遺伝情報はイントロンに分断されてゲノム DNA 中に存在している。ゲノム DNA から転写される mRNA 前駆体にはイントロン配列も含まれているが mRNA が成熟する段階でスプライシング反応によって切り離される。イントロンはいくつかのグループに分けられ、グループⅠ、Ⅱ、Ⅲは可動性で、ゲノム中の位置が変化する**転移現象**を起こす。また、グループⅠとⅡはリボザイムによる自己切断活性を有している。リボザイムとはタンパク質因子がなくても RNA だけでスプライシング反応を触媒できる構造で、テトラヒメナの rRNA から初めて発見された RNA の触媒作用である（Cech et al., 1981）。Diener は、当時その構造が明らかにされたホ乳類の核内低分子 RNA である U1 small nuclear RNA（U1 snRNA）の 5′ - 末端と PSTVd の（－）鎖の第 257 ～ 279 番ヌクレオチドの間に安定なハイブリッドを形成できる配列が存在し、U1 snRNA の 5′- 末端配列はイントロンの正確なスプライシングに重要であることから、ウイロイドがイントロン起源の可能性があるのではないかと考えた（図 53）（Diener, 1981）。その後、Dinter-Gottlieb は、グループⅠイントロンの保存配列に似た配列がほとんどのウイロイドやウイロイド様サテライト RNA に存在することを見出し、ウイロイドの複製過程で生じる多量体複製中間体から単位長分子が切り取られ環状化するプロセスや一部のイントロンがアブサンウイロイドと同様にリボザイム活性を共有することに基づいて、ウイロイドがイントロン起源とする仮説を支持した（Dinter-Gottlieb, 1986）。

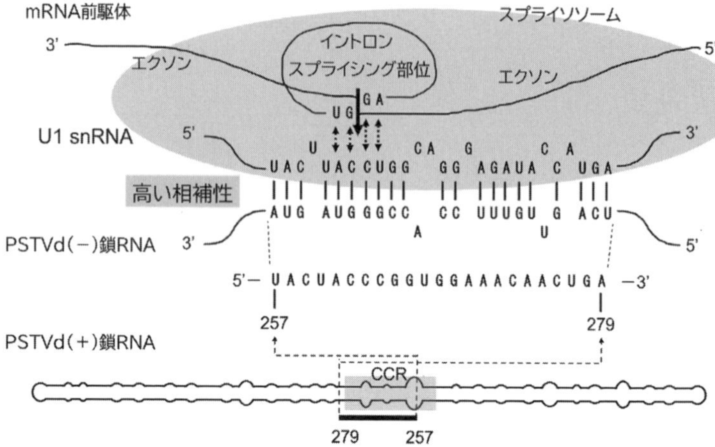

図 53　イントロン起源説の根拠となるジャガイモやせいもウイロイドと核内低分子 RNA（U1 snRNA）の塩基配列の類似性．ホ乳類の核内低分子 RNA である U1 small nuclear RNA（U1 snRNA）の 5′- 末端（図の真ん中）と PSTVd の（−）鎖の中央保存領域（CCR）下部鎖の第 257 〜 279 番塩基（図の下）の間に安定なハイブリッドを形成できる配列がみられる。U1 snRNA の 5′- 末端配列とイントロンの末端との正確な塩基対と配置がイントロンの正確なスプライシングに重要と考えられることから（図の最上部）、ウイロイドがイントロン起源の可能性があるのではないかとする仮説が提唱された（Diener, 1981）。最上部のループ部分はスプライシングで除去されるイントロン配列、矢印はスプライシング部位、上部の長円形の網掛けはスプライソソームを示す。

しかし、Diener はその後明らかにされた知見に基づいてウイロイドとイントロンの関係を再検討し、ウイロイドやウイロイド様サテライト RNA はイントロンがゲノムから脱出して生じたとする仮説について否定的な見解を示している。ウイロイドやウイロイド様サテライト RNA にみられたグループ I イントロンの保存配列との類似性は偶然の可能性が高く機能的にも進化的にも重要ではないこと、アブサンウイロイドが有するリボザイム（HH-Rz）はグループ I イントロンのリボザイムとは似ておらず、自己切断で生じる末端構造（2′, 3′- 環状リン酸と 5′- ヒドロキシル）も異なることなどがその理由である。

2-2　トランスポゾン起源説

トランスポゾン（transposon）は細胞内においてゲノム上を転移することがで

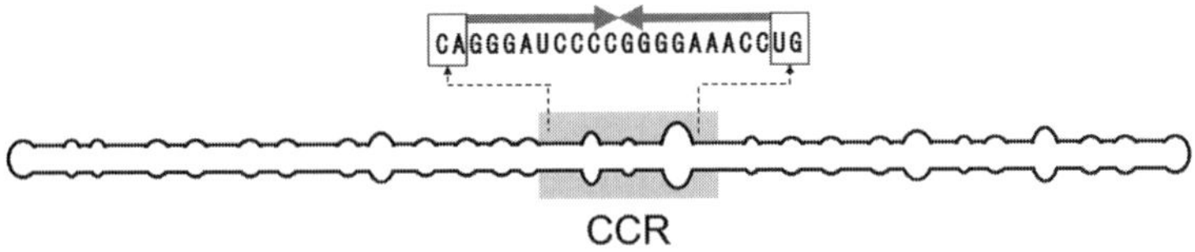

図54　トランスポゾン起源説の根拠となるジャガイモやせいもウイロイドの中央保存領域（CCR）上部鎖にみられるレトロトランスポゾン様逆向き反復配列. PSTVdのCCR上部鎖にみられる不完全な逆向き反復配列（2本の向かい合う矢印）とその両端のCAとUG配列（枠内）を示した。

きる塩基配列で、動く遺伝子あるいは転移因子とも呼ばれる。DNA断片が直接転移するDNA型と転写（DNA→RNA）と逆転写（RNA→DNA）の過程を経て転移するRNA型がある。狭義には前者のみを指し、後者はレトロトランスポゾン（retrotransposon）またはレトロポゾン（retroposon）と呼ばれる。共に多くの真核生物ゲノム内に普遍的に存在し、植物では特にレトロトランスポゾンが多く、しばしば核DNAの主要成分となっている。

Kieferらは、ポスピウイロイド科ウイロイドの中央保存領域の上鎖にみられるほぼ完全な逆向き反復配列の構造が、特定のトランスポゾンやプロウイルス化したレトロトランスポゾンに特徴的な構造を示し、また、逆向き反復配列の両末端にCAとUGというコンセンサス配列がみられることに注目し（図54）、ウイロイドがトランスポゾンに由来するのではないかと考えた。

さらに、ウイロイドには統計的に有意に多数のCUUCまたはGAAG配列とそのバリエーションと思われる配列が含まれており、中央保存領域にも類似の配列がみられることから、ウイロイド分子中に散在しているCUUCやGAAG配列は現在機能している中央保存配列の残骸ではないかと指摘している（Kiefer et al., 1983）。もし、この見方に従うと、ウイロイドはトランスポゾン（あるいはレトロトランスポゾン）がその内部領域の大部分を欠落して進化したものと推測される。しかし、一方、アブサンウイロイド科のメンバーはこのモデルに適合しないことがこの仮説の欠点である。

2-3　RNAワールドの生き残り説

テトラヒメナなどの原生動物ゲノムから発見されたグループⅠイントロンが有するリボザイム機能（Cech et al., 1981）は、RNAが遺伝情報物質としての役割に加え、現在タンパク質が担っている触媒作用も兼ね備えた生体分子であることを明らかにした。やがてこの機能は細胞生物誕生前の原始地球に存在したと考えられているRNAワールドの名残りと解釈されるようになった。その後、ASBVdなどウイロイドの一部とToRSVのサテライトRNAにもリボザイムがみつかり、ローリングサークル複製で複製中間体から単位長分子が生成する時に、この機能により自己切断反応が起こることが発見された（Buzayan et al., 1986；Prody et al., 1986；Hutchins et al., 1986；Symons et al., 1987）。このメカニズムは自己スプライシングイントロンと類似しており、ウイロイドの場合は自律複製能を有し、宿主環境に応じてダーウィン進化を起こすことから、Dienerは、それまでのイントロン起源説やトランスポゾン起源説とは逆の捉え方を試み、ウイロイドはむしろ原始生命の要件に合致する性質を具備しており、細胞生物が誕生する以前に存在したRNAワールドの生き残りではないかという考え方を提唱した（Diener, 1989；2016）。

まず、ウイロイドやウイロイド様サテライトRNAのリボザイムとグループⅠイントロンを比較すると、テトラヒメナのグループⅠイントロンのリボザイムは300ヌクレオチド以上の比較的大きなRNAで、リボザイム機能を発揮するために必須の複雑な2次あるいは3次構造を持っている。一方、ウイロイドやウイロイド様サテライトRNAのリボザイム（HH-RzあるいはHP-Rz）ははるかに短く構造的にも単純である。例えば、アルファルファ（*Medicago sativa*）に黄色の条斑症状をだすlucerne transient streak virus（LTSV）に付随するウイロイド様サテライトRNAは322ヌクレオチドあるいは324ヌクレオチドのRNAだが、端から少しずつ削ってリボザイム配列を含む51ヌクレオチドまで短くしても、迅速且つ完全な自己切断活性を示した（Forster et al., 1987）。さらに、人工合成した19ヌクレオチドのリボザイム配列を含むRNA断片が標的配列を含む24ヌクレオチドのRNA断片の迅速且つ高度に特異的な自己切断を引き起こすことが報告された（Uhlenbeck, 1987）。すなわち、ウイロイドやウイロイド様サテライトRNAのリボザイムは、グループⅠイントロンのリボザイムより小さく原始的と捉えることが可能である。

この観点からウイロイドをみると、イントロンよりウイロイドの方が古く、原始複製体の条件を有していることが見えてくる。Eigenは原始生命が誕生した初期には、複製エラーが発生する率が高いため、原始生命の備えるべき条件として、ゲノムサイズが小さく、G+C含有量が高いことを挙げている（Eigen, 1971）。A:U塩基対より熱力学的安定性が高いG:C塩基対は、複製の忠実度を高めると考えられるからである。ウイロイドは一般にG＋C含有量が高く（ASBVdは除く）、現在知られている最小の自律複製体であることから、この条件に合致する。

また、原始生命体の複製は正確に開始され完全に完了することが重要だが、そのためには正確な複製開始と終結点の存在が必要になる。この点、ウイロイドやウイロイド様サテライトRNAの有する環状構造は仮に開始や終結点がなくても完全な複製が保証されるという利点を有している。併せて、環状分子が形成する2本鎖RNA様の2重らせん構造は紫外線に対する防御をもたらし、ローリングサークル型の複製は複数のゲノムコピーを作り出すことができるので、変異率が高い状況でも1つは完全なコピーを残すのに都合がよいと考えられる。

さらにDienerは、ほとんどのウイロイドにみられる構造周期性にも言及している。HSVd以外のポスピウイロイドとCCCVdでは長さ11ヌクレオチドまたは12ヌクレオチド、ASSVdでは60ヌクレオチド、ASBVdでは80ヌクレオチドのヌクレオチド残基の繰り返し単位によって特徴付けられる構造的周期性がみられるのだ（Juhász et al., 1988）。小さなゲノムからより大きなゲノムへと進化する過程で、短い配列（モジュール）が結合してより長い分子へと成長するメカニズムが存在すると考えられている。例えば、ローリングサークル複製で単位長が複数直鎖状につながった複製中間体において切断部位の一つに突然変異が生じて切断が無効になると、2倍のサイズの分子が生成する現象が想定される。最近、Floresらはこのモデルに基づいてアブサンウイロイドの分子進化を論じている（Flores et al., 2022）。またQinら（2014）は、ウイロイドゲノムにみられる1ヌクレオチドから6ヌクレオチドの単純繰り返し配列（single sequence repeat; SSR）を分析し、ウイロイドにはランダムな配列より有意に多数のSSRが存在し、平均でゲノムの18%がSSRで構成され、最高は31.89%（Iresine viroid; IrVd-1）、最低は4.72%（CTiVd）であること、そしてこれがウイロイドゲノム配列の多様性と進化の歴史に重要な役割を果たしてきた可能性があることを報告している（Qin et al., 2014）。実際に、CEVd、CCCVd、CBLVdの自然分離株には右末端領域が重複して長くなった変異体が存在し、CbVd、CLVd、AGVdなどのゲノムには複数のウイロイド種と部分的に高い塩基配列相同性を示す自然キメラ構造がみられることが知られている（Rezaian, 1990）。これらの事実は多様なウイロイド種が複数の短いモジュールの様々な組合せによる結合で出現してきたとする考え（Catalán et al., 2019）を支持している。

加えて、ウイロイドやウイロイド様サテライトRNAがタンパク質やペプチドをコードしていないこと（Katsarou et al., 2022）、環状1本鎖RNAのローリングサークル複製はRNAのみによって触媒される複製様式になりうる可能性を秘めていること（Attwater et al., 2013；Kristoffersen et al., 2022）などは、リボソームが出現する前でも存続できることを意味し、生命誕生初期のRNAワールドの複製体の条件に合致している。

ウイロイドをRNAワールドの生き残りとする考え方は、その後、Chela-Flores（1994）、Diener（1996、2016）、あるいはFloresら（2014）などにより検証され、多くの点で支持を得ているが、いくつかの解決されなければならない重要な課題も提起されている（Flores et al., 2014）。まず、仮にウイロイドがRNAワールドの生き残りだとすると、ウイロイドの祖先が誕生した時代、すなわち始生代初期（33億～39億年前）と現在ウイロイドが宿主とする高等植物（被子植物）が出現した白亜紀前期（1100万年～1億4000万年前）の間には大きな時間的な隔たりが存在する点があげられる。そして、“自由生活者（free living organism）”として誕生したRNA分子から進化したウイロイドの祖先は、細胞生物の誕生後のいずれかの時点で細胞内生活に存在様式を進化させてきたと考えなければならない。リボザイム機能を有するアブサンウイロイドの増殖の場が葉緑体で、葉緑体は真核生物の祖先に藍藻（シアノバクテリア）が共生して生じたオルガネラであることを考慮すると、一つの可能な説明はウイロイドの祖先がまず藍藻に寄生し、それが共生により高等植物の祖先に取り込まれたというシナリオである（Chela-Flores, 1994）。藍藻の化石とされる最古のストロマライトは始生代の約35億年前に生成されたとも推定されており、ウイロイドの祖先が誕生したと考えられる時期と符合している。しかし、現存の藍藻類からウイロイドあるいはウイロイド様RNAが検出されたという報告事例はない。クラミドモナス（*Chlamydomonas reinhardtii*）は単細胞の緑藻で、核、葉緑体、ミトコンドリアを有するモデル植物として利用されている。Molina-Serranoらは、3種のアブサンウイロイド（ASBVd、CChMVd、ELVd）と1種のポスピウイロイド（CEVd）の感染性2量体cDNAを葉緑体ゲノムに組込んだ葉緑体形質転換クラミドモナスを作出してその発現様式を分析している。その結果、アブサンウイロイド科の3種はクラミドモナスの葉緑体中で発現し、2量体転写物は、ウイロイドの種により効率は若干異なるとはいえ、単量体の線状分子に切断され、環状分子の生成もみられた。すなわち、クラミドモナスの葉緑体には少なくともアブサンウイロイドのHH-Rzの自己切断や環状化を補助する因子が存在している可能性が示唆された（Molina-Serrano et al., 2007）。しかし、（+）鎖から（−）鎖は生成されなかったことから、クラミドモナスの葉緑体には（+）鎖から（−）鎖を複製するNEPのような酵素が存在しないと考えられた。一方、ポスピウイロイドのCEVdは転写されたものの単量体への切断さえ起こらなかった。少なくとも現在のクラミドモナスはウイロイドの宿主とはなりえないようである。

ウイロイドをRNAワールドの生き残りとする考えのもう一つの課題は、その重要な根拠になっているリボザイム機能に関わる点である。リボザイムはアブサンウイロイド科を特徴づける属性であり、ウイロイドの大半を占めるポスピウイロイド科ウイロイドにはみられない。Liu & Symonsはポスピウイロイド科ウイロイドにリボザイム機能がないか分析し、コカドウイロイド属のCCCVdのCCRを含むCドメインからin vitroで調製したRNA転写物が、メチル水銀水酸化物（methylmercuric hydroxide）で変性した後、スペルミジン存在下でインキュベートすると特異的に自己切断されることを観察した。そしてこの切断反応はマグネシウムイオン（Mg^{2+}）を必要としない新奇な自己切断反応の可能性があると報告している（Liu & Symons, 1998）。またHSVdのTRドメインにリボザイム（HH-Rz）の痕跡と考えられる配列が存在すると報告されたが（Amari et al., 2001）、その後、それらが実際に感染植物体内で機能していることを示した報告はない。したがって、現在、ポスピウイロイド科ウイロイドの自己切断機能を示す研究結果はなく、複製様式（第II章1-3-1）に示したように、複製中間体から単位長の分子が切り取られる反応は宿主の酵素に依存しているものと考えられている。併せて、ポスピウイロイド科の増殖の場は葉緑体ではなく核である。したがって、ウイロイドの一部のメンバーであるアブサンウイロイドの性質を以てウイロイド全てを語ることができるのだろうかという懸念がでてくるのである。

3　ウイロイドとウイロイド様 RNA

ウイロイドを規定する属性には、小さい（約 250 ～ 430 ヌクレオチド）、環状1本鎖 RNA、ノンコーディング（タンパク質情報をコードしない）、ローリングサークル様式による自律複製、感染性などがある。ドメイン構造とリボザイム機能の有無はウイロイドをさらに科に細分する属性である。しかし、ウイロイドは自然界でそれだけで孤立しているわけではない。属性のいくつかを共有する類縁性のある分子種が発見されている（表5）。

その一つにサテライト核酸がある。ウイロイドが宿主植物に感染し、宿主の転写系に完全に依存して複製するのに対し、サテライト核酸は特定のウイルス（ヘルパーウイルス）を介して宿主に感染する。宿主中で自律的に複製することはできないが、宿主植物に感染する特定のウイルスの助けを借りて、すなわち、ヘルパーウイルスの複製酵素に依存して複製し、ヘルパーウイルスの外殻に包み込まれて宿主に感染する。しかし、サテライト核酸のヌクレオチド配列はヘルパーウイルスのゲノム配列と特段の類似性がない。サテライト核酸にはいくつかのタイプがあり（Rao & Kalantidis, 2015）、まず大きく DNA 型と RNA 型の二つに分けられる。DNA 型はジェミニウイルス科（*Geminiviridae*）ベゴモウイルス属（*Begomovirus*）のウイルスに付随してみられる約 1,300 ヌクレオチドの環状1本鎖 DNA で、ベータサテライト DNA と呼ばれる。RNA サイレンシングサプレッサー機能を有するタンパク質をコードしており、ウイルスの病原性を激化させる。RNA 型は1本鎖で、サイズにより大型と小型、分子形態から線状と環状に分けられる。大型線状サテライト RNA はネポウイルス属（*Nepovirus*）やポテックスウイルス属（*Potexvirus*）に付随してみられる 800 ～ 1,500 ヌクレオチドの1本鎖線状 RNA で、1つの非構造タンパク質をコードしている。小型線状サテライト RNA は、ククモウイルス属（*Cucumovirus*）やトンブスウイルス属

（*Tombusvirus*）に付随してみられる700ヌクレオチド以下の1本鎖線状RNAで、ウイロイドと同様、タンパク質をコードしないノンコーディングRNAである。例えばCMVのサテライトRNAは約330～400ヌクレオチドで、ヘルパーウイルス（CMV）の病原性を激化させたり弱毒化させたりする興味深い性質を有する。小型環状サテライトRNAは、ネポウイルス属、ソベモウイルス属、ポレロウイルス属（*Polerovirus*）などに付随してみられる約220～450ヌクレオチドの環状1本鎖RNAで、1例を除き、タンパク質情報をコードしていない。また、ローリングサークル様式で複製し、リボザイムによる自己切断活性を有する点でウイロイド、特にアブサンウイロイドと多くの共通点がみられる。ただし、ソベモウイルス属ウイルスに付随するものは環状分子がヘルパーウイルス粒子中に取り込まれ、（+）鎖のみにHH-Rz活性があるのに対し、ネポウイルス属ウイルスに付随するものは線状分子が粒子に取り込まれ、（+）鎖はHH-Rz、（−）鎖はHP-Rzで自己切断される。さらに、ポレロウイルス属ウイルスに付随するものは線状分子が粒子中に取り込まれ、（+）鎖も（−）鎖もHH-Rzで自己切断されるなど、リボザイムの型にはいろいろな組合せがみられる。このように、小型環状サテライトRNAはウイロイドと多くの共通点を有するため、ウイロイド様サテライトRNAと呼ばれ、一部はウイルソイド（virusoid）と呼ばれることもある（Rao & Kalantidis, 2015）。

以上のサテライト核酸は全て植物ウイルスに付随して見つかったものだが、肝炎δウイルス（Hepatitis delta virus; HDV）は、ヒトの肝炎Bウイルス（HBV）に付随して劇症型の肝炎を起こす随伴（satellite）ウイルスである。HDVは直径36～43 nmのほぼ球形のウイルスで、ヘルパーのHBV由来のコアタンパク質と脂質からなる外膜に包まれている。ゲノムは環状1本鎖RNAで、サイズは約1,700ヌクレオチド、（−）鎖に195アミノ酸残基で構成されるタンパク質（δ抗原）をコードしている。δ抗原はゲノムRNAと結合して粒子内に収まっている。ゲノムRNAは約70%の高い分子内相補性を有して分岐のない棒状構造を形成し、（+）鎖と（−）鎖の両方に自己切断活性を示すHH-Rz保存配列があり、宿主（ヒト）のPol IIによってローリングサークル様式で複製する。ゲノムにはウイロイド様ドメインと呼ばれる領域があり、植物のウイロイド様サテライトRNAと構造的および機能的特性を共有している（Taylor, 1990）。

表5　ウイロイド、サテライト RNA、レトロザイム、circRNA

名称		分子形態とサイズ	自律複製能	複製（RCR*1）	ヘルパー因子	リボザイム	コードタンパク質	生物界での分布
サテライトウイルス								
肝炎δウイルス		環状・1本鎖 RNA 約1,700	× （ヘルパーウイルスに依存）	○	ヘパドナウイルス （肝炎ウイルス B）	HDV-Rz	1つ δ抗原（劇症肝炎）	ヒト
サテライト核酸								
ベータサテライト		線状・1本鎖 DNA 約1,350	× （ヘルパーウイルスに依存）	×	ジェミニウイルス、 ベゴモウイルス	×	1つ サイレンシングサプレッサー	植物
サテライト RNA	大型	線状・1本鎖 RNA 約800～1,500	× （ヘルパーウイルスに依存）	×	ネポウイルス、 ポテックスウイルス	×	1つ 非構造たんぱく質	植物
	小型	線状・1本鎖 RNA 700以下	× （ヘルパーウイルスに依存）	×	ククモウイルス、 トンブスウイルス	×	×	植物
		環状・ 1本鎖 RNA*2 約220～450	× （ヘルパーウイルスに依存）	○	ネポウイルス、 ソベモウイルス、 ポレロウイルス	HH-Rz（Ⅲ型）・ HP-Rz	×	植物
ウイロイド								
アブサンウイロイド		環状・1本鎖 RNA 約250～440	○	○	×	HH-Rz（Ⅲ型）	×	植物
ポスピウイロイド		環状・1本鎖 RNA 約230～380	○	○	×	×	×	植物
菌類寄生性ウイロイド様 RNA*3								
Botryosphaeria dothidea RNA1, 2, 3 (BdcRNA1, 2, 3)		環状・1本鎖 RNA 157～450*4	（○）*5	○	×	×／新規*6	○／×*7	菌類
その他のウイロイド様 RNA								
cherry viroid-like circular RNA1 & 2		環状・1本鎖 RNA 372～415	（×）*8	○	未確認	HH-Rz	×	真菌？
citrus transiently-associated hammerhead viroid-like RNA1		環状・1本鎖 RNA 550	（×）*8	（○）*9	未確認	HH-Rz	×	真菌？

carnation viroid-like small RNA	環状・1 本鎖 RNA 275	× （ヘルパーウイルスに依存）	○	パラレトロウイルス	HH-Rz （Ⅰ型に類似）	×	植物
レトロザイム							
植物ゲノム内在型	環状・1 本鎖 RNA 約 600 ～ 1,000	× （未確認）	未確認（環状 1 本鎖 RNA と線状 RNA が発現している）	Ty3 ジプシーレトロトランスポゾンに依存してゲノム内を移動？	HH-Rz （Ⅲ型）（Ⅰ型）*10	×	植物（双子葉・単子葉・シダ）、藻類・非自律性 LTR 型／両端に HH-Rz を含む約 350-nt　の LTR 配列／その間に約 300 ～ 600-nt のノンコーディング配列が存在
後生動物ゲノム内在型	環状・1 本鎖 RNA 約 230 ～ 350	× （未確認）	未確認	Ty3 ジプシーレトロトランスポゾンに依存してゲノム内を移動？	HH-Rz（Ⅰ型）	×	イモリ・住血吸虫、コオロギ・非自律性非 LTR 型／ LTR 構造なし／ Rz を含む約 150 ～ 400-nt の配列が直鎖状に複数連結されて存在
内在性環状 1 本鎖 RNA							
HDV 様環状 1 本鎖 RNA	環状・1 本鎖 RNA 約 1,700	× （ヘルパーウイルスに依存）	RCR？	× （未確認）	HH-Rz（Ⅲ型）・HDV-Rz	1 つ 機能未報告	ホ乳類、鳥類、魚類、両生類、爬虫類、無脊椎動物
菌類ウイルス							
アンビウイルス	環状・1 本鎖 RNA 約 5,000	ウイルスとして自律複製	○	×	HH-Rz（Ⅲ型）・HP-Rz・HDV-Rz	2 つ（アンビセンスゲノムのそれぞれに 1 つずつ）	菌類（ランなどに寄生する菌根菌）

*1　ローリングサークル複製（rolling circle replication）
*2　別名（ウイルソイド、ウイロイド様環状サテライト RNA）
*3　論文の著者ら（Dong et al., 2023）はマイコウイルスの名称を提唱している
*4　RNA1（450-nt）、RNA2（374 ～ 429-nt）、RNA3（157 ～ 221-nt）
*5　植物には感染性がないが菌類（Botryosphaeria）には感染を持つ
*6　RNA2 には新規リボザイム活性、RNA1 と 3 にはリボザイム活性なし
*7　RNA1 と 2 には 1 つの ORF、RNA3 はノンコーディング
*8　分離された植物に対しては感染性がない
*9　対称型ローリングサークル複製の可能性が示唆されている
*10　Ⅲ型がほとんどで、Ⅰ型も少しある

Elena らは、これらウイロイドと多くの共通点を有する小型環状サテライト RNA、HDV RNA のウイロイド様ドメイン、そしてウイロイドの分子系統学的な関連性を分析した。まず、1991 年に発表された論文では、ポスピウイロイド科（14 種）、アブサンウイロイド科（1 種）、小型環状サテライト RNA（6 種）、HDV-ウイロイド様ドメインを用いた分析によって、小型環状サテライト RNA と HDV- ウイロイド様ドメイン、そしてポスピウイロイド科ウイロイドがそれぞれ独立したクラスターを形成し、その中間にアブサンウイロイド科の ASBVd が配置される系統樹が提案された。また、これらの RNA 種が単系統起源である可能性が示された（Elena et al., 1991）。しかし、その後、これらの RNA 種間ではヌクレオチド配列の類似性が低いことから、確かな系統関係を推測することの妥当性に疑問が呈され（Jenkins et al., 2000）、2001 年、アライメントを手動で調整して、ドメイン構造、中央および末端保存配列とモチーフ、リボザイム配列、2 次構造などの局所的な類似性、そしてヌクレオチドの挿入／欠失や重複／再配置に関する情報も考慮し、ポスピウイロイド科（25 種）、アブサンウイロイド科（3 種）、小型環状サテライト RNA（9 種）を用いて再検討が行われた。なお、HDV- ウイロイド様 RNA は、ウイロイドや小型環状サテライト RNA の有する HH-Rz や HP-Rz とは異なるリボザイムを有することが明らかになったため、分析から除外された。その結果、再び、これら RNA が単系統起源である可能性が強く示唆された（Elena et al., 2001）。すなわち、これらの RNA 種間の全体的なヌクレオチド配列の類似性は低いが、局所的なヌクレオチド配列や分子構造（モチーフ）の類似性と塩基の挿入／欠失あるいは重複／再配置などを考慮して分析することによって、ポスピウイロイド科ウイロイドとアブサンウイロイド科ウイロイドだけでなく、多くの共通の特性を有するウイロイド様サテライト RNA を含む RNA 種が単系統性である可能性が支持されたのである。

とはいえ、これら RNA 種が顕花植物の中だけに存在し、原始地球から存在している原核生物から藻類までの生物中には見出されないことは、ウイロイドあるいはそれと類似した RNA 種が生命誕生時の複製体の姿を残していると考える仮説の重大な弱点となっている。これを合理的に説明できるウイロイドの誕生と進化経路には現時点ではまだ大きな謎が残されたままである。

4　偏在する環状１本鎖 RNA － circRNA

ウイロイドが発見されて間もなく、1976 年、生化学的手法による末端構造解析や電子顕微鏡観察により、ウイロイドが末端のない環状 1 本鎖 RNA であることが明らかにされた（Sänger et al., 1976）。それまでにも、多くの原核生物ゲノムや真核細胞内の小器官であるミトコンドリアや葉緑体のゲノムは環状で、プラスミドやウイルスの中にも環状ゲノムを有するものがあることは知られていた。しかし、それらはいずれも 2 本鎖か 1 本鎖の DNA であった。また、ある種の RNA ウイルスのゲノム複製中間体が環状構造をとることも知られていたが、それらは 2 本鎖 RNA だった。すなわち、ウイロイドは環状 1 本鎖 RNA という特異な分子形態を有することが明らかにされた初めての RNA であった。

1979 年、電子顕微鏡観察により、数種真核細胞の細胞質から抽出した RNA の中に環状のものがあることが示され（Hsu & Coca-Prados, 1979）、1991 年、真核細胞内に環状 1 本鎖 RNA が生じるメカニズムが存在することが明らかにされた。癌抑制遺伝子の発現解析の過程で**スプライシング**の異常により、**エクソン**が本来の遺伝子上の配置とは異なる順序で再配置される現象が発見され、その結果生じた RNA が環状 1 本鎖になることが確認されたのである（Nigro et al., 1991）。これは遺伝子内で下流に位置するエクソンの 3′ - 末端が上流に位置するエクソンの 5′ - 末端に結合される“バックスプライシング（back splicing）”によって発生し、“エクソンスクランブリング（exon scrambling）”あるいは“エクソンシャッフリング（exon shuffling）”と呼ばれる現象である。同様の例はいくつかのヒトや動物の遺伝子でも観察され、マウスの雄の性決定遺伝子 SRY の分析では SRY エクソン遺伝子の両側に存在する逆向き反復配列が転写された RNA の環状化を起こしていることが示された（Hacker et al., 1995）。この現象により一つのゲノム配列から複数の異なる mRNA が生じる可能性があることから、この機能が RNA ワールドで遺伝子の多様性を生み出すのに貢献した可能性も考えられたが、これらのスプライシング産物は正常産物の 1,000 分の 1 程度の低頻度と見積もられ、その希少性のため、長い間、低レベルで生じるマイナーな異常スプライシング産物と思われていた。

しかし、近年、RNA-seq によるトランスクリプトーム解析とバイオインフォマティクス解析技術を利用することにより、それまで、一握りの植物病原因子（ウイロイドやウイロイド様サテライトRNA）、肝炎δウイルス、あるいは特殊な遺伝子発現にみられるエクソンスクランブリングなどに特異的なものと考えられていた環状1本鎖RNA（single-stranded circular RNA；circRNA）が、ヒトを含む多様な生命体の中に豊富に存在することが明らかになってきた（Salzman et al., 2012；Jeck et al., 2013；Jeck & Sharpless, 2014；Lasda & Parker, 2014；Chen, 2020）。PCRによる増幅や制限酵素による断片化など従来用いられてきた分子解析技術では試料調製の過程でRNAの循環性（あるいは環状性）が破壊され、また、遊離の3′-末端や5′-末端あるいは3′-末端の**ポリA鎖**を持たない環状1本鎖RNAはmRNAや線状RNAを標的とした試料調製や分析の過程で漏れ落ち、その存在が過小評価されていたものと考えられる。例えばヒト線維芽細胞のRNA-seq解析から、エクソンスクランブリングで生じた25,000を超える環状RNA（circRNA）が検出された。circRNAは対応する線状型よりむしろ安定で、線状型の10倍以上も存在する場合があり、ヒト線維芽細胞で活発に転写された遺伝子の少なくとも14.4%で環状型RNAが存在したと報告された（Jeck et al., 2013）。また、ホ乳動物細胞内には数千の内因性環状1本鎖RNAが存在し、そのうちのいくつかは非常に豊富で、進化的に保存されており、一部は**マイクロRNAスポンジと**してmiRNAの発現量を制御したり、siRNAと競合する内因性RNAとして機能する可能性が示唆された（Hansen et al., 2013；Jeck & Sharpless, 2014）。したがって、エクソンスクランブリングを起こすRNAスプライシング（バックスプライシング）は遺伝子発現プログラムの異常ではなく、その結果生じる環状RNAも単なる異常転写産物ではなく独立した生成様式を持つ新たなノンコーディングRNAの1種と考えられるようになってきた。すなわち、細胞内では、全ての細胞ではないかもしれないが、内因性の環状1本鎖RNAが豊富に作り出され高レベルに存在しているケースも珍しくないことがわかってきた。

5　偏在するリボザイム

5-1　レトロザイム

環状性と共にウイロイドと環状ウイロイド様RNAを特徴づける要素となっているリボザイムに関しても、これまでは主に特殊な動植物に発生するウイルス性病害の病原探索に伴って検出され、性格付けされていたのだが、増大し続ける様々な生物種のゲノム解析データの分析を基に革新的な新知見が明らかにされ、新たな展開を見せ始めている。すなわち、膨大なゲノム情報の中からin silico解析によりリボザイムモチーフが探索可能になり、実験でその構造や性質を確認できるようになってきたのである。その結果、細菌からヒトを含む真核生物まで、あらゆる生物種にわたってゲノムDNA中にHH-Rzモチーフが存在することが発見され（de la Peña & Garcia-Robles, 2010 a ; Hammann et al., 2012）、アブサンウイロイドやウイロイド様環状サテライトRNAなどと極めて類似したHH-Rzを有する小環状1本鎖RNAが植物や動物ゲノムにコードされていることが明らかになってきた（de la Peña & Garcia-Robles, 2010 b ; Perreault et al., 2011 ; Seehafer et al., 2011 ; Jimenez et al., 2011）。

HH-Rzは最も広く生物界に普及している小さなリボザイムで、3つのタイプに分けられている。タイプⅠとタイプⅡは後生動物（metazoans）や原核生物（prokaryotes）、タイプⅢはアブサンウイロイドなどにみられる型である（表5）。これら3タイプのHH-Rzの保存配列とモチーフを標的にしてDNAデータベースを検索した結果、イチゴ、カンキツ、ユーカリなど40種以上の植物の公開ゲノムデータからHH-Rzモチーフが検出されたことが報告された（Cervera et al., 2016）。植物ではアブサンウイロイドなどにみられるタイプⅢがほとんどで、タイプⅠも少しみられた。単独で検出されるものが最も多かったが、複数コピー連結して存在するものもあった。コピー数は植物により異なり、全く検出されないものからゲノム当たり100コピー以上検出されるものまで様々だった。ナス（*S. melongena*）には150を超えるHH-Rzが含まれていたが、同じナス科でも、ジャガイモやトマトでは1つも検出されず、また、キャッサバ（*Manihot esculenta*）では野生種には34個存在したのに対し、栽培化されたものでは9個だったという。実際に、HH-Rz配列を含む領域をPCRで増幅し、クローニングして転写実験等で分析した結果、植物から新たに発見されたタイプⅢ型HH-Rz配列は、小さい非自律型LTR型レトロトランスポゾンの新しいグループであることがわかり、リボザイム機能が備わっていることからレトロザイムと命名された。これらのレトロザイムは、両末端に約350塩基対の末端反復配列（long terminal repeat；LTR）を有し、LTRにはタイプⅢ型HH-Rz保存配列が含まれている（表5）。2つのLTRの間には600～1,000塩基対のタンパク質をコードしない領域が存在するが、その塩基配列は多様で、HH-RzモチーフとTy3 LTRレトロポゾンの保存領域以外はほとんど配列相同性がなかった。特に、カンキツやイチゴのレトロザイムが詳細に分析され、その予測2次構造はいずれもLTRにより構成されるHH-Rz配列を含む棒状領域と分岐の多い領域から構成され、PLMVdなどのアブサンウイロイドの構造とよく似ていた。ノーザンブロットハイブリダイゼーションによる植物体内での発現解析の結果、レトロザイムは様々なストレス条件下で活発に転写され、組織や発達段階に応じて線状と環状の1本鎖RNAを生じ、両方の極性鎖のRNAが検出されるケースもあった。これはウイロイドや小環状サテライトRNAと同様のローリングサークル複製の可能性を示唆するものだが、自律複製すなわち（－）鎖を鋳型として（+）鎖が増えているかどうかは確認されていない。因みにレトロザイムは内因性のレトロトランスポゾンにコードされた逆転写酵素によりcDNAに逆転写され再びゲノム中の新しい位置に組込まれるが、環状RNA分子のお陰で単量体だけでなく多量体のcDNAを生成することができると考えられる（Cervera & de la Peña, 2020）。さらに、ほとんどのレトロザイムはG＋C含有量が約55％と高く、植物のtRNAリガーゼにより環状化される点でも、ASBVd以外のアブサンウイロイドと同じだった（Nohales et al., 2012b；Cervera et al., 2016）。しかし、レトロザイムは感染性でも自律性でもなく、内因性の自律型レトロトランスポゾンの複製機構を借りて転移する。

また、イモリなどの後生動物のゲノムから見つかったレトロザイムにはLTR構造はなく、タイプⅠ型HH-Rzを含む約150～400塩基対の配列が複数直鎖状に連結した繰り返し構造を有しているのが特徴だった（表5）（Cervera et al., 2016）。興味深いことに、類似の例をレトロウイロイド様因子として報告されたカーネーションのウイロイド様RNA、Carnation small viroid-like RNA（CarSV

RNA）に見ることができる（Daròs & Flores, 1995；Hegedűs et al., 2001）。CarSV RNAは275ヌクレオチドの環状1本鎖で、両鎖にHH-Rzモチーフがある。当初ウイロイドの可能性も示唆されたが、感染性はなく、そのDNA型が染色体外直鎖状繰り返し配列（tandem repeat）として存在し、共感染している**パラレトロウイルス**の機能を借りて植物ゲノム中に組込まれることが報告されている（表5）。また、CarSV RNAのHH-RzはアブサンウイロイドのHH-Rz（タイプⅢ）よりイモリのゲノム中に存在するHH-Rz（タイプⅠ）に近いことから、上記の後生動物にみられるレトロザイムに近い存在ではないかと考えられる。

5-2　HDV様環状RNA

HDVは、これまで唯一動物から見いだされたウイロイド様RNAとして特異な存在だったが、これと類似した多様な環状1本鎖RNAが、鳥類（アヒル）（Wille et al., 2018）や爬虫類（ヘビ）（Hetzel et al., 2019）の組織から調製されたRNA試料のメタトランスクリプトーム解析で検出され、さらに同様の方法で、魚類、両生類（ヒキガエル）、爬虫類（イモリ）、無脊椎動物（シロアリ）などのメタトランスクリプトームデータの解析から発見されてきた（表5）（Chang et al., 2019）。また、熱帯性げっ歯類ハントゲネズミ（*Proechimys semispinosus*）の血液から調製した試料のRNA-seq解析から、ホ乳類からもHDVと類似した配列が検出されることが明らかになった。ハントゲネズミのHDV様環状RNAは1,669ヌクレオチドからなり、ゲノム構造はHDVと同じで、1つのオープンリーディングフレームを含み、両方鎖にHDV型のリボザイム配列を有していた（Paraskevopoulou et al., 2020）。新たに発見されたHDV様因子は、長さが約1,700ヌクレオチドの環状1本鎖RNAゲノムであることや、高いゲノム内自己相補性により分岐していない棒状構造を形成することなど、HDVに特徴的なゲノム構造を共有していた。しかし、HBVが属する**ヘパドナウイルス**や特定の病気との関連性はみられず、HDVとHBVの間にみられる関係は特殊なケースではないかと思われる。すなわち、HDVはヒトを含む生物界の様々な生物種に偏在するHDV様環状因子に由来するのではないかと考えられ始めている。興味深いことに、HDV様環状RNAの中にはHDV-Rzを持つものとHH-Rzを持つものが見出され、HH-Rzはアブサンウイロイドや小型環状サテライトRNAと同じタイプ

Ⅲであった（表5）。これらの分子はウイロイドと HDV の間の溝を埋める存在になるかもしれない。新しく発見された HDV 様環状 RNA に関しては、既存の HDV と合わせて新たな分類上の領域（レルム）を構築しようとする提案がなされているが（Hepojoki et al., 2020）、ほとんどがメタトランスクリプトーム解析によって発見されてきたものであり、ウイルスとしての性状やヘルパーウイルスとの関連性など、現時点ではまだ不明な点がある。今後、研究が進むにつれてウイルスとしての性状が明確にされるものと思われる。

このように HH-Rz あるいは HDV-Rz の配列モチーフが、ウイルスや原核生物からヒトを含む真核生物まで、広く高度に保存されていることを示す最新の知見を基に、レトロウイルスがゲノム内因性の“LTR レトロトランスポゾン”から進化し、また、HDV が動物トランスクリプトームに豊富に存在する“HDV 様環状 RNA”から進化したと考えるのと同様に、小環状１本鎖サテライト RNA やウイロイド（特にアブサンウイロイド）も、レトロザイムや HDV 様環状 RNA から出現したとする捉え方がより現実的なシナリオとして受け入れやすいとする考え方が提案されている（de la Peña et al., 2020；Lee & Koonin, 2022）。とはいえ、ウイロイドとウイロイド様サテライト RNA は、現時点で知られている最小の自律複製因子であり、そのサイズは原始生命が有する理論的な下限に近い可能性が高く、RNA ワールドの初期に出現した自律複製体の概念に近い因子であることは間違いない。したがって、その存在が少数の生物種（顕花植物）に限られていることから、ウイロイドやウイロイド様サテライト RNA を原始自律複製 RNA の直接の子孫とする仮説には疑義が生じているとはいえ、究極の自律複製体で分子寄生者であるウイロイドの多様性と進化に関する研究は、引き続き、原始生命進化の初期段階に関する重要な洞察をもたらすと考えられている点に変わりはない（Flores et al., 2022；Lee & Koonin, 2022）。

以上の観点に基づいて、HH-Rz のようなリボザイム機能を有する自律複製体を基に、由来の異なる様々な線状、ヘアピン状、あるいは環状の RNA 小分子（モジュール）が連結されて、より長い分子、すなわちウイロイドのような RNA が生じたとする“モジュール進化”モデルが提案されている（Catalán et al., 2019；Flores et al., 2022；Wüsthoff & Steger, 2022）。このシナリオによれば、ヘアピン RNA は RNA リガーゼ活性を有しており、様々な起源の RNA（モジュール）集団からヘ

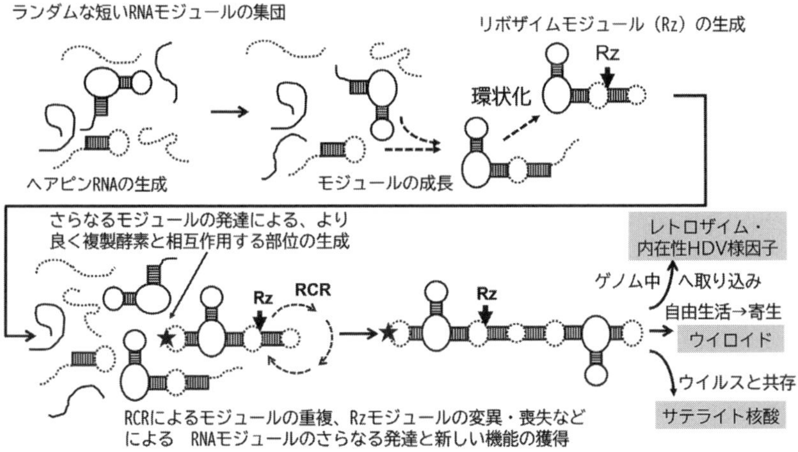

図 55　モジュール進化モデルの模式図．短いランダムな RNA 小分子（モジュール）の中にヘアピン RNA が生成し、結合を繰返してより長い分子に成長する。ヘアピン RNA の環状化が起こり、その中にリボザイム活性を有する配列（リボザイムモジュール）が生成する。さらにモジュールが長く発達する過程で、リボザイムモジュールを有する環状分子の中に複製酵素と相互作用する分子が生成して、ローリングサークル複製（RCR）で増殖する。RCR によるモジュールの重複、複製中間体のリボザイム配列（Rz）に生じた変異により、部分的に配列が重複したより長い分子が生成する。これらの分子のあるものはその後より高度な仕組を有する生物のゲノム中に取り込まれレトロザイムとなり、あるものはウイルスと共存してサテライト RNA となり、またあるものは自由生活の後に生物に寄生してウイロイドになったのかもしれない（Catalán et al., 2019; Flores et al., 2022; Wüsthoff & Steger, 2022）。

アピン RNA の作用で環状 RNA が生じ、さらに他の RNA（モジュール）と結合してより長い分子に成長する。長くなった分子の中からポリメラーゼと相互作用できる特殊なモチーフを持つ分子が現れ、ローリングサークル複製能を獲得して集団内で優勢となり、さらに突然変異や重複により複製や細胞間・組織間移動に有利なモチーフを発達させ、あるいは、新たな機能を有する RNA（モジュール）と組換えを起こすことにより、より複雑な分子構造と多様な機能を発達させると説明される（図 55）。

実際、ウイロイドはそのような分子構造と機能を有している分子であり、Keese & Symons（1985）はポスピウイロイドのドメイン構造を提唱した時に、ドメインを構成するウイロイド配列（モジュール）の分子間再編成がウイロイドの進化に関与してきた可能性を指摘している。そして、どこかの段階でウイロイドの祖先となったRNA は細胞と出会いその中に取り込まれる過程が発生したものと想定されている。しかし、その全貌が科学的に明らかにされるまでにはまだ長い年月が必要だろう。

おわりに－拡がるウイロイドの世界

発見当時、ウイロイドのイメージは“外殻を失ったウイルスのようなもの”であった。その後50年の間に、コンパクトに折りたたまれた環状1本鎖RNAというユニークな分子構造が明らかにされ、複製能や病原性など機能性に関連する分子内のヌクレオチド配列や構造モチーフも特定され、“自己複製するノンコーディングRNA病原”という基本的概念が確立された。ウイロイド感染により影響を受ける宿主側の多数の因子・遺伝子も明らかになってきた。ウイロイド病を克服する新技術を開発するためには、自律複製、病原性、宿主適応など、ウイロイドの機能性発現の根底にあるRNAの構造ドメインまたはモチーフと相互作用する様々な宿主因子とそのメカニズムを解明しなければならない。この点で、PSTVdの複製に関与するPol IIとその転写因子の相互作用と制御機構の一端が明らかにされ、ウイロイドが宿主の転写装置を改変して利用する仕組が見えてきたことは興味深い。Pol IIが本来の役割である宿主遺伝子DNAを鋳型にしてmRNAを転写する時とどのように異なるのか？その違いを明らかにすることは、効果的な防除法や抵抗性品種開発につながるものと期待される。

500ヌクレオチドにも満たない極小のゲノムサイズにもかかわらず、ウイロイドの病原性メカニズムは、当初想像されていたよりもはるかに複雑なことがわかってきた。ウイロイドの感染から発病に至る過程でみられる様々な現象は複雑で且つ巧妙に制御されている宿主遺伝子発現ネットワークの中で理解する必要がある。ウイロイド以外の生物学の研究分野においても、機能性ノンコーディングRNAという概念はすでに広く認識されており、ウイロイドとヒトmiRNAの構造的類似性やヒトの病気にウイロイドと構造的に類似した環状1本鎖RNAが関与する可能性があることなども示唆されている（Pogue et al., 2014; Cong et al., 2018; Bengone-Abogourin et al., 2019）。ウイロイドはRNAの構造モチーフがどのように生体内で機能を発揮し、細胞内の正常な生物学的プロセスに影響を与えるかを研究するための優れたモデルである。診断以外に有効な制御手段がないウイロイド病の発症機構の根底にある基本的メカニズムを解明することは、ウイロイド病の制御戦略を開発するための喫緊の課題であるだけでなく、人間の健康を含む幅広い科学分野の進歩にも関連している。

Dienerによる最初のウイロイドの発見は分画遠心分離と感染性実験に基づいていた。その後、新規ウイロイドの発見は、ウイロイドの環状1本鎖RNAという特殊な形態的特性を検出するゲル電気泳動技術と自律複製能を確認するための生物検定を組合せることによって達成されてきた。近年、次世代シークエンサーによる網羅的遺伝子解析技術の開発と既知の塩基配列情報に依存しないで環状1本鎖RNAの存在を予測・検出するアルゴリズムの開発のおかげで、従来の技術では到達できなかった膨大な種類の生物種のゲノムあるいはトランスクリプトーム情報の中から、従来法では考えられなかった低レベルの新規または既知のウイロイドを検出することが可能になった（Wu et al., 2012 ; Ito et al., 2013 ; Zhang et al., 2014 ; Olmedo-Velarde et al., 2020 ; Chiaki & Ito, 2020）。さらに、Leeら（2023）は、ウイロイド様因子の生物界における存在範囲と多様性を明らかにすることを目的に、ウイロイド様環状1本鎖RNAを検出する新たなアルゴリズムを開発して5,131のメタトランスクリプトームデータと1,344の植物トランスクリプトームデータを検索し、4,409の生物の種レベルのグループに跨る11,378のウイロイド様環状RNAが見出されたと報告した（Lee et al., 2023）。この中には、ウイロイド、サテライトRNA、レトロザイム、HDV様環状RNA（論文の著者はリボザイ様ウイルス－ribozy-like virusと表現）と推定されるものが含まれ、HH-Rz、HP-Rz、HDV-Rzなどの多様なリボザイムの組合せやこれまでウイロイド様RNAではみられていないタイプのリボザイムも見つかったという。この分析の結果、ウイロイド様RNAの多様性は従来知られていたより約5倍も増大し、その存在はこれまで大幅に過小評価されていた可能性が高くなった。さらに、この分析では除外されている未知のリボザイムを含むもの、あるいは、ポスピウイロイドのようにリボザイムを完全に欠いているものも存在する可能性を考慮するとその範囲と数はさらに増大するだろう。とりわけこれらウイロイド様環状RNAは、植物のトランスクリプトームよりもメタトランスクリプトームから桁違いに多く検出され、メタトランスクリプトームデータのほとんどは細菌と単細胞真核生物によって占められていたことは注目に値する。彼らは、環境

DNAのメタトランスクリプトームから検出されたウイロイド様環状RNAの塩基配列情報をCRISPRのスペーサー配列データと照合し、一致する配列を有するものを検出した。すなわち、これらの環状RNAが原核生物由来であることが示されたのである。例えば1つのスペーサー配列は、顕著なウイロイド様の特徴を持つ16の環状RNAクラスターのメンバーの一つと37ヌクレオチドが一致した。このクラスターの環状RNAの長さは315ヌクレオチドで、両極性鎖にタイプⅢ型のHH-Rzを含み、ヌクレオチドの73%が分子内塩基対を組み棒状構造を形成すると予測された。そして、これらは通常のウイロイドが見つかる生物種とは大きく異なり、イエローストーン国立公園の温泉試料のメタトランスクリプトームから発見されたのである。検出されたクリスパー遺伝子座にみられた繰り返し配列は *Roseiflexus* sp.（RS-1株）という細菌のⅢ型CRISPR遺伝子座のものと同一で、RS-1株それ自体もイエローストーンの温泉試料で同定されたChloroflexota門の無酸素性糸状細菌の一つであったという。

またZheludevらは、環状性と両極鎖の共存を指標としたin silico分析によって、ヒトの腸内細菌叢（糞便）と口腔内のメタトランスクリプトームデータから新規ウイロイド様RNAを検出している。オベリスク（Obelisks）と名付けられた因子は、約700～1,400ヌクレオチドの環状1本鎖RNAで、棒状の2次構造に折り畳まれ、固有のタイプⅢ型HH-Rzと新規のタンパク質スーパーファミリー（オブリン;Oblin）をコードする1～2個のORFを有している。口腔常在細菌である *Streptococcus sanguinis* が宿主の1つと推定されることから、ヒトの体内や自然界の微生物叢に定着していると考えられている。ただ、その伝染にHDVにみられるような感染性因子が関与しているのか、ウイルスのような粒子を形成するのか、あるいは宿主のRNAポリメラーゼに依存してローリングサークル複製をするのかなど、未解明の点も多い（Zheludev et al., 2024)。ウイロイド様環状RNA配列の中に細菌由来の配列が見つかったことから、ウイロイド様環状RNAが原核生物にも存在することが強く支持され、少なくともウイロイド様RNAの生態学的存在範囲が現在認識されているよりも遥かに広い可能性がでてきた。

実際に、HH-Rz保存モチーフを検索する方法により、温州ミカンの近縁種であるマンダリンオレンジ（*C. reticulata*）のRNA-seqライブラリーから両極性鎖に

HH-Rzを含む新規な小環状ウイロイド様RNA（550ヌクレオチド）が検出されている（Navarro et al., 2022)。このRNAは多様な変異を含む準種を形成する棒状の2次構造を有し、ノーザンハイブリダイゼーション分析で両極鎖の環状形態の存在が検出されたことから、対称型ローリングサークルで複製する可能性が示唆された。しかし、このRNAは感染性（接ぎ木伝染性）を示さず、数年後には検出されなくなったという。すなわち、このRNAはカンキツに感染しているのではなく、カンキツに寄生する例えば菌類のような生物に感染しているのではないかと考えられた（表5）。同様に、かつて、サクランボから分離された2種類の小環状1本鎖RNAであるcscRNA1とcscRNA2（Di Serio et al., 1997; Di Serio et al., 2006）も、その後の分析で、サクランボに感染する真菌（*Apiognomonia erythrostomam*）に感染するマイコウイルスのサテライトRNAではないかと提案されている（Covelli et al., 2008)。

真菌類とウイロイド様RNAの関連性については、真菌類に感染するマイコウイルス自体に関する興味深い結果も報告されている（表5）。アンビウイルス（ambiviruses）は最近ランなどと共生する菌根菌のウイルスから見い出された広範囲の菌類に感染する1本鎖RNAウイルスである。その約4,000～5,000ヌクレオチドの環状1本鎖RNAとそのアンチセンス鎖にそれぞれ1つずつタンパク質をコードする**バイシストロニックなアンビセンスゲノム**を有するグループである（Sutela et al., 2020)。因みにゲノムにコードされるタンパク質の1つは機能的なRNAポリメラーゼであることが示されている。この環状ゲノムの両極性鎖には自己切断リボザイムが存在し、対称型ローリングサークルで複製される。そしてこれらのリボザイムには、HH-Rz（タイプⅢ型)、HP-Rz、HH-RzとHP-Rzの組合せ、あるいはHDV-Rzなど、多様な種類と組合せがみられる（表5）。例えば、クリ胴枯れ病菌（*Cryphonectria parasitica*）から分離された種（CpAV1）は両鎖共HH-Rzで、その環状ゲノムRNAは高次に折りたたまれたポスピウイロイド様の棒状構造を有していた。

さらに最近、子のう菌（*Botryosphaeria dothidea*）から157～450ヌクレオチドの複数の外因性環状1本鎖RNAが検出されている（Dong et al., 2022)。*B. dothidea*はリンゴやナシに果実の輪紋病や枝の粗皮病を起こす病原菌である。BdcRNA1、2、3と名付けられた3種類のRNAには、置換、挿入、欠失を含む塩基配列多様性がみられることから複製している可能性が示唆されている。BdcRNA1と2は1つのタンパク質コード領域を有するが、BdcRNA3はノンコーディングである。BdcRNA1と3はアブサンウイロイドに類似した複雑な分岐した2次構造を有するがリボザイムを持たず、一方、BdcRNA2にはHH-Rzを含め既知のリボザイムとは異なる新規リボザイムが含まれていた。また菌類の核内で、対称型ローリングサークル様式で自律的に複製し、宿主菌類の成長速度や病原性を弱めたという。つまり宿主の*Botryosphaeria*菌に病原性を有していることから、菌類に感染する新規のウイロイド様RNAで、“マイコウイロイド”ではないかと提案されている（表5）。

このようにウイロイド様の感染性環状1本鎖RNAは、植物（ウイロイド、ウイロイド様環状サテライトRNA）だけでなく、菌類（マイコウイロイド、アンビウイルス）や動物（HDV、HDV様ウイルス）から細菌類（オベリスク）まで、これまで認識されていたよりも遥かに広範囲の生物種に分布しており、全ての生物界に跨って存在している可能性さえ考えられるようになってきた。それに伴って、小型のウイロイドやウイロイド様サテライトRNA（約250～500ヌクレオチド）から中型のHDV様環状RNA（約1,700ヌクレオチド）、そしてアンビウイルス（約5,000ヌクレオチド）のような大型のウイルス様因子に至るまで、分子サイズも多様性に富むことが明らかになった。今後、これまでの概念を超えて、さらに広範囲の生物種から未知のウイロイドあるいはウイロイド様RNAが発見されてくる可能性があり、ウイロイドを取り巻く世界が格段に拡がろうとしている。これらのRNAは単なる原始的なRNAワールドの生き残りなのだろうか、あるいは今でも現存の生命の維持に何らかの役割を持ち続けているのだろうか。生命の起源に関する知的好奇心を刺激する新しい発見がでてくることが期待される。一方で、ウイロイドはもともと病原として発見されたものであり、本書で説明したように、様々な宿主環境に適応して変異を繰返し、宿主域を拡げている。また、ウイロイドは一般に高温条件下でより良く増殖する性質を持ち、病気の症状も悪化する。今後、これらの中から新たな病原性を有する新種が誕生し、地球温暖化や新しい品種の導入に伴い新病害として出現してくる可能性があることも心に留めておかなければならない。

あとがき

定年退職を迎えたその年の初冬、学生の時以来長い間お世話になってきた恩師・四方英四郎先生のお宅に御礼の挨拶に伺った。近況などを報告し、かつて先生のもとで過ごした研究生活のことなどを懐かしくお話ししていた時、「ウイロイドの本を書いてみてはどうか」とお勧め戴いた。

ウイロイドが発見されてほぼ半世紀が経過し、基礎から応用まで様々な新知見が明らかにされてきた。それに伴って、ウイロイドの発見者であり命名者でもあるT.O. Dienerが「Viroids and Viroid Diseases」(1979年、John Wiley & Sons, Inc.)を著して以来、多数の細分化された項目ごとに最新の情報を加えつつ、各分野のエキスパートの共著による専門書が数年おきに編集発刊されてきた。最新版「Viroids and Satellites」(2017年、Academic Press)は63章716頁にも及ぶ大著となり、専門分野の研究者に向け多項目にわたる詳細な解説がまとめられている。一方、細分化され専門性が高まるにつれ、これからウイロイドを学ぼうとする若い学生や研究者向け入門書の必要性も高まり、「Fundamentals of Viroid Biology」(2023年、Elsevier Academic Press)が新刊されている。このように、最新の情報を満載した専門書や入門書が揃い、インターネットを通じて様々な情報を入手することができるようになった今、私がウイロイドの書を執筆することにどれほどの意味があるだろうかと、自問してみた。すなわち、私が書くことができる内容は全てこれまでに出版された専門書、幾多の総説や原著論文、そしてネット世界の夥しい情報の中に既に存在しているのである。しかし一方で、私の頭の中にあるウイロイドに関する情報は、私がこれまで約40年間にわたる研究の過程で得られたもので、私なりの解釈の中で意義づけられ統合されてきたものである。それぞれの事象には様々な側面があり、見方や評価も受け取る人によって多少異なったものになっているはずである。また、私の研究は数多くの共同研究者の協力の下で実施されてきたものであり、様々な公的あるいは財団等の補助金を受けて継続されてきたものである。得られた研究成果は原著論文を通して専門誌に公表してきたとはいえ、より幅広い読者層に研究を通じて知りえた情報を発信することも一つの重要な義務ではないかと思うようになった。このように、恩師の有難い言葉に背中を押され、私なりの視点と解釈で、その発見前夜から今日に至るまでのウイロイド研究史をまとめようとしたのが本書である。

実際に書き始めてみて、或ることに気がついた。これまで主に研究論文しか書いてこなかった私には、事実をそのまま表現することが余りにも身に沁みついてしまったようである。新たな結果が得られ研究論文を発表する時、公表するためには同じ領域あるいは関連分野のレビュアーの査読を受け審査にパスしなければならない。論文を意義付けるために、多少なりとも飛躍した創造的なことを主張しようとすると、すぐに、この結果からそのようなことを言うことはできないという厳しい指摘を受けるのである。そんな訳で､､､いや、これは言い訳で、むしろ、私の文章表現力の拙さのために､､､本書の内容は、私が当初意図したものとは若干異なり、これまでに得られた事実を淡々と羅列しただけの堅苦しいものになってしまったように感じている。

前述のように、本書は世界中で行われたウイロイド研究の重要な原著論文を基に、私がこれまで北海道大学と弘前大学に在職中、また共同研究でお世話になった東京大学理学部（岡田吉美研究室)、そしてポスドク研究員として滞在した米国農務省ベルツビル農業研究所（T.O. Diener、R.A. Owens 研究室）等で行った成果を織り交ぜてまとめたものである。この間、教育・研究を通してご指導いただいた諸先生方、共に研究に励んだ多くの研究者仲間、そして今は様々な分野で活躍しているかつての所属研究室学生諸氏に感謝の意を表したい。

執筆を始めてから、四方英四郎先生には、私がこの研究に携わる以前の貴重な研究資料の閲覧、本書の構成と内容に関する考え方など、数々の貴重なご助言を戴き、序文を寄稿して戴いた。大島一里（佐賀大学)、直井崇（弘前大学）両先生にはご専門の観点から細部にわたってご校閲いただいた。厚く御礼申し上げる。

また、本書の出版にあたっては弘前大学出版会に大変お世話になった。柏木明子編集長には、出版企画書の作成、原稿の校閲と専門的な内容の確認、そして本の装丁の細部に至るまで、細やかで適切なご助言とご配慮を戴いた。表紙カバーの表の写真と裏の絵は、私の研究の中心テーマであったホップ矮化病の発生生態を統合したもので、東北地方のホップ園と矮化病発生の背後に潜むブドウ、カンキツ、スモモ、リンゴなどの病果実を配したものである。表紙写真上部の背景にはウイロイドの電子顕微鏡像が隠されている。私が東北地方の矮化病を調査した時に眺めたホップ園のイメージに植田工さんがきれいにデザインを加えて下さった。本書の発行にご協力戴いた方々に感謝申し上げたい。

2024 年 10 月

佐野輝男

用語説明

はじめに

RNA ワールド：生命が誕生する前の原始地球上に存在したと考えられているRNAからなる自己複製系。現在DNAが担っている遺伝（遺伝子）機能とタンパク質が担っている触媒（酵素）機能の両方を備えたRNAだけの生命の世界。その後、タンパク質合成系が発達し、さらに、より安定なDNAを遺伝子とする生命の世界（DNAワールド）が進化したと考えられている。

第I章

樹脂含有量：ホップの球果には水分やセルロースの他、ビール醸造に重要な樹脂（苦味成分）、精油（芳香成分）、フェノール成分などが含まれている。樹脂の主要成分はα酸とβ酸で、共にデオキシフムロンという物質から作られる。それぞれ生合成経路の出発物質となるアミノ酸の違いで、側鎖の構造が異なる数種の同族体の混合物として存在する。含有量は球果の乾燥重量当たりのα酸やβ酸など樹脂成分の重量%で示す。

株ごしらえ：ホップは多年生の草本で、秋に地上部（蔓）は枯れるが、地下に根株と地下茎が残り越冬する。翌春、土中の根株と地下茎には多数の芽が形成される。株ごしらえは、萌芽直前に土を掘り起こして根株の先端を露出させ、鎌等で余分な芽や地下茎を切り落とし、株の形を整える作業のこと。その後、株を埋め戻し、萌芽してきた新梢の中から数本を選んで架線から吊り下げた紐糸に絡ませて成長させる。

生物検定：バイオアッセイ（bioassay）ともいう。本書では、生きている宿主植物にウイロイドなどの病原体を人為的に接種することにより、病原体の存在、感染性の有無、病原力の強さなどを調べる方法を意味する。

指標植物：本書では、ある特定の病原体（種や変異体）に特に感受性が高く、他の病原体に感染した時とは異なる特徴的な症状を顕わす植物の種あるいは品種のことを示す。病原体の診断にも利用される。

コッホの基準：コッホの原則（Koch’s postulates）ともいう。ある病気の病原体を認定するために満たさなければならない条件で、ロベルト・コッホ（Robert Koch, 1843-1910）により提唱された。①ある特定の病原体（微生物）がその病気の患部に存在すること。②その病原体を病患部から分離して純粋に培養できること。③純粋培養した病原体を元の健全植物に接種して元と同じ病気を再現できること。④その病患部から再度同じ病原体を分離できること。以上一連の過程が満たされれば、分離された微生物がその病気の原因（主因）であると特定することができる。

第II章

III型 RNase（RNase III）：大腸菌のリボソーム RNA（rRNA）の成熟過程で前駆体 RNA を開裂するリボヌクレアーゼである。2 本鎖 RNA を 12 ～ 15 塩基対の断片に開裂する。

tRNA リガーゼ（葉緑体アイソフォーム）：tRNA（転移 RNA）が成熟する過程で tRNA 前駆体のスプライシング（第V章の用語説明参照）で生じた tRNA 断片を結合する酵素である。核に局在しており、tRNA 前駆体のスプライシングは核内で行われるが、植物の tRNA リガーゼは末端に葉緑体通過シグナルを含んでいて、葉緑体を標的とする。これを葉緑体アイソフォームという。葉緑体ゲノムは核型のイントロン（介在配列）を含む tRNA 遺伝子をコードしていないため tRNA リガーゼは必要ないが、tRNA 修復などの役割を荷っているのではないかと考えられている。

タイプ種：そのウイロイドが所属する属の代表として指定されている種。ポスピウイロイド属のタイプ種はジャガイモやせいもウイロイド（*Potato spindle tuber viroid*）である。属名はタイプ種の種名の頭文字をつなげた頭字語（acronym）が提案されている。ホスピウイロイド属（*Potato spindle tuber viroid*；*Pospiviroid*）、ホスタウイロイド属（*Hop stunt viroid*; *Hostuviroid*）、アプスカウイロイド属（*Apple scar skin viroid*；*Apscaviroid*）などである。

ビリフォーム（Viriforms）：ウイルス由来の遺伝要素の新しいカテゴリーである。ウイルス、ウイロイド、およびサテライト核酸などと並列する一群である。宿主細胞から生じ、宿主の生活環にとって重要な機能を果たすようになった内在化したウイルス起源の遺伝要素である（Kuhn & Koonin, 2023）。形態学的にはウイルス粒子に似ているが、ビリフォームによって作られる粒子はビリフォームのゲノムを包み込まず、代わりに宿主の遺伝物質を輸送する。

基準株：Gross et al.（1978）により最初に全塩基配列が解読された PSTVd の分離株である。この分離株は指標植物トマト ‘Rutgers’ への病原性が重症型と軽症型の中間であるため、Intermediate 株（略して I 株）と呼ばれることもあり、Diener により最初に分離されたものであることから DI 株と呼ばれることもある。本書では、できるだけ原著者の記載に準じて表記した。

準種（quasi-species）：1 つのウイルスやウイロイドの分離株（集団）が、単一の塩基配列型ではなく、集団内で最優占する変異体およびそれと少しずつ塩基配列の異なる多数の変異体の集合で構成されていること。

逆向き反復配列（inverted repeat）：ゲノム上で同じ配列が逆向きに連続する配列。この配列から転写された RNA はヘアピン RNA を形成する（第II章、図 20 のヘアピン I を参照）。

スプライシングバリアント：ゲノム DNA 中の遺伝子コード領域からメッセンジャー RNA（mRNA）の前駆体が転写された後、成熟 mRNA に加工される過程で、タンパク質情報を担うエクソンを分断しているイントロンが切り取られ、除去される。この過程はスプライシング

（第Ⅴ章の用語説明を参照）とよばれるが、イントロンとして切り取られる領域が本来とは異なることがある。これを選択的スプライシングといい、その結果生じたmRNAから翻訳されるタンパク質がスプライシングバリアントである。

ワトソン－クリック塩基対、フーグスティーン型塩基対（Hoogsteen）、**シュガー塩基対**（Sugar）：ワトソン－クリック塩基対は最も標準的な塩基対で、ワトソンとクリックによる二重らせんモデルで形成されるAとT、GとC間の塩基対のこと。RNAではGとUの間にも塩基対が形成され、ゆらぎ（Wobble）塩基対と呼ばれる。フーグスティーン型塩基対（Hoogsteen）とシュガー塩基対（Sugar）は、ワトソン－クリック塩基対とは異なるヌクレオチドの部位（側面）間で生じる塩基対（下図）で、フーグスティーン型塩基対は3本鎖を形成するときなどにみられる。

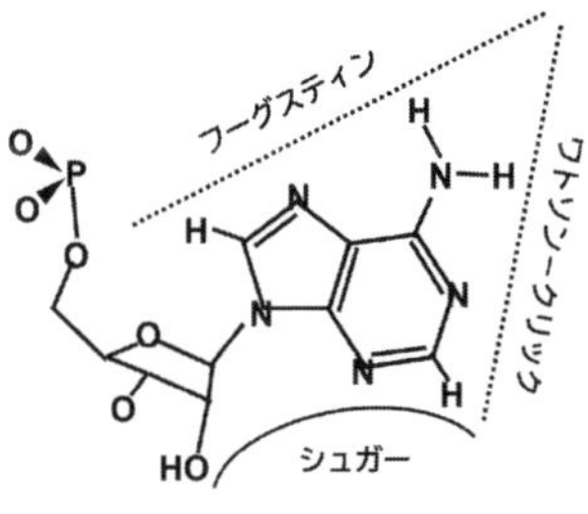

in situハイブリダイゼーション法：組織や細胞内において、目的とするDNAやRNAがどの部位にどれくらい存在するかを分析する方法である。例えば、ウイロイドなどに関した植物の組織切片（パラフィン切片）を作成し、スライドグラス上に固定した後に、分析したいウイロイドの相補的DNAや相補的RNAを放射性同位元素やジゴキシゲニン（DIG）等で標識したプローブ溶液に浸し、保温・静置する。標的ウイロイドとハイブリッドを形成したプローブを可視化して細胞内のウイロイドの所在位置を検出する。

パーティクルボンバードメント法：金粒子（粒径0.6μmなど）の表面にウイロイドRNAを付着させ、パーティクルガン（遺伝子銃）と呼ばれる装置を用いて、高圧で植物の組織中に打ち込んで金粒子と共にウイロイドを送り込み、感染させる方法。

CaMV-35Sプロモーター：カリフラワーモザイクウイルス（cauliflower mosaic virus; CaMV）のゲノム（DNA型、約8,000塩基対）中にあるプロモーターの1つで、CaMVの全長をカバーするRNA（35S RNA）が転写される際の転写開始領域である。35Sプロモーターは植物細胞内で遺伝子を高発現させることから、植物への外来遺伝子の導入・発現に広く利用されている。

in silico解析：in vivo（生体内）、in vitro（試験管内）に対して、in silicoはコンピュータを使ってゲノム情報、遺伝子発現、遺伝子機能などを解析する方法。

人工マイクロRNA法：天然に存在するマイクロRNA前駆体（pri-miRNA）を模倣した人工改変RNAを発現させて、マイクロRNA発現経路を利用して21ヌクレオチド程度の短いRNAを発現させる方法である。マイクロRNAの成熟に関わるDroshaやDicerなどのヌクレアーゼの切断部位が適切な位置に配置されるように設計されており、本来のマイクロRNAの配列を人工マイクロRNAとして発現させたい配列に置換えたDNAを構築し、遺伝子発現ベクターで植物細胞内あるいはゲノム内に導入する。

例えば、ウイロイド小分子RNAをこの方法を用いて生体内で発現させ、標的となる可能性のある宿主遺伝子の発現量の変化を分析することで、ウイロイド小分子RNAの病原性作用が評価されている。

サブトラクション法：ある特定の条件下、例えばウイロイドに感染した時に生じる宿主植物の遺伝子発現パターンあるいは発現量の変化を調べる方法である。ウイロイドを感染させた植物と非感染植物からそれぞれmRNAを調製し、そのcDNAライブラリーを作成する。一方のmRNAに他方のcDNAをハイブリダイズさせることにより除去し、残った（ハイブリダイズしなかった）mRNAを回収して分析することで、感染区と非感染区で発現量に違いがある遺伝子の種類を明らかにすることができる。

トランスクリプトーム、スモールRNAオーム、メチローム：－オーム（-ome）は「全て」を意味する接尾辞。順に、細胞中に存在する転写物（トランスクリプト）とスモールRNAの全て、そしてゲノムワイドなメチル化領域、つまりゲノム全体に亘るメチル化領域を意味する。

銅・亜鉛（Cu / Zn）スーパーオキシドジスムターゼ（SOD）：銅と亜鉛を含むスーパーオキシドジスムターゼのこと。好気性生物の細胞内呼吸を司るミトコンドリアの電子伝達系から漏れ出てくるスーパーオキシドアニオンラジカル（不完全に還元された酸素）を酸素と過酸化水素に変換する抗酸化酵素である。有害な活性酸素種を消去し、生体を酸化ストレスから守る役目を果たしている。銅は活性中心となり、亜鉛は構造維持に寄与している。

CCS1（Copper chaperone for superoxide dismutase）：銅シャペロンとよばれ、銅と結合して、スーパーオキシドジスムターゼ1（SOD1）に銅（copper）を送達するタンパク質。

致死変異分析法（lethal mutation analysis）：ウイロイドは感染中に多様な変異を生じる。しかし、感染植物個体から検出される変異は、複数ラウンドの複製サイクルを繰返す過程で生じた変異とその後宿主環境中で起こる選択の組合せによって蓄積されたものであるため、検出された変異をそのまま変異率の推定に使用することはできない。変異率は1回の複製サイクルで1つの塩基に変異が生じる確率で表されるからである。この点を考慮し、Gago et al.（2009）は、アブサンウイロイド科のCChMVdの変異率を推定するため、このウイロイドの複製に必須のハンマーヘッドモチーフのコアヌクレオチド（15ヌクレオチド）と自己切断部位上流のヌクレオチドの合計32ヌクレオチドの変異を分析した。この領域に起こる変異はCChMVdの複製に致死的に作用するため、この領域の塩基にみられる変異は最後の複製ラウンドに生じたものと考えられるからである。

アグロインフィルトレーション法：外来遺伝子を導入したTi-プラスミドを有するアグロバクテリウム細菌を注射器などで加圧して植物の細胞間隙に注入し、溶液が浸透した部位で外来遺伝子を一過的に発現させる方法である。後述のアグロバクテリウム法と同様に、アグロバクテリウムの機能を利用して Ti- プラスミド内の T-DNA 領域に挿入した外来遺伝子を植物細胞核内のゲノム DNA に導入する。組織培養や薬剤選抜等の遺伝子組換え植物作出における手間を省くことができるため、特定の遺伝子の機能解析などに広く利用されている。

シャノンエントロピー：情報理論における最も重要な指標の1つ。エントロピーはランダム変数に関連付けられた不確実性を示し、ある出来事（事象）が起きた際、それがどれほど起こりにくいかを表す尺度である。この値が大きい（最大値は1）ほど集団の多様性が高く、低い（0に近い）ほど多様性は低いと評価される。

第Ⅲ章

ガラス化溶液：水が凍結する際に温度の低下と共に水分子が規則的に並んだ状態で結晶化して氷に変化する。一方急速に冷却した場合などには水分子が規則的に並ばないままランダムな配置で氷に変化する。これをガラス化（vitrification）と呼ぶ。ガラス化凍結保存法は細胞内外の氷の結晶を形成させない凍結保存法である。細胞をエチレングリコールやグリセロールなど高濃度の凍結保護剤を含む溶液に浸して液体窒素で急速冷凍して保存する。細胞内凍結が防がれることにより細胞の生存率が維持される。

ネナシカズラ（*Cuscuta gronovii*）**接種法**：ネナシカズラはヒルガオ科のつる性種子植物で葉緑素を持たず、他の植物にからみつき、寄生根をだして養分を吸収する寄生植物である。ウイルスに感染した植物と健全植物の両方に同じネナシカズラを寄生させることにより、ウイルス感染植物から様々な植物にウイルスを伝染・感染させることができる。

ノーザンブロットハイブリダイゼーション法：特定の RNA を検出する分子生物学的技法である。例えば、ウイロイドに感染した植物などから抽出した RNA を電気泳動法で分画した後、ニトロセルロースやナイロン膜に写し取り、膜上に RNA を固定した後に、分析したいウイロイドの相補的 DNA（または相補的 RNA）を放射性同位元素やジゴキシゲニン（DIG）等で標識したプローブを混合し、ハイブリッドを形成させて検出する。塩基配列特異的な検出方法である。

ラテラルフロー迅速診断テスト（クロマトグラフィー検査）：生体試料中の様々な分子の診断・検出と定量化を行う方法である。ラテラルフローストリップと呼ばれる短冊状のニトロセルロース膜などを使用し、その中間に検出したいウイルスなどの生体分子の抗体を長軸に対して垂直に線状に貼付けてある。検体試料をラテラルフローストリップの下端に滴下し、毛管現象で吸いあがる過程でウイルスなどの分子が貼付けた抗体に抗原抗体反応で特異的にトラップされる。トラップされたウイルスなどにさらに色を付けたラテックス粒子を付着させた抗体が結合することで、抗体を貼り付けたライン上に発色がみられ検出される。複雑な試料処理や追加の装置なしに短時間で診断結果が得られるので現場対応型の検査法として優れている。

アグロバクテリウム法：アグロバクテリウム（*Rhizobium radiobacter*、異名；*Agrobacterium tumefaciens*）は、土壌中に生息するグラム陰性細菌で、様々な植物の地下部に寄生し、根頭癌腫病と呼ばれる病気を引き起こす。根頭癌腫病はこの細菌が持っている核外遺伝子 Ti- プラスミドにより、このプラスミド中の T-DNA 領域と呼ばれる部分にコードされているオーキシンやサイトカイニン遺伝子が感染した植物細胞のゲノム中に相同性組換えで挿入されるという現象により引き起される。オーキシンとサイトカイニンは細胞の分裂と伸長に関わる植物ホルモンで、細菌由来のオーキシンとサイトカイニンにより感染植物細胞の異常な分裂と増殖が促され癌腫が発達する。アグロバクテリウム法は、アグロバクテリウムの Ti-プラスミドによる植物ゲノム中への T-DNA 送達システムを利用した植物の遺伝子組換え技術である。癌腫を起こす T-DNA 領域のオーキシンやサイトカイニン遺伝子領域を取り除き、導入したい外来遺伝子に置き換えて、植物ゲノムに導入する。

T3 世代：外来遺伝子を導入した形質転換体の自家受粉により得られた 3 世代目。遺伝子を導入した植物（T0 世代）では導入した遺伝子は相同染色体の一方にしか挿入されていない。自家受粉を繰返した 3 世代目では、相同染色体の両方に導入遺伝子を有するホモ接合体が含まれている。これを選抜・増殖して分析に用いる。

合成トランス作用型低分子干渉 RNA（syn-tasiRNA）：人工合成した tasiRNA。tasiRNA は、植物において転写後遺伝子サイレンシングを通じて遺伝子発現を抑制する低分子干渉 RNA（siRNA）の一種である。ゲノム中の TAS 遺伝子座から複数の段階を経て生成する。まず、転写された前駆体 RNA はポリアデニル化されて 2 本鎖 RNA に変換され、3´- 末端が 1 塩基突出した形状を持つ 21 ヌクレオチドの 2 本鎖 RNA に加工される。その後、RNA 誘導サイレンシング複合体（RISC）に組み込まれ、標的となる mRNA を配列特異的に切断する。tasiRNA となる部位の配列をウイロイドと相補的な配列に改変することで、ウイロイドを標的とする syn-tasiRNA を作り出すことができる。ta はトランス作用型（trans-acting）、si は低分子干渉（small interfering）を意味する。

オフターゲット効果：人工マイクロ RNA や syn-tasiRNA を発現させて標的とする遺伝子の発現を抑制しようとする時、本来の標的とは異なる遺伝子上に存在する類似配列を標的としてその発現を抑制してしまう副作用のこと。例えば、ウイロイドの配列を標的として設計したものが宿主植物の重要な遺伝子の発現にも影響を与えて、植物の生育や機能に悪影響を及ぼすことなどが考えられる。

CRISPR-Cas13a システム：CRISPR-Cas13a はゲノム編集で知られている CRISPR-Cas システムの 4 つのサブタイプの一つである。Cas13a は RNA 誘導性のリボヌクレアーゼで、2 つの保存されたヌクレオチド結合ドメインを有し、1 本鎖 RNA 分子を標的にして切断できる。植物ウイルスの多くやウイロイドは 1 本鎖の RNA をゲノムとすることから、ウイロイドの感染防御への利用が期待されている。

第V章

転移現象：トランスポゾンなどの転移因子（transposable element）が細胞内にお

いてゲノム上の位置を変え別の位置に移動（transposition；転移）する現象。DNA断片が直接転移するDNA型と、転写と逆転写の過程を経るRNA型がある。狭義には前者がトランスポゾン、後者はレトロトランスポゾン（retrotransposon）あるいはレトロポゾン（Ty3 LTRレトロポゾンの用語説明も参照）と呼ばれる。

2´, 3´- 環状リン酸と 5´- ヒドロキシル: RNA分子の3′-末端と5′-末端にみられる構造。下に様々な末端構造を図示した。

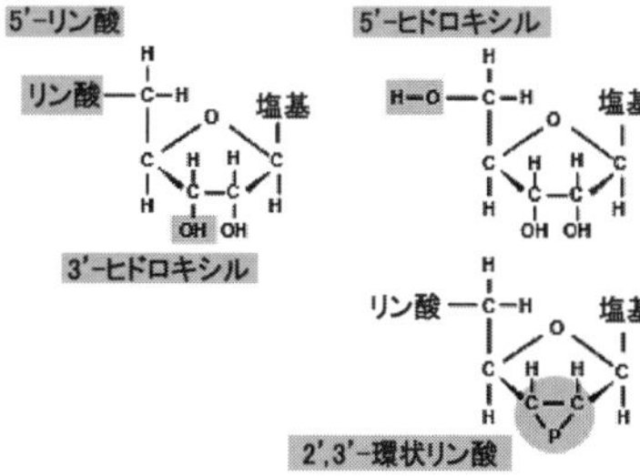

スプライシング（RNAスプライシング）：真核生物のゲノムDNAの遺伝子コード領域では、タンパク質情報をコードするエクソン（次項、エクソンの用語説明を参照）がイントロンによって分断されている。ゲノムDNAの遺伝子コード領域からmRNAが生成する時、まず前駆体RNAが転写された後、イントロンが除去され、分断されていたエクソンが共有結合で連結される。この一連の過程をスプライシングといい、遺伝子コード領域内にイントロンを有する真核生物に特有の過程である。

エクソン：ゲノム中の遺伝子コード領域から前駆体RNAが転写された後、イントロンが除去されて最終的な成熟mRNAが生成する。エクソンは成熟mRNAを構成する部品となるDNAあるいはそれから転写されたRNAの領域を示す。ただし、必ずしもタンパク質情報をコードしている遺伝子だけを指すのでなく、rRNA、tRNA、非コードRNAなどの機能性RNA分子をコードする遺伝子にも使用される。

ポリA鎖：真核生物のmRNAの3′-末端にみられる構造で、A（アデニン）残基が数十〜200以上付加されている。転写反応が終了した後に、ポリAポリメラーゼによるポリアデニル化反応で付加される。mRNAの安定性に関わり、核外輸送、翻訳に重要である。

マイクロRNAスポンジ：マイクロRNAは遺伝子の転写後発現調節に重要な役割を果たす21ヌクレオチド程度の小分子RNAである。標的とするmRNAの非翻訳領域内にある標的部位等と塩基対を形成して切断を補助し、転写されたmRNAの量を低下させる。マイクロRNAスポンジは標的を模倣してマイクロRNAを結合・吸収し、その作用を阻害・調整するRNA分子である。ciRS-7（circular RNA sponge for miR-7）と名付けられたマイクロRNAスポンジは、ヒトとマウスの脳で高度に発現する環状1本鎖RNAで、miR-7と結合し、miRNAの標的部位を70以上も含んでいる（Hansen et al., 2013）。

Ty3 LTRレトロポゾン：レトロポゾンあるいはレトロトランスポゾンはトランスポゾン（転移因子）の一種で、RNAに転写された後、逆転写酵素によってDNAに逆転写され、ゲノムDNA上の別の位置に転移する。レトロポゾンは、末端に長い（100〜5,000ヌクレオチド以上）末端反復配列（long terminal repeat；LTR）

を有するLTR型と持たない非LTR型に分けられる。LTR型はさらに、配列の類似性と遺伝子産物コード領域の配置順序に基づいてTy1-copia群とTy3-gypsy群の2つに分けられる。一方、非LTR型も長鎖散在反復配列（long interspersed nuclear element; LINE）を有するものと短鎖散在反復配列（short interspersed nuclear element; SINE）を有するものに分けられる。Ty3 LTRレトロポゾンはLTR型でTy3-gypsy群に属するレトロポゾンである。裸子植物と被子植物を含む広範囲な植物種に分布している。

パラレトロウイルス：環状2本鎖DNAをゲノムとするウイルスで、逆転写酵素を持ち、増殖過程でRNAの転写とDNAへの逆転写を介して複製するウイルスの名称。カリフラワーモザイクウイルス（CaMV）などがあり、CaMVは3箇所のギャップ（不連続点）を有する約8,000ヌクレオチドの2本鎖DNAをゲノムとしている。

ヘパドナウイルス：ヒトの肝炎を起こす肝炎B型ウイルスなどを含むDNAウイルスの名称。

おわりに

バイシストロニックなアンビセンスゲノム：バイシストロニックとは2つのシストロン（タンパク質コード領域あるいは読み枠）を含む意味である。アンビセンスとは1つのRNAが（+）鎖と（−）鎖のいずれの方向にもシストロンあるいはタンパク質情報の読み枠（open reading frame; ORF）を持つことを意味する。従ってこのウイルスグループは単一の1本鎖RNAをゲノムとして有するが、そのゲノム鎖に1つの読み枠を持ち、それから転写されるアンチゲノム鎖にも別の1つの読み枠を持っている。

文　献

A

Abraitiene A, Zhao Y, Hammond R. (2008) Nuclear targeting by fragmentation of the Potato spindle tuber viroid genome. Plant J. Biochemical Biophysical Research Communications 368 ; 470 -475 .

Adams, AN. (1975) Elimination of virus from the hop (Humulus lupulus) by heat therapy and meristem culture. J Horticuluture Science 50 ; 151 -160 .

Adams AN, Barbara DJ, Morton A, Darby P. (1996) The experimental transmission of hop latent viroid and its elimination by low temperature treatment and meristem culture. Ann appl Biol. 128 ; 37 -44 .

Adkar-Purushothama CR, Kanchepalli PR, Yanjarappa SM, Zhang Z, Sano T. (2014) Detection, distribution, and genetic diversity of Australian grapevine viroid in grapevines in India. Virus Genes 49 ; 304 -311 .

Adkar-Purushothama CR, Brosseau C, Giguère T, Sano T, Moffett P, Perreault JP. (2015 a) Small RNA derived from the virulence modulating region of the potato spindle tuber viroid silences callose synthase genes of tomato plants. Plant Cell 27 ; 2178 -2194 .

Adkar-Purushothama CR, Kasai A, Sugawara K, Yamamoto H, Yamazaki Y, He Y-H, Takada N, Goto H, Shindo S, Harada T, Sano T. (2015 b) RNAi mediated inhibition of viroid infection in transgenic plants expressing viroid-specific small RNAs derived from various functional domains. Sci Rep. 5 ; 17949 .

Adkar-Purushothama CR, Iyer PS, Perreault JP. (2017) Potato spindle tuber viroid infection triggers degradation of chloride channel protein CLC-b-like and ribosomal protein S3 a-like mRNAs in tomato plants. Sci Rep. 7 ; 8341 .

Adkar-Purushothama CR, Perreault JP. (2018) Alterations of the viroid regions that interact with the host defense genes attenuate viroid infection in host plant. RNA Biol. 15 ; 955 -966 .

Adkar-Purushothama CR, Sano T, Perreault JP. (2018) Viroid-derived small RNA induces early flowering in tomato plants by RNA silencing. Mol Plant Pathol 19 ; 2446 -2458 .

Adkar-Purushothama CR, Perreault JP. (2020) Impact of nucleic acid sequencing on viroid biology. Int J Mol Sci. 21 ; 5532 .

Adkar-Purushothama CR, Bolduc F, Bru P, Perreault JP. (2020) Insights into potato spindle tuber viroid quasi-species from infection to disease. Front Microbiol. 11 ; 1235 .

Adkar-Purushothama CR, Sano T, Perreault JP. (2023) Hop latent viroid : a hidden threat to the cannabis industry. Viruses 15 ; 681 .

Afanasenko OS, Lashina NM, Mironenko NV, Kyrova EI, Rogozina EV, Zubko NG, Khiutti AV. (2022) Evaluation of responses of potato cultivars to potato spindle tuber viroid and to mixed viroid/viral infection. Agronomy 12 ; 2916 .

Altenburg E. (1946) The viroid theory in relation to plasmagenes, viruses, cancer and plasmids. Am Nat. 80 ; 559 -567 .

Amari K, Gómez G, Myrta A, Di Terlizzi B, Pallás V. (2001) The molecular characterization of 16 new sequence variants of Hop stunt viroid reveals the existence of invariable regions and a conserved hammerhead-like structure on the viroid molecule. J Gen Virol. 82 ; 953 -962 .

Amari K, Ruiz D, Gómez G, Sánchez-Pina MA, Pallás V, Egea J. (2007) An important new apricot disease in Spain is associated with Hop stunt viroid infection. Eur J Pl Pathol. 118 ; 173 -181 .

Ambrós S, Desvignes JC, Llácer G, Flores R. (1995) Pear blister canker viroid : Sequence variability and causal role in pear blister canker disease. J Gen Virol. 76 ; 2625 -2629 .

Ambrós S, Hernandez C, Desvignes JC, Flores R. (1998) Genomic structure of three phenotypically different isolates of peach latent mosaic viroid: implications of the existence of constraints limiting the heterogeneity of viroid quasispecies. J Virol. 72; 7397-7406.

Ambrós S, Hernandez C, Flores R. (1999) Rapid generation of genetic heterogeneity in progenies from individual cDNA clones of peach latent mosaic viroid in its natural host. J Gen Virol. 80; 2239-2252.

Atkins D, Young M, Uzzell S, Kelly L, Fillatti J, Gerlach WL. (1995) The expression of antisense and ribozyme genes targeting citrus exocortis viroid in transgenic plants. J Gen Virol. 76; 1781-1790.

Attwater J, Wochner A, Holliger P. (2013) In-ice evolution of RNA polymerase ribozyme activity. Nature Chem 5; 1011–1018.

Avina-Padilla K, Martinez de la Vega O, Rivera-Bustamante R, Martinez-Soriano JP, Owens RA, Hammond RW, Vielle-Calzada JP. (2015) In silico prediction and validation of potential gene targets for pospiviroid-derived small RNAs during tomato infection. Gene 564; 197-205.

B

Bao S, Owens RA, Sun Q, Song H, Liu Y, Eamens AL, Feng H, Tian H, Wang MB, Zhang R. (2019) Silencing of transcription factor encoding gene StTCP23 by small RNAs derived from the virulence modulating region of potato spindle tuber viroid is associated with symptom development in potato. PLoS Pathogens 15; e1008110.

Barbara DJ, Morton A, Adams AM, Green CP. (1990) Some effects of hop latent viroid on two cultivars of hop (Humulus lupulus) in the UK. Ann appl Biol. 117; 359-366.

Bar-Joseph M, Segev D, Twizer S, Rosner A. (1985) Detection of avocado sunblotch viroid by hybridization with synthetic oligonucleotide probes. J Virol Methods 10; 69-73.

Bar-Joseph M, Marcus R, Lee RF. (1989) The continuous challenge of citrus tristeza virus control. Annu Rev Phytopathol. 27: 291-316.

Bar-Joseph M. (1993) Citrus viroids and citrus dwarfing in Israel. Acta Hortic. 349; 271-276.

Bar-Joseph M. (1996) Viroids - A contribution to the natural history of viroids. In: Proceedings 13th IOCV Conference, pp.226-229.

Bar-Joseph M. (2003) Natural history of viroids - horticultural aspects. In: Hadidi A, Flores R, Randles JW, Semancik JS. (Eds.), Viroids, Csiro Pubishing Inc., Australia, pp. 246-251.

Bartel DP. (2004) MicroRNAs: Genomics, biogenesis, mechanism, and function. Cell 116; 281-297.

Baulcombe D. (2004) RNA silencing in plants. Nature 431; 356-363.

Baulcombe D. (2007) Amplified silencing. Science 315; 199-200.

Baumstark T, Schrüder AR, Riesner D. (1997) Viroid processing: switch from cleavage to ligation is driven by a change from a tetraloop to a loop E conformation. EMBO J. 16; 599-610.

Bektaş A, Hardwick KM, Waterman K, Kristof J. (2019) Occurrence of hop latent viroid in Cannabis sativa with symptoms of Cannabis stunting disease in California, Plant Disease 103; 2699.

Bengone-Abogourin JG, Chelkha N, Verdin E, Colson P. (2019) Sequence similarities between viroids and human microRNAs. Intervirology 62; 227-234.

Ben-Shaul A, Guang Y, Mogilner N, Hadas R, Mawassi M, Gafny R, Bar-Joseph M. (1995) Genomic diversity among populations of two citrus viroids from different graft-transmissible dwarfing complexes in Israel. Phytopathology 85; 359-364.

Berget SM, Moore C, Sharp PA. (1977) Spliced segments at the 5' terminus of adenovirus 2 late mRNA. Proc Natl Acad Sci USA. 74; 3171-3175.

Bernad L, Gandía M, Duran-Vila N. (2005) Host effect on the genetic variability of Citrus exocortis viroid (CEVd). In: Proceedings 16th IOCV Conference, Valencia, Spain.

Bernad L, Duran-Vila N, Elena SF. (2009) Effect of citrus hosts on the generation, maintenance and evolutionary fate of genetic variability of citrus exocortis viroid. J Gen Virol. 90;2040-2049.

Bernstein E, Caudy AA, Hammond SM, Hannon GJ. (2001) Role for a bidenta ribonuclease in the initiation step of RNA interference. Nature 409;363-366.

Bester R, Malan SS, Maree HJ. (2020) A plum marbling conundrum : Identification of a new viroid associated with marbling and corky flesh in Japanese plums. Phytopathology 110;1476-1482.

Boccardo G, Beaver RG, Randles JW, Imperial JS. (1981) Tinangaja and bristletop, coconut diseases of uncertain etiology in Guam and their relationship to cadang-cadang disease of coconut in the Philippines. Phytopathology 71;1104-1107.

Bojić T, Beeharry Y, Zhang DJ, Pelchat M. (2012) Tomato RNA polymerase II interacts with the rod-like conformation of the left terminal domain of the potato spindle tuber viroid positive RNA genome. J Gen Virol. 93;1591-1600.

Bolduc F, Hoareau C, St-Pierre P, Perreault JP. (2010) In depth sequencing of the siRNA associated with peach latent mosaic viroid infection. BMC Molecular Biology 11;16.

Bonfiglioli RG, McFadden GI, Symons RH. (1994) In situ hybridization localize avocado sunblotch viroid on chloroplast thylakoid membranes and coconut cadang cadang viroid in the nucleus. Plant J. 6;99-103.

Boonham N, Perez LG, Mendez MS, Peralta EL, Blockley A, Walsh K, Barker I, Mumford RA. (2004) Development of a real-time RT-PCR assay for the detection of potato spindle tuber viroid. J Virol Methods 116;139-146.

Borsani O, Zhu J, Verslues PE, Sunkar R, Zhu JK. (2005) Endogenous siRNAs derived from a pair of natural cis-antisense transcripts regulate salt tolerance in Arabidopsis. Cell 123;1279-1291.

Bostan H, Nie X, Singh RP. (2004) An RT-PCR primer pair for the detection of Pospiviroid and its application in surveying ornamental plants for viroids. J Virol Methods 116;189-193.

Bouché N, Lauressergues D, Gasciolli V, Vaucheret H. (2006) An antagonistic function for Arabidopsis DCL2 in development and a new function for DCL4 in generating viral siRNAs. EMBO J. 25;3347-3356.

Branch AD, Robertson HD, Dickson E. (1981) Longer-than-unit-length viroid minus strands are present in RNA from infected plants. Proc Natl Acad Sci USA. 78;6381-6385.

Branch AD, Robertson HD. (1984) A replication cycle for viroids and other small infectious RNA's. Science 223;450-455.

Branch AD, Benenfeld BJ, Robertson HD. (1985) Ultraviolet light-induced crosslinking reveals a unique region of local tertiary structure in potato spindle tuber viroid and HeLa 5S RNA. Proc Natl Acad Sci USA. 82;6590-6594.

Branch AD, Benenfeld BJ, Robertson HD. (1988a) Evidence for a single rolling circle in the replication of potato spindle tuber viroid. Proc Natl Acad Sci USA. 85;9128-9132.

Branch AD, Benenfeld BJ, Franck ER, Shaw JF, Lee Varban M, Willis KK, Rosen DL, Robertson HD. (1988b) Interference between coinoculated viroids. Virology 163;538-546.

Brass JR, Owens RA, Matoušek J, Steger G. (2017) Viroid quasispecies revealed by deep sequencing. RNA Biol. 14;317-325.

Brierley P, Smith FF. (1949) Chrysanthemum stunt. Phytopathology 39;501.

Brierley P, Parker MW, Borthwick HA. (1952) High-intensity artificial light improves winter expression of stunt symptoms in Mistletoe Chrysanthemums. Phytopathology 42;341.

Broadbent P, Gillings MR, Gollnow BI. (1988) Graft-transmissible dwarfing in Australian citrus. In : Proceedings 10th IOCV, Conference, Rivierside, CA, USA. pp. 219-225.

Bull JJ, Meyers LA, Lachmann M. (2005) Quasispecies made simple. PLoS Comput Biol. 1;450-460.

Buzayan JM, Gerlach WL, Bruening G. (1986) Non-enzymatic cleavage and ligation of RNAs complementary to a plant virus satellite RNA. Nature 323;349-353.

C

Calavan EC, Frolich EF, Carpenter JB, Roistacher CN, Christiansen DW. (1964) A rapid indexing for exocortis of citrus. Phytopathology 54; 1359-1362.

Calavan EC, Christiansen D. (1965) Variability of cachexia reaction among varieties of rootstocks within clonal propagations of citrus. In: Proceedings 3rd IOCV Conference, Riverside, CA, USA. pp. 76-85.

Candresse T, Smith D, Diener TO. (1987) Nucleotide sequence of a full-length infecious clone of the Indonesian strain of tomato apical stunt viroid (TASV). Nucl Acids Res. 15; 10597.

Candresse T, Macquaire G, Brault V, Monsion M, Dunez J. (1990) ^{32}P- and biotin-labelled in vitro transcribed cRNA probes for the detection of potato spindle tuber viroid and chrysanthemum stunt viroid. Res Virol. 141; 97-107.

Candresse T, Faure C, Theil S, Spilmont AS, Marais A. (2017) First report of grapevine hammerhead viroid-like RNA infecting grapevine (Vitis vinifera) in France. Plant Disease 110; 2155.

Carbonell A, Martínez de Alba AE, Flores R, Gago S. (2008) Double-stranded RNA interferes in a sequence-specific manner with the infection of representative members of the two viroid families. Virology 371; 44-53.

Carbonell A, Flores R, Gago S. (2011) Trans-cleaving hammerhead ribozymes with tertiary stabilizing motifs: in vitro and in vivo activity against a structured viroid RNA. Nucl Acids Res. 39; 2432-2444.

Carbonell A, Daròs JA. (2017) Artificial microRNAs and synthetic trans-acting small interfering RNAs interfere with viroid infection. Mol Plant Pathol. 18; 746-753.

Castellano M, Martinez G, Pallás V, Gómez G. (2015) Alterations in host DNA methylation in response to constitutive expression of Hop stunt viroid RNA in Nicotiana benthamiana plants. Plant Pathology 64; 1247-1257.

Castellano M, Martinez G, Marques MC, Moreno-Romero J, Köhler C, Pallás V, Gómez G. (2016a) Changes in the DNA methylation pattern of the host male gametophyte of viroid-infected cucumber plants. J Experimental Botany 67; 5857-5868.

Castellano M, Pallás V, Gómez G. (2016b) A pathogenic long noncoding RNA redesigns the epigenetic landscape of the infected cells by subverting host histone deacetylase 6 activity. New Phytologist 211; 1311-1322.

Catalán P, Elena SF, Cuesta JA, Manrubia S. (2019) Parsimonious scenario for the emergence of viroid-like replicons de novo. Viruses 11; 425.

Cech TR, Zaug AJ, Grabowski PJ. (1981) In vitro splicing of the ribosomal RNA precursor of Tetrahymena: involvement of a guanosine nucleotide in the excision of the intervening sequence. Cell 27; 487-496.

Cervera A, Urbina D, de la Peña M. (2016) Retrozymes are a unique family of non-autonomous retrotransposons with hammerhead ribozymes that propagate in plants through circular RNAs. Genome Biol. 17; 135.

Cervera A, de la Peña M. (2020) Small circRNAs with self-cleaving ribozymes are highly expressed in diverse metazoan transcriptomes. Nucl Acids Res. 48; 5054-5064.

Chambers GA, Dodds K, Donovan NJ. (2021) Hop stunt viroid detection in hops (Humulus lupulus) in Australia. Australasian Plant Disease Notes 16; 3.

Chang WS, Pettersson JH, Le Lay C, Shi M, Lo N, Wille M, Eden JS, Holmes EC. (2019) Novel hepatitis D-like agents in vertebrates and invertebrates. Virus Evol. 5 (2); vez021.

Chela-Flores J. (1994) Are viroids molecular fossils of the RNA world? J Theor Biol. 166; 163-166.

Chen L. (2020) The expanding regulatory mechanisms and cellular functions of cellular RNAs. Nat Rev Mol Cell Biol. 21; 475-490.

Chiaki Y, Ito T. (2020) Characterization of a distinct variant of hop stunt viroid and a new apscaviroid detected in grapevines, Virus Genes 56 ; 260 -265 .

Chiumenti M, Navarro B, Candresse T, Flores R, Di Serio F. (2021) Reassessing species demarcation criteria in viroid taxonomy by pairwise identity matrices. Virus Evol. 7(1) ; veab001 .

Cho IS, Chung BN, Cho JD, Choi S-K, Choi GS, Kim J-S. (2011) Hop stunt viroid (HSVd) sequence variants from dapple fruits of plum (Prunus salicina L.) in Korea. Res Plant Disease 17 ; 358 -363 .

Cho S, Kim D, Lee Y, Kil EJ, Cho MJ, Byun SJ, Cho WK, Lee S. (2018) Probiotic Lactobacillus paracasei expressing a nucleic acid-hydrolyzing minibody (3D8 Scfv) enhances probiotic activities in mice intestine as revealed by metagenomic analyses. Genes (Basel). 9 ; 276 .

Choi H, Jo Y, Yoon JY, Choi SK, Cho WK. (2017) Sequence variability of chrysanthemum stunt viroid in different chrysanthemum cultivars. PeerJ 5 ; e2933 .

Choi H, Jo Y, Cho WK, Yu J, Tran PT, Salaipeth L, Kwak HR, Choi HS, Kim KH. (2020) Identification of viruses and viroids infecting tomato and pepper plants in Vietnam by metatranscriptomics. Int J Mol Sci. 21(20) ; 7565 .

Chow LT, Gelinas RE, Broker TR, Roberts RJ. (1977) An amazing sequence arrangement at the 5' ends of adenovirus 2 messenger RNA. Cell 12 ; 1 -8 .

Cieślińska M. (2007) Application of thermo- and chemotherapy in vitro for eliminating some viruses infecting Prunus sp. fruit trees. J Fruit Ornam Plant Res. 15 ; 117 -124 .

Codoñer FM, Darós JA, Solé RV, Elena SF. (2006) The fittest versus the flattest : Experimental confirmation of the quasispecies effect with subviral pathogens. PLoS Pathogens 2 ; e136 .

Cohen O, Batuman O, Stanbekova G, Sano T, Mawassi M, Bar-Joseph M. (2006) Construction of a multiprobe for the simultaneous detection of viroids infecting citrus trees. Virus Genes 33 ; 287 -292 .

Colpan M, Schumacher J, Brüggemann W, Sänger HL, Riesner D. (1983) Large-scale purification of viroid RNA using Cs_2SO_4 gradient centrifugation and high-performance liquid chromatography. Anal Biochem. 131 ; 257 -265 .

Compton J. (1991) Nucleic acid sequence-based amplification. Nature 350 ; 91 -92 .

Conejero V, Semancik JS. (1977) Exocortis viroid : Alteration in the proteins of Gynura aurantiaca accompanying viroid infection. Virology 77 ; 221 -232 .

Conejero V, Picazo I, Segado P. (1979) Citrus exocortis viroid (CEV) : Protein alterations in different hosts following viroid infection. Virology 97 ; 454 -456 .

Cong L, Zhao Y, Pogue AI, Lukiw WJ. (2018) Role of microRNA (miRNA) and viroids in lethal diseases of plants and animals. potential contribution to human neurodegenerative disorders. Biochemistry (Mosc) 83 ; 1018 -1029 .

Cottilli P, Belda-Palazón B, Adkar-Purushothama CR, Perreault JP, Schleiff E, Rodrigo I, Ferrando A, Lisón P. (2019) Citrus exocortis viroid causes ribosomal stress in tomato plants. Nucl Acids Res. 47 ; 8649 -8661 .

Covelli L, Kozlakidis Z, Di Serio F, Citir A, Açikgöz S, Hernández C, Ragozzino A, Coutts RH, Flores R. (2008) Sequences of the smallest double-stranded RNAs associated with cherry chlorotic rusty spot and Amasya cherry diseases. Arch Virol. 153 ; 759 -762 .

Cress DE, Kiefer MC, Owens RA. (1983) Construction of infectious potato spindle tuber viriod cDNA clones. Nucl Acids Res. 11 ; 6821 -6835 .

D

Daròs JA, Marcos JF, Hernández C, Flores R. (1994) Replication of avocado sunblotch viroid : evidence for a symmetric pathway with two rolling circles and hammerhead ribozyme processing. Proc Natl Acad Sci USA. 91 ; 12813 -12817 .

Daròs JA, Flores R. (1995) Identification of a retroviroid-like element from plants. Proc Natl Acad Sci USA.

92;6856-6860.

Daròs JA, Flores R. (2004) Arabidopsis thaliana has the enzymatic machinery for replicating representative viroid species of the family Pospiviroidae. Proc Natl Acad Sci USA. 101; 6792–6797.

Daròs JA, Elena SF, Flores R. (2006) Viroids: Ariadne's thread into the RNA labyrinth. EMBO Report 7;593-598.

Davies C, Sheldon CC, Symons RH. (1991) Alternative hammerhead structures in the self-cleavage of avocado sunblotch viroid RNAs. Nucl Acids Res. 19;1893-1898.

De Fazio G, Caner J, Vicente M. (1978) Inhibitory effect of virazole (Ribavirin) on the replication of tomato white necrosis virus (VNBT). Arch Virol. 58;153-156.

de la Peña M, Navarro B, Flores R. (1999) Mapping the molecular determinat of pathogenicity in a hammerhead viroid: a tetraloop within the in vivo branched RNA conformation. Proc Natl Acad Sci USA. 96;9960-9965.

de la Peña M, Flores R. (2002) Chrysanthemum chlorotic mottle viroid RNA: dissection of the pathogenicity determinant and comparative fitness of symptomatic and non-symptomatic variants. J Mol Biol. 321;411-421.

de la Peña M, Garcia-Robles I. (2010a) Intronic hammerhead ribozymes are ultraconserved in the human genome. EMBO Rep. 11;711-716.

de la Peña M, Garcia-Robles I. (2010b) Ubiquitous presence of the hammerhead ribozyme motif along the tree of life. RNA 16;1943-1950.

de la Peña M, Ceprián R, Cervera A. (2020) A singular and widespread group of mobile genetic elements: RNA circles with autocatalytic ribozymes. Cells 9;2555.

Deleris A, Gallego-Bartolome J, Bao J, Kasschau KD, Carrington JC, Voinnet O. (2006) Hierarchical action and inhibition of plant Dicer-like proteins in antiviral defense. Science 313;68-71.

Delgado S, Martínez de Alba AE, Hernández C, Flores R. (2005) A short double-stranded RNA motif of Peach latent mosaic viroid contains the initiation and the self-cleavage sites of both polarity strands. J Virol. 79;12934-12943.

Delgado S, Navarro B, Serra P, Gentit P, Cambra M-Á, Chiumenti M, De Stradis A, Di Serio F, Flores R. (2019) How sequence variants of a plastid-replicating viroid with one single nucleotide change initiate disease in its natural host. RNA Biology 16;906-917.

Denti M, Boutla A, Tsagris M, Tabler M. (2004) Short interfering RNAs specific for potato spindle tuber viroid are found in the cytoplasm but not in the nucleous. Plant J. 37;762-769.

Desjardins PR, Drake RJ, Swiecki SA. (1981) Infectivity studies of avocado sunblotch disease causal agent, possibly a viroid rather than a virus. Plant Disease 64;313-315.

Desvignes JC. (1976) The virus diseases detected in greenhouse and in field by the peach seedling GF 305 indicator. ISHS Acta Horticulturae 67;Xth International Symposium on Fruit Tree Virus Diseases. DOI: 10.17660/ActaHortic.1976.67.41

Desvignes JC, Cornaggia D, Grasseau N, Ambrós S, Flores R. (1999a) Pear blister canker viroid: Host range and improved bioassay with two new pear indicators, Fieud 37 and Fieud 110. Plant Disease 83;419-422.

Desvignes JC, Grasseau N, Boyé R, Cornaggia D, Aparicio F, Di Serio F, Flores R. (1999b) Biological properties of apple scar skin viroid: Isolates, host range, different sensitivity of apple cultivars, elimination, and natural transmission. Plant Disease 83;768-772.

Di Serio F, Aparicio F, Alioto D, Ragozzino A, Flores R. (1996) Identification and molecular properties of a 306 nucleotide viroid associated with apple dimple fruit disease. J Gen Virol. 77;2833-2837.

Di Serio F, Darós JA, Ragozzino A, Flores R. (1997) A 451-nt circular RNA from cherry with hammerhead ribozymes in its strands of both polarities. J Virol. 71;6603-6610.

Di Serio F, Darós JA, Ragozzino A, Flores R. (2006) Close structural relationship between two hammerhead viroid-like RNAs associated with cherry chlorotic rusty spot disease. Arch Virol. 151;1539-1549.

Di Serio F, Gisel A, Navarro B, Delgado S, Martinez de Alba AE, Donvito G, Flores R. (2009) Deep sequencing of the small RNAs derived from two symptomatic variants of a chloroplastic viroid: Implications for their genesis and for pathogenesis. PLoS ONE 4(10); e7539.

Di Serio F, Martínez de Alba AE, Navarro B, Gisel A, Flores R. (2010) RNA-dependent RNA polymerase 6 delays accumulation and precludes meristem invasion of a viroid that replicates in the nucleus. J Virol. 84;2477-2489.

Di Serio F, Flores R, Verhoeven JThJ, Li SF, Pallás V, Randles JW, Sano T, Vidalakis G, Owens RA. (2014) Current status of viroid taxonomy. Arch Virol. 159;3467-3478.

Di Serio F, Owens RA, Li SF, Matoušek J, Pallás V, Randles JW, Sano T, Verhoeven JThJ, Vidalakis J, Flores R, and ICTV Report Consortium. (2018) ICTV Virus Taxonomy Profile: Avsunviroidae. J Gen Virol. 99;611-612.

Di Serio F, Owens RA, Li SF, Matoušek J, Pallás V, Randles JW, Sano T, Verhoeven JThJ, Vidalakis J, Flores R. (2021) ICTV Report Consortium. ICTV Virus Taxonomy Profile: Pospiviroidae. J Gen Virol. 102;001543.

Dickson E, Robertson HD, Niblett CL, Horst RK, Zaitlin M. (1979) Minor differences between nucleotide sequences of mild and severe strains of potato spindle tuber viroid. Nature 277;60-62.

Diener TO, Raymer WB. (1967) Potato spindle tuber virus: A plant virus with properties a free nucleic acid. Science 158;378-381.

Diener TO. (1968) Potato spindle tuber virus: in situ sensitivity of the infectious agent to ribonuclease. Phytopathology 58;1048.

Diener TO, Raymer WB. (1969) Potato spindle tuber virus: A plant virus with properties of a free nucleic acid: II. Characterization and partial purification. Virology 37;351-366.

Diener TO. (1971a) Potato spindle tuber "virus" IV, A replicating, low molecular weight RNA. Virology 45;411-428.

Diener TO. (1971b) Potato spindle tuber virus: A plant virus with properties of a free nucleic acid: III. Subcellular location of PSTV-RNA and the question of whether virions exist in extracts or in situ. Virology 43;75-89.

Diener TO, Lawson RH. (1973) Chrysanthemum stunt: a viroid disease. Virology 51;94-101.

Diener TO. (1981) Are viroids escaped introns? Proc Natl Acad Sci USA. 78;5014-5015.

Diener TO. (1986) Viroid processing: A model involving the central conserved region and hairpin I. Proc Natl Acad Sci USA. 83;58-62.

Diener TO. (1987) Biological properties. In: Diener TO. (Ed.), The viroids. Plenum Press, New York, USA. pp. 9-35.

Diener TO. (1989) Circular RNAs: Relics of precellular evolution? Proc Natl Acad Sci USA. 86;9370-9374.

Diener TO. (1996) Origin and evolution of viroids and viroid-like satellite RNAs. Virus Genes 11;119-131.

Diener TO. (2003) Discovering viroids - a personal perspective. Nat Rev Microbiol. 1;75-80.

Diener TO. (2016) Viroids: "living fossils" of primordial RNAs? Biology Direct. 11;15.

Diermann N, Matoušek J, Junge M, Riesner D, Steger D. (2010) Characterization of plant miRNAs and small RNAs derived from potato spindle tuber viroid (PSTVd) in infected tomato. Biol Chem. 391;1379-1390.

Dillin A. (2003) The specifics of small interfering RNA specificity. Proc Natl Acad Sci USA. 100;6289-6291.

Dimock AW. (1947) Chrysanthemum stunt. N.Y. State Flower Grower's Bull. 26th October. 2.

Dimock AW, Geissinger CM, Horst RK. (1971) Chlorotic mottle: a newly recognized disease of chrysanthemum. Phytopathology 61;415-419.

Ding B, Kwon MO, Hammond R, Owens RA. (1997) Cell-to-cell movement of potato spindle tuber viroid. Plant J. 12;931-936.

Ding B, Itaya A. (2007) Viroid: a useful model for studying the basic principles of infection and RNA biology. Mol Plant Microbe Interact. 20;7-20.

Ding B. (2009) The biology of viroid-host interactions. Annu Rev Phytopathol. 47;105-131.

Ding SW, Li H, Lu R, Li F, Li WX. (2004) RNA silencing: a conserved antiviral immunity of plants and animals. Virus Res. 102;109-115.

Ding SW, Voinnet O. (2007) Antiviral immunity directed by small RNAs. Cell 130;413-426.

Dingley AJ, Steger G, Esters B, Riesner D, Grzesiek S. (2003) Structural characterization of the 69 nucleotide potato spindle tuber viroid left-terminal domain by NMR and thermodynamic analysis. J Mol Biol. 334;751-767.

Dinter-Gottlieb G. (1986) Viroids and virusoids are related to group I introns. Proc Natl Acad Sci USA. 83;6250-6254.

Dissanayaka Mudiyanselage SD, Qu J, Tian N, Jiang J, Wang Y. (2018) Potato spindle tuber viroid RNA-templated transcription: factors and regulation. Viruses 10;503.

Dissanayaka Mudiyanselage SD, Ma J, Pechan T, Pechanova O, Liu B, Wang Y. (2022) A remodeled RNA polymerase II complex catalyzing viroid RNA-templated transcription. PLoS Pathog. 18(9): e1010850.

Domingo E, Sheldon J, Perales C. (2012) Viral quasispecies evolution. Microbiol Mol Biol Rev. 76;159-216.

Dong K, Xu C, Lv R, Kotta-Loizou I, Jiang J, Kong L, Li S, Hong N, Wang G, Coutts RHA, Xu W. (2022) Novel viroid-like RNAs naturally infect a filamentous fungus. Advanced Science 2204308.

Drsata T, Reblova K, Besseova I, Sponer J, Lankas F. (2017) rRNA C-loops: mechanical properties of a recurrent structural motif. J Chem Theory Comput. 13;3359-3371.

Dubé A, Bisaillon M, Perreault JP. (2009) Identification of proteins from Prunus persica that interact with peach latent mosaic viroid. J Virol. 83;12057-12067.

Dubé A, Baumstark T, Bisaillon M, Perreault JP. (2010) The RNA strands of the plus and minus polarities of peach latent mosaic viroid fold into different structures. RNA 16;463-473.

Dubé A, Bolduc F, Bisaillon M, Perreault JP. (2011) Mapping studies of the Peach latent mosaic viroid reveal novel structural features. Mol Plant Pathol. 12;688-701.

Dunoyer P, Voinnet O. (2005) The complex interplay between plant viruses and host RNA-silencing pathways. Curr Opin Plant Biol. 8;415-423.

Duran-Vila N, Roistacher CN, Rivera-Bustamente R, Semancik JS. (1988) A definition of citrus viroid groups and their relationship to the exocortis disease. J Gen Virol. 69;3069-3080.

Duran-Vila N, Semancik JS. (1990) Variations in the "cross protection" effect between two strains of citrus exocortis viroid. Ann appl Biol. 117;367-377.

Duran-Vila N, Juárez J, Arregui JM. (1998) Production of viroid-free grapevines by shoot tip culture. Am J Enol Vitic. 39;217-220.

E

Eamens AL, Smith NA, Dennis ES, Wassenegger M, Wang MB. (2014) In Nicotiana species, an artificial microRNA corresponding to the virulence modulating region of Potato spindle tuber viroid directs RNA silencing of a soluble inorganic pyrophosphatase gene and the development of abnormal phenotypes. Virology 450-451;266-277.

Earley KW, Pontvianne F, Wierzbicki AT, Blevins T, Tucker S, Costa-Nunes P, Pontes O, Pikaard CS. (2010) Mechanisms of HDA6-mediated rRNA gene silencing: suppression of intergenic Pol II transcription and differential effects on maintenance versus siRNA-directed cytosine methylation. Genes

& Development 24; 1119-1132.

Eastwell K. (2007) Control of hop diseases caused by viruses and viroid-like agents. In; 2006 Research Reports Presented to Hop Research Council, at Yakima Convention Center, Yakima, Washington. January 24-26.

Eastwell KC, Nelson ME. (2007) Occurrence of viroid in commercial hop (Humulus lupulus L.) production areas of Washington state. Plant Health Progress doi:10.1094/PHP-2007-1127-01-RS.

Eastwell K, Sano T. (2009) Hop stunt viroid. In: Mahaffee WF, Pethybridge SJ, Gent DH. (Eds.) Compendium of hop diseases and pests. APS Press, pp.48-51.

Eigen M. (1971) Selforganization of matter and the evolution of biological macromolecules. Naturwissenschaften 58; 465-523.

Eiras M, Nohales MA, Kitajima EW, Flores R, Daròs JA. (2011) Ribosomal protein L5 and transcription factor IIIA from Arabidopsis thaliana bind in vitro specifically potato spindle tuber viroid RNA. Arch Virol. 156; 529-533.

Eiras M, de Oliveira AM, de Fátima Ramos A, Harakava R, Daròs JA. (2023) First report of citrus bark cracking viroid and hop latent viroid infecting hop in commercial yards in Brazil. J Plant Pathol. https://doi.org/10.1007/s42161-023-01313-4

Elbashir SM, Lendeckel W, Tuschl T. (2001) RNA interference is mediated by 21- and 22-nucleotide RNAs. Genes and Development 15; 188-200.

El-Dougdoug KhA, Osman ME, Abdelkader Hayam S, Dawoud Rehab A, Elbaz Reham M. (2010) Elimination of hop stunt viroid (HSVd) from infected peach and pear plants using cold therapy and chemotherapy. Australian J Basic & Applied Sciences 4; 54-60.

Elena SF, Dopazo J, Flores R, Diener TO, Moya A. (1991) Phylogeny of viroids, viroidlike satellite RNAs, and the viroidlike domain of hepatitis δ virus RNA. Proc Natl Acad Sci USA. 88; 5631-5634.

Elena SF, Dopazo J, de la Peña M, Flores R, Diener TO, Moya A. (2001) Phylogenetic analysis of viroid and viroid-like satellite RNAs from plants: a reassessment. J Mol Evol. 53; 155-159.

Elena SF, Gómez G, Daròs JA. (2009) Evolutionary constraints to viroid evolution. Viruses 1; 241-254.

Elliott DR, Alexander BJR, Smales TE, Tang Z, Clover GRG. (2001) First report of potato spindle tuber viroid in tomato in New Zealand. Plant Dis. 85(9); 1027.

F

Fadda Z, Daròs JA, Flores R, Duran-Vila N. (2003) Identification in eggplant of a variant of citrus exocortis viroid (CEVd) with a 96 nucleotide duplication in the right terminal region of the rod-like secondary structure. Virus Res. 97; 145-149.

Fagoaga C, Pina JA, Duran-Vila N. (1994) Occurrence of small RNAs in severely diseased vegetable crops. Plant Disease 78; 749-753.

Fahlgren N, Hill ST, Carrington JC, Carbonell A. (2016) P-SAMS: a web site for plant artificial microRNA and synthetic trans-acting small interfering RNA design. Bioinformatics 32; 157-158.

Fawcett HS, Klotz LJ. (1948) Exocortis of trifoliate orange: Resembles shell bark of lemons and scaly bark of oranges. Hilgardia 2; 13.

Feng K, Yu J, Cheng Y, Ruan M, Wang R, Ye Q, Zhou G, Li Z, Yao Z, Yang Y, Zheng Q, Wan K. (2016) The SOD gene family in tomato: Identification, phylogenetic relationships, and expression patterns. Front Plant Sci. 7; 1279.

Fernow KH. (1967) Tomato as a test plant for detecting mild strains of potato spindle tuber virus. Phytopathology 57; 1347-1352.

Fernow KH, Peterson LC, Plaisted RL. (1969) The tomato test for eliminating spindle tuber from potato planting stock. American Potato J. 46; 424-429.

Fernow KH, Peterson LC, Plaisted RL. (1970) Spindle tuber virus in seeds and pollen of infected potato plants. American Potato J. 47; 75-80.

Finnegan EJ, Margis R, Waterhouse PM. (2003) Posttranscriptional gene silencing is not compromised in the Arabidopsis Varpel factory (DicerLike 1) mutant, a homolog of Dicer-1 from Drosophilla [sic]. Current Biology 13; 236-240.

Flores R, Semancik JS. (1982) Properties of a cell-free system for synthesis of citrus exocortis viroid. Proc Natl Acad Sci USA. 79; 6285-6288.

Flores R, Hernández C, Llácer G, Desvignes JC. (1991) Identification of a new viroid as the putative causal agent of pear blister canker disease. J Gen Virol. 72; 1199–1204.

Flores R. (1995) Subviral agents: Viroids. In: Murphy FA, Fauquet CM, Bishop DHL, Said AG, Jarvis AW, Martelli GP, Mayo MA, Summers MD. (Eds.), Virus Taxonomy, Sixth Report of the International Committee on the Taxonomy of Viruses. Elsevier/Academic Press, San Diego. CA, pp. 495-497.

Flores R, Duran-Vila N, Pallás V, Semancik JS. (1985) Detection of viroid and viroid-like RNAs from grapevine. J Gen Virol. 66; 2095-2102.

Flores R. (1986) Detection of citrus exocortis viroid by crude extracts by dot-blot hybridization: conditions for reducing spurious hybridization results and for enhancing the sensitivity of the technique. J Virol Methods 13; 161-169.

Flores R, Randles JW, Owens RA, Bar-Joseph M, Diener TO. (2005) Subviral agents: Viroids. In: Fauquet CM, Mayo MA, Maniloff J, Desselberger U, Ball LA. (Eds.), Virus Taxonomy, Eighth Report of the International Committee on the Taxonomy of Viruses, San Diego, CA: Elsevier/Academic Press, pp. 1147-1161.

Flores R, Gago-Zachert S, Serra P, Sanjuán R, Elena SF. (2014) Viroids: survivors from the RNA world? Annu Rev Microbiol. 68; 395-414.

Flores R, Navarro B, Delgado S, Serra P, Di Serio F. (2020) Viroid pathogenesis: a critical appraisal of the role of RNA silencing in triggering the initial molecular lesion. FEMS Microbiology Reviews 44; 386-398.

Flores R, Navarro N, Serra P, Di Serio F. (2022) A scenario for the emergence of protoviroids in the RNA world and for their further evolution into viroids and viroid-like RNAs by modular recombinations and mutations. Virus Evol. 15; 8(1):veab107.

Forster AC, Jeffries A, Sheldon CC, Symons RH. (1987) Structural and ionic requirements for self-cleavage of virusoid RNAs and trans self-cleavage of viroid RNA. Cold Spring Hurb Symp Quant Biol. 52; 249-259.

Forster AC, Davies C, Sheldon CC, Jeffries AC, Symons RH. (1988) Self-cleaving viroid and newt RNAs may only be active as dimers. Nature 334; 265-267.

Fox A, Adams IA, Hany U, Hodges T, Forde SMD, Jackson LE, Skelton A, Barton V. (2015) The application of next-generation sequencing for screening seeds for viruses and viroids. Seed Sci Technol. 43; 531-535.

Fraser LR, Levitt EC, Cox JE. (1961) Relationship between exocortis and stunting of citrus varieties on Poncirus trifoliata rootstock. In: Price WC. (Ed.), Proceedings 2nd IOCV Conference, Univ Florida Press, Gainesville, FL, USA. pp.34-39.

Freidhoff P, Bruist MF. (2019) In silico survey of the central conserved regions in viroids of the Pospiviroidae family for conserved asymmetric loop structures. RNA 25; 985-1003.

Fujibayashi M, Suzuki T, Sano T. (2021) Mechanism underlying potato spindle tuber viroid affecting tomato (Solanum lycopersicum): loss of control over reactive oxygen species production. J Gen Pl Pathol. 87; 226-235.

Fusaro AF, Matthew L, Smith NA, Curtin SJ, Dedic-Hagan J, Ellacott GA. (2006) RNA interference inducing hairpin RNAs in plants act through the viral defence pathway. EMBO Rep. 7; 1168-1175.

G

Gago S, Elena SF, Flores R, Sanjuan R. (2009) Extremely high mutation rate of a hammerhead viroid. Science 323(5919); 1308.

Galindo J, Smith DR, Diener TO. (1982) Etiology of planta macho, a viroid disease of tomato. Phytopathology 72; 49-54.

Gambino G, Navarro B, Vallania R, Gribaudo I, Di Serio F. (2011) Somatic embryogenesis efficiently eliminates viroid infections from grapevines. European J Pl Pathol. 130; 511-519.

Gambino G, Navarro B, Torchetti EM, La Notte P, Schneider A, Mannini F, Di Serio F. (2014) Survey on viroids infecting grapevine in Italy: identification and characterization of Australian grapevine viroid and Grapevine yellow speckle viroid 2. Eur J Plant Pathol. 140; 199-205.

Gandia M, Duran-Vila N. (2004) Variability of the progeny of a sequence variant Citrus bent leaf viroid (CBLVd). Arch Virol. 149; 407-416.

Gandia M, Bernad L, Rubio L, Duran-Vila N. (2007) Host effect on the molecular and biological properties of a Citrus exocortis viroid isolate from Vicia faba. Phytopathology 97; 1004-1010.

Garnsey SM, Jones JW. (1967) Mechanical transmission of exocortis virus with contaminated budding tools. Plant Disease Reptr. 51; 410-413.

Garnsey SM, Whidden R. (1972) Decontamination treatments to reduce the spread of citrus exocortis (CEV) by contaminated tools. Proc Fla Stn Hortic Soc 84; 63-65.

Gas ME, Hernández C, Flores R, Daròs JA. (2007) Processing of nuclear viroids in vivo: an interplay between RNA conformations. PLoS Pathogens 3; e182.

Gas ME, Molina-Serrano D, Hernández C, Flores R, Daròs JA. (2008) Monomeric linear RNA of Citrus exocortis viroid resulting from processing in vivo has 5'-phosphomonoester and 3'-hydroxyl termini: implications for the ribonuclease and RNA ligase involved in replication. J Virol. 82; 10321-10325.

Gasciolli V, Mallory AC, Bartel DP, Vaucheret H. (2005) Partially redundant functions of Arabidopsis DICER-like enzymes and a role for DCL4 in producing trans-acting siRNAs. Curr Biol. 15; 1494-1500.

Giguère T, Adkar-Purushothama CR, Bolduc F, Perreault JP. (2014a) Elucidation of the structures of all members of the Avsunviroidae family. Mol Plant Pathol. 15; 767-779.

Giguère T, Adkar-Purushothama CR, Perreault JP. (2014b) Comprehensive secondary structure elucidation of four genera of the family Pospiviroidae. PLoS One 9; e98655.

Giguère T, Perreault JP. (2017) Classification of the Pospiviroidae based on their structural hallmarks. PLoS One 12; e0182536.

Gillings MR, Broadbent P, Gollnow BI. (1991) Viroids in Australian citrus: relationship to exocortis, cachexia and citrus dwarfing. Funct Plant Biol. 18; 559-570.

Glouzon J-PS, Bolduc F, Wang S, Najmanovich RJ, Perreault JP. (2014) Deep-sequencing of the peach latent mosaic viroid reveals new aspects of population heterogeneity. PLoS ONE 9(1); e87297.

Gómez G, Pallás V. (2001) Identification of an in vitro ribonucleoprotein complex between a viroid RNA and a phloem protein from cucumber. Mol Plant-Microbe Interact. 14; 910-913.

Gómez G, Pallás V. (2004) A long distance translocatable phloem protein from cucumber forms a ribonucleoprotein complex in vivo with Hop stunt viroid RNA. J Virol. 78; 10104-10110.

Gómez G, Pallás V. (2007) Mature monomeric forms of Hop stunt viroid resist RNA silencing in transgenic plants. Plant J. 51; 1041-1049.

Gómez G, Martınez G, Pallás V. (2008) Viroid-induced symptoms in Nicotiana benthamiana plants are dependent on RDR6 activity. Plant Physiology 148; 414-423.

Gómez G, Martínez G, Pallás V. (2009) Interplay between viroid-induced pathogenesis and RNA silencing pathways. Trends Plant Sci. 14; 264-269.

Gómez G, Pallás V. (2012a) Studies on subcellular compartmentalization of plant pathogenic noncoding RNAs give new insights into the intracellular RNA-traffic mechanisms. Plant Physiol. 159; 558–564.

Gómez G, Pallás V. (2012b) A pathogenic non coding RNA that replicates and accumulates in chloroplasts traffics to this organelle through a nuclear-dependent step. Plant Signal. Behav. 7; 882–884.

Gómez G, Marquez-Molins J, Martinez G, Pallás V. (2022) Plant epigenome alterations: an emergent player in viroid-host interactions. Virus Res. 318; 198844.

Góra A, Candresse T, Zagórski W. (1994) Analysis of the population structure of three phenotypically different PSTVd isolates. Arch Virol. 138; 233-245.

Góra A, Candresse T, Zagórski W. (1996) Use of intramolecular chimeras to map molecular determinants of symptom severity of potato spindle tuber viroid (PSTVd). Arch Virol. 141; 2045-2055.

Góra-Sochacka A, Kierzek A, Candresse T, Zagórski W. (1997) The genetic stability of potato spindle tuber viroid (PSTVd) molecular variants. RNA 3; 68-74.

Goss RW. (1926) Transmission of potato spindle tuber by cutting knives and seed piece contact. Phytopathology 16; 299-303.

Goss RW. (1930) The symptoms of spindle tuber and unmottled curly dwarf of the potato. Nebr Agr Expt Sta Res Bull. 4; 39.

Gozmanova M, Denti MC, Minkov IN, Tsagris M, Tabler M. (2003) Characterization of the RNA motif responsible for the specific interaction of potato spindle tuber viroid RNA (PSTVd) and the tomato protein Virp1. Nucl Acids Res. 31; 5534-5543.

Gregory A, Scott SW, Brannen PM. Royal DC. (2018) Graft-transmissible agents in oriental persimmons (Diospyros kaki L) in the southeastern USA. Australasian Plant Disease Notes, 13(1); 22.

Greño V, Cambra M, Navarro L, Durán-Vila N. (1990) Effect of antiviral chemicals on the development and virus content of citrus buds cultured in vitro. Scientia Horticulturae 45; 75-87.

Grill LK, Semancik JS. (1978) RNA sequences complementary to citrus exocortis viroid in nucleic acid preparations from infected Gynura aurantiaca. Proc Natl Acad Sci USA. 75; 896-900.

Gross HJ, Domdey H, Lossow C, Jank P, Raba M, Alberty H, Sänger HL. (1978) Nucleotide sequence and secondary structure of potato spindle tuber viroid. Nature 273; 203-208.

Gross HJ, Liebl U, Alberty H, Krupp G, Domdey H, Ramm K, Sänger HL. (1981) A severe and a mild potato spindle tuber viroid isolate differ in three nucleotide exchanges only. Biosci Rep. 1; 235-241.

Gruner R, Fels A, Qu F, Zimmat R, Steger G, Riesner D. (1995) Interdependence of pathogenicity and replicability with potato spindle tuber viroid. Virology 209; 60-69.

Guo L, Liu S, Wu Z, Mu L, Xiang B, Li S. (2008) Hop stunt viroid (HSVd) newly reported from hop in Xinjiang, China. New Disease Reports, Plant pathology 57; 764.

H

Hacker A, Capel B, Goodfellow P, Lovell-Badge R. (1995) Expression of Sry, the mouse sex determining gene. Development 121; 1603-1614.

Hadas R, Bar-Joseph M. (1991) Variation in tree size and rootstock scaling of grapefruit trees inoculated with a complex of citrus viroids. In: Proceedings IOCV Conference (1957-2010), Riverside, CA, USA. Volume 11; pp. 240-243.

Hadidi A, Yang XC. (1990) Detection of pome fruit viroids by enzymatic cDNA amplification. J Virol Methods 30; 261-269.

Hadidi A, Huang C, Hammond RW, Hashimoto J. (1990) Homology of the agent associated with dapple apple disease to apple scar skin viroid and molecular detection of these viroids. Phytopathology 80; 263-268.

Hadidi A, Flores R. (2017) Genome editing by CRISPR-based technology: potential applications for viroids. In : Hadidi A, Flores R, Randles JW, Palukaitis P. (Eds.), Viroids and Satellites. Academic Press, London UK, pp. 531-540.

Hadidi A. (2019) Next-generation sequencing and CRISPR/Cas13 editing in viroid research and molecular diagnostics. Viruses 1(2) ; 120.

Hadidi A, Sun L, Randles JW. (2022) Modes of viroid transmission. Cells 11 ; 719.

Hadjieva N, Apostolova E, Baev V, Yahubyan G, Gozmanova M. (2021) Transcriptome analysis reveals dynamic cultivar-dependent patterns of gene expression in potato spindle tuber viroid-infected pepper. Plants 10 ; 2687.

Hajeri S, Ramadugu C, Manjunath K, Ng J, Lee R, Vidalakis G. (2011) In vivo generated Citrus exocortis viroid progeny variants display a range of phenotypes with altered levels of replication, systemic accumulation and pathogenicity. Virology 417 ; 400-409.

Hajizadeh M, Navarro B, Sokhandan Bashir N, Torchetti EM, Di Serio F. (2012) Development and validation of a multiplex RT-PCR method for the simultaneous detection of five grapevine viroids. J Virol Methods 179 ; 62-69.

Hamdi I, Elleuch A, Bessaies N, Fakhfakh H. (2011) Insights on genetic diversity and phylogenetic analysis of Hop stunt viroid (HSVd) population from symptomatic citrus tree in Tunisia. Afr J Microbiol Res. 5 ; 3422-3431.

Hamilton AJ, Baulcombe DC. (1999) A species of small antisense RNA in posttranscriptional gene silencing in plants. Science 286 ; 950-952.

Hamilton A, Voinnet O, Chapppell L, Baulcombe D. (2002) Two classes of short interfering RNA in RNA silencing. EMBO J. 21 ; 4671-4679.

Hammann C, Luptak A, Perreault J, de la Peña M. (2012) The ubiquitous hammerhead ribozyme. RNA 18 ; 871-885.

Hammond RW, Smith DR, Diener TO. (1989) Nucleotide sequence and proposed secondary structure of Columnea latent viroid : a natural mosaic of viroid sequences. Nucl Acids Res. 17 ; 10083-10094.

Hammond RW. (1992) Analysis of the virulence modulating region of potato spindle tuber viroid (PSTVd) by site-directed mutagenesis. Virology 187 ; 654-662.

Hammond RW, Zhang SL. (2016) Development of a rapid diagnostic assay for the detection of tomato chlorotic dwarf viroid based on isothermal reverse-transcription-recombinase polymerase amplification. J Virol Methods 236 ; 62-67.

Hammond SM, Bernstein E, Beach D, Hannon GJ. (2000) An RNA-directed nuclease mediates post-transcriptional gene silencing in Drosophila cells. Nature 404 ; 293-296.

Hammond SM, Caudy AA, Hannon GJ. (2001) Post-transcriptional gene silencing by double-stranded RNA. Nature Reviews Genetics 2 ; 110-119.

Han J, Yao X-L, Qu F, Kaufman RM, Lewis Ivey ML. (2019) First report of hop stunt viroid infecting hop in Ohio, Plant Disease, Disease Notes, https://doi.org/10.1094/PDIS-02-19-0402-PDN

Hannon GJ. (2002) RNA interference. Nature 418 ; 244-251.

Hansen TB, Jensen TI, Bramsen JB, Damgaard CK, Kjems J, Clausen BH, Finsen B. (2013) Natural RNA circles function as efficient microRNA sponges. Nature 495 ; 384-388.

Harada T. (2010) Grafting and RNA transport via phloem tissue in horticultural plants. Scientia Horticulturae 125 ; 545-550.

Harders J, Lukacs N, Robert-Nicoud M, Jovin JM, Riesner D. (1989) Imaging of viroids in nuclei from tomato leaf tissue by in situ hybridization and confocal laser scanning microscopy. EMBO J. 8 ; 3941-3949.

Haseloff J, Mohamed NA, Symons RH. (1982) Viroid RNAs of cadang-cadang disease of coconuts. Nature 299 ; 316-321.

Hashimoto J, Machida Y. (1985) The sequence in the potato spindle tuber viroid required for its cDNA to be infective : A putative processing site in viroid replication. J Gen Appl Microbiol. 31 ; 551-561.

Hashimoto J, Koganezawa H. (1987) Nucleotide sequence and secondary strcture of apple scar skin viroid. Nucl Acids Res. 15 ; 7045-7052.

Hataya T, Hikage K, Suda N, Nagata T, Li S, Itoga Y, Tanikoshi T, Shikata E. (1992) Detection of hop latent viroid (HLVd) using reverse transcription and polymerase chain reaction (RT-PCR). Ann Phytopath Soc Jpn. 58 ; 677-684.

Hataya T, Nakahara K, Ohara T, Ieki H, Kano T. (1998) Citrus viroid Ia is a derivative of citrus bent leaf viroid (CVd-Ib) by partial sequence duplications in the right terminal region. Arch Virol. 143 ; 971-980.

Hataya T. (1999) Recent research in viroid diseases and diagnosis. Recent Res Virol. 1 ; 789-815.

Hataya T. (2009) Duplex reverse transcription-polymerase chain reaction system to detect Potato spindle tuber viroid using an internal control mRNA and a non-infectious positive control RNA. J Gen Pl Pathol. 75 ; 167-172.

Hataya T, Tsushima T, Sano T. (2017) Hop stunt viroid. In : Hadidi A, Flores R, Randles JW, Palukaitis P. (Eds.), Viroids and Satellites, Academic Press, Oxford, UK. pp. 199-210.

He Y, Isono S, Kawaguchi-Ito Y, Taneda A, Kondo K, Iijima A, Tanaka K, Sano T. (2010) Characterization of a new apple dimple fruit viroid variant that causes yellow dimple fruit formation in "Fuji" apple trees. J Gen Pl Pathol. 76 ; 324-330.

Hegedűs K, Palkovics L, Kristóf Tóth E, Dallmann G, Balázs E. (2001) The DNA form of a retroviroid-like element characterized in cultivated carnation species. J Gen Virol. 82 ; 687-691.

Henco K, Sänger HL, Riesner R. (1979) Fine structure melting of viroids as studied by kinetic methods. Nucl Acids Res. 6 ; 3041-3059.

Hepojoki J, Hetzel U, Paraslevopoulou S, Drosten C, Harrach B, Zerbini FM, Koonin EV, Folja VV, Kuhn JH. (2020) Create one new realm (Ribozyviral) including one new family (Kolmioviridae) including genus deltavirus and seven new genera for a total of 15 species (International Committee on Taxonomy of Viruses).

Herold T, Haas B, Singh RP, Boucher A, Sänger HL. (1992) Sequence analysis of five new field isolates demonstrates that the chain length of potato spindle tuber viroid (PSTVd) is not strictly conserved but as variable as in other viroids. Pl Mol Biol. 19 ; 329-333.

Hetzel U, Szirovicza L, Smura T, Prähauser B, Vapalahti O, Kipar A, Hepojoki J. (2019) Identification of a novel deltavirus in boa constrictors. MBio. 10 ; 1-8.

Hollings M. (1960) American stunt in English chrysanthemum stocks. Report of the Glasshouse Crops Research Institute for 1959. pp. 104-105.

Hollings M, Stone OM. (1970) Attempts to eliminate chrysanthemum stunt from chrysanthemum by meristem-tip culture after heat-treatment. Ann appl Biol 65 ; 311-315.

Hollings M, Stone OM. (1973) Some properties of chrysanthemum stunt, a virus with characteristics of an uncoated ribonucleic acid. Ann appl Biol. 73 ; 333-348.

Horst RK, Cohen D. (1980) Amantadine supplement tissue culture medium : a method for obtaining chrysanthemum free of chrysanthemum stunt viroid. Acta Hort. 110 ; 311-315.

Horst RK, Kawamoto SO. (1980) Use of polyacrylamide gel electrophoresis for detection chrysanthemum stunt viroid in infected tissues. Plant Disease 64 ; 186-188.

Hosokawa M, Matsushita Y, Ohishi K, Yazawa S. (2005) Elimination of chrysanthemum chlorotic mottle viroid (CChMVd) recently detected in Japan by leaf-primordia free shoot apical meristem culture from infected cultivars. J Japan Soc Hort Sci. 74 ; 386-391.

Hosokawa M. (2008) Leaf primordia-free shoot apical meristem culture : a new method for production of viroid-free plants. J Japan Soc Hort Sci. 77 ; 341-349.

Hou WY, Li SF, Wu ZJ, Jiang DM, Sano T. (2009 a) Coleus blumei viroid 6 : a new tentative member of the genus Coleviroid derived from natural genome shuffling. Arch Virol. 154 ; 993-997.

Hou WY, Sano T, Li F, Wu ZJ, Li L, Li SF. (2009b) Identification and characterization of a new coleviroid (CbVd-5). Arch Virol. 154; 315-320.

Howell WE, Burgess J, Mink GI, Skrzeczkowski LJ, Zang YP. (1998) Elimination of apple fruit and bark deforming agents by heat therapy. Acta Hort. 472; 641-646.

Hsu MT, Coca-Prados M. (1979) Electron microscopic evidence for the circular form of RNA in the cytoplasm of eukaryotic cells. Nature 280; 339-340.

Hsu YH, Chen W, Owens RA. (1994) Nucleotide sequence of a hop stunt viroid variant isolated from citrus growing in Taiwan. Virus Genes 9; 193-195.

Hu G, Dong Y, Zhang Z, Fan X, Ren F. (2022) Efficiency of ribavirin to eliminate apple scar skin viroid from apple plants. Research Square, https://doi.org/10.21203/rs.3.rs-1511191/v1.

Hutchins CJ, Rathjen PD, Forster AC, Symons RH. (1986) Self-cleavage of plus and minus RNA transcripts of avocado sunblotch viroid. Nucleic Acids Res. 14; 127-129.

Hutton RJ, Broabent P, Begington KB. (2000) Viroid dwarfing for high density citrus plantings. Horticultural Reviews. 24; 277-317.

I

Iacoangeli A, Tiedge H. (2013) Translational control at the synapse: role of RNA regulators. Trends Biochem Sci. 38; 47-55.

International Potato Center (1982) CIP Annual Report 1981. Lima, Perú: International Potato Center. pp.142.

Ishida I, Tukahara M, Yoshioka M, Ogawa T, Kakitani M, Toguri T. (2002) Production of anti-virus, viroid plants by genetic manipulations. Pest Manag Sci. 58; 1132-1136.

Ishikawa M, Meshi T, Ohno T, Okada Y, Sano T, Ueda I, Shikata E. (1984) A revised replication cycle for viroids - The role of longer than unit length RNA in viroid replication, Mol Gen Genet. 196; 421-428.

Itaya A, Folimonov A, Matsuda Y, Nelson RS, Ding B. (2001) Potato spindle tuber viroid as inducer of RNA silencing in infected tomato. Mol Plant-Microbe Interact. 14; 1332-1334.

Itaya A, Matsuda Y, Gonzales RA, Nelson RA, Ding B. (2002) Potato spindle tuber viroid strains of different pathogenicity induces and suppresses expression of common and unique genes in infected tomato. MPMI 15; 990-999.

Itaya A, Zhong X, Bundschuh R, Qi Y, Wang Y, Takeda R, Harris AR, Molina C, Nelson RS, Ding B. (2007) A structured viroid RNA serves as a substrate for dicer-like cleavage to produce biologically active small RNAs but is resistant to RNA-induced silencing complex-mediated degradation. J Virol. 81; 2980-2994.

Ito T, Ieki H, Ozaki K, Ito T. (2001) Characterization of a new citrus viroid species tentatively termed citrus viroid OS. Arch Virol. 146; 975-982.

Ito T, Ieki H, Ozaki K, Iwanami T, Nakahara K, Hataya T, Ito T, Isaka M, Kano T. (2002a) Multiple citrus viroids in citrus from Japan and their ability to produce exocortis-like symptoms in citron. Phytopathology 92; 542-547.

Ito T, Ieki H, Ozaki K. (2002b) Simultaneous detection of six citrus viroids and Apple stem grooving virus from citrus plants by multiplex reverse transcription polymerase chain reaction. J Virol Methods 106; 235-239.

Ito T, Furuta T, Ito T, Isaka M, Ide Y, Kaneyoshi J. (2006) Identification of cachexia-inducible Hop stunt viroid variants in citrus orchards in Japan using biological indexing and improved reverse transcription polymerase chain reaction. J Gen Pl Pathol. 72; 378-382.

Ito T, Kanematsu S, Koganezawa H, Tsuchizaki T, Yoshida K. (1993) Detection of a viroid associated with apple fruit crinkle disease. Ann Phytopathol Soc Jpn. 59; 520-527.

Ito T, Yoshida K. (1998) Reproduction of apple fruit crinkle disease symptoms by apple fruit crinkle viroid. Acta Hortic. 472;587-594.

Ito T, Suzaki K, Nakano M, Sato A. (2013) Characterization of a new apscaviroid from American persimmon. Arch Virol. 158;2629-2631.

Iwanami T, Ieki H. (1994) Elimination of citrus tatter leaf virus from shoots of potted citrus plants by ribavirin. Ann Phytopath Soc Jpn. 60;595-599.

J

Jakše J, Radišek S, Pokorn T, Matoušek J, Javornik B. (2015) Deep-sequencing revealed Citrus bark cracking viroid (CBCVd) as a highly aggressive pathogen on hop. Plant Pathol. 64;831-842.

Jeck WR, Sorrentino JA, Wang K, Slevin MK, Burd CE, Liu J, Marzluff WF, Sharpless NE. (2013) Circular RNAs are abundant, conserved, and associated with ALU repeats. RNA 19;141-157.

Jeck WR, Sharpless NE. (2014) Detecting and characterizing circular RNAs. Nat Biotechnol. 32;453-461.

Jenkins GM, Woelk CH, Rambaut A, Holmes EC. (2000) Testing the extent of sequence similarity among viroids, satellite RNAs, and hepatitis delta virus. J Mol Evol 50;98-102.

Jeon SM, Naing AH, Kim HH, Chung MY, Lim KB, Kim CK. (2016) Elimination of Chrysanthemum stunt viroid and Chrysanthemum chlorotic mottle viroid from infected chrysanthemum by cryopreservation. Protoplasma 253;1135-1144.

Jiang D, Peng S, Wu Z, Cheng Z, Li S. (2009) Genetic diversity and phylogenetic analysis of Australian grapevine viroid (AGVd) isolated from different grapevines in China. Virus Genes 38;178-183.

Jiang D, Sano T, Tsuji M, Araki H, Sagawa K, Adkar Purushothama CR, Zhang Z, Guo R, Xie L, Wu Z, Wang H, Li S. (2012) Comprehensive diversity analysis of viroids infecting grapevine in China and Japan. Virus Res. 169;237-245.

Jiang D, Gao R, Qin L, Wu Z, Xie L, Hou W, Li S. (2014) Infectious cDNA clones of four viroids in Coleus blumei and molecular characterization of their progeny. Virus Res. 180;97-101.

Jiang D, Wang M, Li S. (2017) Functional analysis of a viroid RNA motif mediating cell-to-cell movement in Nicotiana benthamiana. J Gen Virol. 98;121-125.

Jiang J, Zhang Z, Hu B, Hu G, Wang H, Faure C, Marais A, Candresse T, Li S. (2017) Identification of a viroid-like RNA in a Lychee transcriptome shotgun assembly. Virus Res. 240;1-7.

Jiang J, Smith HN, Ren D, Dissanayaka Mudiyanselage SD, Dawe AL, Wang L, Wang Y. (2018) Potato spindle tuber viroid modulates its replication through a direct interaction with a splicing regulator. J Virol. 92;e01004-18.

Jiang D, Wang M, Li S, Zhang Z. (2019) High-throughput sequencing analysis of small RNAs derived from coleus blumei viroids. Viruses 11;619.

Jimenez RM, Delwart E, Luptak A. (2011) Structure-based search reveals hammerhead ribozymes in the human microbiome. J Biol Chem. 286;7737-7743.

Jo KM, Jo Y, Choi H, Chu H, Lian S, Yoon JY, Choi SK, Kim KH. (2015) Development of genetically modified chrysanthemums resistant to chrysanthemum stunt viroid using sense and antisense RNAs. Sci Hortic. 195;17-24.

Joubert M, van den Berg N, Theron J, Swart V. (2022) Transcriptomics advancement in the complex response of plants to viroid infection. Int J Mol Sci. 23(14);7677.

Juarez J, Molins MI, Navarro L, Duran-Vila N. (1990) Separation of citrus viroids by shoot-tip grafting in vitro. Plant Pathology 39;472-476.

Juhász A, Hegyi H, Solymosy F. (1988) A novel aspect of the information content of viroids. Biochim Biophys Acta 950;455-458.

Julius Kühn-Institut. (2019) First finding of Citrus bark cracking viroid (CBCVd) in Germany (Bavaria).

Braunschweig, Germany. Retrieved from https://pflanzengesundheit.julius-kuehn.de/dokumente/upload/CBCVd_pr2019-08by.pdf.

K

Kalantidis K, Denti MA, Tzortzakaki S, Marinou E, Tabler M, Tsagris M. (2007) Virp1 is a host protein with a major role in Potato spindle tuber viroid infection in Nicotiana plants. J Virol. 81 ; 12872-12880.

Kapari-Isaia T, Voloudakis AE, Kyriakou A, Ioannides I, Papayiannis L, Samouel S, Koutsioumari EM, Georgiou A, Minas G. (2011) Sanitation of citrus varieties and/or clones by in vitro micrografting in Cyprus and Greece. Acta Hortic. 892 ; 279-285.

Kaponi M, Kashiwagi A, Sano T. (2022) Evaluating aptamers in methods of PSTVd immunodetection. VIROID 2022 : Viroids, viroid-like RNAs, and RNA viruses. 14-16 September 2022, Heraklion, Greece. (abstract)

Kappagantu M, Villamor DEV, Bullock JM, Eastwell KC. (2017a) A rapid isothermal assay for the detection of Hop stunt viroid in hop plants (Humulus lupulus), and its application in disease surveys. J Virol Methods 245 ; 81-85.

Kappagantu M, Nelson ME, Bullock JM, Kenneth C. Eastwell KC. (2017b) Hop stunt viroid : effects on vegetative growth and yield of hop cultivars, and its distribution in central Washington state. Plant Dis. 101 ; 607-612.

Kasai A, Sano T, Harada T. (2013) Scion on a stock producing siRNAs of potato spindle tuber viroid (PSTVd) attenuates accumulation of the viroid. PLoS One 8 (2) ; e57736.

Kasai H, Ito T, Sano T. (2017) Symptoms and molecular characterization of apple dimple fruit viroid isolates from apples in Japan. J Gen Plant Pathol. 83 ; 268-272.

Kastalyeva TB, Mozhaeva KA, Thompson SM, Clark JR, Owens RA. (2007) Recovery of four novel Potato spindle tuber viroid sequence variants from Russian seed potatoes. Plant Disease 91 ; 469.

Kastalyeva TB, Girsova NV, Mozhaeva KA, Lee IM, Owens RA. (2013) Molecular properties of potato spindle tuber viroid (PSTVd) isolates of the Russian Research Institute of Phytopathology. Mol Biol. 47 ; 85-96.

Katsarou K, Mavrothalassiti E, Dermauw W, Leeuwen TV, Kalantidis K. (2016a) Combined activity of DCL2 and DCL3 is crucial in the defense against potato spindle tuber viroid. PLoS Pathogens 12 ; e1005936.

Katsarou K, Wu Y, Zhang R, Bonar N, Morris J, Hedley PE, Bryan GJ, Kalantidis K, Hornyik C. (2016b) Insight on genes affecting tuber development in potato upon potato spindle tuber viroid (PSTVd) infection. PLoS ONE 11 ; 0150711.

Katsarou K, Adkar-Purushothama CR, Tassios E, Samiotaki M, Andronis C, Lisón P, Nikolaou C, Perreault JP, Kalantidis K. (2022) Revisiting the non-coding nature of pospiviroids. Cells 11 ; 265.

Kawaguchi-Ito Y, Li S, Tagawa M, Araki H, Goshonó M, Yamamoto S, Tanaka M, Narita M, Tanaka K, Liu S-X, Shikata E, Sano T. (2009) Cultivated grapevines represent a symptomless reservoir for the transmission of Hop stunt viroid to hop crops : 15 years of evolutionary analysis. PLoS ONE 4 (12) ; e8386.

Keese P, Symons RH. (1985) Domains in viroids : evidence of intermolecular RNA rearrangements and their contribution to viroid evolution. Proc Natl Acad Sci USA. 82 ; 4582-4586.

Keese P, Osorio-Keese ME, Symons RH. (1988) Coconut Tinagaja viroid : sequence homology with coconut cadang-cadang viroid and other potato spindle tuber viroid related RNAs. Virology 162 ; 508-510.

Keller JR. (1953) Investigations on chrysanthemum stunt virus and chrysanthemum virus Q. Cornell Univ Agr Exp Sta Momoir. 324 ; 40.

Kiefer MC, Owens RA, Diener TO. (1983) Structural similarities between viroids and transposable genetic elements. Proc Natl Acad Sci USA. 80 ; 6234 -6238 .

Kishi K, Takanashi K, Abiko K. (1973) New virus diseases of peach, yellow mosaic, oil blotch and star mosaic. Bull Hort Res Jpn. Ser. 12 ; 197 -208 .

Kitabayashi S, Tsushima D, Adkar-Purushothama CR, Sano T. (2020) Identification and molecular mechanisms of key nucleotides causing attenuation in pathogenicity of dahlia isolate of potato spindle tuber viroid. Int J Mol Sci. 21 ; 7352 .

Kofalvi SA, Marcos JF, Cañizares MC, Pallás V, Candresse T. (1997) Hop stunt viroid (HSVd) sequence variants from Prunus species : evidence for recombination between HSVd isolates. J Gen Virol. 78 ; 3177-3186 .

Koganezawa H, Yanase H, Sakuma T. (1982) Viroid-like RNA associated with apple scar skin (or dapple apple) disease. Acta Horticulturae 130 ; 193 -197 .

Koganezawa H, Ohnuma Y, Sakuma H, Yanase H. (1989) 'Apple fruit crinkle', a new graft-transmissible fruit disorder of apple. Bull Fruit Tree Res Stn. MAFF Ser.C. (Morioka) 16 ; 57 -62 .

Kojima M, Murai M, Shikata E. (1983) Cytopathic changes in viroid-infected leaf tissues. J Fac Agric Hokkaido Univ. 61 ; 219 -223 .

Kolonko N, Bannach O, Aschermann K, Hu KH, Moors M, Schmitz M, Steger G, Riesner D. (2006) Transcription of potato spindle tuber viroid by RNA polymerase II starts in the left terminal loop. Virology 347 ; 392 -404 .

Koonin EV, Dolja VV, Krupovic M, Kuhn JH. (2021) Viruses defined by the position of the virosphere within the replicator space. Microbiol Mol Biol Rev. 85 (4) ; e00193 -20 .

Kovalskaya N, Hammond RW. (2014) Molecular biology of viroid-host interactions and disease control strategies. Plant Sci. 228 ; 48 -60 .

Kovalskaya N, Hammond RW. (2022) Rapid diagnostic detection of tomato apical stunt viroid based on isothermal reverse transcription-recombinase polymerase amplification. J Virol Methods 300 ; 114353 .

Kristoffersen EL, Burman M, Noy A, Holliger P. (2022) Rolling circle RNA synthesis catalyzed by RNA. eLife 11 ; e75186 .

Kubo S, Kagami Y, Nonaka K. (1975) Culture of stem tips of the hop (Humulus lupulus L.) and elimination of virus symptoms. Rept Res Lab Kirin Brewery Co Ltd., 18 ; 55 -62 .

Kuhn JH, Koonin EV. (2023) Viriforms–a mew category of classifiable virus-derived genetic elements. Biomolecules 13 ; 289 .

Kungwon P, Netwong C, Porsoongnoen S, Reanwarakorn K. (2022) Chrysanthemum stunt viroid as a protective viroid isolate against Columnea latent viroid and Pepper chat fruit viroid in tomato. Int J Agricl Technology 18 ; 1601 -1618 .

L

Lakshman DK, Hiruki C, Wu XN, Leung WC. (1986) Use of [32 P]RNA probes for the dot-hybridization detection of potato spindle tuber viroid. J Virol Methods 14 ; 309 -319 .

Lakshman DK, Tavantzis SM. (1993) Primary and secondary structure of a 360 -nucleotide isolate of potato spindle tuber viroid. Arch Virol. 128 ; 319 -331 .

Landry P, Perreault JP. (2005) Identification of a Peach latent mosaic viroid hairpin able to act as a Dicer-like substrate. J Virol. 79 ; 6540 -6543 .

Lasda F, Parker K. (2014) Circular RNAs : diversity of form and functions. RNA 20 ; 1829 -1842 .

Lauring AS, Andino R. (2010) Quasispecies theory and the behavior of RNA viruses. PLoS Pathogens 6 ; e1001005 .

Lavagi-Craddock I, Campos R, Pagliaccia D, Kapaun T, Lovatt C, Vidalakis G. (2020) Citrus dwarfing viroid reduces canopy volume by affecting shoot apical growth of navel orange trees grown on trifoliate orange rootstock. J Citrus Pathol. 7；1-6.

Lavagi-Craddock I, Dang T, Comstock S, Osman F, Bodaghi S, Vidalakis G. (2022) Dwarfing phenotype of sweet orange on trifoliate orange rootstock. Microorganisms 10(6)；1144.

Lawson RH. (1968) Cineraria varieties are starch lesion test plants for chrysanthemum stunt virus. Phytopathology 58；690-695.

Lebas BSM, Clover GRG, Ochoa-Corona FM, Elliott DR, Tang Z, Alexander BJR. (2005) Distribution of potato spindle tuber viroid in New Zealand glasshouse crops of capsicum and tomato. Australasian Pl Pathol. 34；129-133.

Lee BD, Koonin EV. (2022) Viroids and viroid-like circular RNAs：Do they descend from primordial replicators? Life 12；103.

Lee BD, Neri U, Roux S, Wolf Y, Camargo AP, Krupovic M, RNA Virus Discovery Consortium, Simmonds P, Kyrpides N, Gophna U, Dolja VV, Koonin EV. (2023) Mining metatranscriptomes reveals a vast world of viroid-like circular RNAs. Cell 186；1-16.

Lee HJ, Cho IS, Ju HJ, Jeong RD. (2021) Development of a reverse transcription droplet digital PCR assay for sensitive detection of peach latent mosaic viroid. Mol Cell Probe 58；101746.

Lee HJ, Han YS, Cho IS, Jeong RD. (2022) Development and application of reverse transcription droplet digital PCR assay for sensitive detection of apple scar skin viroid during in vitro propagation of apple plantlets. Mol Cell Probes 61；101789.

Leichtfried T, Dobrovolny S, Reisenzein H, Steinkellner S, Gottsberger RA. (2019) Apple chlorotic fruit spot viroid：A putative new pathogenic viroid on apple characterized by next-generation sequencing. Arch Virol. 164；3137-3140.

Lenarčič R, Morisset D, Mehle N, Ravnikar M. (2013) Fast real-time detection of potato spindle tuber viroid by RT-LAMP. Plant Pathol. 62；1147-1156.

Lescoute A, Leontis NB, Massire C, Westhof E. (2005) Recurrent structural RNA motifs, Isostericity Matrices and sequence alignments. Nucl Acids Res. 33；2395-2409.

Li R, Baysal-Gurel F, Abdo Z, Miller SA, Ling KS. (2015) Evaluation of disinfectants to prevent mechanical transmission of viruses and a viroid in greenhouse tomato production. Virology J. 12；5.

Li R, Padmanabhana C, Ling KS. (2017) A single base pair in the right terminal domain of tomato planta macho viroid is a virulence determinant factor on tomato. Virology 500；238-246.

Li S, Onodera S, Sano T, Yoshida K, Wang G, Shikata E. (1995) Gene diagnosis of viroids：comparisons of return-PAGE and hybridization using DIG-labeled DNA and RNA probes for practical diagnosis of hop stunt, citrus exocortis and apple scar skin viroids in their natural host plants. Ann Phytopathol Soc Jpn. 61：381-390.

Lima MI, Fonseca MEN, Flores R, Kitajima EW. (1994) Detection of avocado sunblotch viroid in chloroplasts of avocado leaves by in situ hybridization. Arch Virol. 138；385-390.

Lin CY, Wu ML, Shen TL, Yeh HH, Hung TH. (2015) Multiplex detection, distribution, and genetic diversity of Hop stunt viroid and Citrus exocortis viroid infecting citrus in Taiwan. Virol J. 12；11.

Ling K-S. (2017) Decontamination measures to prevent mechanical transmission of viroids. In：Hadidi A, Flores R, Randles JW, Palukaitis P. (Eds.), Viroids and Satellites, Academic Press, Oxford, UK. pp. 437-445.

Liu Q, Feng Y, Zhu Z. (2009) Dicer-like (DCL) proteins in plants. Funct Integr Genom. 9；277-286.

Liu X, Luo M, Wu K. (2012a) Epigenetic interplay of histone modifications and DNA methylation mediated by HDA6. Plant Signaling Behavior 7；633-635.

Liu X, Yu C, Duan J, Luo M, Wang K, Tian G, Cui Y, Wu K. (2012b) HDA6 directly interacts with DNA methyltransferase MET1 and maintains transposable element silencing in Arabidopsis. Plant Physiology 158；119-129.

Liu YH, Symons R. (1998) Specific RNA self-cleavage in coconut cadang cadang viroid：potential for a role in rolling circle replication. RNA 4 ; 418 -429.

Lizárraga RE, Salazar LF, Roca WM, Schilde-Rentschler L. (1980) Elimination of potato spindle tuber viroid by low temperature and meristem culture. Phytopathology 70 ; 754 -755.

Lobato IM, O'Sullivan CK. (2018) Recombinase polymerase amplification : Basics, applications and recent advances. Trends in Analytical Chemistry 98 ; 19 -35.

Long JK, Fraser LR, Cox JE. (1972) Possible value of close planted, virus dwarfed orange trees. In : Price WC (Ed.) Proceedings 5 th IOCV Conference, University of Florida Press, Gainesville, FL, USA. pp. 262 -267.

López-Carrasco A, Ballesteros C, Sentandreu V, Delgado S, Gago-Zachert S, Flores R, Sanjuan R. (2017) Different rates of spontaneous mutation of chloroplastic and nuclear viroids as determined by high-fidelity ultra-deep sequencing. PLoS Pathogens 13 ; e1006547.

Lv DQ, Liu SW, Zhao JH, Zhou BJ, Wang SP, Guo HS, Fang YY. (2016) Replication of a pathogenic non-coding RNA increases DNA methylation in plants associated with a bromodomain-containing viroid-binding protein. Sci Rep. 6 ; 35751.

M

Ma J, Dissanayaka Mudiyanselage SD, Park WJ, Wang M, Takeda R, Liu B, Wang Y. (2022) A nuclear import pathway exploited by pathogenic noncoding RNAs. Plant Cell 34 ; 3543 -3556.

Machida S, Yamahata N, Watanuki H, Owens RA, Sano T. (2007) Successive accumulation of two size classes of viroid-specific small RNA in potato spindle tuber viroid-infected tomato plants. J Gen Virol. 88 ; 3452 -3457.

Machida S, Shibuya M, Sano T. (2008) Enrichment of viroid small RNAs by hybridization selection using biotinylated RNA transcripts to analyze viroid induced RNA silencing. J Gen Pl Pathol 74 ; 203 -207.

Mackie AE, Coutts BA, Barbetti MJ, Rodoni BC, McKirdy SJ, Jones RAC. (2015) Potato spindle tuber viroid ; stability on common surfaces and inactivation with disinfectants. Plant Disease 99 ; 770 -775.

MacLachlan DS. (1960) Potato spindle tuber in eastern Canada. American Potato J. 37 ; 13 -17.

Mahaffee WF, Pethybridge SJ, Gent DH. (Eds.) Compendium of hop diseases and pests. (2009) APS Press, pp.1 -93.

Mahfouze SA, El-Dougdoug KA, Allam EK. (2010) Production of potato spindle tuber viroid-free potato plant materials in vitro. J American Science http://www.sciencepub.net/newyork.

Malfitano M, Di Serio F, Covelli L, Ragozzino A, Hernandez C, Flores R. (2003) Peach latent mosaic viroid variants inducing peach calico (extreme chlorosis) contain a characteristic insertion that is responsible for this symptomatology. Virology 313 ; 492 -501.

Maniataki E, Tabler M, Tsagris M. (2003) Viroid RNA systemic spread may depend on the interaction of a 71 -nucleotide bulged hairpin with the host protein VirP1. RNA 9 ; 346 -354.

Maramorosch K, McKelvey JJ.Jr. (1985) Subviral pathogens of plants and animals: Viroids and Prions. Academic Press, London UK. p. 550.

Markarian N, Li HE, Ding SW, Semancik JS. (2004) RNA silencing as related to viroid-induced symptom expression. Arch Virol. 149 ; 397 -406.

Márquez-Molins J, Gómez G, Pallás V. (2021) Hop stunt viroid : A polyphagous pathogenic RNA that has shed light on viroid-host interactions. Mol Plant Pathol. 22 ; 153 -162.

Márquez-Molins J, Villalba-Bermell P, Corell-Sierra J, Pallas V, Gomez G. (2023) Integrative time-scale and multi-omics analysis of host responses to viroid infection. Plant Cell Environ 46 ; 2909 –2927.

Martín R, Arenas C, Daròs JA, Covarrubias A, Reyes JL, Chua NH. (2007) Characterization of small RNAs derived from citrus exocortis viroid (CEVd) in infected tomato plants. Virology 367 ; 135 -146.

Martin WH. (1922) "Spindle tuber," a new potato trouble. Hints to Potato Grow. New Jersey State Potato

Assoc. 655.

Martínez de Alba AE, Flores R, Hernández C. (2002) Two chloroplastic viroids induce the accumulation of small RNAs associated with posttranscriptional gene silencing. J Virol. 76 ; 13094 -13096.

Martinez G, Donaire L, Llave C, Pallás V, Gómez G. (2010) High-throughput sequencing of Hop stunt viroid derived small RNAs from cucumber leaves and phloem. Mol Plant Pathol. 11 ; 347-359.

Martinez G, Castellano M, Tortosa M, Pallás V, Gómez G. (2014) A pathogenic non-coding RNA induces changes in dynamic DNA methylation of ribosomal RNA genes in host plants. Nucl Acids Res 42 ; 1553 - 1562.

Martínez-Soriano JP, Galindo-Alonso J, Maroon CJ, Yucel I, Smith DR, Diener TO. (1996) Mexican papita viroid : putative ancestor of crop viroids. Proc Natl Acad Sci USA. 93 ; 9397-9401.

Mas O, Pérez R. (2014) Shoot-tip grafting in vitro to obtain citrus planting materials free of graft-transmissible pathogens and for the safe movement of citrus budwood. Food and Agriculture Organization of the United Nations, Belize.

Masuta C, Suzuki M, Kuwata S, Takanami Y, Koiwai A. (1993) Yellow mosaic symptoms induced by Y satellite RNA of Cucumber mosaic virus is regulated by a single incompletely dominant gene in wild Nicotiana species. Phytopathology 83 ; 411–413.

Matoušek J, Schröder ARW, Trněná L, Reimers M, Baumstark T, Dědič P, Vlasák J, Becker I, Kreuzaler F, Fladung M, Riesner D. (1994) Inhibition of viroid infection by antisense RNA expression in transgenic plants. Biol Chem Hoppe-Seyler 375 ; 765.

Matoušek J, Patzak J, Orctová L, Schubert J, Vrba L, Steger G, Riesner D. (2001) The variability of hop latent viroid as induced upon heat treatment. Virology 287 ; 349 -358.

Matoušek J, Orctová L, Patzak J, Svoboda P. (2003) Molecular sampling of hop stunt viroid (HSVd) from grapevines in hop production areas in the Czech Republic and hop protection. Plant Soil Environ. 49 ; 168 -175.

Matoušek J, Orctová L, Steger G, Škopek J, Moors M, Dědič P, Riesner D. (2004) Analysis of thermal stress-mediated PSTVd variation and biolistic inoculation of progeny of viroid "thermomutants" to tomato and Brassica species. Virology 323 ; 9 -23.

Matoušek J, Kozlová P, Orctová L, Schmitz A, Pesina K, Bannach O, Diermann N, Steger G, Riesner D. (2007) Accumulation of viroid-specific small RNAs and increase in nucleolytic activities linked to viroid caused pathogenesis. Biol Chem. 388 ; 1-13.

Matoušek J, Riesner D, Steger G. (2012) Viroids : The smallest known infectious agents cause accumulation of viroid-specific small RNAs. In : Erdmann V, Barciszewski J. (Eds) From Nucleic Acids Sequences to Molecular Medicine. RNA Technologies. Springer, Berlin, Heidelberg. pp.629 -644.

Matoušek J, Kocábek T, Patzak J, Bříza J, Siglová K, Mishra AK, Duraisamy GS, Týcová A, Ono E, Krofta K. (2016) The "putative" role of transcription factors from HlWRKY family in the regulation of the final steps of prenylflavonid and bitter acids biosynthesis in hop (Humulus lupulus L.). Pl Mol Biol. 20 ; 1 -15.

Matoušek J, Siglová K, Jakše J, Radišek S, Brass JRJ, Tsushima T, Guček T, Duraisamy GS, Sano T, Steger G. (2017) Propagation and some physiological effects of Citrus bark cracking viroid and Apple fruit crinkle viroid in multiple infected hop (Humulus lupulus L.). J Plant Physiology 213 ; 166 -177.

Matsushita Y, Aoki K, Sumitomo K. (2012) Selection and inheritance of resistance to Chrysanthemum stunt viroid. Crop Prot. 35 ; 1 -4.

Matsushita Y, Tsuda S. (2016) Seed transmission of potato spindle tuber viroid, tomato chlorotic dwarf viroid, tomato apical stunt viroid, and Columnea latent viroid in horticultural plants. Eur J Plant Pathol. 145 ; 1007–1011.

Matsushita Y, Yanagisawa H, Sano T. (2018) Vertical and horizontal transmission of pospiviroids. Viruses 10 (12); 706.

Matsuura S, Matsushita Y, Kozuka R, Shimizu S, Tsuda S. (2009) Transmission of Tomato chlorotic dwarf viroid by bumblebees (Bombus ignitus) in tomato plants. Eur J Plant Pathol. 126 ; 111 -115 .

Matsuura S, Matsushita Y, Usugi T, Tsuda S. (2010) Disinfection of Tomato chlorotic dwarf viroid by chemical and biological agents. Crop Protection 29 ; 1157 -1161 .

McKinney HH. (1929) Mosaic diseases in the Canary Islands. West Africa and Gibraltar. J Agric Res. 39 ; 577 -578 .

Meldraïs I, Lebedeva IV, Druka AI, Ivanovskaia MG, Shabarova ZA, Gurinovich TI, Birznieks KA, Keks VG, Zeĭdaka AA. (1992) Determination of potato spindle tumor viroid and chrysanthenum stund viroid using biotinylated olideoxyribonucleotides. Mol Biol (Mosk). 26 ; 540 -545 .

Merino EJ, Wilkinson KA, Coughlan JL, Weeks KM. (2005) RNA structure analysis at single nucleotide resolution by selective 2'-hydroxyl acylation and primer extension (SHAPE). J Am Chem Soc. 127 ; 4223 -4231 .

Meshi T, Ishikawa M, Watanabe Y, Yamaya J, Okada Y, Sano T, Shikata E. (1985) The sequence necessary for the infectivity of hop stunt viroid cDNA clones. Mol Gen Genet. 200 ; 199 -206 .

Mishra AK, Duraisamy GS, Matoušek J, Radišek S, Javornik B, Jakše J. (2016) Identification and characterization of microRNAs in Humulus lupulus using highthroughput sequencing and their response to Citrus bark cracking viroid (CBCVd) infection. BMC Genomics 17 ; 919 .

Mishra AK, Kumar A, Mishra D, Nath VS, Jakše J, Kocábek T, Killi UK, Morina F, Matoušek J. (2018) Genome-wide transcriptomic analysis reveals insights into the response to citrus bark cracking viroid (CBCVd) in hop (Humulus lupulus L.). Viruses 10 ; 570 .

Mlotshwa S, Pruss GJ, Peragine A, Endres MW, Li J, Chen X, Poethig RS, Bowman LH, Vance V. (2008) DICER-LIKE2 plays a primary role in transitive silencing of transgenes in Arabidopsis. PLoS ONE 3 ; e1755 .

Moelling K, Broecker F. (2021) Viroids and the origin of life. Int J Mol Sci. 22 ; 3476 .

Molina-Serrano D, Suay L, Salvador ML, Flores R, Daròs JA. (2007) Processing of RNAs of the family Avsunviroidae in Chlamydomonas reinhardtii chloroplasts. J Virol. 81 ; 4363 -4366 .

Momma T, Takahashi T. (1982) Ultrastructure of hop stunt viroid-infected leaf tissue. Phytopath Z. 104 ; 211 -221 .

Momma T, Takahashi T. (1983) Cytopathology of shoot apical meristem of hop plants infected with hop stunt viroid. Phytopath Z. 106 ; 272 -280 .

Momma T, Takahashi T. (1984) Developmental morphology of hop stunt viroid-infected hop plants and analysis of their cone yield. Phytopath Z. 110 ; 1 -14 .

Morel G, Martin C. (1952) Guerison de Dahlias atteints d'une maladie a virus (Cure of dahlias attacked by a virus disease). C R Hebd Seances Acad Sci. Paris 235 ; 1324 -1325 .

Morgan SW, Read DA, Burger JT, Pietersen G. (2022) Diversity of viroids infecting grapevines in the South African Vitis germplasm collection. Virus Genes 59 ; 244 -253 .

Morris TJ, Wright NS. (1975) Detection on polyacrylamide gel of a diagnostic nucleic acid from tissue infected with potato spindle tuber viroid. American Potato J. 52 ; 57 -63 .

Morris TJ, Smith EM. (1977) Potato spindle tuber disease : Procedure for the detection of viroid RNA and certification of disease-free potato tubers. Phytopathology 67 ; 145 -150 .

Mosch WHM, Huttinga H, Hakkaart FA, De Bokx JA. (1978) Detection of chrysanthemum stunt and potato spindle tuber viroids by polyacrylamide gel electrophoresis. Netherlands J Plant Pathol. 84 ; 85 -93 .

Motard J, Bolduc F, Thompson D, Perreault JP. (2008) The peach latent mosaic viroid replication initiation site is located at a universal position that appears to be defined by a conserved sequence. Virology 373 ; 362 -375 .

Mühlbach HP, Sänger HL. (1979) Viroid replication is inhibited by α-amanitin. Nature 278 ; 185 -188 .

Mukai H, Uemori T, Takeda O, Kobayashi E, Yamamoto J, Nishiwaki K, Enoki T, Sagawa H, Asada K, Kato I. (2007) Highly efficient isothermal DNA amplification system using three elements of 5'-DNA-

RNA-3' chimeric primers, RNaseH and strand-displacing DNA polymerase. J Biochem. 142; 273-281.

Murashige T, Bitters WP, Rangan TS, Nauer EM, Roistacher CN, Holliday PB. (1972) A technique of shoot apex grafting and its utilization towards recovering virus-free citrus clones. HortScience 7; 118-119.

N

Nakahara K, Hataya H, Uyeda I. (1998a) Inosine 5'-triphosphate can dramatically increase the yield of NASBA products targeting GC-rich and intramolecular base-paired viroid RNA. Nucl Acids Res. 26; 1854-1855.

Nakahara K, Hataya T, Hayashi Y, Sugimoto T, Kimura I, Shikata E. (1998b) A mixture of synthetic oligonucleotide probes labeled with biotin for the sensitive detection of potato spindle tuber viroid. J Virol Methods 71; 219-227.

Nakahara K, Hataya T, Uyeda I. (1999) A simple, rapid method of nucleic acid extraction without tissue homogenization for detecting viroids by hybridization and RT-PCR. J Virol Methods 77; 47-58.

Nabeshima T, Hosokawa M, Yano S, Ohishi K, Doi M. (2012) Screening of chrysanthemum cultivars with resistance to chrysanthemum stunt viroid. J Jpn Soc Hortic Sci. 81; 285-294.

Nabeshima T, Hosokawa M, Yano S, Ohishi K, Doi M. (2014) Evaluation of chrysanthemum stunt viroid (CSVd) infection in newly-expanded leaves from CSVd-inoculated shoot apical meristems as a method of screening for CSVd-resistant chrysanthemum cultivars. J Hortic Sci Biotechnol. 89; 29-34.

Nabeshima T, Matsushita Y, Hosokawa M. (2018) Chrysanthemum stunt viroid resistance in chrysanthemum. Viruses 10; 719.

Nakashima A, Hosokawa M, Maeda S, Yazawa S. (2007) Natural infection of chrysanthemum stunt viroid in dahlia plants. J Gen Plant Pathol. 73; 225-227.

Nakaune R, Nakano M. (2008) Identification of a new Apscaviroid from Japanese persimmon. Arch Virol. 153; 969-972.

Naoi T, Kitabayashi S, Kasai A, Sugawara K, Adkar-Purushothama CR, Senda M, Hataya T, Sano T. (2020) Suppression of RNA-dependent RNA polymerase 6 in tomatoes allows potato spindle tuber viroid to invade basal part but not apical part including pluripotent stem cells of shoot apical meristem. PLoS ONE 15(7): e0236481.

Naoi T, Hataya T. (2021) Tolerance even to lethal strain of potato spindle tuber viroid found in wild tomato species can be introduced by crossing. Plants 10; 575.

Naoi T, Li S, Sano T. (2022) Resistance and tolerance to viroid infection. Preprint. doi:10.20944/preprints202211.0169.v1

Nassuth A, Pollari E, Helmeczy K, Stewart S, Kofalvi SA. (2000) Improved RNA extraction and one-tube RT-PCR assay for simultaneous detection of control plant RNA plus several viruses in plant extracts. J Virol Methods 90; 37-49.

Navarro B, Flores R. (1997) Chrysanthemum chlorotic mottle viroid: unusual structural properties of a subgroup of self-cleaving viroids with hammerhead ribozymes. Proc Natl Acad Sci USA. 94; 11262-11267.

Navarro B, Pantaleo V, Gisel A, Moxon S, Dalmay T, Bisztray G, Di Serio F, Burgyán J. (2009) Deep sequencing of viroid-derived small RNAs from grapevine provides new insights on the role of RNA silencing in plant-viroid interaction. PLoS ONE 4(11); e7686.

Navarro B, Gisel A, Rodio ME, Delgado S, Flores R, Di Serio F. (2012) Small RNAs containing the pathogenic determinant of a chloroplast-replicating viroid guide the degradation of a host mRNA as predicted by RNA silencing. Plant J. 70; 991-1003.

Navarro B, Flores R, Di Serio F. (2021) Advances in viroid-host interactions. Annu Rev Virol. 8; 305-325.

Navarro B, Li S, Gisel A, Chiumenti M, Minutolo M, Alioto D, Di Serio F. (2022) A novel self-cleaving viroid-like RNA identified in RNA preparations from a citrus tree is not directly associated with the plant. Viruses 14;2265.

Navarro JA, Daròs JA, Flores R. (1999) Complexes containing both polarity strands of avocado sunblotch viroid: identification in chloroplasts and characterization. Virology 253;77-85.

Navarro JA, Flores R. (2000) Characterization of the initiation sites of both polarity strands of a viroid RNA reveals a motif conserved in sequence and structure. EMBO J. 19;2662-2670.

Navarro JA, Vera A, Flores R. (2000) A chloroplastic RNA polymerase resistant to tagetitoxin is involved in replication of avocado sunblotch viroid. Virology 268;218-225.

Navarro L, Roistacher CN, Murashige T. (1975) Improvement of shoot-tip grafting in vitro for production of virus-free citrus. J Am Soc Hort Sci. 100;471-479.

Navarro L, Roistacher CN, Murashige T. (1976) Effect of size and source of shoot tips on psorosis-A and exocortis content of navel orange plants obtained by shoot-tip grafting in vitro. In: Proceedings 7th IOCV Conference, pp.194-197.

Niblett CL, Dickson E, Fernow KH, Horst RK, Zaitlin M. (1978) Cross protection among four viroids. Virology 91;198-203.

Nie X, Singh RP. (2001) A novel usage of random primers for multiplex RT-PCR detection of virus and viroid in aphids, leaves, and tubers. J Virol Methods 91;37-49.

Nie X. (2012) Analysis of sequence polymorphism and population structure of tomato chlorotic dwarf viroid and potato spindle tuber viroid in viroid-infected tomato plants. Viruses 4;940-953.

Nigro JM, Cho KR, Fearon ER, Kern SE, Ruppert JM, Oliner JD, Kinzler KW, Vogelstein B. (1991) Scrambled exons. Cell 64;607-613.

Nohales MA, Flores R, Darós JA. (2012a) Viroid RNA redirects host DNA ligase 1 to act as an RNA ligase. Proc Natl Acad Sci USA. 109;13805-13810.

Nohales MA, Molina-Serrano D, Flores R, Daròs JA. (2012b) Involvement of the chloroplastic isoform of tRNA ligase in the replication of viroids belonging to the family Avsunviroidae. J Virol. 86;8269-8276.

Notomi T, Okayama H, Masubuchi H, Yonekawa T, Watanabe K, Amino N, Hase T. (2000) Loop-mediated isothermal amplification of DNA. Nucl Acids Res. 28;E63.

O

Ogawa T, Toguri T, Kudoh H, Okamura M, Momma T, Yoshioka M, Kato K, Hagiwara Y, Sano T. (2005) Double-stranded RNA-specific ribonuclease confers tolerance against Chrysanthemum stunt viroid and Tomato spotted wilt virus in transgenic chrysanthemum plants. Breeding Science 55;49-55.

Ohno T, Akiya J, Higuchi M, Okada Y, Yoshikawa N, Takahashi T, Hashimoto J. (1982) Purification and characterization of hop stunt viroid. Virology 118;54-63.

Ohno T, Ishikawa M, Takamatsu N, Meshi T, Okada Y, Sano T, Shikata E. (1983a) In vitro synthesis of infectious RNA molecules from cloned hop stunt viroid complementary DNA. Proc Jpn Acad. 59B;251-254.

Ohno T, Takamatsu N, Meshi T, Okada Y. (1983b) Hop stunt viroid: Molecular cloning and nucleotide sequence of the complete cDNA copy. Nucl Acids Res. 11;6185-6197.

Ohta S, Kuniga T, Nishikawa F, Yamasaki A, Endo T, Iwanami T, Yoshioka T. (2011) Evaluation of novel antiviral agents in the elimination of satsuma dwarf virus (SDV) by semi-micrografting in citrus. J Japan Soc Hort Sci. 80;145-149.

Olivier T, Sveikauskas V, Grausgruber-Gröger S, Virscek Marn M, Faggioli F, Luigi M, Pitchugina E, Planchon V. (2015) Efficacy of five disinfectants against Potato spindle tuber viroid. Crop Protection 67;257-260.

Olmedo-Velarde A, Navarro B, Hu JS, Melzer MJ, Di Serio F. (2020) Novel fig-associated viroid-like RNAs containing hammerhead ribozymes in both polarity strands identified by high-throughput sequencing. Front Microbiol. 11 ; 1903 .

Omori H, Hosokawa M, Shiba H, Shitsukawa N, Murai K, Yazawa S. (2009) Screening of chrysanthemum plants with strong resistance to Chrysanthemum stunt viroid. J Jpn Soc Hortic Sci. 78 ; 350 -355 .

Osaki H, Kudo A, Ohtsu Y. (1996) Japanese pear fruit dimple disease caused by apple scar skin viroid (ASSVd). Ann Phytopathol Soc Jpn. 62 ; 379 -385 .

Osaki H, Yamaguchi M, Sato Y, Tomita Y, Kawai Y, Miyamoto Y, Ohtsu Y. (1999) Peach latent mosaic viroid isolated from stone fruits in Japan. Ann Phytopathol Soc Jpn. 65 ; 3 -8 .

Osman F, Dang T, Bodaghi S, Vidalakis G. (2007) One-step multiplex RT-qPCR detects three citrus viroids from different genera in a wide range of hosts. Virol Methods 245 ; 40 -52 .

Owens RA, Diener TO. (1981) Sensitive and rapid diagnosis of potato spindle tuber viroid disease by nucleic acid hybridization. Science 213 ; 670 -672 .

Owens RA, Chen W, Hu Y, Hsu YH. (1995) Suppression of potato spindle tuber viroid replication and symptom expression by mutations which stabilize the pathogenicity domain. Virology 208 ; 554 -564 .

Owens RA, Steger G, Hu Y, Fels A, Hammond RW, Riesner D. (1996) RNA structural features responsible for potato spindle tuber viroid pathogenicity. Virology 222 ; 144 -158 .

Owens RA, Thompson SM, Feildtein PA, Garnsey SM. (1999) Effects of natural variation on symptom induction by citrus viroid III. Ann apple Biol. 134 ; 73 -80 .

Owens RA, Yang G, Gundersen-Rindal D, Hammond RW, Candresse T, Bar-Joseph M. (2000) Both point mutation and RNA recombination contribute to the sequence diversity of citrus viroid III. Virus Genes 20 ; 243 -252 .

Owens RA, Blackburn M, Ding B. (2001) Possible involvement of a phloem lectin in long distance viroid movement. Mol Plant-Microbe Interact. 14 ; 905 -909 .

Owens RA, Thompson SM, Kramer M. (2003) Identification of neutral mutants surrounding two naturally occurring variants of Potato spindle tuber viroid. J Gen Virol. 84 ; 751 -756 .

Owens RA, Thompson SM. (2005) Mutational analysis does not support the existence of a putative tertiary structural element in the left terminal domain of Potato spindle tuber viroid. J Gen Virol. 86 ; 1835 -1839 .

Owens RA, Girsova NV, Kromina KA, Lee IM, Mozhaeva KA, Kastalyeva TB. (2009) Russian isolates of Potato spindle tuber viroid exhibit low sequence diversity. Plant Disease 93 ; 752 -759 .

Owens RA, Hammond RW. (2009) Viroid pathogenicity : One process, many faces. Viruses 1 ; 298 -316 .

Owens RA, Flores R, Di Serio F, Li SF, Pallás V, Randles JW, Sano T, Vidalakis G. (2012 a) Viroids. In : King AMQ, Adams MJ, Carstens EB, Lefkowitz EJ. (Eds.), Virus Taxonomy, Ninth Report of the International Committee on Taxonomy of Viruses, Elsevier/Academic Press, London UK, pp. 1221-1234.

Owens RA, Sano T, Duran-Vila N. (2012 b) Plant viroids : isolation, characterization/detection, and analysis. Methods Mol Biol. 894 ; 253 -271 .

Owens RA, Tech KB, Shao JY, Sano T, Baker CJ. (2012 c) Global analysis of tomato gene expression during Potato spindle tuber viroid infection reveals a complex array of changes affecting hormone signaling. Mol Plant-Microbe Interact. 25 ; 582 -598 .

P

Palacio-Bielsa A, Romero-Durbán J, Duran-Vila N. (2004) Characterization of citrus HSVd isolates. Arch Virol. 149 ; 537 -552 .

Palchet M, Rocheleau L, Perreault J, Perreault JP. (2003) Subviral RNA : a database of the smallest known auto-replicable RNA species. Nucl Acids Res. 31 ; 444 -445 .

Pallás V, Navarro A, Flores R. (1987) Isolation of a viroid-like RNA from hop different from hop stunt viroid. J Gen Virol. 68 ; 3201 -3205 .

Pallás V, Sánchez-Navarro JA, James D. (2018) Recent advances on the multiplex molecular detection of plant viruses and viroids. Frontiers in Microbiol. 9 ; 2087.

Palukaitis P, Symons RH. (1980) Characterization of the circular and linear forms of chrysanthemum stunt viroid. J Gen Virol. 46 ; 477-489.

Palukaitis P, Rakowski AG, Alexander DM, Symons RH. (1981) Rapid indexing of the sunblotch disease of avocados using a complementary DNA probe to avocado sunblotch viroid. Ann appl Biol. 98 ; 439-449.

Palukaitis P. (2017) Chrysanthemum stunt viroid. In : Hadidi A, Flores R, Randles JW, Palukaitis P. (Eds.), Viroids and Satellites, Academic Press, London, pp. 181-190.

Panattoni A, D'Anna F, Cristani C, Triolo E. (2007) Grapevine vitivirus A eradication in Vitis vinifera explants by antiviral drugs and thermotherapy. J Virol Methods 146 ; 129-135.

Papaefthimiou I, Hamilton AJ, Denti MA, Baulcombe DC, Tsagris M, Tabler M. (2001) Replicating potato spindle tuber viroid RNA is accompanied by short RNA fragments that are characteristic of posttranscriptional gene silencing. Nucl Acids Res. 29 ; 2395-2400.

Papayiannis LC. (2014) Diagnostic real-time RT-PCR for the simultaneous detection of Citrus exocortis viroid and Hop stunt viroid. J Virol Methods 196 ; 93-99.

Papp I, Mette MF, Aufsatz W, Daxinger L, Schauer SE, Ray A, van der Winden J, Matzke M, Matzke AJ. (2003) Evidence for nuclear processing of plant micro RNA and short interfering RNA precursors. Plant Physiology 132 ; 1382-1390.

Paraskevopoulou S, Pirzer F, Goldmann N, Schmid J, Corman VM, Gottula LT, Schroeder S, Rasche A, Muth D, Drexler JF. et al. (2020) Mammalian deltavirus without hepadnavirus coinfection in the neotropical rodent Proechimys semispinosus. Proc Natl Acad Sci USA. 117 ; 17977-17983.

Patrick St-Pierre I, Hassen F, Thompson D, Perreault JP. (2009) Characterization of the siRNAs associated with peach latent mosaic viroid infection. Virology 383 ; 178-182.

Patzak J, Svoboda P, Henychová A, Malířová I. (2019) The first detection of hop stunt viroid (HSVd) on hop in the Czech Republic. Proceeding of the Scientific-Technical Commission, International Hop Growers' Convention, France.

Patzak J, Henychová A, Krofta K, Svoboda P, Malířová I. (2021) The Influence of hop latent viroid (HLVd) infection on gene expression and secondary metabolite contents in hop (Humulus lupulus L.) glandular trichomes. Plants 10 (11) ; 2297.

Pelchat M, Lévesque D, Ouellet J, Laurendeau S, Lévesque S, Lehoux J, Thompson DA, Eastwell KC, Skrzeczkowski LJ, Perreault JP. (2000) Sequencing of peach latent mosaic viroid variants from nine north american peach cultivars shows that this RNA folds into a complex secondary structure. Virology 271 ; 37-45.

Perreault J, Weinberg Z, Roth A, Popescu O, Chartrand P, Ferbeyre G, Breaker RR. (2011) Identification of hammerhead ribozymes in all domains of life reveals novel structural variations. PLoS Comput Biol. 7 ; e1002031.

Pethybridge SJ, Hay FS, Barbara DJ, Eastwell KC, Wilson CR. (2008) Viruses and viroids infecting hop : Significance, epidemiology, and management. Plant Disease 92 ; 324-338.

Pfannenstiel MA, Slack SA. (1980) Response of potato cultivars to infection by potato spindle tuber viroid. Phytopathology 70 ; 922-926.

Piepenburg O, Williams CH, Stemple DL, Armes NA. (2006) DNA detection using recombination proteins. PLoS Biol. 4 (7) ; e204.

Pinheiro LB, Coleman VA, Hindson CM, Herrmann J, Hindson BJ, Bhat S, Emslie KR. (2012) Evaluation of a droplet digital polymerase chain reaction format for DNA copy number quantification. Anal Biochem. 84 ; 1003-1011.

Plant Protection Service of the Netherlands (2011) Tomato apical stunt viroid on tomatoes in The Netherlands, June 2011 PEST REPORT - THE NETHERLANDS.

Podleckis EV, Hammond RW, Hurtt SS, Hadidi A. (1993) Chemiluminescent detection of potato and pome fruit viroids by digoxigenin-labeled dot blot and tissue blot hybridization. J Virol Methods 43 ; 147-158.

Podstolski W, Gora-Sochacka A, Zagorski W. (2005) Co-inoculation with two non-infectious cDNA copies of potato spindle tuber viroid (PSTVd) leads to the appearance of novel fully infectious variants. Acta Biochim Pol. 52 ; 87-98.

Pogue AI, Hill JM, Lukiw WJ. (2014) MicroRNA (miRNA) : sequence and stability, viroid-like properties, and disease association in the CNS. Brain Res. October 10 ; 0 : 73-79.

Pokorn T, Radišek S, Javornik B, Štajner N, Jakše J. (2017) Development of hop transcriptome to support research into host-viroid interactions. PLoS ONE 12 (9) ; e0184528.

Polivka H, Staub U, Gross HJ. (1996) Variation of viroid profiles in individual grapevine plants : Novel grapevine yellow speckle viroid 1 mutants show alteration of hairpin I. J Gen Virol. 77 ; 155-161.

Postman JD, Hadidi A. (1995) Elimination of apple scar skin viroid from pears by in vitro thermos-therapy and apical meristem culture. Acta Hortic. 386 ; 536-543.

Prody GA, Bakos JT, Buzayan JM, Schneider IR, Bruening G. (1986) Autolytic processing of dimeric plant virus satellite RNA. Science 231 ; 1577-1580.

Przybyś M. (2020) Incidence of viruses and viroids in Polish hop gardens. Polish J Agronomy 43 ; 76-82.

Puchta H, Ramm K, Sänger HL. (1988a) Nucleotide sequence of a hop stunt viroid isolate from the German grapevine cultivar 'Riesling'. Nucl Acids Res. 16 ; 2730.

Puchta H, Ramm K, Sänger HL. (1988 b) The molecular structure of hop latent viroid (HLV), a new viroid occurring worldwide in hops. Nucl Acids Res. 16 ; 4197-4216.

Puchta H, Ram, K, Hadas R, Bar-Joseph M, Luckinger R, Freimüller K, Sänger HL. (1989) Nucleotide sequence of a hop stunt viroid (HSVd) isolate from grapefruit in Israel. Nucl Acids Res 17 ; 1247.

Puchta H, Herold T, Verhoeven K, Roenhorst A, Ramm K, Schmidt-Puchta W, Sänger HL. (1990) A new strain of potato spindle tuber viroid (PSTVd-N) exhibits major sequence differences as compared to all other PSTVd strains sequenced so far. Pl Mol Biol. 15 ; 509-511.

Q

Qi Y, Ding B. (2003a) Differential subnuclear localization of RNA strands of opposite polarity derived from an autonomously replicating viroid. Plant Cell 15 ; 2566-2577.

Qi Y. Ding B. (2003b) Inhibition of cell growth and shoot development by a specific nucleotide sequence in a noncoding viroid RNA. Plant Cell 15 ; 1360-1374.

Qi Y, Pélissier T, Itaya A, Hunt E, Wassenegger M, Ding B. (2004) Direct role of a viroid RNA motif in mediating directional RNA trafficking across a specific cellular boundary. Plant Cell 16 ; 1741-1752.

Qin L, Zhang Z, Zhao X, Wu X, Chen Y, Tan Z, Li S. (2014) Survey and analysis of simple sequence repeats (SSRs) present in the genomes of plant viroids. FEBS Open Bio 4 ; 185-189.

Qiu C, Zhang Z, Li S, Bai Y, Liu S, Fan G, Gao Y, Zhang W, Zhang S, Lü W, Lü D. (2016) Occurrence and molecular characterization of Potato spindle tuber viroid (PSTVd) isolates from potato plants in North China. J Integr Agric. 15 ; 349-363.

R

Radišek S, Majer A, Jakše J, Javornik B, Matoušek J. (2012) First report of Hop stunt viroid infecting hop in Slovenia. Plant Disease 96 ; 592.

Ragozzino E, Faggioli F, Barba F. (2004) Development of a one tube-one step RT-PCR protocol for the detection of seven viroids in four genera : Apscaviroid, Hostuviroid, Pelamoviroid and Pospiviroid. J Virol Methods 121 ; 25-29.

Rajagopalan R, Vaucheret H, Trejo J, Bartel DP. (2006) A diverse and evolutionarily fluid set of microRNAs in Arabidopsis thaliana. Genes Dev. 20;3407-3425.

Rakowski AG, Symons RH. (1989) Comparative sequence studies of variants of avocado sunblotch viroid. Virology 73;352-356.

Rakowski AG, Szychowski JA, Avena S, Semancik JS. (1994) Nucleotide sequence and structural features of the group III citrus viroids. J Gen Virol. 75;3581-3584.

Ramachandran V, Chen X. (2008) Small RNA metabolism in Arabidopsis. Trends Plant Sci. 13;368-374.

Randles JW. (1975) Association of two ribonucleic acid species with Cadang-cadang disease of coconut palm. Phytopathology 65;163-167.

Randles JW, Boccardo G, Retuerma ML, Rillo EP. (1977) Transmission of the RNA species associated with cadang-cadang of coconut palm and the insensitivity of the disease to antibiotics. Phytopathology 67;1211-1216.

Randles JW, Rezaian MA. (1991) Viroids, In: Francki RIB, Fauquet CM, Knudson DL, Brown F. (Eds.), Classification and Nomenclature of Viruses, Fifth Report of the International Committee on the Taxonomy of Viruses. New York, NY: Springer-Verlag, pp. 403-405.

Randles JW, Rodriguez MJB. (2003) Coconut cadang-cadang viroid. In; Hadidi A, Flores R, Randles JW, Semancik JS. (Eds.), Viroids. CSIRO Publishing, Australia, pp. 233-241.

Rao ALN, Kalantidis K. (2015) Virus-associated small satellite RNAs and viroids display similarities in their replication strategies. Virology 479-480;627-636.

Raymer WB, O'Brien MJ. (1962) Transmission of potato spindle tuber virus to tomato. American Potato J. 39;401-408.

Reanwarakorn K, Semancik JS. (1998) Regulation of pathogenicity in hop stunt viroid-related group II citrus viroids. J Gen Virol. 79;3163-3171.

Reanwarakorn K, Semancik JS. (1999) Correlation of hop stunt viroid variants to cachexia and xyloporosis diseases of citrus. Phytopathology 89;568-574.

Reanwarakorn K, Klinkong S, Porsoongnurn J. (2011) First report of natural infection of Pepper chat fruit viroid in tomato plants in Thailand. New Disease Reports 24;6.

Rezaian MA. (1990) Australian grapevine viroid-evidence for extensive recombination between viroids. Nucl Acids Res. 18;1813-1818.

Rigden JE, Rezaian MA. (1993) Analysis of sequence variation in grapevine yellow speckle viroid 1 reveals two distinct alternative structure for the pathogenic domain. Virology 193;474-477.

Rivera-Bustamante R, Gin R, Semancik JA. (1986) Enhanced resolution of circular and linear molecular forms of viroid and viroid-like RNA by electrophoresis in a discontinuous-pH system. Anal Biochem. 156;91-95.

Rocheleau L, Pelchat M. (2006) The Subviral RNA Database. BMC Microbiol. 6;24.

Roenhorst JW, Butôt R, van Der Heijden KA, Hooftman H. (2000) Detection of Chrysanthemum stunt viroid and Potato spindle tuber viroid by return-polyacrylamide gel electrophoresis. Bulletin OEPP/EPPO Bulletin 30;453-456.

Roistacher CN, Calavan EC, Blue EL. (1969) Citrus exocortis virus - Chemical inactivation on tools, tolerance to heat and separation of isolates. Plant Disease Reprt. 53;333-336.

Roistacher CN. (1992) Dwarfing of citrus by use of viroids: pros and cons. Proc Int Soc Citriculture 3;791-796.

Romero-Durbán J, Cambra M, Duran-Vila N. (1995) A simple imprint-hybridization method for detection of viroids. J Virol Methods 55;37-47.

Roy BP, AbouHaidar MG, Alexander A. (1989) Biotinylated RNA probes for the detection of potato spindle tuber viroid (PSTV) in plants. J Virol Methods 23;149-155.

Ruiz-Ferrer V, Voinnet O. (2009) Roles of plant small RNAs in biotic stress responses. Annu Rev Plant

Biol. 60 ; 485 -510 .

S

Salazar LF, Hammond RW, Diener TO, Owens RA. (1988) Analysis of viroid replication following Agrobacterium-mediated inoculation of non-host species with potato spindle tuber viroid cDNA. J Gen Virol. 69 ; 879 -889 .

Salazar LF, Querci M, Bartolini I, Lazarte V. (1995) Aphid transmission of potato spindle tuber viroid assisted by potato leafroll virus. Fitopatologia 30 ; 56 -58 .

Salzman J, Gawad C, Wang PL, Lacayo N, Brown PO. (2012) Circular RNAs are the predominant transcript isoform from hundreds of human genes in diverse cell types. PLoS ONE 7 (2) ; e30733 .

Sammons DW, Adams LD, Nishizawa EE. (1981) Ultrasensitive silver-based color staining of polypeptides in polyacrylamide gels. Electrophoresis 2 ; 135 -141 .

Sänger HL, Ramm K. (1975) Radioactive labeling of viroid RNA. In : Markham R, Davies DR, Hopwood DA, Horn RW. (Eds.), Modifications of the Information Content of Plant Cells. North Holland, Amsterdam, pp. 229 -252 .

Sänger HL, Klots G, Riesner D, Gross HJ, Kleinschmidt AK. (1976) Viroids are single-stranded covalently closed circular RNA molecules existing as highly base-paired rod-like structures. Proc Natl Acad Sci USA. 73 ; 3852 -3856 .

Sangha JS, Kandasamy S, Khan W, Bahia NS, Singh RP, Critchley AT, Prithiviraj B. (2015) λ-Carrageenan suppresses tomato chlorotic dwarf viroid (TCDVd) replication and symptom expression in tomatoes. Mar Drugs. 8 ; 2875 -2889 .

Sano T, Sasaki M, Shikata E. (1981) Comparative studies on hop stunt viroid, cucumber pale fruit viroid and potato spindle tuber viroid. Ann Phytopathol Soc Jpn. 47 ; 599 -605 .

Sano T, Uyeda I, Shikata E. (1984 a) Comparative studies of hop stunt viroid and cucumber pale fruit viroid by polyacrylamide gel electrophoretic analysis and electron microscopic examination. Ann Phytopathol Soc Jpn. 50 ; 339 -345 .

Sano T, Uyeda I, Shikata E, Ohno T, Okada Y. (1984 b) Nucleotide sequence of cucumber pale fruit viroid : Homology to hop stunt viroid. Nucl Acids Res. 12 ; 3427 -3434 .

Sano T, Uyeda I, Shikata E, Meshi T, Okada Y. (1985a) A viroid-like RNA isolated from grapevine has high sequence homology with hop stunt viroid. J Gen Virol. 66 ; 333 -338 .

Sano T, Ohshima K, Uyeda I, Shikata E, Meshi T, Okada Y. (1985 b) Nucleotide sequence of grapevine viroid : A grapevine isolate of hop stunt viroid. Proc Jpn Acad. Ser. B 61 ; 265 -268 .

Sano T, Sasaki M, Shikata E. (1985 c) Apple mosaic virus isolated from hop plants in Japan. Ann appl Biol. 106 ; 305 -312 .

Sano T, Ohshima T, Hataya T, Uyeda I, Shikata E, Chew T. Meshi T, Okada Y. (1986 a) A viroid resembling hop stunt viroid in grapevine from Europe, the United States and Japan. J Gen Virol. 67 ; 1673 -1678 .

Sano T, Hataya T, Sasaki A, Shikata E. (1986 b) Etrog citron is latently infected with hop stunt viroid-like RNA. Proc Jpn Acad. Ser. B 62 ; 325 -328 .

Sano T, Hataya T, Terai Y, Shikata E. (1986 c) Detection of a viroid-like RNA from plum dapple disease in Japan. Proc Jpn Acad Ser. B 62 ; 98 -101 .

Sano T, Shikata E. (1988) Hop stunt viroid. AAB Descriptions of Plant Viruses. No. 326 .

Sano T, Hataya T, Shikata E. (1988a) Complete nucleotide sequence of a viroid isolated from Etrog citron, a new member of hop stunt viroid group. Nucl Acids Res. 16 ; 347 .

Sano T, Kudo H, Sugimoto T, Shikata E. (1988 b) Synthetic oligonucleotide hybridization probes to diagnose hop stunt viroid strains and citrus exocortis viroid. J Virol Methods 19 ; 109 -119 .

Sano T, Hataya T, Terai Y, Shikata E. (1989) Hop stunt viroid strains from dapple fruit disease of plum and peach in Japan. J Gen Virol. 70 ; 1311-1319.

Sano T, Candresse T, Hammond RW, Diener TO, Owens RA. (1992) Identification of multiple structural domains regulating viroid pathogenicity. Proc Natl Acad Sci USA. 89 ; 10104-10108.

Sano T, Ishiguro A. (1996) A simple and sensitive non-radioactive microplate hybridization for the detection and quantification of picograms of viroid and viral RNA. Arch Phytopathol Pl Protec. 30 ; 303-312.

Sano T, Nagayama A, Ogawa T, Ishida I, Okada Y. (1997) Transgenic potato expressing a double-stranded RNA-specific ribonuclease is resistant to potato spindle tuber viroid. Nature Biotechnology 15 ; 1290-1294.

Sano T, Li S-F, Ogata T, Ochiai M, Suzuki C, Ohnuma S, Shikata E. (1997) Pear blister canker viroid isolated from European pear in Japan. Ann Phytopathol Soc Jpn. 63 ; 89–94.

Sano T, Ishiguro A. (1998) Viability and pathogenicity of intersubgroup viroid chimeras suggest possible involvement of the terminal right region in replication. Virology 240 ; 238-244.

Sano T, Barba M, Li S, Hadidi A. (2000) Viroids and RNA silencing : Mechanism, role in viroid pathogenicity and development of viroid-resistant plants. GM Crops 1:2 ; 80-86.

Sano T, Mimura R, Ohshima K. (2001) Phylogenetic analysis of hop and grapevine isolates of hop stunt viroid supports a grapevine origin for hop stunt disease. Virus Genes 22 ; 53-59.

Sano T. (2003) Viroids in Japan. In ; Hadidi A, Flores R, Randles JW, Semancik JS. (Eds.), Viroids. CSIRO Publishing, Collingwood, Australia. pp. 286-289.

Sano T, Matsuura Y. (2004) Accumulation of short interfering RNAs characteristic of RNA silencing precedes recovery of tomato plants from severe symptoms of Potato spindle tuber viroid infection. J Gen Pl Pathol. 70 ; 50-53.

Sano T, Yoshida H, Goshono M, Monma T, Kawasaki H, Ishizaki K. (2004) Characterization of a new viroid strain from hops : evidence for viroid speciation by isolation in different host species. J Gen Pl Pathol. 70 ; 181-187.

Sano T, Isono S, Matsuki K, Kawaguchi-Ito Y, Tanaka K, Kondo K, Iijima A, Bar-Joseph M. (2008) Vegetative propagation and its possible role as a genetic bottleneck in the shaping of the apple fruit crinkle viroid populations in apple and hop plants. Virus Genes 37 ; 298-303.

Sano T. (2009) Apple fruit crinkle viroid. In : Mahaffee WF, Pethybridge SJ, Gent DH. (Eds.) Compendium of hop diseases and pests. APS Press, pp. 39.

Sano T. (2013) History, origin, and diversity of hop stunt disease and hop stunt viroid. Acta Horticulturae 1010 ; 87-96.

Sano T. (2021) Progress in 50 years of viroid research - Molecular structure, pathogenicity, and host adaptation. Proc Jpn Acad. Ser. B 97 ; 371-401.

Sano T, Kashiwagi A. (2022) Host selection-producing variations in the genome of hop stunt viroid. Virus Res. 311 (326):198706.

Sasaki M, Shikata E. (1977a) Studies on the host range of hop stunt disease in Japan. Proc Jpn Acad. Ser. B 53 ; 103-108.

Sasaki M, Shikata E. (1977b) On some properties of hop stunt disease agent, a viroid. Proc Jpn Acad. Ser.B, 53 ; 109-112.

Sasaki M, Shikata E. (1980) Hop stunt disease, a new viroid disease occurring in Japan. Rev Plant Protec Res. 13 ; 97-113.

Sasaki M, Fukamizu K, Yamamoto K, Ogawa T, Kurokawa M, Kagami Y. (1989) Epidemiology and control of hop stunt disease. Proc Int Workshop on Hop Virus Diseases Rauischholzhausen 1988, Eppler A. Ed., Deutsche Phytomedizinische Gesellschaft, 165-178.

Savitri WD, Park KI, Jeon SM, Chung MY, Han JS, Kim CK. (2013) Elimination of chrysanthemum stunt viroid (CSVd) from meristem tip culture combined with prolonged cold treatment. Hortic Environ Biote.

54;177-182.

Schnell RJ, Kuhn DN, Olano CT, Quintanilla WE. (2001) Sequence diversity among avocado sunblotch viroids isolated from single avocado trees. Phytoparasitica 29;451-460.

Schnölzer M, Haas B, Ramm K, Hofmann H, Sänger HL. (1985) Correlation between structure and pathogenicity of potato spindle tuber viroid (PSTVd). EMBO J. 4;2181-2190.

Schrader O, Baumstark T, Riesner D. (2003) A Mini-RNA containing the tetraloop, wobble-pair and loop E motifs of the central conserved region of potato spindle tuber viroid is processed into a minicircle. Nucl Acids Res. 31;988-998.

Schultz ES, Folsom D. (1923) Transmission, variation, and control of certain degeneration diseases of Irish potatoes. J Agricultural Res. 25(2);55-60.

Schumacher J, Randles JW, Riesner D. (1983) A two-dimensional electrophoretic technique for the detection of circular viroids and virusoids. Anal Biochem. 135;288-295.

Schumacher J, Meyer N, Riesner D, Weideman HL. (1986) Diagnostic procedure for detection of viroids and viruses with circular RNAs by 'return'-gel electrophoresis. J Phytopathol. 115;332-343.

Schwind N, Zwiebel M, Itaya A, Ding B, Wang MB, Krczal G, Wasseneger M. (2009) RNAi-mediated resistance to potato spindle tuber viroid in transgenic tomato expressing a viroid hairpin RNA construct. Mol Plant Pathol. 10;459-469.

Schwinghamer MW, Broadbent P. (1987) Association of viroids with graft transmissible dwarfing symptoms in Australian orange trees. Phytopathology 77;205-207.

Seehafer C, Kalweit A, Steger G, Graf S, Hammann C. (2011) From alpaca to zebrafish: hammerhead ribozymes wherever you look. RNA 17;21-26.

Seigner L, Lutz A, Seigner E. (2013) Monitoring of hop stunt viroid and dangerous viruses in german hop gardens. Proceedings of the scientific commission, Ukraine, International Hop Growers' Convention. pp. 60.

Semancik JS, Weathers LG. (1968) Exocortis virus of citrus: Association of infectivity with nucleic acid preparations. Virology 36;326-328.

Semancik JS, Weathers LG. (1970) Properties of the infectious froms of exocortis virus of citrus. Phytopathology 60;732-736.

Semancik JS, Weathers LG. (1972) Exocortis virus: An infectious free-nucleic acid plant virus with unusual properties. Virology 47;456-466.

Semancik JS, Morris TI, Weathers LG, Rodorf BF, Kearns DR. (1975) Physical properties of a minimal infectious RNA (viroid) associated with the exocortis disease. Virology 63;160-167.

Semancik JS, Harper KL. (1984) Optimal conditions for cell-free synthesis of citrus exocortis viroid and the question of specificity of RNA polymerase activity, Proc Natl Sci USA. 81;4429-4433.

Semancik JS, Roistacher CN, Duran-Vila N. (1988) A New viroid is the causal agent of the citrus cachexia disease. In; Proceedings 10th IOCV Conference, Riverside, CA, USA. pp.125-135.

Semancik JS, Szychowski JA, Rakowski AG, Symons RH. (1993) Isolates of Citrus exocortis viroid recovered by host and tissue selection. J Gen Virol. 74;2427-2436.

Semancik JS, Szychowski JA, Rakowski AG, Symons RH. (1994) A stable 463 nucleotide variant of citrus exocortis viroid produced by terminal repeats. J Gen Virol 75;727-732.

Semancik JS, Szychowski JA. (1994) Avocado sunblotch disease: a persistent viroid infection in which variants are associated with differential symptoms. J Gen Virol. 75;1543-1549.

Semancik JS, Rakowski AG, Bash JA, Gumpf DJ. (1997) Application of selected viroids for dwarfing and enhancement of production of 'Valencia' orange. J Hortic Sci. 72;563-570.

Semancik JS, Bash J, Gumpf DJ. (2002) Induced dwarfing of citrus by transmissible small nuclear RNA (TsnRNA). In: Proceedings IOCV Conference (1957-2010), Riverside, CA, USA. Volume 15; pp. 390-394.

Semancik JS, Vidalakis G. (2005) The question of Citrus viroid IV as a Cocadviroid. Arch Virol. 150; 1059-1067.

Seo H, Wang Y, Park WJ. (2020) Time-resolved observation of the destination of microinjected potato spindle tuber viroid (PSTVd) in the abaxial leaf epidermal cells of Nicotiana benthamiana. Microorganisms 8; 2044.

Seo H, Kim K, Park WJ. (2021) Effect of VIRP1 protein on nuclear import of citrus exocortis viroid (CEVd). Biomolecules 11; 95.

Serra P, Gago S, Duran-Vila N. (2008) A single nucleotide change in Hop stunt viroid modulates citrus cachexia symptoms. Virus Res. 138; 130-134.

Serra P, Navarro B, Forment J, Gisel A, Gago-Zachert S, Di Serio F, Flores R. (2023) Expression of symptoms elicited by a hammerhead viroid through RNA silencing is related to population bottlenecks in the infected host. New Phytologist. doi: 10.1111/nph.18934.

Shamloul AM, Hadidi A. (1999) Sensitive detection of potato spindle tuber and temperate fruit tree viroids by reverse transcription-polymerase chain reaction-probe capture hybridization. J Virol Methods 80; 145-155.

Shamloul AM, Faggioli F, Keith JM, Hadidi A. (2002) A novel multiplex RT-PCR probe capture hybridization (RT-PCR-ELISA) for simultaneous detection of six viroids in four genera: Apscaviroid, Hostuviroid, Pelamoviroid, and Pospiviroid. J Virol Methods 105; 115-121.

Shikata E, Sano T, Uyeda I. (1984) An infectious low molecular weight RNA was detected in grapevines by molecular hybridization with hop stunt viroid cDNA. Proc Jpn Acad. 60; 202-205.

Shimura H, Pantaleo V, Ishihara T, Myojo N, Inaba J, Sueda K, Burgyán J, Masuta C. (2011) A viral satellite RNA induces yellow symptoms on tobacco by targeting a gene involved in chlorophyll biosynthesis using the RNA silencing machinery. PLoS Pathogens 7; e1002021.

Shiraishi T, Maejima K, Komatsu K, Hashimoto M, Okano Y, Kitazawa Y, Yamaji Y, Namba S. (2013) First report of tomato chlorotic dwarf viroid isolated from symptomless petunia plants (Petunia spp.) in Japan. J Gen Pl Pathol. 79; 214-216.

Singh RP, Bagnall RH. (1968) Infectious nucleic acid from host tissues infected with potato spindle tuber virus. Phytopathology 58; 696-699.

Singh RP, O'Brien MJ. (1970) Additional indicator plants for potato spindle tuber virus. American Potato J. 47; 367-371.

Singh RP. (1971) A local lesion host for potato spindle tuber virus. Phytopathology 61; 1034-1035.

Singh RP. (1973) Experimental host range of the potato spindle tuber "virus". American Potato J. 50; 111-123.

Singh RP. (1985) Clones of Solanum berthaultii resistant to potato spindle tuber. Phytopathology 75; 1432-1434.

Singh RP, Boucher A. (1987) Electrophoretic separation of a severe from mild strains of potato spindle tuber viroid. Phytopathology 77; 1588-1591.

Singh RP, Boucher A, Somerville TH. (1989a) Evaluation of chemicals for disinfection of laboratory equipment exposed to potato spindle tuber viroid. American Potato J. 66; 239-245.

Singh RP, Khoury J, Boucher A, Somerville TH. (1989b) Characteristics of cross-protection with potato spindle tuber viroid strains in tomato plants. Canadian J Pl Pathol. 11; 263-267.

Singh RP, Boucher A, Somerville TH. (1990) Cross-protection with strains of potato spindle tuber viroid in the potato plant and other solanaceous hosts. Pytopathology 80; 246-250.

Singh RP, Nie X, Singh M. (1999) Tomato chlorotic dwarf viroid - an evolutionary link in the origin of pospiviroids. J Gen Virol. 80; 2823-2828.

Singh RP. (2014) The discovery and eradication of potato spindle tuber viroid in Canada. Virus Dis. 25; 415-424.

Smith RL, Shukla M, Creelman A, Lawrence J, Singh M, Xu H, Li X, Gardner K, Nie X. (2021) Coleus blumei viroid 7 : a novel viroid resulting from genome recombination between Coleus blumei viroids 1 and 5 . Arch Virol. 166 ; 3157 -3163 .

Smith WW, Barrat JG, Rich AE. (1956) Dapple apple, unusual fruit symptom of apples in New Hampshire. Plant Disease Reptr. 40 ; 765 -766 .

Sogo JM, Koller Th, Diener TO. (1973) Potato spindle tuber viroid : X. visualization and size determination by electron microscopy. Virology 55 ; 70 -80 .

Spieker RL. (1996) In vitro-generated "inverse" chimeric Coleus blumei viroids evolve in vivo into infectious RNA replicons. J Gen Virol. 77 ; 2839 -2846 .

Spiesmacher E, Mühlbach HP, Schnölzer M, Haas B, Sänger HL. (1983) Oligomeric forms of potato spindle tuber viroid (PSTV) and of its complementary RNA are present in nuclei isolated from viroid-infected potato cells. Biosci Rep. 3 ; 767 -774 .

Štajner N, Radišek S, Mishra AK, Nath VS, Matoušek J, Jakše J. (2019) Evaluation of disease severity and global transcriptome response induced by citrus bark cracking viroid, hop latent viroid, and their co-infection in hop (Humulus lupulus L.). Int J Mol Sci. 20 ; 3154 .

Stanley WM. (1935) Isolation of a crystalline protein possessing the properties of tobaco-mosaic virus. Science 81 ; 2113 -2114 .

Stark-Lorenzen P, Guitton MC, Werner R, Mühlbach HP. (1997) Detection and tissue distribution of potato spindle tuber viroid in infected tomato plants by tissue print hybridization. Arch Virol. 142 ; 1289 - 1296 .

Steger G, Hofmann H, Förtsch J, Gross HJ, Randles JW, Sänger HL, Riesner D. (1984) Conformational transitions in viroids and virusoids : comparison of results from energy minimization algorithm and from experimental data. J Biomol Struct Dyn. 2 ; 543 -571 .

Steger G, Perreault JP. (2016) Structure and associated biological functions of viroids. Adv Virus Res. 94 ; 141 -172 .

Stuchi ES, da Silva SR, Donadio LC, Sempionato OR, Reiff ET. (2007) Field performance of 'marsh seedless' grapefruit on trifoliate orange inoculated with viroids in Brazil. Sci Agric. (Piracicaba, Braz.) 641 ; 582 -588 .

Su X, Fu S, Qian YJ, Xu Y, Zhou XP. (2015) Identification of hop stunt viroid infecting citrus limon in China using small RNAs deep seqeuncing approach. Virol J. 12 ; 103 .

Sugiura H, Hanada K. (1998) Chrysanthemum stunt viroid, a disease of large-flowered chrysanthemum in Niigata Prefecture. J Japan Soc Hort Sci. 67 ; 432 -438 .

Sun L, Hadidi A. (2022) Mycoviroids : fungi as hosts and vectors of viroids. Cells 11 ; 1335 .

Sun M, Siemsen S, Campbell W, Guzman P, Davidson R, Whitworth JL, Bourgoin T, Axford J, Schrage W, Leever G, Westra A, Marquardt S, El-Nashaar H, McMorran J, Gutbrod O, Wessels T, Coltman R. (2004) Survey of potato spindle tuber viroid in seed potato growing areas of the United States. Am J Potato Res. 81 ; 227 -231 .

Sunkar R, Kapoor A, Zhu J-K. (2006) Posttranscriptional induction of two Cu/Zn superoxide dismutase genes in Arabidopsis is mediated by downregulation of miR398 and important for oxidative stress tolerance. Plant Cell 18 ; 2051 -2065 .

Sutela S, Forgia M, Vainio EJ, Chiapello M, Daghino S, Vallino M, Martino E, Girlanda M, Perotto S, Turina M. (2020) The virome from a collection of endomycorrhizal fungi reveals new viral taxa with unprecedented genome organization. Virus Evolution, 2020 , 6 (2) : veaa076

Suzuki T, Fujibayashi M, Hataya T, Taneda A, He Y-H, Tsushima T, Duraisamy GS, Siglova K, Matoušek J, Sano T. (2017) Characterization of host-dependent mutations of apple fruit crinkle viroid replicating in newly identified experimental hosts suggests maintenance of stem-loop structures in the left-hand half of the molecule is important for replication. J Gen Virol. 98 ; 506 -516 .

Suzuki T, Ikeda S, Kasai A, Taneda A, Fujibayashi M, Sugawara K, Okuta M, Maeda H, Sano T. (2019) RNAi-mediated down-regulation of dicer-like 2 and 4 changes the response of 'Moneymaker' tomato to potato spindle tuber viroid infection from tolerance to lethal systemic necrosis, accompanied by up-regulation of miR398, 398a-3p and production of excessive amount of reactive oxygen species. Viruses 11;344.

Sykes PJ, Neoh SH, Brisco MJ, Hughes E, Condon J, Morley AA. (1992) Quantitation of targets for PCR by use of limiting dilution. BioTechniques 13:444-449.

Symons RH, Huching CJ, Forster AC, Rathjen PD, Keese P, Visvader JE. (1987) Self-cleavage of RNA in the replication of viroids and virusoids. J Cell Sci Suppl. 7;303-318.

Szostek SA, Wright AA, Harper SJ. (2018) First report of apple hammerhead viroid in the United States, Japan, Italy, Spain, and New Zealand. Plant Disease, Disease Notes. https://doi.org/10.1094/PDIS-04-18-0557-PDN.

Szychowski JA, Vidalakis G, Semancik JS. (2005) Host-directed processing of Citrus exocortis viroid. J Gen Virol. 86;473-477.

T

Tabara H, Yigit E, Siomi H, Mello CC. (2002) The dsRNA binding protein RDE-4 interacts with RDE-1, DCR-1, and a DExH-box helicase to direct RNAi in C. elegans. Cell 109;861-871.

Tabler M, Sänger HL. (1984) Cloned single- and double-stranded DNA copies of potato spindle tuber viroid (PSTV) RNA and co-inoculated subgenomic DNA fragments are infectious. EMBO J. 3;3055-3062.

Takahashi T. (1981) Evidence of viroid etiology of hop stunt disease. Phytopath Z. 100;193-202.

Takahashi T, Yaguchi S, Oikawa S, Kamita N. (1982) Subcellular location of hop stunt viroid. Phytopath Z. 103;285-293.

Takahashi T, Takada M, Yoshikawa N. (1983) Comparative indexing of hop plants for hop stunt viroid infection. J Fac Agriculture Iwate Univ. 16;141-150.

Takahashi T, Yaguchi S. (1985) Strategies for preventing mechanical transmission of hop stunt viroid: Chemical and heat inactivation on contaminated tools. J Plant Diseases and Protection 92;132-137.

Takahashi T, Imamura T, Ohsawa M, Momma T. (1985) Some characteristics in cytopathic changes induced by viroid infection. J Fac Agric Iwate Univ. 17;267-279.

Takeda R, Petrov AI, Leontis NB, Ding B. (2011) A three-dimensional RNA motif in Potato spindle tuber viroid mediates trafficking from palisade mesophyll to spongy mesophyll in Nicotiana benthamiana. Plant Cell 23;258-272.

Takeda R, Zirbel CL, Leontis NB, Wang Y, Ding B. (2018) Allelic RNA motifs in regulating systemic trafficking of potato spindle tuber viroid. Viruses 10;160.

Takino H, Kitajima S, Hirano S, Oka M, Matsuura T, Ikeda Y, Kojima M, Takebayashi Y, Sakakibara H, Mino M. (2019) Global transcriptome analyses reveal that infection with chrysanthemum stunt viroid (CSVd) affects gene expression profile of chrysanthemum plants, but the genes involved in plant hormone metabolism and signaling may not be silencing target of CSVd-siRNAs. Plant Gene 18;100181.

Tangkanchanapas P, Reanwarakorn K, Kirdpipat W. (2013) The new strain of Columnea latent viroid (CLVd) causes severe symptoms on bolo maka (Solanum stramonifolium). Thai Agricl Res J. 31;53-68.

Tangkanchanapas P, Haegeman A, Ruttink T, Hoftc M, Jonghe KD. (2020) Whole-genome deep sequencing reveals host-driven in-planta evolution of columnea latent viroid (CLVd) quasi-species populations. Int J Mol Sci. 21;3262.

Taylor J. (1990) Structure and replication of hepatitis delta virus. Semin Virol. 1;135-141.

Temin HM. (1970) Malignant transformation of cells by viruses. Perspect Biol Med. 14 ; 11-26.

Terai Y, Sano T, Shikata E. (1988) A new viroid disease causing plum dapple fruits and Soldam yellow fruits in Japan. In Abstract of Papers Yamanashi Viroid Disease Workshop "Possible Viroid Etiology and Detection" Second Meeting of The International Viroid Working Group. pp. 58-64.

Thanarajoo SS, Kong LL, Kadir J, Lau WH, Vadamalai G. (2014) Detection of coconut cadang-cadang viroid (CCCVd) in oil palm by reverse transcription loop-mediated isothermal amplification (RT-LAMP). J Virol Methods 202 ; 19-23.

Thibaut O, Claude B. (2018) Innate immunity activation and RNAi interplay in CEVd - tomato pathosystem. Viruses 10 ; 587.

Tomita N, Mori Y, Kanda H, Notomi T. (2008) Loop-mediated isothermal amplification (LAMP) of gene sequences and simple visual detection of products. Nat Protoc. 3 (5) ; 877-882.

Torchetti EM, Pegoraro M, Navarro B, Catoni M, Di Serio F, Noris E. (2016) A nuclear-replicating viroid antagonizes infectivity and accumulation of a geminivirus by upregulating methylation-related genes and inducing hypermethylation of viral DNA. Sci Rep. 6 ; 35101.

Torres-Larios A, Dock-Bregeon AC, Romby P, Rees B, Sankaranarayanan R, Caillet J, Springer M, Ehresmann C, Ehresmann B, Moras D. (2002) Structural basis of translational control by Escherichia coli threonyl tRNA synthetase. Nat Struct Biol. 9 ; 343-347.

Tran DT, Cho S, Hoang PM, Kim J, Kil E-J, Lee T-K, Rhee Y, Lee S. (2016) A codon-optimized nucleic acid hydrolyzing single-chain antibody confers resistance to chrysanthemum stunt viroid infection. Plant Mol Biol Rep. 34 ; 221-232.

Tseng YW, Wu CF, Lee CH, Chang CJ, Chen YK, Jan FJ. (2021) Universal primers for rapid detection of six pospiviroids in Solanaceae plants using one-step reverse-transcription PCR and reverse-transcription loop-mediated isothermal amplification. Plant Disease 105 ; 2859-2864.

Tsuda S, Sano T. (2014) Threats to Japanese agriculture from newly emerged plant viruses and viroids. J Gen Pl Pathol. 80 ; 2-14.

Tsushima D, Adkar-Purushothama CR, Taneda A, Sano T. (2015) Changes in relative expression levels of viroid-specific small RNAs and microRNAs in tomato plants infected with severe and mild symptom-inducing isolates of Potato spindle tuber viroid. J Gen Pl Pathol. 81 ; 49-62.

Tsushima D, Tsushima T, Sano T. (2016) Molecular dissection of a dahlia isolate of potato spindle tuber viroid inciting a mild symptoms in tomato. Virus Res. 214 ; 11-18.

Tsushima T, Murakami S, Ito H, He Y-H, Adkar-Purushothama CR, Sano T. (2011) Molecular characterization of Potato spindle tuber viroid in dahlia. J Gen Pl Pathol. 77 ; 253-256.

Tsushima T, Matsushita Y, Fuji S, Sano T. (2015) First report of Dahlia latent viroid and Potato spindle tuber viroid mixed-infection in commercial ornamental dahlia in Japan, New Disease Reports, 31. 10.5197/j.2044-0588.2015.031.011

Tsushima T, Sano T. (2015) First report of Coleus blumei viroid 5 infection in vegetatively propagated clonal coleus cv. 'Aurora black cherry' in Japan. New Disease Reports 32 ; 7.

Tsushima T, Sano T. (2018) A point-mutation of Coleus blumei viroid 1 switches the potential to transmit through seed. J Gen Virol. 99 ; 393-401.

Tsutsumi N, Yanagisawa H, Fujiwara Y, Ohara T. (2010) Detection of potato spindle tuber viroid by reverse transcription loop-mediated isothermal amplification. Research Bulletin of the Plant Protection Service, Japan 46 ; 61-67.

U

Uhlenbeck OC. (1987) A small catalytic oligoribonucleotide. Nature 328 ; 596-600.

Utermohlen JG, Hhr HD. (1981) A polyacrylamide gel electrophoresis index method for avocado sunblotch.

Plant Disease 65;800-802.

Uyeda I, Sano T, Shikata E. (1984) Purification of cucumber pale fruit viroid. Ann Phytopathol Soc Jpn. 50;331-338.

V

Vadamalai G, Hanold D, Rezaian MA, Randles JW. (2006) Variants of coconut cadang-cadang viroid isolated from an African oil palm (Elaies guineensis Jacq.) in Malaysia. Arch Virol. 151;1447-1456.

Vadamalai G, Thanarajoo SS, Joseph H, Kong LL, Randles JW. (2017) Coconut Cadang-cadang viroid and coconut Tinangaja viroid. In: Hadidi A, Flores R, Randles JW, Palukaitis P. (Eds.), Viroids and Satellites, Academic Press, London, pp. 263-273.

Van Dorst HJ, Peters D. (1974) Some biological observations on pale fruit, a viroid-incited disease of cucumber. Neth J Pl Pathol. 80;85-96.

Vasa SM, Guex N, Wilkinson KA, Weeks KM, Giddings MC. (2008) ShapeFinder: a software system for high-throughput quantitative analysis of nucleic acid reactivity information resolved by capillary electrophoresis. RNA 14;1979-1990.

Vazquez F, Vaucheret H, Rajagopalan R, Lepers C, Gasciolli V, Mallory AC, Hilbert JL, Bartel DP, Crété P. (2004) Endogenous transacting siRNAs regulate the accumulation of Arabidopsis mRNAs. Mol Cell 16;69-79.

Vazquez F, Blevins T, Ailhas J, Boller T, Meins F. (2008) Evolution of Arabidopsis MIR genes generates novel microRNA classes. Nuc Acids Res. 36;6429-6438.

Velez-Climent M, Soria P, Dey K, Mou DF, McVay J, Bahder BW. (2022) Detection and characterization of viruses and viroids in Diospyros species from Florida, USA. Plant Health Progress 23(3).

Verhoeven JThJ, Jansen CCC, Willemen TM, Kox LFF, Owens RA, Roenhorst JW. (2004) Natural infections of tomato by Citrus exocortis viroid, Columnea latent viroid, Potato spindle tuber viroid and Tomato chlorotic dwarf viroid. Eur J Pl Pathol. 110;823-831.

Verhoeven JThJ, Jansen CCC, Roenhorst JW. (2008) First report of popsiviroids infecting ornamentals in the Netherlands: Citrus exocortis viroid in Verbena sp., Potato spindle tuber viroid in Brugmansia suaveolens and Solanum jasminoides, and Tomato apical stunt viroid in Cestrum sp. Plant Pathol. 57;399.

Verhoeven JThJ, Jansen CCC, Roenhorst JW, Flores R, de la Peña M. (2009) Pepper chat fruit viroid: Biological and molecular proterties of a proposed new species of the genus Pospiviroid. Virus Res. 144;209-214.

Verhoeven JThJ, Roenhorst JW, Owens RA. (2011) Mexican papita viroid and tomato planta macho viroid belong to a single species in the genus Pospiviroid. Arch Virol. 156;1433-1437.

Verma G, Raigond B, Pathania S, Kochhar T, Naga K. (2020) Development and comparison of reverse transcription-loop-mediated isothermal amplification assay (RT-LAMP), RT-PCR and real time PCR for detection of potato spindle tuber viroid in potato. Eur J Plant Pathol. 158;951-964.

Vidalakis G, Davis JZ, Semancik JS. (2005) Intra-population diversity between citrus viroid II variants described as agents of cachexia disease. Ann appl Biol. 146;449-458.

Vidalakis G, Pagliaccia D, Bash JA, Afunian M, Semancik JS. (2011) Citrus dwarfing viroid: effects on tree size and scion performance specific to poncirus trifoliata rootstock for high-density planting. Ann appl Biol. 158;204-217.

Visvader JE, Symons RH. (1983) Comparative sequence and structure of different isolates of citrus exocortis viroid. Virology 130;232-237.

Visvader JE, Symons RH. (1985) Eleven new sequence variants of citrus exocortis viroid and the correlation of sequence with pathogenicity. Nucl Acids Res. 1;2907-2920.

Visvader JE, Forscter AC, Symons RH. (1985) Infectivity and in vitro mutagenesis of monomeric cDNA clones of citrus exocortis viroid indicates the site of processing of viroid precursors. Nucl Acids Res. 13;5843-5856.

Visvader JE, Symons RH. (1986) Replication of in vitro constructed viroid mutants: location of the pathogenicity-modulating domain of citrus exocortis viroid. EMBO J. 5;2051-2055.

Vogelstein B, Kinzler KW. (1999) Digital PCR. Proc Natl Acad Sci USA. 96;9236-9241.

Voinnet O. (2003) RNA silencing bridging the gaps in wheat extracts. Trends in Plant Science 8;307-309.

Voinnet O. (2008) Use, tolerance and avoidance of amplified RNA silencing by plants. Trends in Plant Science 13;317-328.

W

Walia Y, Dhir S, Zaidi AA, Hallan V. (2015) Apple scar skin viroid naked RNA is actively transmitted by the whitefly Trialeurodes vaporariorum. RNA Biology 12;1131-1138.

Wall GC, Randles JW. (2003) Coconut Tinangaja viroid. In; Hadidi A, Flores R, Randles JW, Semancik JS. (Eds.), Viroids. CSIRO Publishing, Collingwood, Australia. pp. 242-245.

Walter B. (1987) Tomato apical stunt. In: Diener TO (Ed.), The Viroids. Prenum press, New York. pp. 321-328.

Wan Chow Wah YF, Symons RH. (1999) Transmission of viroids via grape seeds. J Phytopathology 147;285-291.

Wang MB, Bian XY, Wu LM, Liu LX, Smith NA, Isenegger D, Wu RM, Masuta C, Vance VB, Watson JM, Rezaian A, Dennis ES, Waterhouse PM. (2004) On the role of RNA silencing in the pathogenicity and evolution of viroids and viral satellites. Proc Natl Acad Sci USA. 101;3275-3280.

Wang Y, Zhong X, Itaya A, Ding B. (2007) Evidence for the existence of the loop E motif of potato spindle tuber viroid in vivo. J Virol. 81;2074-2077.

Wang Y, Shibuya M, Taneda A, Kurauchi T, Senda M, Owens RA, Sano T. (2011) Accumulation of Potato spindle tuber viroid-specific small RNAs is accompanied by specific changes in gene expression in two tomato cultivars. Virology 413;72-83.

Wang Y, Qu J, Ji S, Wallace AJ, Wu J, Li Y, Gopalan V, Ding B. (2016) A land plant-specific transcription factor directly enhances transcription of a pathogenic noncoding RNA template by DNA-dependent RNA polymerase II. Plant Cell 28;1094-1107.

Wang Y, Zirbel CL, Leontis NB, Ding B. (2018) RNA 3-dimensional structural motifs as a critical constraint of viroid RNA evolution. PLoS Pathogens 14;e1006801.

Wang Y, Wu J, Qiu Y, Atta S, Zhou C, Cao M. (2019) Global transcriptomic analysis reveals insights into the response of 'Etrog' citron (Citrus medica L.) to citrus exocortis viroid infection. Viruses 11;453.

Warren JG, Mercado J, Grace D. (2019) Occurrence of hop latent viroid causing disease in Cannabis sativa in California. Plant Disease 103;2699-2699.

Warrilow D, Symons RH. (1999) Citrus exocortis viroid RNA is associated with the largest subunit of RNA polymerase II in tomato in vivo. Arch Virol. 144;2367-2375.

Wassenegger M, Heimes S, Riedel L, Sänger L. (1994) RNA-directed de novo methylation of genomic sequences in plants. Cell 76;567-576.

Wassenegger M, Spieker RL, Thalmeir S, Gast FU, Riedel L, Sänger HL. (1996) A single nucleotide substitution converts potato spindle tuber viroid (PSTVd) from a noninfectious to an infectious RNA for nicotiana tabacum. Virology 226;191-197.

Watanabe Y, Ogawa H, Takahashi H, Ishida I, Takeuchi Y, Yamamoto M, Okada Y. (1995) Resistance against multiple plant viruses in plants mediated by a double stranded-RNA specific ribonuclease. FEBS Lett. 372;165-168.

Weathers LG, Greer FC. (1972) Gynura as a host for exocortis virus of citrus. In : Price WE (Ed.), Proceedings 5 th IOCV Conference, Univ. Florida Press, Geinesville, FL, USA. pp.95 -98.

Webb RE. (1958) Schultz potato virus collection. American Potato J. 35 ; 615 -619.

Wei S, Bian R, Andika IB, Niu E, Liu Q, Kondo H, Yang L, Zhou H, Pang T, Lian Z, Liu X, Wu Y, Sun L. (2019) Symptomatic plant viroid infections in phytopathogenic fungi. Proc Natl Acad Sci USA. 116 ; 13042 -13050.

Wełnicki M, Skrzeczkowski J, Sołtyńska A, Jończyk P, Markiewicz W, Kierzek R, Imiołczyk B, Zagórski W. (1989) Characterisation of synthetic DNA probe detecting potato spindle tuber viroid. J Virol Methods 24 ; 141 -152.

Welnicki M, Hiruki C. (1992) Highly sensitive digoxigenin-labelled DNA probe for the detection of potato spindle tuber viroid. J Virol Methods 39 ; 91 -99.

Więsyk A, Candresse T, Zagórski W, Góra-Sochacka A. (2011) Use of randomly mutagenized genomic cDNA banks of potato spindle tuber viroid to screen for viable versions of the viroid genome. J Gen Virol. 92 ; 457 -466.

Więsyk A, Iwanicka-Nowicka R, Fogtman A, Zagórski-Ostoja W, Góra-Sochacka A. (2018) Time-course microarray analysis reveals differences between transcriptional changes in tomato leaves triggered by mild and severe variants of potato spindle tuber viroid. Viruses 10 ; 257.

Wille M, Netter HJ, Littlejohn M, Yuen L, Shi M, Eden JS, Klaassen M, Holmes EC, Hurt AC. (2018) A divergent hepatitis D-like agent in birds. Viruses 10 ; 720.

Wimberly B, Varani G, Tinoco I. (1993) The conformation of loop E of eukaryotic 5 S ribosomal RNA. Biochemistry 32 ; 1078 -1087.

Woo YM, Itaya A, Owens RA, Tang L, Hammond RW, Chou HC, Lai MMC, Ding B. (1999) Characterization of nuclear import of potato spindle tuber viroid RNA in permeabilized protoplasts. Plant J. 17 ; 627 -635.

Wu J, Leontis NB, Zirbel CL, Bisaro DM, Ding B. (2019) A three-dimensional RNA motif mediates directional trafficking of Potato spindle tuber viroid from epidermal to palisade mesophyll cells in Nicotiana benthamiana. PLoS Pathogens 15 ; e1008147.

Wu J, Bisaro DM. (2020) Biased Pol II fidelity contributes to conservation of functional domains in the Potato spindle tuber viroid genome. PLoS Pathogens 16 ; e1009144.

Wu J, Zhou C, Li J, Li C, Tao X, Leontis NB, Zirbel CL, Bisaro DM, Ding B. (2020) Functional analysis reveals G/U pairs critical for replication and trafficking of an infectious non-coding viroid RNA. Nucl Acids Res. 48 ; 3134 -3155.

Wu QF, Wang Y, Cao MJ, Pantaleo V, Burgyan J, Li WX, Ding SW. (2012) Homology-independent discovery of replicating pathogenic circular RNAs by deep sequencing and a new computational algorithm. Proc Natl Acad Sci USA. 109 ; 3938 -3943.

Wüsthoff KP, Steger G. (2022) Conserved motifs and domains in members of pospiviroidae. Cells 11 ; 230.

X

Xia C, Li S, Hou W, Fan Z, Xiao H, Lu M, Sano T, Zhang Z. (2017) Global transcriptomic changes induced by infection of cucumber (Cucumis sativus L.) with mild and severe variants of hop stunt viroid. Front Microbiol. 8 ; 2427.

Xie M, Zhang S, Yu B. (2014) microRNA biogenesis, degradation and activity in plants. Cell Mol Life Sci. 72 ; 87 -99.

Xie Z, Johansen LK, Gustafson AM, Kasschau KD, Lellis AD, Zilberman D, Jacobsen SE, Carrington JC. (2004) Genetic and functional diversification of small RNA pathways in plants. PLoS Biol. 2 ; 642 -652.

Xie Z, Allen E, Wilken A, Carrington JC. (2005) DICER-LIKE 4 functions in trans-acting small interfering RNA biogenesis and vegetative phase change in Arabidopsis thaliana. Proc Natl Acad Sci USA. 102 ; 12984 -12989.

Xie Z, Qi X. (2008) Diverse small RNA-directed silencing pathways in plants. Biochemca et Biophysica Acta 1779 ; 720 -724.

Xu L, Zong X, Wang J, Wei H, Chen X, Liu Q. (2020) Transcriptomic analysis reveals insights into the response to Hop stunt viroid -HSVd- in sweet cherry -Prunus avium L.- fruits. Peer J. 8 ; e10005.

Xu WX, Hong N, Wang GP, Fan X. (2008) Population structure and genetic diversity within Peach latent mosaic viroid field isolates from peach showing three symptoms. J Phytopathol. 156 ; 565 -572.

Y

Yaguchi S, Takahashi T. (1984 a) Response of cucumber cultivars and other cucurbitaceous species to infection by hop stunt viroid. Phytopath Z. 109 ; 21 -31.

Yaguchi S, Takahashi T. (1984 b) Survival of hop stunt viroid in the hop gardens. Phytopath Z. 109 ; 32 -44.

Yaguchi S, Takahashi T. (1985) Syndrome characteristics and endogenous indoleacetic acids levels in cucumber plants infected by hop stunt viroid, J Plant Diseases and Protection 92 ; 263 -269.

Yamamoto H, Kagami Y, Kurokawa M, Nishimura S, Ukawa S, Kubo S. (1973) Studies on hop stunt disease in Japan. Rept Res Lab Kirin Brewery 16 ; 49 -62.

Yamamoto H, Sano T. (2005) Occurrence of chrysanthemum chlorotic mottle viroid in Japan. J Gen Pl Pathol. 71 ; 156 -157.

Yamamoto H, Sano T. (2006) An epidemiological survey of Chrysanthemum chlorotic mottle viroid in Akita Prefecture as a model region in Japan. J Gen Pl Pathol. 72 ; 387 -390.

Yanagisawa H, Sano T, Hase S, Matsushita Y. (2019) Influence of the terminal left domain on horizontal and vertical transmissions of tomato planta macho viroid and potato spindle tuber viroid through pollen. Virology 526 ; 22 -31.

Yang X, Yie Y, Zhu F, Liu Y, Kang L, Wang X, Tien P. (1997) Ribozyme-mediated high resistance against potato spindle tuber viroid in transgenic potatoes. Proc Natl Acad Sci USA. 94 ; 4861 -4865.

Yoshikawa N, Takahashi T. (1982) Purification of hop stunt viroid. Ann Phytopathol Soc Jpn. 48 ; 182 -191.

Yoshikawa N, Takahashi T. (1986) Inhibition of hop stunt viroid replication by α-amanitin. J Plant Diseases and Protection 93 ; 62 -71.

Z

Zamore PD, Tuschl T, Sharp PA, Bartel DP. (2000) RNAi : double-stranded RNA directs the ATP-dependent cleavage of mRNA at 21 to 23 nucleotide intervals. Cell 101 ; 25 -33.

Zekanowski C, Wełnicki M, Skrzeczkowski J, Zagórski W. (1990) Detection of potato spindle tuber viroid (PSTV) in dormant potato tubers by concatameric cDNA probe. J Virol Methods 30 ; 127 -130.

Zhang C, Wu Z, Wu J. (2015) Biogenesis, function, and applications of virus-derived small RNAs in plants. Front Microbiol. 6 ; 1 -12.

Zhang Y, Yin J, Jiang D, Xin Y, Ding F, Deng Z, Wang G, Ma X, Li F, Li G, Li M, Li S, Zhu S. (2013) A universal oligonucleotide microarray with a minimal number of probes for the detection and identification of viroids at the genus level. PLoS One 8 (5) ; e64474.

Zhang Y, Li Z, Du Y, Li S, Zhang Z. (2022) A universal probe for simultaneous detection of six pospiviroids and natural infection of potato spindle tuber viroid (PSTVd) in tomato in China. J Integrative Agriculture 22 ; 790 -798.

Zhang Z, Zhou Y, Guo R, Mu L, Yang Y, Li S, Wang H. (2012) Molecular characterization of Chinese Hop stunt viroid isolates reveals a new phylogenetic group and possible cross transmission between grapevine

and stone fruits. Eur J Plant Pathol. 134 ; 217-225.
Zhang Z, Qi S, Tang N, Zhang X, Chen S, Zhu P, Ma L, Cheng J, Xu Y, Lu M, Wang H, Ding S-W, Li S, Wu Q. (2014) Discovery of replicating circular RNAs by RNA-seq and computational algorithms. PLoS Pathogens 10 ; e1004553.
Zhang Z, Xia C, Matsuda T, Taneda A, Murosaki F, Hou W, Owens RA, Li S, Sano T. (2020) Effects of host-adaptive mutations on hop stunt viroid pathogenicity and small RNA biogenesis. Int J Mol Sci. 21 ; 7383.
Zhao Y, Owens RA, Hammond RW. (2001) Use of a vector based on Potato virus X in a whole plant assay to demonstrate nuclear targeting of Potato spindle tuber viroid. J Gen Virol. 82 ; 1491-1497.
Zheludev IN, Edgar RC, Lopez-Galiano MJ, de la Peña M, Babaian A, Bhatt AS, Fire AZ. (2024) Viroid-like colonists of human microbiomes. bioRxiv [Preprint]. 2024 Jan 21:2024.01.20.576352. doi : 10.1101/2024.01.20.576352.
Zheng Y, Wang Y, Ding B, Fei Z. (2017) Comprehensive transcriptome analyses reveal that potato spindle tuber viroid triggers genome-wide changes in alternative splicing, inducible trans-acting activity of phased secondary small interfering RNAs, and immune responses. J Virol. 91 ; e00247-17.
Zhong X, Leontis N, Qian S, Itaya A, Qi Y, Boris-Lawrie K, Ding B. (2006) Tertiary structural and functional analyses of a viroid RNA motif by isostericity matrix and mutagenesis reveal its essential role in replication. J Virol. 80 ; 8566-8581.
Zhong X, Tao X, Stombaugh J, Leontis N, Ding B. (2007) Tertiary structure and function of an RNA motif required for plant vascular entry to initiate systemic trafficking. EMBO J. 26 ; 3836-3846.
Zhong X, Archual AJ, Amin AA, Ding B. (2008) A genomic map of viroid RNA motifs critical for replication and systemic trafficking. Plant Cell 20 ; 35-47.
Zhou Y, Guo R, Cheng Z, Sano T, Li SF. (2006) First report of hop stunt viroid from peach (Prunus persica) with dapple fruit symptoms in China. New Disease Reports 12 ; 43.
Zhu Y, Green L, Woo YM, Owens R, Ding B. (2001) Cellular basis of potato spindle tuber viroid systemic movement. Virology 279 ; 69-77.
Zuker M. (2003) Mfold web server for nucleic acid folding and hybridization prediction. Nucleic Acids Res. 31 ; 3406-3415.

和文

浅井正紀・小原達二・高橋勤・齊藤鈴夫・田中健（1998）リターンゲル電気泳動による果樹ウイロイドの検出．植物防疫所調査研究報告 34;99-102.
荒木浩行・吉田泰・辻雅晴・佐野輝男・李世訪（2004）日本及び中国の栽培ブドウから検出されるホップ矮化ウイロイド、ブドウイエロースペックルウイロイド 1、オーストラリアブドウウイロイド．日本植物病理学会報 70;52-53,
飯島章彦（1990）リンゴにおける新しいウイロイド様病害“リンゴゆず果病の発生”．植物防疫 44;130-132.
石黒亮・佐野輝男・原田幸雄（1996）わが国のコリウス（Coleus blumei Benth.）から検出されたウイロイドの全塩基配列と宿主範囲．日本植物病理学会報 62;84-86.
磯野清香・佐野輝男・上森隆司・向井博之（2006）等温遺伝子増幅法 (ICAN 法) を用いたキク矮化ウイロイドの診断．日本植物病理学会報 72;255-256.
磯野清香・佐野輝男・忠英一・上森隆司・向井博之（2007）等温遺伝子増幅法（ICAN 法）を用いたキク矮化ウイロイドの発生圃場調査．日本植物病理学会報 73;45.
伊藤聡枝子・田中真由美・成田昌子・山本晋玄・佐野輝男（2000）ホップ矮化ウイロイド（HSVd）の病原性を制御する領域の解析．日本植物病理学会報 66;670.
伊藤伝・須崎浩一・中原健二・町田郁夫・松中謙次郎・吉田幸二（1999）リンゴ品種‘ネロ 26’の枝幹

部に発生する接ぎ木伝染性粗皮症(ネロ26粗皮症)の病原ウイロイド．日本植物病理学会報65;394.
上野雄靖・木下研二・戸川英夫・井理正彦（1985）ブドウリーフ・ロールウイルスフリー化によるワインの品質改善．日本醸造協会雑誌80;490-495.
大沢高志・森田儔・森喜作（1977）キクウイルス病の防除に関する研究2，指標植物への接木接種によるウイルスの検定．日本植物病理学会報43;372-373.
太田智（2016）農研機構で実施するカンキツウイルス・ウイロイドのフリー化および検定．果樹研究所研究報告21;53-65.
大塚義雄（1935）苹果の一新病害に就て(第一報)．園芸学雑誌6(2);44-53.
大塚義雄（1938）満州苹果銹果病に就て－第2報 接木による傳染と品種による病徴の相異．園芸学雑誌9(3);282-286.
鏡勇吉・小岩雅弘・山本耕二（1985）ビールの花－ホップ．日本工業新聞．pp.1-226.
勝部和則・川村武寛・渡辺愛美・佐野輝男（2003）岩手県におけるキク矮化病の発生とウイロイドフリー親株の選抜利用による対策．岩手県農業研究センター研究報告3;1-12.
草野成夫・井樋昭宏・楽原実（2005）カラタチ台温州ミカン「原口早生」で確認されたカンキツエクソコーティスウイロイド以外のウイロイドによる複合感染と樹体への影響．九病虫研会報51;25-29.
草野成夫（2007）カンキツ、スモモにおけるウイルス及びウイロイドの診断技術の開発ならびに樹体への影響に関する研究．福岡県農業総合研究所特別報告 第25号 pp.1-118.
楠幹生・松本由利子（2006）キクわい化病の発生生態と診断．植物防疫60;457-465.
河野貴幸・水谷房雄・佐山春樹・高柳直幸・佐野輝男（2014）カンキツウイロイドIIIが‘宮川早生’ウンシュウミカンの樹体成長と果実品質に及ぼす影響．愛媛大学農場報告36;1-6.
小金沢碩城（1983）リンゴさび果病り病樹に検出されるウイロイド様RNAおよび潜在ウイルス感染樹に検出される低分子RNAの性状．果樹試験場報告（盛岡）10;49-60.
小金沢碩城（1984）リンゴさび果病を起こすウイロイド．化学と生物22;10-11.
小金沢碩城（1985）リンゴさび果から検出されるウイロイド．植物防疫39;14-18.
小室康雄（1962）果樹ウイルス病雑記．植物防疫16;255-256.
佐々木真津生・四方英四郎(1978a）ホップ矮化病に関する研究 第1報 宿主範囲について．日本植物病理学会報44;465-477.
佐々木真津生・四方英四郎(1978b）ホップ矮化病に関する研究 第2報 病原ウイロイドについて．日本植物病理学会報44;570-577.
佐野輝男（1987）最近果樹で検出されたウイロイドとその検定方法．今月の農業31;64-69.
佐野輝男（1990）PCRによる植物病害の遺伝子診断法．植物防疫44;39-43.
佐野輝男・田中真由美・伊藤聡枝子・成田昌子・三村理恵・村上敦司・四方英四郎（1999）ホップ矮化ウイロイドとその変異体の分子構造と病原性．日本植物病理学会、平成11年度植物感染生理談話会(湯布院、大分)、pp.109-117.
鈴木貴大・藤林美里・山本英樹・佐野輝男（2017）リンゴさび果ウイロイドの草本宿主植物に関する再検討．日本植物病理学会報86;31.
高橋壮（2018）ホップとビールの出会いを探る．熊谷出版．盛岡．pp.1-439.
田中彰一（1963）カンキツのexocortisについて．日本植物病理学会報28;88.
対馬太郎・松本真衣・片山菜津恵・佐野輝男（2013）コリウスウイロイド1と6の分子構造と感染性の比較解析．日本植物病理学会報79(3);207.
津田新哉・松下陽介・神田絢美・宇杉富雄（2007）本邦新発生ウイロイドTomato chlorotic dwarf viroidによるトマト退緑萎縮病（仮称）．日本植物病理学会報73;220.
寺井康夫（1985）スモモ斑入果病（仮称）の病徴と接木伝染．日本植物病理学会報51;363-364.
寺井康夫（1987）スモモの斑入果病（黄果症）の研究．山梨の園芸35;50-54.
寺井康夫（1990）スモモにおける新しいウイロイド病“スモモ斑入果病”の発生．植物防疫44;127-129.
寺井康夫（1992）山梨県におけるブドウのウイルス病およびスモモ斑入果病に関する研究．山梨県果

樹試験場研究報告 第 8 号（特別号）pp. 1-60.
寺井康夫・佐野輝男（2002）スモモ斑入果病、原色果樹のウイルス・ウイロイド病　診断・検定・防除. 家城洋之（編）. 農村漁村文化協会. pp. 94-96.
土居養二・寺中理明・与良清・明日山秀文（1967）クワ萎縮病、ジャガイモてんぐ巣病、Aster yellows 感染ペチュニアならびにキリてんぐ巣病の罹病茎葉篩部に見出された Mycoplasma 様（あるいは PLT 様）微生物について. 日本植物病理学会報 33;259-266.
中嶋香織・市ノ木山浩道・長岡（中薗）栄子・岩波 徹（2017）ウンシュウミカンにおける茎頂接ぎ木による 3 種ウイロイドの効率的無毒化法. 園学研 16;339-344.
中村恵章・福田至朗・栗山幸子・服部裕美・平野哲司・大石一史（2013）栽培ギクのキク矮化ウイロイド（CSVd）保毒状況の把握. 愛知農総試研報 45;53-59.
長谷川徹・遠山宏和・鈴木良地・堀田真紀子・新井和俊・伊藤健二（2016）キク矮化病抵抗性を有するスプレーギク新系統の作出. 愛知農総試研報 48;161-164.
浜口典成（1966）ホップ、多収栽培の新技術. 農文協. pp. 1-116.
藤原裕治・野村幸弘・樋渡正一・志岐悠介・一斗東子・濵中大輝・齊藤範彦 (2013) ダリアから分離したジャガイモやせいもウイロイド（Potato spindle tuber viroid）のジャガイモに対する病原性及びダリアにおける伝染性、植物防疫所調査研究報告（植防研報）第 49 号：41-46.
ブドウ大事典、農文協編、農山漁村文化協会（東京）2017 年、1321 頁、ISBN；9784540171819
平成 21 年度病害虫発生予察特殊報第 1 号（ポテトスピンドルチューバーウイロイドによる病害）. 平成 21 年 8 月 7 日 発表：福島県病害虫防除所 .
松浦昌平（2012）トマト退緑萎縮病（TCDVd）の伝染様式と防除対策. 植物防疫 66;232-235.
松下陽介（2006）アンケートによるキクわい化病の発生実態調査. 植物防疫 60;455-456.
松下陽介・津田新哉（2008）トマト退緑萎縮病の発生とその特徴 - 本邦のトマトで発生した新規ウイロイド病. 植物防疫 62;461-464.
松下陽介（2011）園芸植物における日本国内でのウイロイドの発生分布と変異体の感染性. 花き研報 11;9-48.
松中謙次郎・町田郁夫（1987）リンゴ選抜系統ネロ 26 に発生した接木伝染性粗皮症状について. 北日本病害虫研報 38;186
茂木七左衛門・上野雄靖・木下研二（1978）善光寺ブドウとそのワインについて. 日本醸造協会雑誌 73;608-618.
モモ斑葉モザイクウイルス. 植物ウイルス 222. 日比野忠明・大木理編、植物ウイルス大辞典. 2014 年. 朝倉書店（東京）. p. 482.
森義忠（1965）長野県に発生した病原不明の病害「外様病」（仮称）について　第 1 報. サッポロビール古里ホップ試験場報告書. pp. 1-4.
森義忠（1966）長野県に発生した病原不明の病害「外様病」（仮称）について　第 2 報. サッポロビール古里ホップ試験場報告書. pp. 1-5.
森義忠（1967）長野県に発生した病原不明の病害「外様病」（仮称）について　第 4 報. サッポロビール古里ホップ試験場報告書. pp. 1-5.
森義忠（1995）ホップ－ホップの基礎科学と育種、栽培について. 520 頁、北海道大学生活協同組合出版事業部.
山形県南ホップ農業協同組合（2009）ホップ栽培 70 周年 試練を超えて.（株）芳文よねざわ印刷. 長井市. 山形. pp. 1-111.
山本初美・鏡勇吉・黒川幹夫・西村三郎・久保真吉・井上正保・村山大記（1970）ホップ矮化病に関する研究（第 1 報）. 北海道大学農学部邦文紀要 7;491-511.
吉田泰・伊藤聡枝子・佐野輝男（2002）ホップ矮化ウイロイド（HSVd）の病原性を制御する領域の解析（2）. 日本植物病理学会報 68;220.
T. O. Diener 著 ウイロイド－その病理と生化学－岡田吉美 監訳、1980 年、272 頁、共立出版株式会社（東京）.

索　引

【和文】

あ行

か行

さ行

た行

な行

は行

ま行

や行

ら行

わ行

【英文】

A

B

C

D

F

G

H

I

L

M

N

O

P

R

S

T

U

V

W

α

β

【ウイルス・ウイロイド】

【植物】

著者略歴

佐野輝男（さのてるお）

1955年	新潟県見附市に生まれる
1979年	北海道大学農学部農業生物学科卒業
1981年	北海道大学大学院農学研究科修士課程修了
1981年	北海道大学農学部助手
1988年	農学博士（北海道大学）
1990 ～ 1992年	米国農務省ベルツビル農業研究所在外研究員
1992年	弘前大学農学部助教授
1993年	岩手大学大学院連合農学研究科併任
1997年	弘前大学農学生命科学部助教授
2005年	弘前大学農学生命科学部教授
2008年	日本植物病理学会学会賞受賞
2020年	日本学士院賞受賞
2024年（現在）	弘前大学名誉教授

主要著書　「Fundamentals of Viroid Biology」（Elsevier）2023年（共著）

最小の病原－ウイロイド

2024年12月20日　初版第1刷発行

著　　者　佐野輝男

表紙デザイン　植田工

発 行 所　弘前大学出版会

〒036-8560　青森県弘前市文京町1　HUP

Tel. 0172-39-3168　Fax. 0172-39-3171

印　　刷　カガワ印刷株式会社

ISBN978-4-910425-16-0